REBT 2025

Reglamento Electrotécnico para Baja Tensión

y sus Instrucciones Técnicas
Complementarias ITC-BT 01 a 52

REBT 2025

Reglamento Electrotécnico para Baja Tensión

y sus Instrucciones Técnicas Complementarias ITC-BT 01 a 52

Real Decreto 842/2002 de 2 de agosto
Reglamento Electrotécnico para baja tensión
Instrucciones Técnicas Complementarias ITC-BT 01 a 52
Modificaciones del Real Decreto 560/2010
Modificaciones del Real Decreto 1053/2014
Modificaciones del Real Decreto 244/2019
Modificaciones del Real Decreto 542/2020
Modificaciones del Real Decreto 298/2021
Modificación ITC-BT 03. Resolución 20/03/2025
Modificación ITC-BT 03 según R.D. 770/2025 de 2/09/2025
Adaptación a la norma UNE HD 60364-5-52
Adaptación del REBT al CPR

Garceta
grupo editorial

REBT 2025

Reglamento Electrotécnico para Baja Tensión y sus Instrucciones Técnicas Complementarias ITC-BT 01 a 52

Ministerio de Industria, Energía y Turismo

ISBN: 978-84-1903-485-4

IBERGARCETA PUBLICACIONES, S.L., Madrid, 2025
Edición: 1ª
Nº de páginas: 552
Formato: 17× 24
Thema: THR Ingeniería eléctrica.

REBT 2025

Reglamento Electrotécnico para Baja Tensión y sus Instrucciones Técnicas Complementarias ITC-BT 01 a 52

ISBN: 978-84-1903-485-4

COPYRIGHT © 2025 Ibergarceta Publicaciones, S.L.
info@garceta.es

Edición: 11.ª
Impresión: 3.ª
Depósito legal: M-9938-2025
Impresión: Imprenta Valle del Tiétar, S.L.
OI: 0102/2026

IMPRESO EN ESPAÑA-PRINTED IN SPAIN

CONTENIDO

LEY OMNIBUS.
Cambios más significativos que afectan al REBT
Comparativa de cambios en las ITC

ITC	RBT 2002	«LEY OMNIBUS» RD 560/2010, de 7 de mayo
Disposición adicional cuarta	—	Obligaciones de información y de reclamaciones.
Artículo 22	Las empresas instaladoras solo tienen validez en la comunidad que se registre.	La empresa instaladora tiene *validez indefinida desde el momento de entrega de la documentación.*
ITC-BT- 03. Punto 2	Existe un carnet de instalador electricista y un certificado de empresa instaladora.	*Desaparece el carnet de instalador quedando solo el certificado de empresa.*
ITC-BT- 03. Punto 4	El carnet de instalador se obtiene por titulación o examen.	*Desaparece el examen.*
ITC-BT- 03. Punto 5.1	Es necesario contratar un seguro de responsabilidad civil.	**Disposición adicional primera** Será válido un seguro de un Estado miembro de la Unión Europea.
ITC-BT-03. Punto 5.2	Cada comunidad autónoma redacta un documento para el registro de instaladores.	**Disposición adicional tercera** Se crea un modelo de *declaración responsable* que facilite el registro de empresas.
ITC-BT- 03. Punto 5.2.2	El carnet de instalador tendrá validez en el territorio Español.	**Disposición adicional segunda** Aceptación de documentos de otros Estados miembros de la Unión Europea.
ITC-BT- 03. Punto 6	Para cambiar de comunidad es necesario solicitar un certificado de no sanción.	*Se elimina el certificado de no sanción.*
ITC-BT- 03. Apéndice. Punto 1	Es necesario un instalador por cada 10 operarios.	*Solo es necesario un instalador por categoría.*
ITC-BT- 03. Apéndice. Punto. 2.1.1	Es necesario tener un local de una superficie mínima de 25 m².	*No es necesario el local* para ser empresa instaladora.

1. REAL DECRETO

REAL DECRETO 842/2002, de 2 de agosto, por el que se aprueba el Reglamento electrotécnico para baja tensión.

El vigente Reglamento electrotécnico para baja tensión, aprobado por Decreto 2413/1973, de 20 de septiembre, supuso un considerable avance en materia de reglas técnicas y estableció un esquema normativo, basado en un reglamento marco y unas instrucciones complementarias, las cuales desarrollaban aspectos específicos, que se reveló altamente eficaz, de modo que otros muchos reglamentos se realizaron con análogo formato.

No obstante, la evolución tanto del caudal técnico como de las condiciones legales ha provocado, al fin y a la postre, también en este reglamento, un alejamiento de las bases con que fue elaborado, por lo cual resulta necesaria su actualización.

La Ley 21/1992, de 16 de julio, de Industria, establece el nuevo marco jurídico en el que, obviamente, se desenvuelve la reglamentación sobre seguridad industrial. El apartado 5 de su artículo 12 señala que "los reglamentos de seguridad industrial de ámbito estatal se aprobarán por el Gobierno de la Nación, sin perjuicio de que las Comunidades Autónomas, con competencia legislativa sobre industria, puedan introducir requisitos adicionales sobre las mismas materias cuando se trate de instalaciones radicadas en su territorio".

Por otro lado, el Tratado de Adhesión de España a la Comunidad Económica Europea impuso el cumplimiento de las obligaciones derivadas de su tratado constitutivo y sucesivas modificaciones.

El conjunto normativo establecido por la Asociación Española de Normalización y Certificación (AENOR), con origen en los organismos internacionales de normalización electrotécnica, como la Comisión Electrotécnica Internacional (CEI) o el Comité Europeo de Normalización Electrotécnica (CENELEC), pone a disposición de las partes interesadas instrumentos técnicos avalados por una amplia experiencia y consensuados por los sectores directamente implicados, lo que facilita la ejecución homogénea de las instalaciones y los intercambios comerciales.

El Reglamento que se aprueba mediante el presente Real Decreto y sus instrucciones técnicas complementarias mantiene el esquema citado y, en la medida de lo posible, el ordenamiento del Reglamento anterior, para facilitar la transición.

La mayor novedad del Reglamento consiste en la remisión a normas, en la medida que se trate de prescripciones de carácter eminentemente técnico y, especialmente, características de los materiales. Dado que dichas normas proceden en su mayor parte de las normas europeas EN e internacionales CEI, se consigue rápidamente disponer de soluciones técnicas en sintonía con lo aplicado en los países más avanzados y que reflejan un alto grado de consenso en el sector.

Para facilitar su puesta al día, en el texto de las instrucciones únicamente se citan dichas normas por sus números de referencia, sin el año de edición. En una Instrucción a tal propósito se recoge toda la lista de las normas, esta vez con el año de edición, a fin de que cuando aparezcan nuevas versiones se puedan hacer los respectivos cambios en dicha lista, quedando automáticamente actualizadas en el texto dispositivo, sin necesidad de otra intervención. En ese momento también se pueden establecer los plazos para la transición entre las versiones, de tal manera que los fabricantes y distribuidores de material eléctrico puedan dar salida en un tiempo razonable a los productos fabricados de acuerdo con la versión de la norma anulada.

En línea con la reglamentación europea, las prescripciones establecidas por el propio Reglamento se considera que alcanzan los objetivos mínimos de seguridad exigibles en cada momento, de acuerdo con el estado de la técnica, pero también se admiten otras ejecuciones cuya equivalencia con dichos niveles de seguridad se demuestre por el diseñador de la instalación.

Por otro lado, a diferencia del anterior, el Reglamento que ahora se aprueba permite que se puedan conceder excepciones a sus prescripciones en los casos en que se justifique debidamente su imposibilidad material y se aporten medidas compensatorias, lo que evitará situaciones sin salida.

Se definen de manera mucho más precisa las figuras de los instaladores y empresas autorizadas, teniendo en cuenta las distintas formaciones docentes y experiencias obtenidas en este campo. Se establece una categoría básica, para la realización de las instalaciones eléctricas más comunes, y una categoría especialista, con varias modalidades, atendiendo a las instalaciones que presentan peculiaridades relevantes.

Se introducen nuevos tipos de instalaciones: desde las correspondientes a establecimientos agrícolas y hortícolas hasta las de automatización, gestión técnica de la energía y seguridad para viviendas en edificios, de acuerdo con las técnicas más modernas, pasando por un nuevo concepto de instalaciones en piscinas, donde se introducen las tensiones que proporcionan seguridad intrínseca, caravanas y parques de caravanas, entre otras.

Se aumenta el número mínimo de circuitos en viviendas, lo que redundará en un mayor confort de las mismas.

Para la ejecución y puesta en servicio de las instalaciones se requiere en todos los casos la elaboración de una documentación técnica, en forma de proyecto o memoria, según las características de aquéllas, y el registro en la correspondiente Comunidad Autónoma.

Por primera vez en un reglamento de este tipo, se exige la entrega al titular de una instalación de una documentación donde se reflejen sus características fundamentales, trazado, instrucciones y precauciones de uso, etc. Carecía de sentido no proceder de esta manera con una instalación de un inmueble, mientras se proporciona sistemáticamente un libro de instrucciones con cualquier aparato eléctrico de escaso valor económico.

Se establece un cuadro de inspecciones por organismos de control, en el caso de instalaciones cuya seguridad ofrece particular relevancia, sin obviar que los titulares de las mismas deben mantenerlas en buen estado.

Finalmente, se encarga al centro directivo competente en materia de seguridad industrial del Ministerio de Ciencia y Tecnología la elaboración de una guía, como ayuda a los distintos agentes afectados para la mejor comprensión de las prescripciones reglamentarias.

En la fase de proyecto, la presente disposición ha cumplido el procedimiento de información establecido en el Real Decreto 1337/1999, de 31 de julio, por el que se regula la remisión de información en materia de normas y reglamentaciones técnicas y reglamentos relativos a los servicios de la sociedad de la información, en aplicación de la Directiva del Consejo 98/34/CEE.

En su virtud, a propuesta del Ministro de Ciencia y Tecnología, con informe favorable del Ministro de Administraciones Públicas, de acuerdo con el Consejo de Estado y previa deliberación del Consejo de Ministros en su reunión del día 2 de agosto de 2002,

DISPONGO:

Artículo único. *Aprobación del Reglamento electrotécnico para baja tensión.*

Se aprueba el Reglamento electrotécnico para baja tensión y sus instrucciones técnicas complementarias (ITC) BT 01 a BT 51, que se adjuntan al presente Real Decreto.

Disposición transitoria primera. *Carnets profesionales.*

Los titulares de carnets de empresa instaladora o empresa instaladora autorizada, a la fecha de la publicación del presente Real Decreto, dispondrán de dos años, a partir de la entrada en vigor del adjunto Reglamento, para convalidarlos pr los correspondientes que se contemplan en la instrucción técnica complementaria ITC-BT 03 del mismo, siempre que no les hubiera sido retirado por sanción, mediante la presentación ante el órgano competente de la Comunidad Autónoma de una memoria en la que se acredite la respectiva experiencia profesional en las instalaciones eléctricas correspondientes a la categoría o categorías cuya convalidación se solicita, y que cuentan con los medios técnicos y humanos requeridos por la citada ITC-BT 03. A partir de la convalidación, para la renovación de los carnets deberán seguir el procedimiento común fijado en el Reglamento.

Disposición transitoria segunda. *Entidades de formación.*

En tanto no se determinen por las Administraciones educativas las titulaciones académicas y profesionales correspondientes a la formación mínima requerida para el ejercicio de la actividad de instalador, esta formación podrá ser acreditada, sin efectos académicos, a través de la correspondiente certificación expedida por una entidad pública o privada que tenga capacidad para desarrollar actividades formativas en esta materia y cuente con la correspondiente autorización administrativa.

Los requisitos de las entidades de formación serán establecidos mediante la correspondiente Orden ministerial.

Disposición transitoria tercera. *Instalaciones en fase de tramitación en la fecha de entrada en vigor del Reglamento.*

Se permitirá una prórroga de dos años, a partir de la entrada en vigor del reglamento anexo, para la ejecución de aquellas instalaciones cuya documentación técnica haya sido presentada antes de dicha entrada en vigor ante el órgano competente de la Comunidad Autónoma y fuera conforme a lo dispuesto en el Reglamento electrotécnico para baja tensión, aprobado por Decreto 2413/1973, de 20 de septiembre, sus instrucciones técnicas complementarias y todas las disposiciones que los desarrollan y modifican.

Disposición derogatoria única. *Derogación normativa.*

A la entrada en vigor del adjunto Reglamento, quedará derogado el Reglamento electrotécnico para baja tensión, aprobado por Decreto 2413/1973, de 20 de septiembre, sus instrucciones técnicas complementarias y todas las disposiciones que los desarrollan y modifican.

Disposición final primera. *Habilitación normativa.*

El presente Real Decreto se dicta al amparo del título competencial establecido en la disposición final única de la Ley 21/1992, de 16 de julio, de Industria, en concreto, de las competencias que corresponden al Estado conforme al artículo 149.1.1.ª y 13.ª de la Constitución, relativas a la regulación de las condiciones básicas que garanticen la igualdad de todos los españoles en el ejercicio de los derechos y en el cumplimiento de los deberes constitucionales, así como sobre las bases y condiciones de la planificación general de la actividad económica.

Disposición final segunda. *Habilitación al Ministro de Ciencia y Tecnología.*

Se faculta al Ministro de Ciencia y Tecnología para que, en atención al desarrollo tecnológico y a petición de parte interesada, pueda establecer, con carácter general y provisional, prescripciones técnicas, diferentes de las previstas en el Reglamento o sus instrucciones técnicas complementarias (ITCs), que posibiliten un nivel de seguridad al menos equivalente a las anteriores, en tanto se procede a la modificación de los mismos.

Disposición final tercera. *Entrada en vigor.*

El Reglamento electrotécnico para baja tensión, adjunto al presente Real Decreto, entrará en vigor, con carácter obligatorio, para todas las instalaciones contempladas en su ámbito de aplicación, al año de su publicación en el "Boletín Oficial del Estado". No obstante, podrá aplicarse, voluntariamente, desde la fecha de dicha publicación.

Dado en Palma de Mallorca a 2 de agosto de 2002.

JUAN CARLOS R.

El Ministerio de Ciencia y Tecnología,

JOSEP PIQUÉ I CAMPS

*Modificación del Real Decreto 842/2002, de 2 de agosto, por el que se aprueba el Reglamento electrotécnico para baja tensión, mediante el **Real Decreto 560/2010, de 7 de mayo**, por el que se modifican diversas normas reglamentarias en materia de seguridad industrial para adecuarlas a la Ley 17/2009, de 23 de noviembre, sobre el libre acceso a las actividades de servicios y su ejercicio, y a la Ley 25/2009, de 22 de diciembre, de modificación de diversas leyes para su adaptación a la Ley sobre el libre acceso a las actividades de servicios y su ejercicio.*

Disposición adicional primera. *Cobertura de seguro u otra garantía equivalente suscrito en otro Estado.*

Cuando la empresa instaladora en baja tensión que se establece o ejerce la actividad en España, ya esté cubierta por un seguro de responsabilidad civil profesional u otra garantía equivalente o comparable en lo esencial en cuanto a su finalidad y a la cobertura que ofrezca en términos de riesgo asegurado, suma asegurada o límite de la garantía en otro Estado miembro en el que ya esté establecido, se considerará cumplida la exigencia establecida en el apartado 5.8. c) de la ITC-BT-03 aprobada por el Real Decreto 842/2002, de 2 de agosto, por el que se aprueba el Reglamento electrotécnico para baja tensión. Si la equivalencia con los requisitos es sólo parcial, la empresa instaladora en baja tensión deberá ampliar el seguro o garantía equivalente hasta completar las condiciones exigidas. En el caso de seguros u otras garantías suscritas con entidades aseguradoras y entidades de crédito autorizadas en otro Estado miembro, se aceptarán a efectos de acreditación los certificados emitidos por éstas.

Disposición adicional segunda. *Aceptación de documentos de otros Estados miembros a efectos de acreditación del cumplimiento de requisitos.*

A los efectos de acreditar el cumplimiento de los requisitos exigidos a las empresas instaladoras, se aceptarán los documentos procedentes de otro Estado miembro de los que se desprenda que se cumplen tales requisitos, en los términos previstos en el artículo 17 de la Ley 17/2009, de 23 de noviembre, sobre el libre acceso a las actividades de servicios y su ejercicio.

Disposición adicional tercera. *Modelo de declaración responsable.*

Corresponderá a las comunidades autónomas elaborar y mantener disponibles los modelos de declaración responsable. A efectos de facilitar la introducción de datos en el Registro Integrado Industrial regulado en el título IV de la Ley 21/1992, de 16 de julio, de Industria, el órgano competente en materia de seguridad industrial del Ministerio de Industria, Turismo y Comercio elaborará y mantendrá actualizada una propuesta de modelos de declaración responsable, que deberá incluir los datos que se suministrarán al indicado registro, y que estará disponible en la sede electrónica de dicho Ministerio.

Disposición adicional cuarta. *Obligaciones en materia de información y reclamaciones.*

Las empresas instaladoras en baja tensión deben cumplir las obligaciones de información de los prestadores y las obligaciones en materia de reclamaciones establecidas, respectivamente, en los artículos 22 y 23 de la Ley 17/2009, de 23 de noviembre, sobre el libre acceso a las actividades de servicios y su ejercicio.

2. REGLAMENTO ELECTROTÉCNICO PARA BAJA TENSIÓN

Modificado por los Reales Decretos 542/2020 y 298/2021

Artículo 1. *Objeto.*

El presente Reglamento tiene por objeto establecer las condiciones técnicas y garantías que deben reunir las instalaciones eléctricas conectadas a una fuente de suministro en los límites de baja tensión, con la finalidad de:

a) Preservar la seguridad de las personas y los bienes.

b) Asegurar el normal funcionamiento de dichas instalaciones y prevenir las perturbaciones en otras instalaciones y servicios.

c) Contribuir a la fiabilidad técnica y a la eficiencia económica de las instalaciones.

Artículo 2. *Campo de aplicación.*

El presente Reglamento se aplicará:

a) A las nuevas instalaciones, a sus modificaciones y a sus ampliaciones.

b) A las modificaciones, reparaciones y ampliaciones, sean o no de importancia, de las instalaciones existentes antes de su entrada en vigor, solo en lo que afecta a la parte modificada, reparada o ampliada, y siempre y cuando se tomen las medidas necesarias para garantizar las condiciones de seguridad del conjunto de la instalación.

c) A las instalaciones existentes antes de su entrada en vigor, en lo referente al régimen de inspecciones, si bien los criterios técnicos aplicables en dichas inspecciones serán los correspondientes a la reglamentación con la que se aprobaron.

Se entenderá por modificaciones o reparaciones de importancia, a los efectos de la documentación exigible y de la obligatoriedad de inspección inicial, a las que afectan a más del 50 por 100 de la potencia instalada. Igualmente se considerará modificación de importancia la que afecte a líneas completas de procesos productivos con nuevos circuitos y cuadros, aun con reducción de potencia.

Artículo 3. *Instalación eléctrica.*

Se entiende por instalación eléctrica todo conjunto de aparatos y de circuitos asociados en previsión de un fin particular: producción, conversión, transformación, transmisión, distribución o utilización de la energía eléctrica.

Artículo 4. *Clasificación de las tensiones. Frecuencia de las redes.*

1. A efectos de aplicación de las prescripciones del presente Reglamento, las instalaciones eléctricas de baja tensión se clasifican, según las tensiones nominales que se les asignen, en la forma siguiente:

	Corriente alterna (valor eficaz)	Corriente continua (valor medio aritmético)
Muy baja tensión	Un ≤ 50 V	Un ≤ 75 V
Tensión usual	50 < Un ≤ 500 V	75 < Un ≤ 750 V
Tensión especial	500 < Un ≤ 1000 V	750 < Un ≤ 1500 V

2. Las tensiones nominales usualmente utilizadas en las distribuciones de corriente alterna serán:

a)   230 V entre fases para las redes trifásicas de tres conductores.

b)   230 V entre fase y neutro, y 400 V entre fases para las redes trifásicas de 4 conductores.

3. Cuando en las instalaciones no pueda utilizarse alguna de las tensiones normalizadas en este Reglamento, porque deban conectarse a o derivar de otra instalación con tensión diferente, se condicionará su inscripción a que la nueva instalación pueda ser utilizada en el futuro con la tensión normalizada que pueda preverse.

4. La frecuencia empleada en la red será de 50 Hz.

5. Podrán utilizarse otras tensiones y frecuencias previa autorización motivada del órgano competente de la Administración Pública, cuando se justifique ante el mismo su necesidad, no se produzcan perturbaciones significativas en el funcionamiento de otras instalaciones y no se menoscabe el nivel de seguridad para las personas y los bienes.

Artículo 5. *Perturbaciones en las redes.*

Las instalaciones de baja tensión que pudieran producir perturbaciones sobre las telecomunicaciones, las redes de distribución de energía o los receptores, deberán estar dotadas de los adecuados dispositivos protectores, según se establece en las disposiciones vigentes relativas a esta materia.

Artículo 6. Equipos y materiales

1. Los materiales y equipos utilizados en las instalaciones deberán ser utilizados en la forma y para la finalidad que fueron fabricados. Los incluidos en el campo de aplicación de la reglamentación de trasposición de las Directivas de la Unión Europea deberán cumplir con lo establecido en las mismas.

En lo no cubierto por tal reglamentación se aplicarán los criterios técnicos preceptuados por el presente Reglamento. En particular, se incluirán junto con los equipos y materiales las indicaciones necesarias para su correcta instalación y uso, debiendo marcarse con las siguientes indicaciones mínimas:

a) Identificación del fabricante, representante legal o responsable de la comercialización.

b) Marca y modelo.

c) Tensión y potencia (o intensidad) asignadas.

d) Cualquier otra indicación referente al uso específico del material o equipo, asignado por el fabricante.

2. Los órganos competentes de las Comunidades Autónomas verificarán el cumplimiento de las exigencias técnicas de los materiales y equipos sujetos a este Reglamento. La verificación podrá efectuarse por muestreo.

Artículo 7. *Coincidencia con otras tensiones.*

Si en una instalación eléctrica de baja tensión se encuentran integrados circuitos o elementos sometidos a tensiones superiores a los límites definidos en este Reglamento, en ausencia de indicación específica en éste, se deberá cumplir con lo establecido en los reglamentos que regulen las instalaciones a dichas tensiones.

Artículo 8. *Redes de distribución.*

1. Las instalaciones de servicio público o privado cuya finalidad sea la distribución de energía eléctrica se definirán:

a) Por los valores de la tensión entre fase o conductor polar y tierra y entre dos conductores de fase o polares, para las instalaciones unidas directamente a tierra.

b) Por el valor de la tensión entre dos conductores de fase o polares, para las instalaciones no unidas directamente a tierra.

2. Las intensidades de la corriente eléctrica admisibles en los conductores se regulan en función de las condiciones técnicas de las redes de distribución y de los sistemas de protección empleados en las mismas.

Artículo 9. *Instalaciones de alumbrado exterior.*

Se considerarán instalaciones de alumbrado exterior las que tienen por finalidad la iluminación de las vías de circulación o comunicación y las de los espacios comprendidos entre edificaciones que, por sus características o seguridad general, deben permanecer iluminados, en forma permanente o circunstancial, sean o no de dominio público.

Las condiciones que deben reunir las instalaciones de alumbrado exterior serán las correspondientes a su peculiar situación de intemperie y, por el riesgo que supone, el que parte de sus elementos sean fácilmente accesibles.

Artículo 10. *Tipos de suministro.*

1. A efectos del presente Reglamento, los suministros se clasifican en normales y complementarios.

A) Suministros normales son los efectuados a cada abonado por una sola empresa distribuidora por la totalidad de la potencia contratada por el mismo y con un solo punto de entrega de la energía.

B) Suministros complementarios o de seguridad son los que, a efectos de seguridad y continuidad de suministro, complementan a un suministro normal. Estos suministros podrán realizarse por dos empresas diferentes o por la misma empresa, cuando se disponga, en el lugar de utilización de la energía, de medios de transporte y distribución independientes, o por el usuario mediante medios de producción propios. Se considera suministro complementario aquel que, aun partiendo del mismo transformador, dispone de línea de distribución independiente del suministro normal desde su mismo origen en baja tensión. Se clasifican en suministro de socorro, suministro de reserva y suministro duplicado:

a) Suministro de socorro es el que está limitado a una potencia receptora mínima equivalente al 15 por 100 del total contratado para el suministro normal.

b) Suministro de reserva es el dedicado a mantener un servicio restringido de los elementos de funcionamiento indispensables de la instalación receptora, con una potencia mínima del 25 por 100 de la potencia total contratada para el suministro normal.

c) Suministro duplicado es el que es capaz de mantener un servicio mayor del

50 por 100 de la potencia total contratada para el suministro normal.

2. Las instalaciones previstas para recibir suministros complementarios deberán estar dotadas de los dispositivos necesarios para impedir un acoplamiento entre ambos suministros, salvo lo prescrito en las instrucciones técnicas complementarias. La instalación de esos dispositivos deberá realizarse de acuerdo con la o las empresas suministradoras. De no establecerse ese acuerdo, el órgano competente de la Comunidad Autónoma resolverá lo que proceda en un plazo máximo de
15 días hábiles, contados a partir de la fecha en que le sea formulada la consulta.

3. Además de los señalados en las correspondientes instrucciones técnicas complementarias, los órganos competentes de las Comunidades Autónomas podrán fijar, en cada caso, los establecimientos industriales o dedicados a cualquier otra actividad que, por sus características y circunstancias singulares, hayan de disponer de suministro de socorro, de reserva o suministro duplicado.

4. Si la empresa suministradora que ha de facilitar el suministro complementario se negara a realizarlo o no hubiera acuerdo con el usuario sobre las condiciones técnico-

económicas propuestas, el órgano competente de la Comunidad Autónoma deberá resolver lo que proceda, en el plazo de quince días hábiles, a partir de la fecha de presentación de la controversia.

Artículo 11. *Locales de características especiales.*

Se establecerán en las correspondientes instrucciones técnicas complementarias prescripciones especiales, con base en las condiciones particulares que presentan, en los denominados "locales de características especiales", tales como los locales y emplazamientos mojados o en los que exista atmósfera húmeda, gases o polvos de materias no inflamables o combustibles, temperaturas muy elevadas o muy bajas en relación con las normales, los que se dediquen a la conservación o reparación de automóviles, los que estén afectos a los servicios de producción o distribución de energía eléctrica; en las instalaciones donde se utilicen las denominadas tensiones especiales, las que se realicen con carácter provisional o temporal, las instalaciones para piscinas, otras señaladas específicamente en las ITC y, en general, todas aquellas donde sea necesario mantener instalaciones eléctricas en circunstancias distintas a las que pueden estimarse como de riesgo normal, para la utilización de la energía eléctrica en baja tensión.

Artículo 12. *Ordenación de cargas.*

Se establecerán en las correspondientes instrucciones técnicas complementarias prescripciones relativas a la ordenación de las cargas previsibles para cada una de las agrupaciones de consumo de características semejantes, tales como edificios dedicados principalmente a viviendas, edificios comerciales, de oficinas y de talleres para industrias, basadas en la mejor utilización de las instalaciones de distribución de energía eléctrica.

Antes de iniciar las obras, los titulares de edificaciones en proyecto de construcción deberán facilitar a la empresa suministradora toda la información necesaria para deducir los consumos y cargas que han de producirse, a fin de poder adecuar con antelación suficiente el crecimiento de sus redes y las previsiones de cargas en sus centros de transformación.

Artículo 13. *Reserva de local.*

En lo relativo a la reserva de local se seguirán las prescripciones recogidas en la reglamentación por la que se regulen las actividades de transporte, distribución, comercialización, suministro y procedimientos de autorización de instalaciones de energía eléctrica.

Artículo 14. *Especificaciones particulares de las empresas suministradoras.*

1. Las empresas distribuidoras de energía eléctrica podrán proponer especificaciones particulares sobre la construcción y montaje de acometidas, líneas generales de alimentación, instalaciones de contadores y derivaciones individuales. Estas especificaciones serán únicas para todo el territorio de distribución de la empresa distribuidora y recogerán las condiciones técnicas de carácter concreto que sean precisas para conseguir una mayor

homogeneidad en la seguridad y el funcionamiento de las redes de distribución y las instalaciones de los consumidores.

En ningún caso estas especificaciones incluirán marcas o modelos de equipos o materiales concretos que aboquen al consumidor a un único proveedor, ni prescripciones de tipo administrativo o económico, que supongan para el titular de la instalación privada cargas adicionales a las previstas en este reglamento, o en otra normativa que pueda ser de aplicación.

En todo caso, las especificaciones incluirán la posibilidad de que, ante situaciones debidamente justificadas, previa acreditación de seguridad equivalente, el titular de la instalación pueda dar soluciones alternativas a situaciones concretas en que sea imposible cumplir los requisitos de las especificaciones aprobadas por la Administración.

2. Dichas especificaciones deberán ajustarse, en cualquier caso, a los preceptos del reglamento, y previo cumplimiento del procedimiento de información pública, deberán ser aprobadas y registradas por los órganos competentes de las Comunidades Autónomas, en caso de que se limiten a su ámbito territorial, o por el Ministerio de Industria, Comercio y Turismo, en caso de aplicarse en más de una comunidad autónoma.

3. Una persona técnica competente de la empresa distribuidora de energía eléctrica certificará que las especificaciones particulares cumplen todas las exigencias técnicas y de seguridad reglamentariamente establecidas.

Asimismo, dichas normas deberán contar con un informe técnico de un órgano cualificado e independiente que certificará que dichas especificaciones cumplen con todos los requisitos de la reglamentación de seguridad aplicable a productos e instalaciones de baja tensión, que no se incluyen prescripciones de tipo administrativo o económico que supongan una carga para el titular de la instalación privada y que tampoco se incluyen sobredimensionamientos técnicamente no justificados de la instalación, salvo aquellos derivados de la utilización de las series normalizadas de materiales.

4. Las empresas distribuidoras que quieran proponer las especificaciones particulares, a las que hace referencia el apartado 1, y que no se limiten al ámbito territorial de una única Comunidad Autónoma, deberán remitir solicitud de aprobación al Ministerio de Industria, Comercio y Turismo, acompañada de la siguiente documentación:

a) El texto de las especificaciones para las que se solicita la aprobación.

b) Certificado por persona técnica competente referido en el punto 3.

c) Informe técnico emitido por un organismo cualificado, referido en el punto 3.

d) Listado de las Comunidades Autónomas donde la empresa distribuidora lleve a cabo su actividad.

Presentada la solicitud por medios electrónicos, el Ministerio de Industria, Comercio y Turismo realizará el trámite de información pública de dicha especificación y solicitará informe a la Comisión Nacional de los Mercados y la Competencia, al órgano competente de las Comunidades Autónomas en las que la empresa distribuidora desarrolle su actividad y a la Secretaría de Estado de Energía del Ministerio para la Transición Ecológica y el Reto Demográfico.

Recibidos los informes, o cumplido el plazo marcado en el artículo 80 de la Ley 39/2015, de 1 de octubre, del Procedimiento Administrativo Común para su emisión, procederá a su aprobación siempre que se garantice el cumplimiento reglamentario, la uniformidad de los requisitos en todas las zonas de implantación de la empresa de distribución y que no se adopten barreras técnicas que aboquen al consumidor a un único proveedor, publicándose la resolución correspondiente en el «Boletín Oficial del Estado».

Una vez presentadas las especificaciones ante el Ministerio de Industria, Comercio y Turismo, junto con los documentos mencionados, el plazo para la aprobación será de tres meses, considerándose el silencio administrativo como aprobatorio.

5. Las normas así aprobadas se publicarán en la página web del Ministerio de Industria, Comercio y Turismo, sin perjuicio de la publicidad que las empresas de distribución hagan de las mismas.

6. En caso de modificación o ampliación de especificaciones ya aprobadas, la empresa de distribución de energía eléctrica solicitará aprobación de la ampliación o modificación de dichas especificaciones, siguiendo el mismo procedimiento indicado anteriormente.

7. Igualmente las empresas distribuidoras, para aquellas instalaciones, o parte de las mismas, de carácter repetitivo, propiedad de las empresas distribución de energía eléctrica y que requieren proyecto de acuerdo a lo establecido en la ITC-BT 04, podrán proponer proyectos tipo para su aprobación por los órganos competentes de las Comunidades Autónomas, en caso de que se limiten a su ámbito territorial, o por el Ministerio de Industria, Comercio y Turismo, en caso de aplicarse en más de una comunidad autónoma. La aprobación de los proyectos tipo seguirán el procedimiento descrito en este artículo para las especificaciones particulares.

Estos proyectos tipo, incluirán las condiciones técnicas de carácter concreto que sean precisas para conseguir mayor homogeneidad en la seguridad y el funcionamiento de las instalaciones de baja tensión, respetando los requisitos impuestos a las especificaciones particulares en este artículo.

En cualquier caso, los proyectos tipo deberán ser completados, inexcusablemente, con los datos específicos concernientes a cada caso particular.

15. *Acometidas e instalaciones de enlace.*

1. Se denomina acometida la parte de la instalación de la red de distribución que alimenta la caja o cajas generales de protección o unidad funcional equivalente.

La acometida será responsabilidad de la empresa suministradora, que asumirá la inspección y verificación final.

2. Son instalaciones de enlace las que unen la caja general de protección, o cajas generales de protección, incluidas éstas, con las instalaciones interiores o receptoras del usuario.

Se componen de: caja general de protección, línea general de alimentación, elementos para la ubicación de contadores, derivación individual, caja para interruptor de control de potencia y dispositivos generales de mando y protección.

Las cajas generales de protección alojan elementos de protección de las líneas generales de alimentación y señalan el principio de la propiedad de las instalaciones de los usuarios.

Línea general de alimentación es la parte de la instalación que enlaza una caja general de protección con las derivaciones individuales que alimenta.

La derivación individual de un abonado parte de la línea general de alimentación y comprende los aparatos de medida, mando y protección.

3. Las compañías suministradoras facilitarán los valores máximos previsibles de las potencias o corrientes de cortocircuito de sus redes de distribución, con el fin de que el proyectista tenga en cuenta este dato en sus cálculos.

Artículo 16. *Instalaciones interiores o receptoras.*

1. Las instalaciones interiores o receptoras son las que alimentadas por una red de distribución o por una fuente de energía propia, tienen como finalidad principal la utilización de la energía eléctrica. Dentro de este concepto hay que incluir cualquier instalación receptora aunque toda ella o alguna de sus partes esté situada a la intemperie.

2. En toda instalación interior o receptora que se proyecte y realice se alcanzará el máximo equilibrio en las cargas que soportan los distintos conductores que forman parte de la misma, y ésta se subdividirá de forma que las perturbaciones originadas por las averías que pudieran producirse en algún punto de ella afecten a una mínima parte de la instalación. Esta subdivisión deberá permitir también la localización de las averías y facilitar el control del aislamiento de la parte de la instalación afectada.

3. Los sistemas de protección para las instalaciones interiores o receptoras para baja tensión impedirán los efectos de las sobreintensidades y sobretensiones que por distintas causas cabe prever en las mismas y resguardarán a sus materiales y equipos de las acciones y efectos de los agentes externos. Asimismo, y a efectos de seguridad general, se determinarán las condiciones que deben cumplir dichas instalaciones para proteger de los contactos directos e indirectos.

4. En la utilización de la energía eléctrica para instalaciones receptoras se adoptarán las medidas de seguridad, tanto para la protección de los usuarios como para la de las redes, que resulten proporcionadas a las características y potencia de los aparatos receptores utilizados en las mismas.

5. Además de los preceptos que en virtud del presente y otros reglamentos sean de aplicación a los locales de pública concurrencia, deberán cumplirse medidas y previsiones específicas, en función del riesgo que implica en los mismos un funcionamiento defectuoso de la instalación eléctrica.

Artículo 17. *Receptores y puesta a tierra.*

Sin perjuicio de las disposiciones referentes a los requisitos técnicos de diseño de los materiales eléctricos, según lo estipulado en el artículo 6, la instalación de los receptores, así como el sistema de protección por puesta a tierra, deberán respetar lo dispuesto en las correspondientes instrucciones técnicas complementarias.

Artículo 18. *Ejecución y puesta en servicio de las instalaciones.*

1. Según lo establecido en el artículo 12.3 de la Ley 21/1992, de Industria, la puesta en servicio y utilización de las instalaciones eléctricas se condiciona al siguiente procedimiento:

a) Deberá elaborarse, previamente a la ejecución, una documentación técnica que defina las características de la instalación y que, en función de sus características, según determine la correspondiente ITC, revestirá la forma de proyecto o memoria técnica.

b) La instalación deberá verificarse por el instalador, con la supervisión del director de obra, en su caso, a fin de comprobar la correcta ejecución y funcionamiento seguro de la misma.

c) Asimismo, cuando así se determine en la correspondiente ITC, la instalación deberá ser objeto de una inspección inicial por un organismo de control.

d) A la terminación de la instalación y realizadas las verificaciones pertinentes y, en su caso, la inspección inicial, la empresa instaladora ejecutor de la instalación emitirá un certificado de instalación, en el que se hará constar que la misma se ha realizado de conformidad con lo establecido en el Reglamento y sus instrucciones técnicas complementarias y de acuerdo con la documentación técnica. En su caso, identificará y justificará las variaciones que en la ejecución se hayan producido con relación a lo previsto en dicha documentación.

e) El certificado, junto con la documentación técnica y, en su caso, el certificado de dirección de obra y el de inspección inicial, deberá depositarse ante el órgano competente de la Comunidad Autónoma, con objeto de registrar la referida instalación, recibiendo las copias diligenciadas necesarias para la constancia de cada interesado y solicitud de suministro de energía. Las Administraciones competentes deberán facilitar que estas documentaciones puedan ser presentadas y registradas por procedimientos informáticos o telemáticos.

2. Las instalaciones eléctricas deberán ser realizadas únicamente por empresas instaladoras.

3. La empresa suministradora no podrá conectar la instalación receptora a la red de distribución si no se le entrega la copia correspondiente del certificado de instalación debidamente diligenciado por el órgano competente de la Comunidad Autónoma.

4. No obstante lo indicado en el apartado precedente, cuando existan circunstancias objetivas por las cuales sea preciso contar con suministro de energía eléctrica antes de poder culminar la tramitación administrativa de las instalaciones, dichas circunstancias, debidamente justificadas y acompañadas de las garantías para el mantenimiento de la seguridad de las personas y bienes y de la no perturbación de otras instalaciones o equipos, deberán ser expuestas ante el órgano competente de la Comunidad Autónoma, la cual podrá autorizar, mediante resolución motivada, el suministro provisional para atender estrictamente aquellas necesidades.

5. En caso de instalaciones temporales (congresos y exposiciones, con distintos stands, ferias ambulantes, festejos, verbenas, etc.), el órgano competente de la Comunidad podrá admitir que la tramitación de las distintas instalaciones parciales se realice de manera conjunta. De la misma manera, podrá aceptarse que se sustituya la documentación técnica por una declaración, diligenciada la primera vez por la Administración, en el supuesto de instalaciones realizadas sistemáticamente de forma repetitiva.

Artículo 19. *Información a los usuarios.*

Como anexo al certificado de instalación que se entregue al titular de cualquier instalación eléctrica, la empresa instaladora deberá confeccionar unas instrucciones para el correcto uso y mantenimiento de la misma. Dichas instrucciones incluirán, en cualquier caso, como mínimo, un esquema unifilar de la instalación con las características técnicas fundamentales de los equipos y materiales eléctricos instalados, así como un croquis de su trazado.

Cualquier modificación o ampliación requerirá la elaboración de un complemento a lo anterior, en la medida que sea necesario.

Artículo 20. *Mantenimiento de las instalaciones.*

Los titulares de las instalaciones deberán mantener en buen estado de funcionamiento sus instalaciones, utilizándolas de acuerdo con sus características y absteniéndose de intervenir en las mismas para modificarlas. Si son necesarias modificaciones, éstas deberán ser efectuadas por una empresa instaladora.

Artículo 21. *Inspecciones.*

Sin perjuicio de la facultad que, de acuerdo con lo señalado en el artículo 14 de la Ley 21/1992, de Industria, posee la Administración pública competente para llevar a cabo, por sí misma, las actuaciones de inspección y control que estime necesarias, el cumplimiento de las disposiciones y requisitos de seguridad establecidos por el presente Reglamento y sus instrucciones técnicas complementarias, según lo previsto en el artículo 12.3 de dicha Ley, deberá ser comprobado, en su caso, por un organismo de control autorizado en este campo reglamentario.

A tal fin, la correspondiente instrucción técnica complementaria determinará:

a) Las instalaciones y las modificaciones, reparaciones o ampliaciones de instalaciones que deberán ser objeto de inspección inicial, antes de su puesta en servicio.

b) Las instalaciones que deberán ser objeto de inspección periódica.

c) Los criterios para la valoración de las inspecciones, así como las medidas a adoptar como resultado de las mismas.

d) Los plazos de las inspecciones periódicas.

Artículo 22. *Empresas instaladoras.*

1. Las instalaciones eléctricas de baja tensión se ejecutarán por empresas instaladoras en baja tensión, que serán aquellas personas físicas o jurídicas que hayan presentado la declaración responsable de inicio de actividad según se establece en la correspondiente instrucción técnica complementaria. Ello se entiende sin perjuicio del posible proyecto y dirección de obra por técnicos titulados competentes que, en su caso, requieran las citadas instalaciones.

2. De acuerdo con la Ley 21/1992, de 16 de julio, de Industria, la declaración responsable habilita por tiempo indefinido a la empresa instaladora, desde el momento de su presentación ante la Administración competente, para el ejercicio de la actividad en todo el territorio español, sin que puedan imponerse requisitos o condiciones adicionales.

Artículo 23. *Cumplimiento de las prescripciones.*

1. Se considerará que las instalaciones realizadas de conformidad con las prescripciones del presente Reglamento proporcionan las condiciones de seguridad que, de acuerdo con el estado de la técnica, son exigibles, a fin de preservar a las personas y los bienes, cuando se utilizan de acuerdo a su destino.

2. Las prescripciones establecidas en el presente Reglamento tendrán la condición de mínimos obligatorios, en el sentido de lo indicado por el artículo 12.5 de la Ley 21/1992, de Industria.

3. Se considerarán cubiertos tales mínimos:

a) Por aplicación directa de las prescripciones de las correspondientes ITC, o

b) Por aplicación de técnicas de seguridad equivalentes, siendo tales las que, sin ocasionar distorsiones en los sistemas de distribución de las compañías suministradoras, proporcionen, al menos, un nivel de seguridad equiparable a la anterior. La aplicación de técnicas de seguridad equivalentes deberá ser justificado debidamente por el diseñador de la instalación, y aprobada por el órgano competente de la Comunidad Autónoma.

Artículo 24. *Excepciones.*

Sin perjuicio de lo establecido en el apartado 1 del artículo 6, cuando sea materialmente imposible cumplir determinadas prescripciones del presente Reglamento, sin que sea factible tampoco acogerse al apartado 3.b) del artículo anterior, el titular de la instalación que se pretenda realizar deberá presentar, ante el órgano competente de la Comunidad Autónoma, previamente al procedimiento contemplado en el artículo 18, una solicitud de excepción, exponiendo los motivos de la misma e indicando las medidas de seguridad alternativas que se propongan, las cuales, en ningún caso, podrán rebajar los niveles de protección establecidos en el Reglamento.

El citado órgano competente podrá desestimar la solicitud, requerir la modificación de las medidas alternativas o conceder la autorización de excepción, que será siempre expresa, entendiéndose el silencio administrativo como desestimatorio.

Artículo 25. *Equivalencia de normativa del Espacio Económico Europeo.*

Sin perjuicio de lo indicado en el artículo 6, se considerarán conformes con este reglamento los productos comercializados legalmente en otro Estado miembro de la Unión Europea, en Turquía, u originarios de un Estado de la Asociación Europea de Libre Comercio signatario del Acuerdo sobre el Espacio Económico Europeo y comercializados legalmente en él, siempre que garanticen un nivel equivalente al exigido en el presente reglamento en cuanto a su seguridad y al uso al que están destinados. La aplicación de la presente medida está sujeta al Reglamento (UE) n.º 2019/515 del Parlamento Europeo y del Consejo, de 19 de marzo de 2019, relativo al reconocimiento mutuo de mercancías comercializadas legalmente en otro Estado miembro y por el que se deroga el Reglamento (CE) n.º 764/2008[A].

Artículo 26. *Normas de referencia.*

1. Las instrucciones técnicas complementarias podrán establecer la aplicación de normas UNE u otras reconocidas internacionalmente, de manera total o parcial, a fin de facilitar la adaptación al estado de la técnica en cada momento.

Dicha referencia se realizará, por regla general, sin indicar el año de edición de las normas en cuestión.

En la correspondiente instrucción técnica complementaria se recogerá el listado de todas las normas citadas en el texto de las instrucciones, identificadas por sus títulos y numeración, la cual incluirá el año de edición.

2. Cuando una o varias normas varíen su año de edición, o se editen modificaciones posteriores a las mismas, deberán ser objeto de actualización en el listado de normas,

---

[A] Última actualización por el art. 3 del Real Decreto 145/2023, de 28 de febrero. Ref. BOE-A-2023-7056, entrará en vigor el 1 de julio de 2023, según se establece en su disposición final 5.

mediante resolución del centro directivo competente en materia de seguridad industrial del Ministerio de Ciencia y Tecnología, en la que deberá hacerse constar la fecha a partir de la cual la utilización de la nueva edición de la norma será válida y la fecha a partir de la cual la utilización de la antigua edición de la norma dejará de serlo, a efectos reglamentarios.

A falta de resolución expresa, se entenderá que también cumple las condiciones reglamentarias la edición de la norma posterior a la que figure en el listado de normas, siempre que la misma no modifique criterios básicos y se limite a actualizar ensayos o incremente la seguridad intrínseca del material correspondiente.

Artículo 27. *Accidentes*.

A efectos estadísticos y con objeto de poder determinar las principales causas, así como disponer las eventuales correcciones en la reglamentación, se debe poseer los correspondientes datos sistematizados de los accidentes más significativos. Para ello, cuando se produzca un accidente que ocasione daños o víctimas, la compañía suministradora deberá redactar un informe que recoja los aspectos esenciales del mismo. En los quince primeros días de cada trimestre, deberán remitir a las Comunidades Autónomas y al centro directivo competente en materia de seguridad industrial del Ministerio de Ciencia y Tecnología, copia de todos los informes realizados.

Artículo 28. *Infracciones y sanciones*.

Las infracciones a lo dispuesto en el presente reglamento se clasificarán y sancionarán de acuerdo con lo dispuesto en el Título V de la Ley 21/1992, de Industria.

Artículo 29. *Guía técnica*.

El centro directivo competente en materia de Seguridad Industrial del Ministerio de Ciencia y Tecnología elaborará y mantendrá actualizada una Guía técnica, de carácter no vinculante, para la aplicación práctica de las previsiones del presente Reglamento y sus instrucciones técnicas complementarias, la cual podrá establecer aclaraciones a conceptos de carácter general incluidos en este Reglamento.

Índice de las Instrucciones Técnicas Complementarias (ITC-BT)

Instrucción ITC-BT 01

INSTALACIONES GENERADORAS DE BAJA TENSIÓN

Índice

Normas UNE citadas en la ITC-BT 01:
UNE 21.302

CONSIDERACIONES GENERALES:

Las definiciones específicas de los términos utilizados en las ITC particulares pueden encontrarse en el texto de dichas ITC.

Para aquellos términos no definidos en la presente instrucción ni en las ITC particulares se aplicará lo dispuesto en la norma **UNE 21.302**

DEFINICIÓN

1. AISLAMIENTO DE UN CABLE

Conjunto de materiales aislantes que forman parte de un cable y cuya función específica es soportar la tensión.

2. AISLAMIENTO PRINCIPAL

Aislamiento de las partes activas, cuyo deterioro podría provocar riesgo de choque eléctrico.

3. AISLAMIENTO FUNCIONAL

Aislamiento necesario para garantizar el funcionamiento normal y la protección fundamental contra los choques eléctricos.

4. AISLAMIENTO REFORZADO

Aislamiento cuyas características mecánicas y eléctricas hacen que pueda considerarse equivalente a un doble aislamiento.

5. AISLAMIENTO SUPLEMENTARIO

Aislamiento independiente, previsto además del aislamiento principal, a efectos de asegurar la protección contra choque eléctrico en caso de deterioro del aislamiento principal.

6. AISLANTE

Sustancia o cuerpo cuya conductividad es nula o, en la práctica, muy débil.

7. ALTA SENSIBILIDAD

Se consideran los interruptores diferenciales como de alta sensibilidad cuando el valor de ésta es igual o inferior a 30 mA.

8. AMOVIBLE

Calificativo que se aplica a todo material instalado de manera que se pueda quitar fácilmente.

9. APARATO AMOVIBLE

Puede ser:

– Aparato portátil a mano, cuya utilización, en uso normal, exige la acción constante de la misma.

– Aparato movible, cuya utilización, en uso normal, puede necesitar su desplazamiento.

– Aparato semi-fijo, sólo puede ser desplazado cuando está sin tensión.

10. APARATO DE CALDEO ELÉCTRICO

Aparato que produce calor de forma deliberada por medio de fenómenos eléctricos.

Destinado a elevar la temperatura de un determinado medio o fluido.

11. APARAMENTA

Equipo, aparato o material previsto para ser conectado a un circuito eléctrico con el fin de asegurar una o varias de las siguientes funciones: protección, control, seccionamiento, conexión.

12. APARATO FIJO

Es el que está instalado en forma inamovible.

13. BANDEJA

Material de instalación constituido por un perfil, de paredes perforadas o sin perforar, destinado a soportar cables y abierto en su parte superior.

14. BASE MÓVIL

Base prevista para conectarse a, o a integrarse con, cables flexibles y que puede desplazarse fácilmente cuando está conectada al circuito de alimentación.

15. BORNE O BARRA PRINCIPAL DE TIERRA

Borne o barra prevista para la conexión a los dispositivos de puesta a tierra de los conductores de protección, incluyendo los conductores de equipotencialidad y eventualmente los conductores de puesta a tierra funcional.

16. CABLE

Conjunto constituido por:

– Uno o varios conductores aislados.
– Su eventual revestimiento individual.
– La eventual protección del conjunto.
– El o los eventuales revestimientos de protección que se dispongan.

Puede tener, además, uno o varios conductores no aislados.

17. CABLE BLINDADO CON AISLAMIENTO MINERAL

Cable aislado por una materia mineral y que tiene una cubierta de protección constituida por cobre, aluminio o aleación de éstos. Estas cubiertas, a su vez, pueden estar protegidas por un revestimiento adecuado.

18. CABLE CON CUBIERTA ESTANCA

Son aquellos cables que disponen de una cubierta interna o externa que proporcionan una protección eficaz contra la penetración de agua.

19. CABLE FLEXIBLE

Cable diseñado para garantizar una conexión deformable en servicio y en el que la estructura y la elección de los materiales son tales que cumplen las exigencias correspondientes.

20. CABLE FLEXIBLE FIJADO PERMANENTEMENTE

Cable flexible de alimentación a un aparato, unido a éste de manera que sólo se pueda desconectar de él con ayuda de un útil.

21. CABLE MULTICONDUCTOR

Cable que incluye más de un conductor, alguno de los cuales puede no estar aislado.

22. CABLE UNIPOLAR

Cable que tiene un solo conductor aislado.

23. CABLE CON NEUTRO CONCÉNTRICO

Cable con un conductor concéntrico destinado a utilizarse como conductor de neutro.

24. CANAL

Recinto situado bajo el nivel del suelo o piso y cuyas dimensiones no permiten circular por él y que, en caso de ser cerrado, debe permitir el acceso a los cables en toda su longitud.

25. CANALIZACIÓN AMOVIBLE

Canalización que puede ser quitada fácilmente.

26. CANALIZACIÓN ELÉCTRICA

Conjunto constituido por uno o varios conductores eléctricos y los elementos que aseguran su fijación y, en su caso, su protección mecánica.

27. CANALIZACIÓN FIJA

Canalización instalada en forma inamovible, que no puede ser desplazada.

28. CANALIZACIÓN MOVIBLE

Canalización que puede ser desplazada durante su utilización.

29. CANAL MOLDURA

Variedad de canal de paredes llenas, de pequeñas dimensiones, conteniendo uno o varios alojamientos para conductores.

30. CANAL PROTECTORA

Material de instalación constituido por un perfil, de paredes llenas o perforadas, destinado a contener conductores y otros componentes eléctricos y cerrado por una tapa desmontable.

31. CEBADO

Establecimiento de un arco como consecuencia de una perforación de aislamiento.

32. CERCA ELÉCTRICA

Cerca formada por uno o varios conductores, sujetos a pequeños aisladores, montados sobre postes ligeros a una altura apropiada a los animales que se pretende alejar y electrizados de tal forma que las personas o los animales que los toquen no reciban descargas peligrosas.

33. CIRCUITO

Un circuito es un conjunto de materiales eléctricos (conductores, aparamenta, etc.) de diferentes fases o polaridades, alimentadas por la misma fuente de energía y protegidos contra las sobreintensidades por el o los mismos dispositivos de protección. No quedan incluidos en esta definición los circuitos que formen parte de los aparatos de utilización o receptores.

34. CONDUCTO

Envolvente cerrada destinada a alojar conductores aislados o cables en las instalaciones eléctricas, y que permiten su reemplazamiento por tracción.

35. CONDUCTOR DE UN CABLE

Parte de un cable que tiene la función específica de conducir corriente.

36. CONDUCTOR AISLADO

Conjunto que incluye el conductor, su aislamiento y sus eventuales pantallas.

37. CONDUCTOR EQUIPOTENCIAL

Conductor de protección que asegura una conexión equipotencial.

38. CONDUCTOR FLEXIBLE

Conductor constituido por alambres suficientemente finos y reunidos de forma que puedan utilizarse como un cable flexible.

39. CONDUCTOR MEDIANO (VER PUNTO MEDIANO)

40. CONDUCTOR DE PROTECCIÓN (CP o PE)

Conductor requerido en ciertas medidas de protección contra choques eléctricos y que conecta alguna de las siguientes partes:
– Masas.
– Elementos conductores.
– Borne principal de tierra.
– Toma de tierra.
– Punto de la fuente de alimentación unida a tierra o a un neutro artificial.

41. CONDUCTOR NEUTRO

Conductor conectado al punto de una red y capaz de contribuir al transporte de energía eléctrica.

42. CONDUCTOR CPN o PEN

Conductor puesto a tierra que asegura, al mismo tiempo, las funciones de conductor de protección y de conductor neutro.

43. CONDUCTORES ACTIVOS

Se consideran como conductores activos en toda instalación los destinados normalmente a la transmisión de la energía eléctrica. Esta consideración se aplica a los conductores de fase y al conductor neutro en corriente alterna y a los conductores polares y al compensador en corriente continua.

44. CONECTOR

Conjunto destinado a conectar eléctricamente un cable a un aparato eléctrico.

Se compone de dos partes:
– Una toma móvil, que es la parte que forma cuerpo con el conductor de alimentación.
– Una base, que es la parte incorporada o fijada al aparato de utilización.

45. CONEXIÓN EQUIPOTENCIAL

Conexión eléctrica que pone al mismo potencial, o a potenciales prácticamente iguales, a las partes conductoras accesibles y elementos conductores.

46. CONTACTOR CON APERTURA AUTOMÁTICA

Contactor electromagnético provisto de relés que producen su apertura en condiciones predeterminadas.

47. CONTACTOR CON CONTACTOS ABIERTOS EN REPOSO

Aparato de interrupción no accionado manualmente, con una sola posición de reposo que corresponde a la apertura de sus contactos. El aparato está previsto, corrientemente, para maniobras frecuentes con cargas y sobrecargas normales.

48. CONTACTOR CON CONTACTOS CERRADOS EN REPOSO

Aparato de interrupción no accionado manualmente, con una sola posición de reposo que corresponde al cierre de sus contactos. El aparato está previsto, corrientemente, para maniobras frecuentes con cargas y sobrecargas normales.

49. CONTACTOR DE SOBRECARRERA

Interruptor contactor de posición que entra en acción cuando un elemento móvil ha sobrepasado su posición de fin de carrera.

50. CONTACTO DIRECTO

Contacto de personas o animales con partes activas de los materiales y equipos.

51. CONTACTO INDIRECTO

Contacto de personas o animales domésticos con partes que se han puesto bajo tensión como resultado de un fallo de aislamiento.

52. CORRIENTE DE CONTACTO

Corriente que pasa a través de cuerpo humano o de un animal cuando está sometido a una tensión eléctrica.

53. CORRIENTE ADMISIBLE PERMANENTE (DE UN CONDUCTOR)

Valor máximo de la corriente que circula permanentemente por un conductor, en condiciones específicas, sin que su temperatura de régimen permanente supere un valor especificado.

54. CORRIENTE CONVENCIONAL DE FUNCIONAMIENTO DE UN DISPOSITIVO DE PROTECCIÓN

Valor especificado que provoca el funcionamiento del dispositivo de protección antes de transcurrir un intervalo de tiempo determinado de una duración especificada, llamado tiempo convencional.

55. CORRIENTE DE CORTOCIRCUITO FRANCO

Sobreintensidad producida por un fallo de impedancia despreciable, entre dos conductores activos que presentan una diferencia de potencial en condiciones normales de servicio.

56. CORRIENTE DE CHOQUE

Corriente de contacto que podría provocar efectos fisiopatológicos.

57. CORRIENTE DE DEFECTO O DE FALTA

Corriente que circula debido a un defecto de aislamiento.

58. CORRIENTE DE DEFECTO A TIERRA

Corriente que en caso de un solo punto de defecto a tierra se deriva por el citado punto desde el circuito averiado a tierra o partes conectadas a tierra.

59. CORRIENTE DE FUGA EN UNA INSTALACIÓN

Corriente que, en ausencia de fallos, se transmite a la tierra o a elementos conductores del circuito.

60. CORRIENTE DE PUESTA A TIERRA

Corriente total que se deriva a tierra a través de la puesta a tierra.

Nota: la corriente de puesta a tierra es la parte de la corriente de defecto que provoca la elevación de potencial de una instalación de puesta a tierra.

61. CORRIENTE DE SOBRECARGA DE UN CIRCUITO

Sobreintensidad que se produce en un circuito, en ausencia de un fallo eléctrico.

62. CORRIENTE DIFERENCIAL RESIDUAL

Suma vectorial de los valores instantáneos de las corrientes que circulan a través de todos los conductores activos de un circuito, en un punto de una instalación eléctrica.

63. CORRIENTE DIFERENCIAL RESIDUAL DE FUNCIONAMIENTO

Valor de la corriente diferencial residual que provoca el funcionamiento de un dispositivo de protección.

64. CORTACIRCUITO FUSIBLE

Aparato cuyo cometido es el de interrumpir el circuito en el que está intercalado, por fusión de uno de sus elementos, cuando la intensidad que recorre el elemento sobrepasa, durante un tiempo determinado, un cierto valor.

65. CORTE OMNIPOLAR

Corte de todos los conductores activos. Puede ser:

— Simultáneo, cuando la conexión y desconexión se efectúa al mismo tiempo en el conductor neutro o compensador y en las fases o polares.

— No simultáneo, cuando la conexión del neutro o compensador se establece antes que las de las fases o polares y se desconectan éstas antes que el neutro o compensador.

66. CUBIERTA DE UN CABLE

Revestimiento tubular continuo y uniforme de material metálico o no metálico, generalmente extruido.

67. CHOQUE ELÉCTRICO

Efecto fisiopatológico resultante del paso de corriente eléctrica a través del cuerpo humano o de un animal.

68. DEDO DE PRUEBA O SONDA PORTÁTIL DE ENSAYO

Es un dispositivo de forma similar a un dedo, incluso en sus articulaciones internacionalmente normalizado, y que se destina a verificar si las partes activas de cualquier aparato o materias son accesibles o no al utilizador del mismo. Existen varios tipos de dedos de prueba, destinados a diferentes aparatos, según su clase, tensión, etc.

69. DEFECTO FRANCO

Defecto de aislamiento cuya impedancia puede considerarse nula.

70. DEFECTO MONOFÁSICO A TIERRA

Defecto de aislamiento entre un conductor y tierra.

71. DOBLE AISLAMIENTO

Aislamiento que comprende, a la vez, un aislamiento principal y un aislamiento suplementario.

72. ELEMENTOS CONDUCTORES

Todos aquellos que pueden encontrarse en un edificio, aparato, etc. y que son susceptibles de transferir una tensión, tales como: estructuras metálicas o de hormigón armado utilizadas en la construcción de edificios (p.e. armaduras, paneles, carpintería metálica, etc.) canalizaciones metálicas de agua, gas, calefacción, etc. y los aparatos no eléctricos conectados a ellas, si la unión constituye una conexión eléctrica (p.e. radiadores, cocinas, fregaderos metálicos, etc.), suelos y paredes conductores.

73. ELEMENTO CONDUCTOR AJENO A LA INSTALACIÓN ELÉCTRICA

Elemento que no forma parte de la instalación eléctrica y que es susceptible de introducir un potencial, generalmente el de tierra.

74. ENVOLVENTE

Elemento que asegura la protección de los materiales contra ciertas influencias externas y la protección, en cualquier dirección, ante contactos directos.

75. FACTOR DE DIVERSIDAD

Inverso del factor de simultaneidad.

76. FACTOR DE SIMULTANEIDAD

Relación entre la totalidad de la potencia instalada o prevista, para un conjunto de instalaciones o de máquinas, durante un período de tiempo determinado, y las sumas de las potencias máximas absorbidas individualmente por las instalaciones o por las máquinas.

77. FUENTE DE ENERGÍA

Aparato generador o sistema suministrador de energía eléctrica.

78. FUENTE DE ALIMENTACIÓN DE ENERGÍA

Lugar o punto donde una línea, una red, una instalación o un aparato recibe energía eléctrica que tiene que transmitir, repartir o utilizar.

79. GAMA NOMINAL DE TENSIONES (Ver TENSIÓN NOMINAL DE UN APARATO)

80. IMPEDANCIA

Cociente de la tensión en los bornes de un circuito por la corriente que fluye por ellos. Esta definición sólo es aplicable a corrientes sinusoidales.

81. IMPEDANCIA DEL CIRCUITO DE DEFECTO

Impedancia total ofrecida al paso de una corriente de defecto.

82. INSTALACIÓN ELÉCTRICA

Conjunto de aparatos y de circuitos asociados, en previsión de un fin particular: producción, conversión, transformación, transmisión, distribución o utilización de la energía eléctrica.

83. INSTALACIÓN ELÉCTRICA DE EDIFICIOS

Conjunto de materiales eléctricos asociados a una aplicación determinada cuyas características están coordinadas.

84. INSTALACIÓN DE PUESTA A TIERRA

Conjunto de conexiones y dispositivos necesarios para poner a tierra, individual o colectivamente, un aparato o una instalación.

85. INSTALACIONES PROVISIONALES

Son aquellas que tienen, en tiempo, una duración limitada a las circunstancias que las motiven:

Pueden ser:

— DE REPARACIÓN. Las necesarias para paliar un incidente de explotación.

— DE TRABAJOS. Las realizadas para permitir cambios o transformaciones de las instalaciones, sin interrumpir la explotación.

— SEMI-PERMANENTES. Las destinadas a modificaciones de duración limitada, en el marco de actividades habituales de los locales en los que se repitan periódicamente (Ferias).

— DE OBRAS. Son las destinadas a la ejecución de trabajos de construcción de edificios y similares.

86. INTENSIDAD DE DEFECTO

Valor que alcanza una corriente de defecto.

87. INTERRUPTOR AUTOMÁTICO

Interruptor capaz de establecer, mantener e interrumpir las intensidades de corriente de servicio, o de establecer e interrumpir automáticamente, en condiciones predeterminadas, intensidades de corriente anormalmente elevadas, tales como las corrientes de cortocircuito.

88. INTERRUPTOR DE CONTROL DE POTENCIA Y MAGNETOTÉRMICO

Aparato de conexión que integra todos los dispositivos necesarios para asegurar de forma coordinada:

— Mando.

— Protección contra sobrecargas.

— Protección contra cortocircuitos.

89. INTERRUPTOR DIFERENCIAL

Aparato electromecánico o asociación de aparatos destinados a provocar la apertura de los contactos cuando la corriente diferencial alcanza un valor dado.

90. LÍNEA GENERAL DE DISTRIBUCIÓN

Canalización eléctrica que enlaza otra canalización, un cuadro de mando y protección o un dispositivo de protección general con el origen de canalizaciones que alimentan distintos receptores, locales o emplazamientos.

91. LUMINARIA

Aparato de alumbrado que reparte, filtra o transforma la luz de una o varias lámparas y que comprende todos los dispositivos necesarios para fijar y proteger las lámparas (excluyendo las propias lámparas) y, cuando sea necesario, los circuitos auxiliares junto con los medios de conexión al circuito de alimentación.

92. MASA

Conjunto de las partes metálicas de un aparato que, en condiciones normales, están aisladas de las partes activas.

Las masas comprenden normalmente:

— Las partes metálicas accesibles de los materiales y de los equipos eléctricos, separadas de las partes activas solamente por un aislamiento funcional, las cuales son susceptibles de ser puestas en tensión a consecuencia de un fallo de las disposiciones tomadas para asegurar su aislamiento. Este fallo puede resultar de un defecto del aislamiento funcional o de las disposiciones de fijación y de protección.

— Por tanto, son masas las partes metálicas accesibles de los materiales eléctricos, excepto los de Clase II, las armaduras metálicas de los cables y las conducciones metálicas de agua, gas, etc.

— Los elementos metálicos en conexión eléctrica o en contacto con las superficies exteriores de materiales eléctricos que estén separadas de las partes activas por aislamientos funcionales, lleven o no estas superficies exteriores algún elemento metálico.

Por tanto son masas: las piezas metálicas que forman parte de las canalizaciones eléctricas, los soportes de aparatos eléctricos con aislamiento funcional y las piezas colocadas en contacto con la envoltura exterior de estos aparatos.

Por extensión, también puede ser necesario considerar como masas todo objeto metálico situado en la proximidad de partes activas no aisladas, y que presenta un riesgo apreciable de encontrarse unido eléctricamente con estas partes activas, a consecuencia de un fallo de los medios de fijación (p.e. aflojamiento de una conexión, rotura de un conductor, etc.).

NOTA: una parte conductora que sólo puede ser puesta bajo tensión en caso de fallo a través de una masa, no puede considerarse como una masa.

93. MATERIAL DE CLASE 0

Material en el cual la protección contra el choque eléctrico se basa en el aislamiento principal; lo que implica que no existe ninguna disposición prevista para la conexión de las partes activas accesibles, si las hay, a un conductor de protección que forme parte del cableado fijo de la instalación. La protección en caso de defecto en el aislamiento principal depende del entorno.

94. MATERIAL DE CLASE I

Material en el cual la protección contra el choque eléctrico no se basa únicamente en el aislamiento principal, sino que comporta una medida de seguridad complementaria en forma de medios de conexión de las partes conductoras accesibles a un conductor de protección puesto a tierra, que forma parte del cableado fijo de la instalación, de forma tal que las partes conductoras accesibles no puedan presentar tensiones peligrosas.

95. MATERIAL DE CLASE II

Material en el cual la protección contra el choque eléctrico no se basa únicamente en el aislamiento principal, sino que comporta medidas de seguridad complementarias, tales como el doble aislamiento o aislamiento reforzado. Estas medidas no suponen la utilización de puesta a tierra para la protección y no dependen de las condiciones de la instalación.

Este material debe estar alimentado por cables con doble aislamiento o con aislamiento reforzado.

96. MATERIAL DE CLASE III

Material en el cual la protección contra el choque eléctrico se basa en la alimentación a muy baja tensión y en el cual no se producen tensiones superiores a 50 V en c.a. o a 75 V en c.c.

97. MATERIAL ELÉCTRICO

Cualquier material utilizado en la producción, transformación, transporte, distribución o utilización de la energía eléctrica, como máquinas, transformadores, aparamenta, instrumentos de medida, dispositivos de protección, material para canalizaciones, receptores, etc.

98. MATERIAL MÓVIL

Material que se desplaza durante su funcionamiento, o que puede ser fácilmente desplazado, permaneciendo conectado al circuito de alimentación.

99. MATERIAL PORTÁTIL (DE MANO)

Material móvil previsto para ser tenido en la mano en uso normal, incluido el motor si éste forma parte del material.

100. NIVEL DE AISLAMIENTO

Para un aparato determinado, característica definida por una o más tensiones especificadas de su aislamiento.

101. NIVEL DE PROTECCIÓN (DE UN DISPOSITIVO DE PROTECCIÓN CONTRA SOBRETENSIONES)

Son los valores de cresta de las tensiones más elevadas admisibles en los bornes de un dispositivo de protección cuando está sometido a sobretensiones de formas normalizadas y valores asignados bajo condiciones especificadas.

102. PARTES ACCESIBLES SIMULTÁNEAMENTE

Conductores o partes conductoras que pueden ser tocadas simultáneamente por una persona o, en su caso, por animales domésticos o ganado.

NOTA: las partes simultáneamente accesibles pueden ser: partes activas, masas, elementos conductores, conductores de protección, tomas de tierra.

103. PARTES ACTIVAS

Conductores y piezas conductoras bajo tensión en servicio normal. Incluyen el conductor neutro o compensador y las partes a ellos conectadas. Excepcionalmente, las masas no se considerarán como partes activas cuando estén unidas al neutro con finalidad de protección contra contactos indirectos.

104. PERFORACIÓN (RUPTURA ELÉCTRICA)

Fallo dieléctrico de un aislamiento por defecto de un campo eléctrico elevado o por la degradación físico-química del material aislante.

105. PERSONA ADIESTRADA

Persona suficientemente informada o controlada por personas cualificadas que puede evitar los peligros que pueda presentar la electricidad.

106. PERSONA CUALIFICADA

Persona que teniendo conocimientos técnicos o experiencia suficiente puede evitar los peligros que pueda presentar la electricidad.

107. PODER DE CIERRE

El poder de cierre de un dispositivo se expresa por la intensidad de corriente que este aparato es capaz de establecer, bajo una tensión dada, en las condiciones prescritas de empleo y de funcionamiento.

108. PODER DE CORTE

El poder de corte de un aparato se expresa por la intensidad de corriente que este dispositivo es capaz de cortar, bajo una tensión de restablecimiento determinada y en las condiciones prescritas de funcionamiento.

109. POTENCIA PREVISTA O INSTALADA

Potencia máxima capaz de suministrar una instalación a los equipos y aparatos conectados a ella, ya sea en el diseño de la instalación o en su ejecución, respectivamente.

110. POTENCIA NOMINAL DE UN MOTOR

Es la potencia mecánica disponible sobre su eje, expresada en vatios, kilovatios o megavatios.

111. PROTECCIÓN CONTRA CHOQUES ELÉCTRICOS EN SERVICIO NORMAL

Prevención de contactos peligrosos, de personas o animales, con las partes activas.

112. PROTECCIÓN CONTRA CHOQUES ELÉCTRICOS EN CASO DE DEFECTO

Prevención de contactos, peligros de personas o de animales con:

— Masas.

— Elementos conductores susceptibles de ser puestos bajo tensión en caso de defecto.

113. PUNTO A POTENCIAL CERO

Punto del terreno a una distancia tal de la instalación de toma de tierra que el gradiente de tensión resulta despreciable, cuando pasa por dicha instalación una corriente de defecto.

114. PUNTO MEDIANO

Es el punto de un sistema de corriente continua o de alterna monofásica, que en las condiciones de funcionamiento previstas, presenta la misma diferencia de potencial con relación a cada uno de los polos o fases del sistema. A veces se conoce también como punto neutro, por semejanza con los sistemas trifásicos. El conductor que tiene su origen en este punto mediano se denomina conductor mediano, neutro o, en corriente continua, compensador.

115. PUNTO NEUTRO

Es el punto de un sistema polifásico que, en las condiciones de funcionamiento previstas, presenta la misma diferencia de potencial con relación a cada uno de los polos o fases del sistema.

116. REACTANCIA

Es un dispositivo que se aplica para agregar a un circuito inductancia, con distintos objetos, por ejemplo: arranque de motores, conexión en paralelo de transformadores o regulación de corriente. Reactancia limitadora es la que se usa para limitar la corriente cuando se produzca un cortocircuito.

117. RECEPTOR

Aparato o máquina eléctrica que utiliza la energía eléctrica para un fin determinado.

118. RED DE DISTRIBUCIÓN

El conjunto de conductores con todos sus accesorios, sus elementos de sujeción, protección, etc., que une una fuente de energía con las instalaciones interiores o receptoras.

119. RED POSADA

Red posada, sobre fachada o muros, es aquella en que los conductores aislados se instalan sin quedar sometidos a esfuerzos mecánicos, a excepción de su propio peso.

120. RED TENSADA

Red tensada, sobre apoyos, es aquella en que los conductores se instalan con una tensión mecánica predeterminada, contemplada en las correspondientes tablas de tendido, mediante dispositivos de anclaje y suspensión.

121. REDES DE DISTRIBUCIÓN PRIVADA

Son las destinadas, por un único usuario, a la distribución de energía eléctrica en Baja Tensión, a locales o emplazamiento de su propiedad o a otros especialmente autorizados por el Órgano Competente de la Administración. Las redes de distribución privadas pueden tener su origen:

— En centrales de generación propia.

— En redes de distribución pública. En este caso, son aplicables en el punto de entrega de la energía, los preceptos fijados por los Reglamentos vigentes que regulen las actividades de distribución, comercialización y suministro de energía eléctrica, y en las especificaciones particulares de la Empresa Eléctrica aprobadas oficialmente, si las hubiera.

122. REDES DE DISTRIBUCIÓN PÚBLICA

Son las destinadas al suministro de energía eléctrica en Baja Tensión a varios usuarios. En relación con este suministro son de aplicación para cada uno de ellos los preceptos fijados en los Reglamentos vigentes que regulen las actividades de distribución, comercialización y suministro de energía eléctrica.

Las redes de distribución pública pueden ser:

— Pertenecientes a empresas distribuidoras de energía.

— De propiedad particular o colectiva.

123. RESISTENCIA LIMITADORA

Resistencia que se intercala en un circuito para limitar la corriente circulante.

124. RESISTENCIA DE PUESTA A TIERRA

Relación entre la tensión que alcanza con respecto a un punto a potencial cero una instalación de puesta a tierra y la corriente que la recorre.

125. RESISTENCIA GLOBAL O TOTAL DE TIERRA

Es la resistencia de tierra medida en un punto, considerando la acción conjunta de la totalidad de las puestas a tierra.

126. SOBREINTENSIDAD

Toda corriente superior a un valor asignado. En los conductores, el valor asignado es la corriente admisible.

127. SUELO O PARED NO CONDUCTOR

Suelo o pared no susceptible de propagar potenciales.

Se considerará así el suelo (o la pared) que presentan una resistencia igual o superior a 50.000 Ω si la tensión nominal de la instalación es $\leq$ 500 V y una resistencia igual o superior a 100.000 Ω si es superior a 500 V.

La medida de aislamiento de un suelo se efectúa recubriendo el suelo con una tela húmeda cuadrada de aproximadamente 270 mm de lado, sobre la que se dispone una placa metálica no oxidada, cuadrada de 250 mm de lado y cargada con una masa M de, aproximadamente, 75 kg (peso medio de una persona).

Se mide la tensión con la ayuda de un voltímetro de gran resistencia interna (R_i no inferior a 3.000 Ω), sucesivamente:

— Entre un conductor de fase y la placa metálica, (U_2).

— Entre este mismo conductor de fase y una toma de tierra, eléctricamente distinta T, de resistencia despreciable con relación a R_i, se mide la tensión U_1.

La resistencia buscada viene dada por la fórmula:

$$R_S = R_i * (\frac{U_1}{U_2} - 1)$$

Se efectúan en un mismo local tres medidas por lo menos, una de las cuales sobre una superficie situada a un metro de un elemento conductor, si existe, en el local considerado.

Ninguna de estas tres medidas debe ser inferior a 50.000 Ω para poder considerar el suelo como no conductor.

Si el punto neutro de la instalación está aislado de tierra, es necesario, para realizar esta medida, poner temporalmente a tierra una de las fases no utilizadas para la misma.

128. TENSIÓN DE CONTACTO

Tensión que aparece entre partes accesibles simultáneamente, al ocurrir un fallo de aislamiento.

NOTAS:

1. Por convenio este término sólo se utiliza en relación con la protección contra contactos indirectos.

2. En ciertos casos el valor de la tensión de contacto puede resultar influido notablemente por la impedancia que presenta la persona en contacto con esas partes.

129. TENSIÓN DE DEFECTO

Tensión que aparece a causa de un defecto de aislamiento, entre dos masas, entre una masa y un elemento conductor o entre una masa y una toma de tierra de referencia, es decir, un punto en el que el potencial no se modifica al quedar la masa en tensión.

130. TENSIÓN NOMINAL (O ASIGNADA)

Valor convencional de la tensión con la que se denomina un sistema o instalación y para los que ha sido previsto su funcionamiento y aislamiento. Para los sistemas trifásicos se considera como tal la tensión compuesta.

131. TENSIÓN NOMINAL DE UNA INSTALACIÓN

Tensión por la que se designa una instalación o una parte de la misma.

132. TENSIÓN NOMINAL DE UN APARATO

— Tensión prevista de alimentación del aparato y por la que se le designa.

— Gama nominal de tensiones: intervalo entre los límites de tensión previstas para alimentar el aparato.

En caso de alimentación trifásica, la tensión nominal se refiere a la tensión entre fases.

133. TENSIÓN ASIGNADA DE UN CABLE

Es la tensión máxima del sistema al que el cable puede estar conectado.

134. TENSIÓN CON RELACIÓN O RESPECTO A TIERRA

Se entiende como tensión con relación a tierra:

— En instalaciones trifásicas con neutro aislado o no unido directamente a tierra, a la tensión nominal de la instalación.

— En instalaciones trifásicas con neutro unido directamente a tierra, a la tensión nominal de la instalación.

— En instalaciones monofásicas o de corriente continua, sin punto de puesta a tierra, a la tensión nominal.

— En instalaciones monofásicas o de corriente continua, con punto mediano puesto a tierra, a la mitad de la tensión nominal.

NOTA: se entiende por neutro unido directamente a tierra la unión a la instalación de toma de tierra, sin interposición de una impedancia limitadora.

135. TENSIÓN DE PUESTA A TIERRA (TENSIÓN A TIERRA)

Tensión entre una instalación de puesta a tierra y un punto a potencial cero, cuando pasa por dicha instalación una corriente de defecto.

136. TIERRA

Masa conductora de la tierra en la que el potencial eléctrico en cada punto se toma, convencionalmente, igual a cero.

137. TIERRA LEJANA

Electrodo de tierra conectado a un aparato y situado a una distancia suficiente del mismo para que sea independiente de cualquier otro electrodo de tierra situado cerca del aparato.

138. TOMA DE TIERRA

Electrodo, o conjunto de electrodos, en contacto con el suelo y que asegura la conexión eléctrica con el mismo.

139. TUBO BLINDADO

Tubo que, además de tener las características del tubo normal, es capaz de resistir, después de su colocación, fuertes presiones y golpes repetidos, y que ofrece una resistencia notable a la penetración de objetos puntiagudos.

140. TUBO NORMAL

Tubo que es capaz de soportar únicamente los esfuerzos mecánicos que se producen durante su almacenado, transporte y colocación.

141. SISTEMAS DE ALIMENTACIÓN PARA SERVICIOS DE SEGURIDAD

El sistema comprende la fuente de alimentación y los circuitos, hasta los bornes de los aparatos de utilización. Sistema de alimentación previsto para mantener el funcionamiento de los aparatos esenciales para la seguridad de las personas.

Ciertas instalaciones pueden incluir también en el suministro los equipos de utilización.

142. SISTEMA DE DOBLE ALIMENTACIÓN

Sistema de alimentación previsto para mantener el funcionamiento de la instalación o partes de ésta, en caso de fallo del suministro normal, por razones distintas a las que afectan a la seguridad de las personas.

143. TEMPERATURA AMBIENTE

Temperatura del aire u otro medio donde el material vaya a ser utilizado.

Instrucción ITC-BT 02

NORMAS DE REFERENCIA EN EL REGLAMENTO ELECTROTÉCNICO PARA BAJA TENSIÓN

Listado de normas de ITC BT-02, actualizado por Resolución de 20 de marzo de 2025, de la Dirección General de Estrategia Industrial y de la Pequeña y Mediana Empresa, que, de acuerdo con el artículo 26 del Reglamento Electrotécnico para Baja Tensión, aprobado por el Real Decreto 842/2002, de 2 de agosto, se considera que cumplen las condiciones reglamentarias

Referencia norma UNE, título y ediciones *	Sustituye **	Coexistencia
Especificación UNE 0048. Infraestructura para la recarga de vehículos eléctricos. Sistema de protección de la línea general de alimentación (SPL). EDIC.: 2017.		
Especificación UNE 0082. Cables de distribución de tensión asignada 0,6/1 kV. Cables con aislamiento de XLPE, sin armadura. Cables con conductor concéntrico y con cubierta de poliolefina. EDIC.: 2024.		
UNE 20062. Aparatos autónomos para alumbrado de emergencia con lámparas de incandescencia. Prescripciones de funcionamiento. EDIC.: 1993.		
UNE 201011. Aparamenta de baja tensión. Equipos auxiliares. Conjuntos de bloques de conexión para la verificación de contadores de energía. EDIC.: 2023.		
UNE 20315-1-1(1). Bases de toma de corriente y clavijas para usos domésticos y análogos. Parte 1-1: Requisitos generales. EDIC.: 2017; 2009; 2009 ERRATUM: 2011; 2004; 2004 ERRATUM: 2011.		
UNE 20315-1-2(2). Bases de toma de corriente y clavijas para usos domésticos y análogos. Parte 1-2: Requisitos dimensionales del Sistema Español. EDIC.: 2017; 2009; 2004.		
UNE 20315-2-10. Bases de toma de corriente y clavijas para usos domésticos y análogos. Parte 2-10: Requisitos particulares para bases de toma de corriente para afeitadoras. EDIC.: 2012.		
UNE 20315-2-11. Bases de toma de corriente y clavijas para usos domésticos y análogos. Parte 2-11: Requisitos particulares para grado de protección IP65/IP67. EDIC.: 2012.		
UNE 20392. Aparatos autónomos para alumbrado de emergencia con lámparas de fluorescencia. Prescripciones de funcionamiento. EDIC.: 1993.		
UNE 20460-4-45. Instalaciones eléctricas en edificios. Protección para garantizar la seguridad. Protección contra las bajadas de tensión. EDIC.: 1990.		
UNE 20460-7-703. Instalaciones eléctricas en edificios. Parte 7-703: Reglas para las instalaciones y emplazamientos especiales. Locales que contienen radiadores para saunas. EDIC.: 2006.		
UNE 207015. Conductores desnudos de cobre duro cableados para líneas eléctricas aéreas. EDIC.: 2013.		
UNE 207016. Postes de hormigón tipo HV y HVH para líneas eléctricas aéreas. EDIC.: 2007.		

Referencia norma UNE, título y ediciones *	Sustituye **	Coexistencia
UNE 207017. Apoyos metálicos de celosía para líneas eléctricas aéreas de distribución. EDIC.: 2010.		
UNE 207018. Apoyos de chapa metálica para líneas eléctricas aéreas de distribución. EDIC.: 2018.		
UNE 21018. Normalización de conductores desnudos a base de aluminio, para líneas eléctricas aéreas. EDIC.: 1980.		
UNE 21027-9. Cables eléctricos de baja tensión. Cables de tensión asignada inferior o igual a 450/750 V (*Uo/U*). Cables unipolares sin cubierta, con aislamiento reticulado y con altas prestaciones respecto a la reacción al fuego, para instalaciones fijas. EDIC.: 2017.		
UNE 21030-0. Conductores aislados, cableados en haz, de tensión asignada 0,6/1 kV, para líneas de distribución, acometidas y usos análogos. Parte 0: Índice. EDIC.: 2003.		
UNE 21030-1. Conductores aislados, cableados en haz, de tensión asignada 0,6/1 kV, para líneas de distribución, acometidas y usos análogos. Parte 1: Conductores de aluminio. EDIC.: 2014.		
UNE 21030-2. Conductores aislados, cableados en haz, de tensión asignada 0,6/1 kV, para líneas de distribución, acometidas y usos análogos. Parte 2: Conductores de cobre. EDIC.: 2003; 2003/1M: 2007.		
UNE 211002. Cables eléctricos de baja tensión. Cables de tensión asignada inferior o igual a 450/750 V (*Uo/U*). Cables unipolares sin cubierta, con aislamiento termoplástico, y con altas prestaciones respecto a la reacción al fuego, para instalaciones fijas. EDIC.: 2017.		
UNE 211022. Accesorios de conexión. Conexiones aisladas para redes subterráneas de distribución con cables de tensión asignada 0,6/1 kV. EDIC.: 2021.		
UNE 211024-2. Accesorios de conexión. Elementos de conexión para redes de distribución de baja y media tensión hasta 18/30 (36) kV. Parte 2: Accesorios por compresión. EDIC.: 2024.	UNE 211024-2: 2021.	
UNE 211024-3. Accesorios de conexión. Elementos de conexión para redes de distribución de baja y media tensión hasta 18/30 (36) kV. Parte 3: Accesorios por apriete mecánico. EDIC.: 2024.	UNE 211024-3: 2021.	
UNE 211029. Accesorios de conexión. Conjuntos de conexión para redes subterráneas de distribución con cables de tensión asignada 0,6/1 kV. EDIC.: 2021.		

Referencia norma UNE, título y ediciones *	Sustituye **	Coexistencia
UNE 21123-1. Cables eléctricos de utilización industrial de tensión asignada 0,6/1 kV. Parte 1: Cables con aislamiento y cubierta de policloruro de vinilo. EDIC.: 2017.		
UNE 21123-2. Cables eléctricos de utilización industrial de tensión asignada 0,6/1 kV. Parte 2: Cables con aislamiento de polietileno reticulado y cubierta de policloruro de vinilo. EDIC.: 2017.		
UNE 21123-3. Cables eléctricos de utilización industrial de tensión asignada 0,6/1 kV. Parte 3: Cables con aislamiento de etileno-propileno y cubierta de policloruro de vinilo. EDIC.: 2017.		
UNE 21123-4. Cables eléctricos de utilización industrial de tensión asignada 0,6/1 kV. Parte 4: Cables con aislamiento de polietileno reticulado y cubierta de poliolefina. EDIC.: 2017.		
UNE 21123-5. Cables eléctricos de utilización industrial de tensión asignada 0,6/1 kV. Parte 5: Cables con aislamiento de etileno propileno y cubierta de poliolefina. EDIC.: 2017.		
UNE 211435-1. Guía para la elección de cables eléctricos para circuitos de distribución de energía eléctrica. Parte 1: Cables de tensión asignada igual a 0,6/1 kV. EDIC.: 2021.	UNE 211435: 2011.	
UNE 21144-1-1. Cables eléctricos. Cálculo de la intensidad admisible. Parte 1-1: Ecuaciones de intensidad admisible (factor de carga 100 %) y cálculo de pérdidas. Generalidades. EDIC.: 2012; 2012/1M: 2015.		
UNE 21144-1-2. Cables eléctricos. Cálculo de la intensidad admisible. Parte 1: Ecuaciones de intensidad admisible (factor de carga 100 %) y cálculo de pérdidas. Sección 2: Factores de pérdidas por corrientes de Foucault en las cubiertas en el caso de dos circuitos en capas. EDIC.: 1997.		
UNE 21144-2-1. Cables eléctricos. Cálculo de la intensidad admisible. Parte 2: Resistencia térmica. Sección 1: Cálculo de la resistencia térmica. EDIC.: 1997; 1997/1M: 2002; 1997/2M: 2007.		
UNE 21144-2-2. Cables eléctricos. Cálculo de la intensidad admisible. Parte 2: Resistencia térmica. Sección 2: Método de cálculo de los coeficientes de reducción de la intensidad admisible para grupos de cables al aire y protegidos de la radiación solar. EDIC.: 1997.		
UNE 21144-3-1. Cables eléctricos. Cálculo de la intensidad admisible. Parte 3-1: Condiciones de funcionamiento. Condiciones del sitio de referencia. EDIC.: 2018.		

Referencia norma UNE, título y ediciones *	Sustituye **	Coexistencia
UNE 21150. Cables flexibles para servicios móviles, aislados con goma de etileno-propileno y cubierta reforzada de policloropreno o elastómero equivalente de tensión nominal 0,6/1 kV. EDIC.: 2022.	UNE 21150: 1986; UNE 21166: 1989.	
UNE 21155. Cables calefactores de tensión asignada inferior o igual a 300 V/500 V para calefacción de locales y prevención de la formación de hielo. EDIC.: 2022.		
UNE 21192. Cálculo de las intensidades de cortocircuito térmicamente admisibles, teniendo en cuenta los efectos del calentamiento no adiabático. EDIC.: 1992; 1992/1M: 2009.		
UNE 212002-2. Cables y conductores aislados de baja frecuencia con aislamiento y cubierta de PVC. Parte 2: Cables en pares, tríos, cuadretes y quintetos para instalaciones interiores. EDIC.: 2014.		
UNE 21302-601. Vocabulario electrotécnico. Producción, transporte y distribución de la energía eléctrica. Generalidades. EDIC.: 1991; 1M: 2000.		
UNE 21302-602. Vocabulario electrotécnico. Producción, transporte y distribución de la energía eléctrica. Producción. EDIC.: 1991.		
UNE 21302-603. Vocabulario electrotécnico. Producción, transporte y distribución de energía eléctrica. Planificación de redes. EDIC.: 1991; 1M: 2000.		
UNE 21302-604. Vocabulario electrotécnico. Producción, transporte y distribución de la energía eléctrica. Explotación. EDIC.: 1991; 1M/2000.		
UNE 21302-605. Vocabulario electrotécnico. Producción, transporte y distribución de la energía eléctrica. Subestaciones. EDIC.: 1991.		
UNE 21302-826. Vocabulario electrotécnico. Parte 826: Instalaciones eléctricas. EDIC.: 2005.		
UNE 21302-841. Vocabulario electrotécnico. Parte 841: Electrotermia industrial. EDIC.: 2006.		
UNE 21302-845. Vocabulario electrotécnico. Iluminación. EDIC.: 1995.		
UNE 217001. Ensayos para sistemas que eviten el vertido de energía a la red de distribución. EDIC.: 2020.		
UNE 217002. Inversores para conexión a la red de distribución. Ensayos de los requisitos de inyección de corriente continua a la red, generación de sobretensiones y sistema de detección de funcionamiento en isla. EDIC.: 2020.		

Referencia norma UNE, título y ediciones *	Sustituye **	Coexistencia
UNE 36582. Perfiles tubulares de acero, de pared gruesa, galvanizados, para blindaje de conducciones eléctricas. (Tubo «conduit»). EDIC.: 1986.		
UNE 56547. Clasificación visual de los postes de madera para líneas aéreas. EDIC.: 2019.		
UNE-EN 12613. Dispositivos de advertencia con señales visuales en materiales plásticos para cables y sistemas de canalización enterrados. EDIC.: 2022.		
UNE-EN 14229. Madera estructural. Postes de madera para líneas aéreas. EDIC.: 2011.		
UNE-EN 50065-1. Transmisión de señales por la red eléctrica de baja tensión en la banda de frecuencias de 3 kHz a 148,5 kHz. Parte 1: Requisitos generales, bandas de frecuencia y perturbaciones electromagnéticas. EDIC.: 2012.		
UNE-EN 50075. Clavija de toma de corriente 2,5 A 250 v plana bipolar no desmontable, con cable, para la conexión de aparatos de la clase ii para usos domésticos y análogos. EDIC.: 1993.		
UNE-EN 50085-1. Sistemas de canales para cables y sistemas de conductos cerrados de sección no circular para instalaciones eléctricas. Parte 1: Requisitos generales. EDIC.: 2006; 2006/A1: 2013.	UNE-EN 50085-1: 1997 y sus modificaciones posteriores.	
UNE-EN 50085-2-1. Sistemas de canales para cables y sistemas de conductos cerrados de sección no circular para instalaciones eléctricas. Parte 2-1: Sistemas de canales para cables y sistemas de conductos cerrados de sección no circular para montaje en paredes y techos. EDIC.: 2008; 2008/A1: 2012.		
UNE-EN 50107-1. Rótulos e instalaciones de tubos luminosos de descarga que funcionan con tensiones asignadas de salida en vacío superiores a 1 kV pero sin exceder 10 kV. Parte 1: Requisitos generales. EDIC.: 2003; 2003/A1: 2004.		
UNE-EN 50200. Método de ensayo de la resistencia al fuego de cables de pequeñas dimensiones sin protección, para uso en circuitos de emergencia. EDIC.: 2016.		
UNE-EN 50395. Métodos de ensayo eléctricos para cables de energía en baja tensión. EDIC.: 2005; 2005/A1: 2011.		
UNE-EN 50396. Métodos de ensayos no eléctricos para cables de energía en baja tensión. EDIC.: 2006; 2006/A1: 2011.		

Referencia norma UNE, título y ediciones *	Sustituye **	Coexistencia
UNE-EN 50483-2. Requisitos de ensayo para accesorios de redes aéreas trenzadas de baja tensión. Parte 2: Pinzas de amarre y de suspensión para redes autosoportadas. EDIC.: 2013.		
UNE-EN 50483-4. Requisitos de ensayo para accesorios de redes aéreas trenzadas de baja tensión. Parte 4: Conectores. EDIC.: 2013.		
UNE-EN 50525-1. Cables eléctricos de baja tensión. Cables de tensión asignada inferior o igual a 450/750 V (Uo/U). Parte 1: Requisitos generales. EDIC.: 2012; 2012/A1: 2023.		
UNE-EN 50525-2-11. Cables eléctricos de baja tensión. Cables de tensión asignada inferior o igual a 450/750 V (Uo/U). Parte 2-11: Cables de utilización general. Cables flexibles con aislamiento termoplástico (PVC). EDIC.: 2012.		
UNE-EN 50525-2-12. Cables eléctricos de baja tensión. Cables de tensión asignada inferior o igual a 450/750 V (Uo/U). Parte 2-12: Cables de utilización general. Cables extensibles con aislamiento termoplástico (PVC). EDIC.: 2012.		
UNE-EN 50525-2-21(3). Cables eléctricos de baja tensión. Cables de tensión asignada inferior o igual a 450/750 V (Uo/U). Parte 2-21: Cables de utilización general. Cables flexibles con aislamiento de elastómero reticulado. EDIC.: 2012.		
UNE-EN 50525-2-22. Cables eléctricos de baja tensión. Cables de tensión asignada inferior o igual a 450/750 V (Uo/U). Parte 2-22: Cables de utilización general. Cables trenzados de alta flexibilidad con aislamiento de elastómero reticulado. EDIC.: 2012.		
UNE-EN 50525-2-31. Cables eléctricos de baja tensión. Cables de tensión asignada inferior o igual a 450/750 V (Uo/U). Parte 2-31: Cables de utilización general. Cables unipolares sin cubierta con aislamiento termoplástico (PVC). EDIC.: 2012.		
UNE-EN 50525-2-41. Cables eléctricos de baja tensión. Cables de tensión asignada inferior o igual a 450/750 V (Uo/U). Parte 2-41: Cables de utilización general. Cables unipolares con aislamiento de silicona reticulado. EDIC.: 2012.		
UNE-EN 50525-2-42. Cables eléctricos de baja tensión. Cables de tensión asignada inferior o igual a 450/750 V (Uo/U). Parte 2-42: Cables de utilización general. Cables unipolares sin cubierta con aislamiento EVA reticulado. EDIC.: 2012.		

Referencia norma UNE, título y ediciones *	Sustituye **	Coexistencia
UNE-EN 50525-2-51. Cables eléctricos de baja tensión. Cables de tensión asignada inferior o igual a 450/750 V (*Uo/U*). Parte 2-51: Cables de utilización general. Cables de control resistentes al aceite con aislamiento termoplástico (PVC). EDIC.: 2012.		
UNE-EN 50525-2-71. Cables eléctricos de baja tensión. Cables de tensión asignada inferior o igual a 450/750 V (*Uo/U*). Parte 2-71: Cables de utilización general. Cables planos oropel con aislamiento termoplástico (PVC). EDIC.: 2012.		
UNE-EN 50525-2-72. Cables eléctricos de baja tensión. Cables de tensión asignada inferior o igual a 450/750 V (*Uo/U*). Parte 2-72: Cables de utilización general. Cables planos divisibles con aislamiento termoplástico (PVC). EDIC.: 2012.		
UNE-EN 50525-2-81. Cables eléctricos de baja tensión. Cables de tensión asignada inferior o igual a 450/750 V (*Uo/U*). Parte 2-81: Cables de utilización general. Cables para máquinas de soldar con aislamiento de elastómero reticulado. EDIC.: 2012.		
UNE-EN 50525-2-82. Cables eléctricos de baja tensión. Cables de tensión asignada inferior o igual a 450/750 V (*Uo/U*). Parte 2-82: Cables de utilización general. Cables para guirnaldas luminosas con aislamiento de elastómero reticulado. EDIC.: 2012.		
UNE-EN 50525-2-83. Cables eléctricos de baja tensión. Cables de tensión asignada inferior o igual a 450/750 V (*Uo/U*). Parte 2-83: Cables de utilización general. Cables multiconductores con aislamiento de silicona reticulada. EDIC.: 2012.		
UNE-EN 50525-3-21. Cables eléctricos de baja tensión. Cables de tensión asignada inferior o igual a 450/750 V (*Uo/U*). Parte 3-21: Cables con propiedades especiales ante el fuego. Cables flexibles con aislamiento reticulado libre de halógenos y baja emisión de humo. EDIC.: 2012.		
UNE-EN 50575. Cables de energía, control y comunicación. Cables para aplicaciones generales en construcciones sujetos a requisitos de reacción al fuego. EDIC.: 2015; 2015/A1: 2016.		
UNE-EN 50618. Cables eléctricos para sistemas fotovoltaicos. EDIC.: 2015.		
UNE-EN 50626-1(4). Sistemas de tubos enterrados bajo tierra para la protección y gestión de cables eléctricos aislados o cables de comunicación. Parte 1: Requisitos generales. EDIC.: 2024.	UNE-EN 61386-24: 2011.	Coexiste con la norma UNE-EN 61386-24: 2011 hasta 22-07-2026.

Referencia norma UNE, título y ediciones *	Sustituye **	Coexistencia
UNE-EN 60061-2. Casquillos y portalámparas, junto con los calibres para el control de la intercambiabilidad y de la seguridad. Parte 2: Portalámparas. EDIC.: 1996 y sus modificaciones posteriores.		
UNE-EN 60079-1. Atmósferas explosivas. Parte 1: Protección del equipo por envolventes antideflagrantes «d». EDIC.: 2015; 2015/AC: 2018-09; 2015/A11: 2024.		
UNE-EN 60079-10-2. Atmósferas explosivas. Parte 10-2: Clasificación de emplazamientos. Atmósferas explosivas de polvo. EDIC.: 2016.		
UNE-EN 60079-11. Atmósferas explosivas. Parte 11: Protección del equipo por seguridad intrínseca «i». EDIC.: 2013.		
UNE-EN 60079-14(5). Atmósferas explosivas. Parte 14: Diseño, elección y realización de las instalaciones eléctricas. EDIC.: 2016.		
UNE-EN 60079-6. Atmósferas explosivas. Parte 6: Protección del equipo por inmersión líquida «o». EDIC.: 2016.		
UNE-EN 60099-1. Pararrayos. Parte 1: Pararrayos de resistencia variable con explosores para redes de corriente alterna. EDIC.: 1996; A1: 2001.		
UNE-EN 60099-4. Pararrayos. Parte 4: Pararrayos de óxido metálico sin explosores para sistemas de corriente alterna. EDIC.: 2016.		
UNE-EN 60228(6). Conductores de cables aislados. EDIC.: 2005; 2005 CORR: 2005; 2005 ERRATUM: 2011.		
UNE-EN 60269-1. Fusibles de baja tensión. Parte 1: Reglas generales. EDIC.: 2008; 2008/A1: 2010; 2008/A2: 2014.		
UNE-EN 60269-4. Fusibles de baja tensión. Parte 4: Requisitos suplementarios para los cartuchos fusibles utilizados para la protección de dispositivos semiconductores. EDIC.: 2011; 2011/A1: 2013; 2011/A2: 2017.		
UNE-EN 60269-6. Fusibles de baja tensión. Parte 6: Requisitos suplementarios para los cartuchos fusibles utilizados para la protección de sistemas de energía solar fotovoltaica. EDIC.: 2012; 2012/A1: 2024.		
UNE-EN 60309-1. Clavijas, bases de toma de corriente fijas o móviles y bases de conector para usos industriales. Parte 1: Requisitos generales. EDIC.: 2023; 2023/AC: 2023-06.	UNE-EN 60309-1: 2001 y sus modificaciones posteriores.	

Referencia norma UNE, título y ediciones *	Sustituye **	Coexistencia
UNE-EN 60309-2. Clavijas, bases de toma de corriente fijas o móviles y bases de conector para usos industriales. Parte 2: Requisitos de intercambiabilidad dimensional para los accesorios de espigas y alvéolos. EDIC.: 2023.	UNE-EN 60309-2: 2001 y sus modificaciones posteriores.	
UNE-EN 60335-2-41. Aparatos electrodomésticos y análogos. Seguridad. Parte 2-41: Requisitos particulares para bombas. EDIC.: 2022; 2022/A11: 2022.	UNE-EN 60335-2-41: 2005 y sus modificaciones posteriores.	
UNE-EN 60335-2-60. Seguridad de los aparatos electrodomésticos y análogos. Parte 2: Requisitos particulares para las bañeras de hidromasaje. EDIC.: 2024; 2024/A11: 2024.	UNE-EN 60335-2-60: 2005 y sus modificaciones posteriores.	Coexiste con las normas UNE-EN 60335-2-60: 2005 y sus modificaciones posteriores hasta 30-05-2026.
UNE-EN 60335-2-76. Seguridad de los aparatos electrodomésticos y análogos. Parte 2-76: Requisitos particulares para los electrificadores de cercas. EDIC.: 2022; 2022/A11: 2022.	UNE-EN 60335-2-76: 2006 y sus modificaciones posteriores.	
UNE-EN 60423. Sistemas de tubos para la conducción de cables. Diámetros exteriores de los tubos para instalaciones eléctricas y roscas para tubos y accesorios. EDIC.: 2008.		
UNE-EN 60529(7). Grados de protección proporcionados por las envolventes (Código IP). EDIC.: 2018; 2018/A1: 2018; 2018/A2: 2018; 2018/AC: 2019-02.		
UNE-EN 60570. Sistemas de alimentación eléctrica por carril para luminarias. EDIC.: 2004; 2004/A1: 2018; 2004/A2: 2020.		
UNE-EN 60598-2-3. Luminarias. Parte 2-3: Requisitos particulares. Luminarias para alumbrado público. EDIC.: 2003; 2003 CORR: 2005; 2003/A1: 2011.		
UNE-EN 60669-1. Interruptores para instalaciones eléctricas fijas, domésticas y análogas. Parte 1: Requisitos generales. EDIC.: 2018; 2018/AC: 2020-02.	UNE-EN 60669-1: 2002 y sus modificaciones posteriores.	
UNE-EN 60670-1. Cajas y envolventes para accesorios eléctricos en instalaciones eléctricas fijas para uso doméstico y análogos. Parte 1: Requisitos generales. EDIC.: 2022; 2022/A11: 2022.	UNE-EN 60670-1: 2006 y sus modificaciones posteriores.	
UNE-EN 60670-24. Cajas y envolventes para accesorios eléctricos en instalaciones eléctricas fijas para uso doméstico y análogo. Parte 24: Requisitos particulares de las envolventes para dispositivos de protección y otros equipos eléctricos disipadores de potencia. EDIC.: 2013; 2013/A11: 2023.		

Referencia norma UNE, título y ediciones *	Sustituye **	Coexistencia
UNE-EN 60695-11-10. Ensayos relativos a los riesgos del fuego. Parte 11-10: Llamas de ensayo. Métodos de ensayo horizontal y vertical a la llama de 50 W. EDIC.: 2014; 2014/AC: 2015.		
UNE-EN 60695-2-10. Ensayos relativos a los riesgos del fuego. Parte 2-10: Método de ensayo del hilo incandescente. Equipos y procedimientos comunes de ensayo. EDIC.: 2022; 2022/AC: 2024-01.	UNE-EN 60695-2-10: 2013.	
UNE-EN 60695-2-11. Ensayos relativos a los riesgos del fuego. Parte 2-11: Métodos de ensayo del hilo incandescente/caliente. Método de ensayo de inflamabilidad para productos acabados (GWEPT). EDIC.: 2022.	UNE-EN 60695-2-11: 2015.	
UNE-EN 60695-2-12. Ensayos relativos a los riesgos del fuego. Parte 2-12: Métodos de ensayo del hilo incandescente/caliente. Método de ensayo del índice de inflamabilidad del hilo incandescente (GWFI) para materiales. EDIC.: 2022.	UNE-EN 60695-2-12: 2011 y sus modificaciones posteriores.	
UNE-EN 60695-2-13. Ensayos relativos a los riesgos del fuego. Parte 2-13: Métodos de ensayo del hilo incandescente/caliente. Método de ensayo de la temperatura de ignición del hilo incandescente (GWIT) para materiales. EDIC.: 2022.	UNE-EN 60695-2-13: 2011 y sus modificaciones posteriores.	
UNE-EN 60702-1(8). Cables con aislamiento mineral de tensión asignada no superior a 750 V y sus conexiones. Parte 1: Cables. EDIC.: 2002; 2002/A1: 2015.		
UNE-EN 60742. Transformadores de separación de circuitos y transformadores de seguridad. Requisitos. EDIC.: 1996.		
UNE-EN 60831-1. Condensadores de potencia autorregenerables a instalar en paralelo en redes de corriente alterna de tensión nominal inferior o igual a 1 000 V. Parte 1: Generalidades. Características de funcionamiento, ensayos y valores nominales. Prescripciones de seguridad. Guía de instalación y de explotación. EDIC.: 2014; 2014/AC: 2014.		
UNE-EN 60831-2. Condensadores de potencia autorregenerables a instalar en paralelo en redes de corriente alterna de tensión nominal inferior o igual a 1000 V. Parte 2: Ensayos de envejecimiento, de autorregeneración y de destrucción. EDIC.: 2014.		
UNE-EN 60898-1. Accesorios eléctricos. Interruptores automáticos para instalaciones domésticas y análogas para la protección contra sobreintensidades. Parte 1: Interruptores automáticos para funcionamiento en corriente alterna. EDIC.: 2020.	UNE-EN 60898-1: 2004 y sus modificaciones posteriores.	

Referencia norma UNE, título y ediciones *	Sustituye **	Coexistencia
UNE-EN 60898-2. Accesorios eléctricos. Interruptores automáticos para instalaciones domésticas y análogas para la protección contra sobreintensidades. Parte 2: Interruptores automáticos para funcionamiento en corriente alterna y en corriente continua. EDIC.: 2022.	UNE-EN 60898-2: 2007.	
UNE-EN 60947-2. Aparamenta de baja tensión. Parte 2: Interruptores automáticos. EDIC.: 2018; 2018/A1: 2020.	UNE-EN 60947-2: 2007 y sus modificaciones posteriores.	
UNE-EN 60947-3. Aparamenta de baja tensión. Parte 3: Interruptores, seccionadores, interruptores-seccionadores y combinados fusibles. EDIC.: 2022.		
UNE-EN 60998-2-1. Dispositivos de conexión para circuitos de baja tensión para usos domésticos y análogos. Parte 2-1: Requisitos particulares para dispositivos de conexión independientes con órganos de apriete con tornillo. EDIC.: 2005.		
UNE-EN 61008-1. Interruptores automáticos para actuar por corriente diferencial residual, sin dispositivo de protección contra sobreintensidades, para usos domésticos y análogos (ID). Parte 1: Reglas generales. EDIC.: 2013; 2013/A1: 2015; 2013/A2: 2015; 2013/A11: 2016; 2013/A12: 2017.		
UNE-EN 61008-2-1. Interruptores automáticos para actuar por corriente diferencial residual, sin dispositivo de protección contra sobreintensidades, para usos domésticos y análogos (ID). Parte 2-1: Aplicabilidad de las reglas generales, a los ID funcionalmente independientes de la tensión de alimentación. EDIC.: 1996; 1996/A11: 1999.		
UNE-EN 61009-1. Interruptores automáticos para actuar por corriente diferencial residual, con dispositivo de protección contra sobreintensidades incorporado, para usos domésticos y análogos (AD). Parte 1: Reglas generales. EDIC.: 2013; 2013/A1: 2015; 2013/A2: 2015; 2013/A11: 2016; 2013/A12: 2016.		
UNE-EN 61009-2-1. Interruptores automáticos para actuar por corriente diferencial residual, con dispositivo de protección contra sobreintensidades incorporado, para usos domésticos y análogos (AD). Parte 2-1: Aplicación de las reglas generales a los AD funcionalmente independientes de la tensión de alimentación. EDIC.: 1996; 1996/A11: 1999.		
UNE-EN 61140(9). Protección contra los choques eléctricos. Aspectos comunes a las instalaciones y a los equipos. EDIC.: 2017.		

Referencia norma UNE, título y ediciones *	Sustituye **	Coexistencia
UNE-EN 61196-10. Cables coaxiales de comunicación. Parte 10: Especificación intermedia para cables semirrígidos con dieléctrico de politetrafluoroetileno (PTFE). EDIC.: 2016.		
UNE-EN 61196-3. Cables de radiofrecuencia. Parte 3: Especificación intermedia para cables coaxiales usados en redes locales. EDIC.: 2003.		
UNE-EN 61196-3-2. Cables de radiofrecuencia. Parte 3-2: Cables coaxiales para comunicación digital en cableado horizontal de inmuebles. Especificación particular para cables coaxiales con dieléctricos sólidos para redes de área local de 185 m cada una y hasta 10 Mb/s. EDIC.: 2003.		
UNE-EN 61196-3-3. Cables de radiofrecuencia. Parte 3-3: Cables coaxiales para comunicación digital en cableado horizontal de inmuebles. Especificación particular para cables coaxiales con dieléctricos expandidos para redes de área local de 185 m cada una y hasta 10 Mb/s. EDIC.: 2003.		
UNE-EN 61386-1(10). Sistemas de tubos para la conducción de cables. Parte 1: Requisitos generales. EDIC.: 2008; 2008 ERRATUM: 2010; 2008/A1: 2020.		
UNE-EN 61400-2. Aerogeneradores. Parte 2: Aerogeneradores pequeños. EDIC.: 2015; 2015/AC: 2019-11.		
UNE-EN 61439-3. Conjuntos de aparamenta de baja tensión. Parte 3: Cuadros de distribución destinados a ser operados por personal no cualificado (DBO). EDIC.: 2012; 2012 CORR 1: 2019; 2012/AC: 2019-04.		
UNE-EN 61439-4(11). Conjuntos de aparamenta de baja tensión. Parte 4: Requisitos particulares para conjuntos para obras (CO). EDIC.: 2013.		
UNE-EN 61439-6(12). Conjuntos de aparamenta de baja tensión. Parte 6: Canalizaciones prefabricadas. EDIC.: 2013.		
UNE-EN 61534-1. Sistemas de canalización eléctrica prefabricada. Parte 1: Requisitos generales. EDIC.: 2011; 2011/A1: 2015; 2011/A2: 2022; 2011/A11: 2022.		
UNE-EN 61534-21. Sistemas de canalización eléctrica prefabricada. Parte 21: Requisitos particulares para los sistemas de canalización eléctrica prefabricada destinados a montarse en paredes y techos. EDIC.: 2015; 2015/A1: 2022; 2015/A11: 2022.		

Referencia norma UNE, título y ediciones *	Sustituye **	Coexistencia
UNE-EN 61534-22. Sistemas de canalización eléctrica prefabricada. Parte 22: Requisitos particulares para los sistemas de canalización eléctrica prefabricada destinados a ser montados sobre el suelo o bajo suelo. EDIC.: 2015; 2015/A1: 2022; 2015/A11: 2022.		
UNE-EN 61537. Conducción de cables. Sistemas de bandejas y de bandejas de escalera. EDIC.: 2007.		
UNE-EN 61557-8(13). Seguridad eléctrica en redes de distribución de baja tensión de hasta 1 000 V en c.a. y 1 500 V en c.c. Equipos para ensayo, medida o vigilancia de las medidas de protección. Parte 8: Dispositivos de detección del aislamiento para esquemas IT. EDIC.: 2016.		
UNE-EN 61557-9. Seguridad eléctrica en redes de distribución de baja tensión hasta 1 000 V c.a. y 1 500 V c.c. Equipos para ensayo, medida o vigilancia de las medidas de protección. Parte 9: Equipos para localización de fallo de aislamiento en redes IT. EDIC.: 2015; 2015/AC: 2017-02.		
UNE-EN 61558-2-15(14). Seguridad de los transformadores, bobinas de inductancia, unidades de alimentación y sus combinaciones. Parte 2-15: Requisitos particulares y ensayos para los transformadores de separación de circuitos para el suministro de locales de uso médico. EDIC.: 2012.		
UNE-EN 61558-2-4. Seguridad de los transformadores, bobinas de inductancia, unidades de alimentación y productos análogos para tensiones de alimentación hasta 1100 V. Parte 2-4: Requisitos particulares y ensayos para transformadores de separación de circuitos y unidades de alimentación que incorporan transformadores de separación de circuitos. EDIC.: 2010.		
UNE-EN 61558-2-5. Seguridad de los transformadores, bobinas de inductancia, unidades de alimentación y las combinaciones de estos elementos. Parte 2-5: Requisitos particulares y ensayos para los transformadores, unidades de alimentación y bloques de alimentación para máquinas de afeitar. EDIC.: 2011.		
UNE-EN 61643-11. Dispositivos de protección contra sobretensiones transitorias de baja tensión. Parte 11: Dispositivos de protección contra sobretensiones transitorias conectados a sistemas eléctricos de baja tensión. Requisitos y métodos de ensayo. EDIC.: 2013; 2013/A11: 2018.		

Referencia norma UNE, título y ediciones *	Sustituye **	Coexistencia
UNE-EN 61643-31. Dispositivos de protección contra sobretensiones transitorias de baja tensión. Parte 31: Requisitos y métodos de ensayo de los DPS para instalaciones fotovoltaicas. EDIC.: 2021; 2021/AC: 2022-07.		
UNE-EN 62109-2. Seguridad de los convertidores de potencia utilizados en sistemas de potencia fotovoltaicos. Parte 2: Requisitos particulares para inversores. EDIC.: 2013.		
UNE-EN 62116. Inversores fotovoltaicos conectados a la red de las compañías eléctricas. Procedimiento de ensayo para las medidas de prevención de formación de islas en la red. EDIC.: 2014 V2.		
UNE-EN 62196-1. Clavijas, bases de toma de corriente, conectores de vehículo y entradas de vehículo. Carga conductiva de vehículos eléctricos. Parte 1: Requisitos generales. EDIC.: 2023.	UNE-EN 62196-1: 2015.	Coexiste con la norma UNE-EN 62196-1: 2015 hasta 10-11-2025.
UNE-EN 62196-2. Clavijas, bases de toma de corriente, conectores de vehículo y entradas de vehículo. Carga conductiva de vehículos eléctricos. Parte 2: Requisitos de compatibilidad dimensional para los accesorios de espigas y alvéolos en corriente alterna. EDIC.: 2023.	UNE-EN 62196-2: 2012 y sus modificaciones posteriores; UNE-EN 62196-2: 2017.	Coexiste con la norma UNE-EN 62196-2: 2017 hasta 24-11-2025.
UNE-EN 62196-3. Clavijas, bases de toma de corriente, conectores de vehículo y entradas de vehículo. Carga conductiva de vehículos eléctricos. Parte 3: Requisitos de compatibilidad dimensional para acopladores de vehículo de espigas y alvéolos en corriente continua y corriente alterna/continua. EDIC.: 2023.	UNE-EN 62196-3: 2014.	Coexiste con la norma UNE-EN 62196-3: 2014 hasta 24-11-2025.
UNE-EN 62262. Grados de protección proporcionados por las envolventes de materiales eléctricos contra los impactos mecánicos externos (código IK). EDIC.: 2002; 2002/A1: 2022.	UNE-EN 50102: 1996; UNE-EN 50102/A1: 1999; UNE-EN 50102 CORR: 2002; UNE-EN 50102/A1 CORR: 2002.	
UNE-EN 62423. Interruptores automáticos tipo F y tipo B para actuar por corriente diferencial residual, con y sin dispositivo de protección contra sobreintensidades incorporado, para usos domésticos y análogos. EDIC.: 2013; 2013/A11: 2022; 2013/A12: 2023.		
UNE-EN 62852. Conectores para aplicaciones de corriente continua en sistemas fotovoltaicos. Requisitos de seguridad y ensayos. EDIC.: 2015; 2015/AC: 2019-02; 2015/A1: 2020.		

Referencia norma UNE, título y ediciones *	Sustituye **	Coexistencia
UNE-EN IEC 60079-10-1. Atmósferas explosivas. Parte 10-1: Clasificación de emplazamientos. Atmósferas explosivas de gas. EDIC.: 2022.	UNE-EN 60079-10-1: 2016.	
UNE-EN IEC 60079-17. Atmósferas explosivas. Parte 17: Inspección y mantenimiento de instalaciones eléctricas. EDIC.: 2024.	UNE-EN 60079-17: 2014.	Coexiste con la norma UNE-EN 60079-17: 2014 hasta 06-01-2027.
UNE-EN IEC 60079-19. Atmósferas explosivas. Parte 19: Reparación, revisión y reconstrucción del equipo. EDIC.: 2021.	UNE-EN 60079-19: 2011 y sus modificaciones posteriores.	
UNE-EN IEC 60079-25. Atmósferas explosivas. Parte 25: Sistemas eléctricos de seguridad intrínseca. EDIC.: 2023.	UNE-EN 60079-25: 2017.	
UNE-EN IEC 60332-3-10(15). Métodos de ensayo para cables eléctricos y cables de fibra óptica sometidos a condiciones de fuego. Parte 3-24: Ensayo de propagación vertical de la llama de cables colocados en capas en posición vertical. Categoría C. EDIC.: 2019; 2019/A11: 2021.		
UNE-EN IEC 60332-3-21(16). Métodos de ensayos para cables eléctricos y cables de fibra óptica sometidos a condiciones de fuego. Parte 3-21: Ensayo de propagación vertical de la llama de cables colocados en capas en posición vertical. Categoría A F/R. EDIC.: 2019.		
UNE-EN IEC 60332-3-22(17). Métodos de ensayo para cables eléctricos y cables de fibra óptica sometidos a condiciones de fuego. Parte 3-22: Ensayo de propagación vertical de la llama de cables colocados en capas en posición vertical. Categoría A. EDIC.: 2019.		
UNE-EN IEC 60332-3-23(18). Métodos de ensayo para cables eléctricos y cables de fibra óptica sometidos a condiciones de fuego. Parte 3-23: Ensayo de propagación vertical de la llama de cables colocados en capas en posición vertical. Categoría B. EDIC.: 2019.		
UNE-EN IEC 60332-3-24(19). Métodos de ensayo para cables eléctricos y cables de fibra óptica sometidos a condiciones de fuego. Parte 3-24: Ensayo de propagación vertical de la llama de cables colocados en capas en posición vertical. Categoría C. EDIC.: 2019.		
UNE-EN IEC 60598-2-18. Luminarias. Parte 2: Reglas Particulares. Sección 18: Luminarias para piscinas y usos análogos. EDIC.: 2023.	UNE-EN IEC 60598-2-18: 1997 y sus modificaciones posteriores.	
UNE-EN IEC 60598-2-22. Luminarias. Parte 2-22: Requisitos particulares. Luminarias para alumbrado de emergencia. EDIC.: 2023.	UNE-EN IEC 60598-2-22: 2015 y sus modificaciones posteriores.	

Referencia norma UNE, título y ediciones *	Sustituye **	Coexistencia
UNE-EN IEC 60670-1. Cajas y envolventes para accesorios eléctricos en instalaciones eléctricas fijas para uso doméstico y análogos. Parte 1: Requisitos generales. EDIC.: 2022; 2022/A11: 2022.		
UNE-EN IEC 60904-3. Dispositivos fotovoltaicos. Parte 3: Fundamentos de medida de dispositivos solares fotovoltaicos (FV) de uso terrestre con datos de irradiancia espectral de referencia. (Ratificada por la Asociación Española de Normalización en septiembre de 2019.). EDIC.: 2019.		
UNE-EN IEC 60947-1. Aparamenta de baja tensión. Parte 1: Reglas generales. EDIC.: 2022; 2022/AC: 2023-01; 2022/AC: 2024-05.		
UNE-EN IEC 60947-3. Aparamenta de baja tensión. Parte 3: Interruptores, seccionadores, interruptores-seccionadores y combinados fusibles. EDIC.: 2022.		
UNE-EN IEC 61386-21(20). Sistemas de tubos para la conducción de cables. Parte 21: Requisitos particulares. Sistemas de tubos rígidos. EDIC.: 2022; 2022/A11: 2022.	UNE-EN 61386-21: 2005 y sus modificaciones posteriores.	
UNE-EN IEC 61386-22(21). Sistemas de tubos para la conducción de cables. Parte 22: Requisitos particulares. Sistemas de tubos curvables. EDIC.: 2022; 2022/A11: 2022.	UNE-EN 61386-22: 2005 y sus modificaciones posteriores.	
UNE-EN IEC 61386-23(22). Sistemas de tubos para la conducción de cables. Parte 23: Requisitos particulares. Sistemas de tubos flexibles. EDIC.: 2022; 2022/A11: 2022.	UNE-EN 61386-23: 2005 y sus modificaciones posteriores.	
UNE-EN IEC 61439-1. Conjuntos de aparamenta de baja tensión. Parte 1: Reglas generales. EDIC.: 2021; 2021/AC: 2022-01.	UNE-EN 61439-1: 2012.	
UNE-EN IEC 61439-2. Conjuntos de aparamenta de baja tensión. Parte 2: Conjuntos de aparamenta de potencia. EDIC.: 2021.		
UNE-EN IEC 61439-5. Conjuntos de aparamenta de baja tensión. Parte 5: Conjuntos de aparamenta para redes de distribución pública. EDIC.: 2024.	UNE-EN IEC 61439-5: 2015.	Coexiste con la norma UNE-EN 61439-5: 2015 hasta 07-09-2026.
UNE-EN IEC 61914. Bridas de amarre de cables para instalaciones eléctricas. EDIC.: 2022.		
UNE-EN IEC 62275. Sistemas de conducción de cables. Bridas para cables para instalaciones eléctricas. EDIC.: 2020.		
UNE-EN IEC 63027. Sistemas de energía fotovoltaica. Detección e interrupción del arco en corriente continua. EDIC.: 2024.		

Referencia norma UNE, título y ediciones *	Sustituye **	Coexistencia
UNE-EN IEC 63052. Dispositivos de protección contra sobretensiones a frecuencia industrial para usos domésticos y análogos (POP). EDIC.: 2022.	UNE-EN 50550: 2012 y sus modificaciones posteriores.	
UNE-EN IEC 63056. Elementos secundarios y baterías que contienen electrolitos alcalinos u otros electrolitos no ácidos. Requisitos de seguridad para baterías de litio para su uso en sistemas de almacenamiento de energía eléctrica. (Ratificada por la Asociación Española de Normalización en julio de 2020). EDIC.: 2020; 2020/AC: 2021-07.		
UNE-EN ISO/IEC 17024. Evaluación de la conformidad. Requisitos generales para los organismos que realizan certificación de personas. (ISO/IEC 17024: 2012). EDIC.: 2012.		
UNE-EN ISO/IEC 17025. Requisitos generales para la competencia de los laboratorios de ensayo y calibración. (ISO/IEC 17025: 2017). EDIC.: 2017.		
UNE-HD 60269-2. Fusibles de baja tensión. Parte 2: Reglas suplementarias para los fusibles destinados a ser utilizados por personas autorizadas (fusibles para usos principalmente industriales). Ejemplos de sistemas normalizados de fusibles A a K. EDIC.: 2014; 2014/A1: 2023.		
UNE-HD 60269-3. Fusibles de baja tensión. Parte 3: Reglas suplementarias para los fusibles destinados a ser utilizados por personas no cualificadas (fusibles para usos principalmente domésticos y análogos). Ejemplos de sistemas normalizados de fusibles A a F (Ratificada por AENOR en junio de 2011). EDIC.: 2010; 2010/A1: 2013; 2010/A2: 2022.		
UNE-HD 603-5N. Cables de distribución de tensión asignada 0,6/1 kV. Parte 5: Cables con aislamiento de XLPE, sin armadura. Sección N: Cables sin conductor concéntrico y con cubierta de PVC (Tipo 5N). EDIC.: 2007/1M: 2023.	UNE-HD 603-525N: 2007/1M: 2017.	
UNE-HD 603-5X. Cables de distribución de tensión asignada 0,6/1kV. Parte 5: Cables con aislamiento de XLPE, sin armadura. Sección X: Cables sin conductor concéntrico y con cubierta de poliolefina (Tipo 5X-1 y 5X-2). EDIC.: 2007/1M: 2023.	UNE-HD 603-5X: 2007/1M: 2017.	
UNE-HD 60364-1(23). Instalaciones eléctricas de baja tensión. Parte 1: Principios fundamentales, determinación de las características generales, definiciones. EDIC.: 2009; 2009/A11: 2018.		

Referencia norma UNE, título y ediciones *	Sustituye **	Coexistencia
UNE-HD 60364-4-41. Instalaciones eléctricas de baja tensión. Parte 4-41: Protección para garantizar la seguridad. Protección contra los choques eléctricos. EDIC.: 2018; 2018/A11: 2018; 2018/A12: 2019.	UNE-HD 60364-4-41: 2010 y sus modificaciones posteriores.	
UNE-HD 60364-4-43. Instalaciones eléctricas de baja tensión. Parte 4-43: Protección para garantizar la seguridad. Protección contra las sobreintensidades. EDIC.: 2024.	UNE-HD 60364-4-43: 2013.	Coexiste con la norma UNE-HD 60364-4-43: 2013 hasta 24-08-2026.
UNE-HD 60364-4-443. Instalaciones eléctricas de baja tensión. Parte 4-44: Protección para garantizar la seguridad. Protección contra las perturbaciones de tensión y las perturbaciones electromagnéticas. Capítulo 443: Protección contra sobretensiones de origen atmosférico o debido a conmutación. EDIC.: 2016.		
UNE-HD 60364-5-51. Instalaciones eléctricas en edificios. Parte 5-51: Selección e instalación de materiales eléctricos. Reglas comunes. EDIC.: 2010; 2010/A11: 2013; 2010/A12: 2018.		
UNE-HD 60364-5-52. Instalaciones eléctricas de baja tensión. Parte 5-52: Selección e instalación de equipos eléctricos. Canalizaciones. EDIC.: 2022; 2022/A12: 2023.	UNE-HD 60364-5-52: 2014 y sus modificaciones posteriores.	
UNE-HD 60364-5-54. Instalaciones eléctricas de baja tensión. Parte 5-54: Selección e instalación de los equipos eléctricos. Puesta a tierra y conductores de protección. EDIC.: 2015; 2015/A11: 2018; 2015/A1: 2023.		
UNE-HD 60364-6. Instalaciones eléctricas de baja tensión. Parte 6: Verificación. EDIC.: 2017; 2017/A11: 2018; 2017/A12: 2018.		
UNE-HD 60364-7-704. Instalaciones eléctricas de baja tensión. Parte 7-704: Requisitos para instalaciones o emplazamientos especiales. Instalaciones en obras y demoliciones. EDIC.: 2018.	UNE-HD 60364-7-704: 2009 y sus modificaciones posteriores.	
UNE-HD 60364-7-705(24). Instalaciones eléctricas de baja tensión. Parte 7-705: Requisitos para instalaciones y emplazamientos especiales. Establecimientos agrícolas y hortícolas. EDIC.: 2011; 2011/A12: 2017.		
UNE-HD 60364-7-708. Instalaciones eléctricas de baja tensión. Parte 7-708: Requisitos para instalaciones o emplazamientos especiales. Parques de caravanas, campings y emplazamientos análogos. EDIC.: 2018.	UNE-HD 60364-7-708: 2010 y sus modificaciones posteriores.	
UNE-HD 60364-7-712. Instalaciones eléctricas de baja tensión. Parte 7-712: Requisitos para instalaciones o emplazamientos especiales. Sistemas de alimentación solar fotovoltaica (FV). EDIC.: 2017.		

Referencia norma UNE, título y ediciones *	Sustituye **	Coexistencia
UNE-HD 60364-7-721. Instalaciones eléctricas de baja tensión. Parte 7-721: Requisitos para instalaciones o emplazamientos especiales. Instalaciones eléctricas en caravanas y caravanas con motor. EDIC.: 2020.	UNE-HD 60364-7-721: 2011.	
UNE-IEC 60050-461. Vocabulario electrotécnico. Parte 461: Cables eléctricos. EDIC.: 2009.		
UNE-IEC 60479-1(25). Efectos de la corriente sobre el hombre y el ganado. Parte 1: Aspectos generales. EDIC.: 2022.	UNE-IEC/TS 60479-1: 2007 y sus modificaciones posteriores.	

(*)   Fecha de aplicabilidad de las nuevas normas o ediciones: el día siguiente de la publicación de la Resolución de 20 de marzo de 2025, de la Dirección General de Estrategia Industrial y de la Pequeña y Mediana Empresa en el «Boletín Oficial del Estado». Cuando se incluya una nueva norma de instalación en este listado, a efectos de aplicación, se considerarán exentas las instalaciones que se encuentren en fase de ejecución, siempre que el correspondiente proyecto de instalación haya sido firmado electrónicamente o visado antes de la fecha de aplicabilidad, o, en el caso de instalaciones que no requieren proyecto, si la licencia de obras fue solicitada antes de la fecha de aplicabilidad o la memoria técnica ha sido firmada electrónicamente antes de la fecha de aplicabilidad. Dispondrán de un plazo máximo de dos años durante los cuales se podrán poner en servicio de acuerdo con lo establecido en las normas de instalación vigentes en el momento de la firma del proyecto o memoria, visado del proyecto o solicitud de licencia de obras, según corresponda.

(**)   Fecha final de coexistencia con las normas o ediciones anteriores: 1 de octubre de 2025, salvo cuando haya un periodo más prolongado indicado explícitamente para cada norma en la columna «Coexistencia». Cuando se sustituye o modifica una norma por una nueva norma o edición, correspondientemente, a efectos de aplicación, pueden utilizarse ambas hasta la fecha final de coexistencia.

(1) y (2)   La referencia original en el texto reglamentario es UNE 20315.
(3)   Las referencias originales en el texto reglamentario son UNE 21027-4 y UNE 21027-16.
(4)   La referencia original en el texto reglamentario es UNE-EN 50086-2-4.
(5)   La referencia original en el texto reglamentario es EN 50281-1-2.
(6)   La referencia original en el texto reglamentario es UNE 21022.
(7)   La referencia original en el texto reglamentario es UNE 20324.
(8)   La referencia original en el texto reglamentario es UNE 21157-1.
(9)   La referencia original en el texto reglamentario es UNE 20481.
(10)   La referencia original en el texto reglamentario es UNE-EN 50086-1.
(11)   La referencia original en el texto reglamentario es UNE-EN 60439-4.
(12)   La referencia original en el texto reglamentario es UNE-EN 60439-2.
(13) y (14)   La referencia original en el texto reglamentario es UNE 20615.
(15), (16), (17), (18) y (19)   La referencia original en el texto reglamentario es UNE 20432-3.
(20)   La referencia original en el texto reglamentario es UNE-EN 50086-2-1.
(21)   La referencia original en el texto reglamentario es UNE-EN 50086-2-2.
(22)   La referencia original en el texto reglamentario es UNE-EN 50086-2-3.
(23)   La referencia original en el texto reglamentario es UNE 20460-3.
(24)   La referencia original en el texto reglamentario es UNE 20460-7-705.
(25)   La referencia original en el texto reglamentario es UNE 20572-1.

Instrucción ITC-BT 03

EMPRESAS INSTALADORAS EN BAJA TENSIÓN

Índice

Normas UNE citadas en la ITC-BT 03:

UNE 21.302.

1. OBJETO

1. La presente Instrucción Técnica Complementaria tiene por objeto desarrollar las previsiones del artículo 22 del Reglamento Electrotécnico para Baja Tensión, aprobado por Real Decreto 842/2002, de 2 de agosto, estableciendo las condiciones y requisitos que deben observarse para la certificación de la competencia y para la habilitación como empresa instaladora en el ámbito de aplicación de dicho reglamento.

2. El presente Reglamento se aplicará:

   a) A las nuevas instalaciones, a sus modificaciones y a sus ampliaciones.

   b) A las modificaciones, reparaciones y ampliaciones, sean o no de importancia, de las instalaciones existentes antes de su entrada en vigor, solo en lo que afecta a la parte modificada, reparada o ampliada, y siempre y cuando se tomen las medidas necesarias para garantizar las condiciones de seguridad del conjunto de la instalación.

   c) A las instalaciones existentes antes de su entrada en vigor, en lo referente al régimen de inspecciones, si bien los criterios técnicos aplicables en dichas inspecciones serán los correspondientes a la reglamentación con la que se aprobaron.

Se entenderá por modificaciones o reparaciones de importancia, a los efectos de la documentación exigible y de la obligatoriedad de inspección inicial, a las que afectan a más del 50 por 100 de la potencia instalada. Igualmente se considerará modificación de importancia la que afecte a líneas completas de procesos productivos con nuevos circuitos y cuadros, aun con reducción de potencia.

2. EMPRESA INSTALADORA E INSTALADOR EN BAJA TENSIÓN

2.1. Empresa instaladora en baja tensión es la persona física o jurídica que realiza, mantiene o repara las instalaciones eléctricas en el ámbito del Reglamento electrotécnico para baja tensión, aprobado por Real Decreto 842/2002, de 2 de agosto, y sus instrucciones técnicas complementarias, habiendo presentado la correspondiente declaración responsable de inicio de actividad según lo prescrito en esta Instrucción Técnica Complementaria.

2.2. Instalador en baja tensión es la persona física que tiene conocimientos para desempeñar alguna de las actividades correspondientes a las categorías indicadas en el apartado 3 de esta Instrucción Técnica Complementaria cumpliendo lo establecido en el apartado 4 de esta Instrucción Técnica Complementaria BT-03.

3. CLASIFICACIÓN DE LAS EMPRESAS INSTALADORAS EN BAJA TENSIÓN

Las empresas instaladoras en Baja Tensión se clasifican en las siguientes categorías:

3.1. Categoría básica (IBTB)

Las empresas instaladoras de esta categoría podrán realizar, mantener y reparar las instalaciones eléctricas para baja tensión en edificios, industrias, infraestructuras y, en general, todas las comprendidas en el ámbito del presente Reglamento Electrotécnico para Baja Tensión, que no se reserven a la categoría especialista (IBTE).

3.2. Categoría especialista (IBTE)

Las empresas instaladoras de la categoría especialista podrán realizar, mantener y reparar las instalaciones de la categoría Básica y, además, las correspondientes a:

— Sistemas de control distribuido.

— Sistemas de supervisión, control y adquisición de datos.

— Control de procesos.

— Líneas aéreas o subterráneas para distribución de energía;

— Locales con riesgo de incendio o explosión.

— Quirófanos y salas de intervención.

— Lámparas de descarga en alta tensión, rótulos luminosos y similares.

— Instalaciones generadoras de baja tensión de potencia superior o igual a 10 kW; que estén contenidas en el ámbito del presente Reglamento electrotécnico para baja tensión y sus instrucciones técnicas complementarias.

La categoría especialista para las cuatro primeras modalidades de instalaciones (sistemas de automatización, gestión técnica de la energía y seguridad para viviendas y edificios; sistemas de control distribuido; sistemas de supervisión, control y adquisición de datos; y control de procesos) es única.

4. INSTALADOR EN BAJA TENSIÓN

El instalador en baja tensión deberá desarrollar su actividad en el seno de una empresa instaladora de baja tensión habilitada y deberá cumplir y poder acreditar ante la Administración competente cuando esta así lo requiera en el ejercicio de sus facultades de inspección, comprobación y control, una de las siguientes situaciones:

a) Disponer de un título universitario cuyo ámbito competencial, atribuciones legales o plan de estudios cubra las materias objeto del Reglamento electrotécnico para baja tensión, aprobado por el Real Decreto 842/2002, de 2 de agosto, y de sus instrucciones técnicas complementarias.

b) Disponer de un título de formación profesional o de un certificado de profesionalidad incluido en el Repertorio Nacional de Certificados de Profesionalidad, cuyo ámbito competencial incluya las materias objeto del Reglamento electrotécnico para baja tensión, aprobado por el Real Decreto 842/2002, de 2 de agosto, y de sus instrucciones técnicas complementarias.

c) Tener reconocida una competencia profesional adquirida por experiencia laboral, de acuerdo con lo estipulado en el Real Decreto 1224/2009, de 17 de julio, de reconocimiento de las competencias profesionales adquiridas por experiencia laboral, en las materias objeto del Reglamento electrotécnico para baja tensión, aprobado por el Real Decreto 842/2002, de 2 de agosto, y de sus instrucciones técnicas complementarias.

d) Tener reconocida la cualificación profesional de instalador en baja tensión adquirida en otro u otros Estados miembros de la Unión Europea, de acuerdo con lo establecido en el Real Decreto 581/2017, de 9 de junio, por el que se incorpora al ordenamiento jurídico español la Directiva 2013/55/UE del Parlamento Europeo y del Consejo, de 20 de noviembre de 2013, por la que se modifica la Directiva 2005/36/ CE relativa al reconocimiento de cualificaciones profesionales y el Reglamento (UE) n.º 1024/2012 relativo a la cooperación administrativa a través del Sistema de Información del Mercado Interior (Reglamento IMI).

e) Poseer una certificación otorgada por entidad acreditada para la certificación de personas por ENAC o cualquier otro Organismo Nacional de Acreditación designado de acuerdo a lo establecido en el Reglamento (CE) n.º 765/2008 del Parlamento Europeo y del Consejo, de 9 de julio de 2008, por el que se establecen los requisitos de acreditación y vigilancia del mercado relativos a la comercialización de los productos y por el que se deroga el Reglamento (CEE) n.º 339/93, de acuerdo a la norma UNE-EN ISO/IEC 17024.

Todas las entidades acreditadas para la certificación de personas que quieran otorgar estas certificaciones deberán incluir en su esquema de certificación un sistema de evaluación que incluya los contenidos mínimos que se indican en el Apéndice II de esta instrucción técnica complementaria.

Cualquiera de las situaciones o titulaciones previstas (título universitario, título de formación profesional o certificado de profesionalidad, experiencia laboral reconocida o certificación otorgada por entidad acreditada) son válidas indistintamente para las distintas categorías de instalador de baja tensión, en función de los conocimientos acreditados.

De acuerdo con la Ley 17/2009, de 23 de noviembre, sobre el libre acceso a las actividades de servicios y su ejercicio, el personal habilitado por una Comunidad Autónoma podrá ejecutar esta actividad dentro de una empresa instaladora en todo el territorio español, sin que puedan imponerse requisitos o condiciones adicionales.

5. HABILITACIÓN DE EMPRESAS INSTALADORAS EN BAJA TENSIÓN

5.1. Antes de comenzar sus actividades como empresas instaladoras en baja tensión, las personas físicas o jurídicas que deseen establecerse en España deberán presentar ante el órgano competente de la comunidad autónoma en la que se establezcan una declaración responsable en la que el titular de la empresa o el representante legal de la misma declare para qué categoría, y en su caso, modalidad, va a desempeñar la actividad, que cumple los requisitos que se exigen por esta Instrucción Técnica Complementaria, que dispone de la documentación que así lo acredita, que se compromete a mantenerlos durante la vigencia de la actividad y que se responsabiliza de que la ejecución de las instalaciones se efectúa de acuerdo con las normas y requisitos que se establecen en el Reglamento electrotécnico para baja tensión, aprobado por el Real Decreto 842/2002, de 2 de agosto, y sus respectivas instrucciones técnicas complementarias.

5.2. Las empresas instaladoras en baja tensión legalmente establecidos para el ejercicio de esta actividad en cualquier otro Estado miembro de la Unión Europea que deseen realizar la actividad en régimen de libre prestación en territorio español, deberán presentar, previo al inicio de la misma, ante el órgano competente de la comunidad autónoma donde deseen comenzar su actividad, una declaración responsable en la que el titular de la empresa o el representante legal de la misma declare para qué categoría, y en su caso, modalidad, va a desempeñar la actividad, que cumple los requisitos que se exigen por esta instrucción técnica complementaria, que dispone de la documentación que así lo acredita, que se compromete a mantenerlos durante la vigencia de la actividad y que se responsabiliza de que la ejecución de las instalaciones se efectúa de acuerdo con las normas y requisitos que se establecen en el Reglamento electrotécnico para baja tensión, aprobado por el Real Decreto 842/2002, de 2 de agosto, y sus respectivas instrucciones técnicas complementarias.

Para la acreditación del cumplimiento del requisito de personal cualificado la declaración deberá hacer constar que la empresa dispone de la documentación que acredita la capacitación del personal afectado, de acuerdo con la normativa del país de establecimiento y conforme a lo previsto en la normativa de la Unión Europea sobre reconocimiento de cualificaciones profesionales, aplicada en España mediante el Real Decreto 581/2017, de 9 de junio. La autoridad competente podrá verificar esa capacidad con arreglo a lo dispuesto en el artículo 15 del citado real decreto.

5.3. Las comunidades autónomas deberán posibilitar que la declaración responsable sea realizada por medios electrónicos.

No se podrá exigir la presentación de documentación acreditativa del cumplimiento de los requisitos junto con la declaración responsable. No obstante, esta documentación deberá estar disponible para su presentación inmediata ante la Administración competente cuando ésta así lo requiera en el ejercicio de sus facultades de inspección, comprobación y control.

5.4. El órgano competente de la comunidad autónoma, asignará, de oficio, un número de identificación a la empresa y remitirá los datos necesarios para su inclusión en el Registro Integrado Industrial regulado en el título IV de la Ley 21/1992, de 16 de julio, de Industria y en su normativa reglamentaria de desarrollo.

5.5. De acuerdo con la Ley 21/1992, de 16 de julio, de Industria, la declaración responsable habilita por tiempo indefinido a la empresa instaladora, desde el momento de su presentación ante la Administración competente, para el ejercicio de la actividad en todo el territorio español, sin que puedan imponerse requisitos o condiciones adicionales.

5.6. Al amparo de lo previsto en el apartado 3 del artículo 69 de la Ley 39/2015, de 1 de octubre, del Procedimiento Administrativo Común de las Administraciones Públicas, la Administración competente podrá regular un procedimiento para comprobar a posteriori lo declarado por el interesado.

En todo caso, la no presentación de la declaración, así como la inexactitud, falsedad u omisión, de carácter esencial, de datos o manifestaciones que deban figurar en dicha declaración habilitará a la Administración competente para dictar resolución, que deberá ser motivada y previa audiencia del interesado, por la que se declare la imposibilidad de seguir ejerciendo la actividad, sin perjuicio de las responsabilidades que pudieran derivarse de las actuaciones realizadas, y de la aplicación del régimen sancionador previsto en la Ley 21/1992, de 16 de julio, de Industria.

5.7. Cualquier hecho que suponga modificación de alguno de los datos incluidos en la declaración originaria, así como el cese de las actividades, deberá ser comunicado por el interesado al órgano competente de la comunidad autónoma donde presentó la declaración responsable en el plazo de un mes.

5.8. Las empresas instaladoras cumplirán lo siguiente:

a) Disponer de la documentación que identifique a la empresa instaladora, que en el caso de persona jurídica deberá estar constituida legalmente.

b) Contar con los medios técnicos y humanos necesarios para realizar su actividad en condiciones de seguridad, que, como mínimo serán los que se determinan en el Apéndice I de esta instrucción técnica complementaria.

c) Haber suscrito un seguro de responsabilidad civil profesional u otra garantía equivalente que cubra los daños que puedan provocar en la prestación del servicio por una cuantía mínima de 600.000 euros por siniestro para la categoría básica y de 900.000 euros por siniestro para la categoría especialista. Estas cuantías mínimas se actualizarán por orden de la persona titular del Ministerio de Industria, Comercio y Turismo, siempre que sea necesario para mantener la equivalencia económica de la garantía y previo informe de la Comisión Delegada del Gobierno para Asuntos Económicos.

5.9. La empresa instaladora habilitada no podrá facilitar, ceder o enajenar certificados de instalación no realizadas por ella misma.

5.10. El incumplimiento de los requisitos exigidos, verificado por la autoridad competente y declarado mediante resolución motivada, conllevará el cese de la actividad, salvo que pueda incoarse un expediente de subsanación de errores, sin perjuicio de las sanciones que pudieran derivarse de la gravedad de las actuaciones realizadas.

La autoridad competente, en este caso, abrirá un expediente informativo al titular de la instalación, que tendrá quince días naturales a partir de la comunicación para aportar las evidencias o descargos correspondientes.

5.11. El órgano competente de la comunidad autónoma dará traslado inmediato al Ministerio de Industria, Turismo y Comercio de la inhabilitación temporal, las modificaciones y el cese de la actividad a los que se refieren los apartados precedentes para la actualización de los datos en el Registro Integrado Industrial regulado en el título IV de la Ley 21/1992, de 16 de julio, de Industria, tal y como lo establece su normativa reglamentaria de desarrollo.

6. OBLIGACIONES DE LAS EMPRESAS INSTALADORAS EN BAJA TENSIÓN

Las Empresas Instaladoras en Baja Tensión deben, en sus respectivas categorías:

a) Ejecutar, modificar, ampliar, mantener o reparar las instalaciones que les sean adjudicadas o confiadas, de conformidad con la normativa vigente y con la documentación de diseño de la instalación, utilizando, en su caso, materiales y equipos que sean conformes a la legislación que les sea aplicable.

b) Efectuar las pruebas y ensayos reglamentarios que les sean atribuidos.

c) Realizar las operaciones de revisión y mantenimiento que tengan encomendadas, en la forma y plazos previstos.

d) Emitir los certificados de instalación o mantenimiento, en su caso.

e) Coordinar, en su caso, con la empresa suministradora y con los usuarios las operaciones que impliquen interrupción del suministro.

f) Notificar a la Administración competente los posibles incumplimientos reglamentarios de materiales o instalaciones que observasen en el desempeño de su actividad. En caso de peligro manifiesto, darán cuenta inmediata de ello a los usuarios y, en su caso, a la empresa suministradora, y pondrá la circunstancia en conocimiento del órgano competente de la Comunidad Autónoma en el plazo máximo de 24 horas.

g) Asistir a las inspecciones establecidas por el Reglamento, o las realizadas de oficio por la Administración, si fuera requerido por el procedimiento.

h) Mantener al día un registro de las instalaciones ejecutadas o mantenidas.

i) Informar a la Administración competente sobre los accidentes ocurridos en las instalaciones a su cargo.

j) Conservar a disposición de la Administración, copia de los contratos de mantenimiento al menos durante los 5 años inmediatos posteriores a la finalización de los mismos.

APÉNDICE I.
MEDIOS MÍNIMOS, TÉCNICOS Y HUMANOS, REQUERIDOS PARA LAS EMPRESAS INSTALADORAS EN BAJA TENSIÓN

1. Medios humanos

Contar con el personal contratado necesario para realizar la actividad en condiciones de seguridad, en número suficiente y durante el tiempo necesario para atender las instalaciones que tengan contratadas, con un mínimo de una persona instaladora en baja tensión de la misma categoría en la que la empresa se encuentra habilitada.

Se entenderá satisfecho el requisito del párrafo anterior cuando el referido personal necesario para realizar la actividad esté contratado a través de cualquiera de las modalidades contractuales permitidas en derecho

2. Medios técnicos

2.1. Categoría Básica

2.1.1. Equipos:

— Telurómetro;

— Medidor de aislamiento, según **ITC MIE-BT 19**;

— Multímetro o tenaza, para las siguientes magnitudes:

  • Tensión alterna y continua hasta 500 V;

  • Intensidad alterna y continua hasta 20 A;

  • Resistencia;

— Medidor de corrientes de fuga, con resolución mejor o igual que 1 mA;

— Detector de tensión;

— Analizador - registrador de potencia y energía para corriente alterna trifásica, con capacidad de medida de las siguientes magnitudes: potencia activa; tensión alterna; intensidad alterna; factor de potencia;

— Equipo verificador de la sensibilidad de disparo de los interruptores diferenciales, capaz de verificar la característica intensidad-tiempo;

  • Equipo verificador de la continuidad de conductores;

  • Medidor de impedancia de bucle, con sistema de medición independiente o con compensación del valor de la resistencia de los cables de prueba y con una resolución mejor o igual que 0,1 Ω;

- · Herramientas comunes y equipo auxiliar;
- · Luxómetro con rango de medida adecuado para el alumbrado de emergencia.

2.2. Categoría Especialista

Además de los medios anteriores, deberán contar con los siguientes, según proceda:

— Analizador de redes, de armónicos y de perturbaciones de red.

— Electrodos para la medida del aislamiento de los suelos.

— Aparato comprobador del dispositivo de vigilancia del nivel de aislamiento de los quirófanos.

2.3. Herramientas, equipos y medios de protección individual

Estarán de acuerdo con la normativa vigente y las necesidades de la instalación.

APÉNDICE II.

CONOCIMIENTOS MÍNIMOS NECESARIOS PARA INSTALADORES EN BAJA TENSIÓN

I. Instalador categoría básica

A) Conocimientos teóricos

Unidad temática 1: Fundamentos de las Instalaciones Eléctricas.

1. Conceptos básicos de electrotecnia:
    - 1.1 Corriente alterna y corriente continua.
    - 1.2 Sistemas trifásicos y monofásicos.
    - 1.3 Componentes de las instalaciones eléctricas.
    - 1.4 Cables y conductores.
    - 1.5 Aparamenta de protección.
    - 1.6 Receptores y máquinas eléctricas: motores y transformadores.
2. Calculo eléctrico de las líneas de BT:
    - 2.1 Criterio de capacidad térmica.
    - 2.2 Criterio de caída de tensión.
    - 2.3 Criterio de corriente de cortocircuito.
    - 2.4 Líneas abiertas y cerradas; líneas de sección uniforme y no uniforme.
3. Reglamentación de las instalaciones eléctricas: REBT y sus ITC:
    - 3.1 Instaladores de Baja Tensión (ITC-BT-03).
    - 3.2 Documentación de las instalaciones (ITC-BT-04).
    - 3.3 Puesta en servicio.
    - 3.4 Verificaciones e inspecciones (ITC-BT-05).
4. Normativa internacional de instalaciones eléctricas de baja tensión.

Unidad temática 2: Instalaciones de enlace.

1. Previsión de cargas para suministros de BT (ITC-BT-10).
2. Esquemas de las instalaciones de enlace (ITC-BT-12).
3. Partes constituyentes de las instalaciones de enlace:
    - 3.1 Cajas Generales de Protección (CGP) (ITC-BT-13).
    - 3.2 Línea General de Alimentación (LGA) (ITC-BT-14).
    - 3.3 Centralizaciones de Contadores (CC) (ITC-BT-16).
    - 3.4 Derivaciones Individuales (DI) (ITC-BT-15).
    - 3.5 Dispositivos Generales de Mando y Protección (DGMP) (ITC-BT-17).

4. Cálculo y Montaje de las instalaciones de enlace:

    4.1   Caídas de tensión.

    4.2   Sistemas de instalación: tubos y canalizaciones (ITC-BT-20; ITC-BT-21).

    4.3   Tipos y emplazamiento de los cuadros eléctricos.

    4.4   Simbología, planos y esquemas eléctricos de las instalaciones.

Unidad temática 3: Instalaciones Interiores o Receptoras.

1. Prescripciones generales para las instalaciones interiores (ITC-BT-19).

2. Instalaciones en viviendas y edificios de viviendas (ITC-BT-25):

    2.1   Grados de electrificación, número de circuitos y características.

    2.2   Tomas de tierra y protección contra los contactos indirectos (ITC-BT-26).

    2.3   Instalaciones en locales que contienen una bañera o ducha (ITC-BT-27).

    2.4   Instalaciones comunes de edificios de viviendas.

    2.5   Dimensionamiento de tubos y canalizaciones.

3. Instalaciones en edificios comerciales, oficinas e industrias:

    3.1   Carga total correspondiente edificios comerciales, oficinas e industrias.

    3.2   Distribución de la electrificación en el edificio. Equilibrado de cargas.

    3.3   Conductores, circuitos y secciones.

4. Instalaciones en garajes y desclasificación de los garajes.

Unidad temática 4: Protecciones de las instalaciones.

1. Sistemas de conexión del neutro y de las masas en las instalaciones de distribución en BT (ITC-BT-08).

2. Instalaciones de puesta a tierra (ITC-BT-18).

3. Protección contra los choques eléctricos-contactos directos e indirectos (ITC-BT-24).

4. Protección contra las sobreintensidades-sobrecargas y cortocircuitos (ITC-BT-23).

5. Protección contra las sobretensiones (ITC-BT-22).

Unidad temática 5: Instalaciones con características especiales.

1. Instalaciones de alumbrado exterior (ITC-BT-09):

    1.1   Introducción a los conceptos luminotécnicos y al REEAE.

    1.2   Cálculos eléctricos de alumbrado.

    1.3   Cálculos luminotécnicos básicos.

2. Instalaciones en locales de pública concurrencia (ITC-BT-28):

    2.1   Suministros complementarios.

    2.2   Alumbrado de emergencia.

3. Instalaciones de infraestructura para la recarga del vehículo eléctrico (ITC-BT-52):

    3.1   Esquemas de conexión.

    3.2   Previsión de cargas.

    3.3   Requisitos generales y medidas de protección.

    3.4   Tipos de conexión y modos de carga del VE.

4. Instalaciones en locales de características especiales (ITC-BT-30):

    4.1   Locales húmedos.

    4.2   Locales mojados.

    4.3   Otros locales de características especiales.

5. Instalaciones de piscinas y fuentes (ITC-BT-31).

6. Instalaciones a muy baja tensión y a tensiones especiales (ITC-BT-36; ITC-BT-37).

7. Instalaciones de máquinas de elevación y transporte (ITC-BT-32).

8. Instalaciones provisionales y temporales de obras (ITC-BT-33).

9. Instalaciones de ferias y stands (ITC-BT-34).

10. Instalaciones de establecimientos agrícolas y hortícolas (ITC-BT-35).

11. Instalaciones de cercas eléctricas para ganado (ITC-BT-39).

12. Instalaciones en caravanas y parques de caravanas (ITC-BT-41).

13. Instalaciones en puertos y marinas para barcos de recreo (ITC-BT-42).

14. Instalaciones en locales con radiadores para saunas (ITC-BT-50).

15. Instalaciones eléctricas en muebles (ITC-BT-49).

Unidad temática 6: Instalación de Receptores.

1. Prescripciones generales para la instalación de receptores (ITC-BT-43).

2. Receptores de alumbrado (ITC-BT-44).

3. Aparatos de caldeo (ITC-BT-45).

4. Cables y folios radiantes en viviendas (ITC-BT-46).

5. Motores, transformadores, reactancias y condensadores (ITC-BT-47; ITC-BT-48).

Unidad temática 7: Instalaciones generadoras de baja tensión de potencia inferior A 10 kW. (ITC BT-40)

1. Tipos y clasificación.

2. Montaje y mantenimiento.

3. Sistemas antivertido para instalaciones sin excedentes.

4. Condiciones generales y particulares para la conexión:

4.1 Instalaciones aisladas.

4.2 Instalaciones asistidas.

4.3 Instalaciones interconectadas.

5. Protecciones e instalaciones de puesta a tierra.

B) Conocimientos prácticos

1. Montaje y puesta en servicio de instalaciones de baja tensión que estén comprendidas en el ámbito de este reglamento y que no se reserven a la categoría de especialista.

2. Verificación, mantenimiento y reparación de instalaciones de baja tensión que estén comprendidas en el ámbito de este reglamento y que no se reserven a la categoría de especialista:

2.1 Verificación inicial de instalaciones, en función de sus características, y de acuerdo a la normativa vigente.

2.2. Mantenimiento y reparación de instalaciones.

2.3 Mantenimiento o reparación de la aparamenta de protección, control, seccionamiento o conexión.

3. Manejo aparatos de medida y herramientas:

3.1 Herramientas utilizadas en instalaciones eléctricas de baja tensión: tipos y manejo.

3.2 Manejo de aparatos de medida de magnitudes eléctricas.

II. Instalador Categoría Especialista

Además de los conocimientos teóricos y prácticos indicados para la categoría básica, el instalador de categoría especialista, para cada especialidad, deberá tener los siguientes conocimientos:

A) Conocimientos teóricos

Unidad temática 1 (Especialista): Líneas de distribución en B.T.

1. Tipos de redes de distribución: radiales, en anillo.

2. Líneas aéreas (ITC-BT-06):

2.1 Componentes: Conductores aislados y desnudos, Apoyos, aisladores y herrajes, accesorios de sujeción.

2.2 Cálculo mecánico de las líneas: conductores y apoyos.

2.3 Intensidades admisibles en régimen permanente y en cortocircuito.

3. Líneas subterráneas (ITC-BT-07):

    3.1   Cables aislados.

    3.2   Intensidades admisibles en régimen permanente y en cortocircuito: factores de corrección por tipo de instalación.

4. Acometidas (ITC-BT-11).

5. Normas particulares de las empresas distribuidoras.

Unidad temática 2 (Especialista): Sistemas de automatización (ITC-BT-51).

1. Automatismos eléctricos:

    1.1   Elementos que componen las instalaciones: sensores, actuadores, dispositivos de control y elementos auxiliares. Tipos y características.

    1.2   Cuadros eléctricos.

    1.3   Simbología normalizada en las instalaciones.

    1.4   Planos y esquemas eléctricos normalizados. Tipología.

2. Instalaciones automatizadas:

    2.1   Tipos de sensores. Características y aplicaciones.

    2.2   Actuadores: relés, contactores, solenoides, electroválvulas (entre otros).

    2.3   Control de potencia: arranque de motores (monofásicos y trifásicos, entre otros).

    2.4   Protecciones contra cortocircuitos, derivaciones y sobrecargas.

    2.5   Arrancadores estáticos y variadores de velocidad electrónicos.

    2.6   Controladores programables. Autómatas.

    2.7   Programas de control. Programación.

Unidad temática 3 (Especialista): Instalaciones en locales con riesgo de incendio y explosión (ITC-BT-29).

1. Clasificación de emplazamientos y Modos de protección.

2. Condiciones de la instalación para todas las zonas peligrosas.

3. Criterios de selección de material.

Unidad temática 4 (Especialista): Instalaciones en quirófanos y salas de intervención (ITC-BT-38).

1. Medidas de protección.

2. Puesta a tierra y equipontecialidad.

3. Alimentación con transformador de aislamiento.

4. Protección diferencial y contra sobreintensidades.

5. Suministros complementarios.

6.   Riesgo de incendio y explosión.

7.   Control y mantenimiento.

8.   Cuadros de distribución y receptores especiales.

Unidad temática 5 (Especialista): Instalaciones generadoras de baja tensión de potencia superior o igual a 10 kW (ITC-BT-40).

1.   Tipos y clasificación.

2.   Condiciones generales y particulares para la conexión:

    2.1   Instalaciones aisladas.

    2.2   Instalaciones asistidas.

    2.3   Instalaciones interconectadas.

3.   Protecciones e instalaciones de puesta a tierra.

Unidad temática 6 (Especialista): Instalaciones de lámparas de descarga en alta tensión y rótulos luminosos (ITC-BT-44).

1.   Rótulos y tubos luminosos alimentados entre 1 kV y 10 kV: Reglas de instalación, envolventes, soportes.

2.   Protección contra los contactos indirectos, protección contra fugas y apertura de circuitos.

3.   Transformadores, convertidores e inversores.

B) Conocimientos prácticos

1.   Montaje y puesta en servicio de instalaciones de baja tensión que estén comprendidas en el ámbito de este reglamento y que estén reservadas a la categoría de especialista.

2.   Verificación, mantenimiento y reparación de instalaciones de baja tensión que estén comprendidas en el ámbito de este reglamento y que estén reservadas a la categoría de especialista:

    2.1   Verificación inicial de instalaciones, en función de sus características, y de acuerdo a la normativa vigente.

    2.2   Mantenimiento y reparación de instalaciones.

    2.3   Mantenimiento o reparación de la aparamenta de protección, control, seccionamiento o conexión.

3.   Adicionalmente, para cada categoría especialista:

    3.1   Unidad temática 1: Líneas de distribución en B.T.

        3.1.1 Ejecución de las instalaciones aéreas: Conductores aislados y desnudos; distancias de separación; Cruzamientos, proximidades y paralelismos.

        3.1.2 Ejecución de las instalaciones subterráneas: tipos de instalación y condiciones para cruzamientos, paralelismos y proximidades.

3.2 **Unidad temática 2: Sistemas de automatización.**

3.2.1 Sistemas de automatización, gestión técnica de la energía y seguridad para viviendas y edificios.

3.2.2 Sistemas de control distribuido.

3.2.3 Instalación y programación de sistemas de supervisión, control y adquisición de datos.

3.2.4 Control de procesos.

3.3 **Unidad temática 3: Instalaciones en locales con riesgo de incendio y explosión.**

3.3.1 Selección de material para trabajar en ambientes clasificados.

3.3.2 Instalaciones de estaciones de servicio, garajes y talleres de reparación.

3.4 **Unidad temática 4: Instalaciones en quirófanos y salas de intervención.**

3.4.1 Selección de material para trabajar en ambientes clasificados.

3.4.2 Instalación de receptores especiales.

3.5 **Unidad temática 5: Instalaciones generadoras de baja tensión de potencia superior o igual a 10 kW.**

3.5.1 Ejecución de las distintas instalaciones de autoconsumo.

3.5.2 Instalación de sistemas antivertido para instalaciones sin excedentes.

3.6 **Unidad temática 6: Instalaciones de lámparas de descarga en alta tensión y rótulos luminosos.**

3.6.1 Instalación de rótulos y tubos luminosos alimentados entre 1 kV y 10 kV.

3.6.2 Protecciones contra fugas.

Instrucción ITC-BT 04

DOCUMENTACIÓN Y PUESTA EN SERVICIO DE LAS INSTALACIONES

Índice

1. OBJETO

La presente Instrucción tiene por objeto desarrollar las prescripciones del artículo 18 del Reglamento Electrotécnico para Baja Tensión, determinando la documentación técnica que deben tener las instalaciones para ser legalmente puestas en servicio, así como su tramitación ante el órgano competente de la Administración.

2. DOCUMENTACIÓN DE LAS INSTALACIONES

Las instalaciones en el ámbito de aplicación del presente Reglamento deben ejecutarse sobre la base de una documentación técnica que, en función de su importancia, deberá adoptar una de las siguientes modalidades:

2.1. Proyecto

Cuando se precise proyecto, de acuerdo con lo establecido en el apartado 3, éste deberá ser redactado y firmado por técnico titulado competente, quien será directamente responsable de que el mismo se adapte a las disposiciones reglamentarias.

El proyecto de instalación se desarrollará, bien como parte del proyecto general del edificio, bien en forma de uno o varios proyectos específicos.

En la memoria del proyecto se expresarán especialmente:

— Datos relativos al propietario;

— Emplazamiento, características básicas y uso al que se destina;

— Características y secciones de los conductores a emplear;

— Características y diámetros de los tubos para canalizaciones;

— Relación nominal de los receptores que se prevean instalar y su potencia, sistemas y dispositivos de seguridad adoptados y cuantos detalles sean necesarios de acuerdo con la importancia de la instalación proyectada y para que se ponga de manifiesto el cumplimiento de las prescripciones del Reglamento y sus Instrucciones Técnicas Complementarias.

— Esquema unifilar de la instalación y características de los dispositivos de corte y protección adoptados, puntos de utilización y secciones de los conductores.

— Croquis de su trazado;

— Cálculos justificativos del diseño.

Los planos serán los suficientes en número y detalle, tanto para dar una idea clara de las disposiciones que pretenden adoptarse en las instalaciones, como para que la Empresa instaladora que ejecute la instalación disponga de todos los datos necesarios para la realización de la misma.

2.2. Memoria Técnica de Diseño

La Memoria Técnica de Diseño (MTD) se redactará sobre impresos, según modelo determinado por el órgano competente de la Comunidad Autónoma, con objeto de proporcionar los principales datos y características de diseño de las instalaciones. La empresa instaladora para la categoría de la instalación correspondiente o el técnico titulado competente que firme dicha Memoria será directamente responsable de que la misma se adapte a las exigencias reglamentarias.

En especial, se incluirán los siguientes datos:

— Los referentes al propietario;

— Identificación de la persona que firma la memoria y justificación de su competencia;

— Emplazamiento de la instalación;

— Uso al que se destina;

— Relación nominal de los receptores que se prevea instalar y su potencia;

— Cálculos justificativos de las características de la línea general de alimentación, derivaciones individuales y líneas secundarias, sus elementos de protección y sus puntos de utilización;

— Pequeña memoria descriptiva;

— Esquema unifilar de la instalación y características de los dispositivos de corte y protección adoptados, puntos de utilización y secciones de los conductores.

— Croquis de su trazado.

3. INSTALACIONES QUE PRECISAN PROYECTO

3.1. Para su ejecución, precisan elaboración de proyecto las nuevas instalaciones siguientes:

GRUPO	TIPO DE INSTALACIÓN	LÍMITES
a	Las correspondientes a industrias, en general.	P > 20 kW.
b	Las correspondientes a: - Locales húmedos, polvorientos o con riesgo de corrosión. - Bombas de extracción o elevación de agua, sean industriales o no.	P > 10 kW.
c	Las correspondientes a: - Locales mojados; - Generadores y convertidores; - Conductores aislados para caldeo, excluyendo las de viviendas.	P > 10 kW
d	- De carácter temporal para alimentación de maquinaria de obras en construcción. - De carácter temporal en locales o emplazamientos abiertos.	P > 50kW
e	Las de edificios destinados principalmente a viviendas, locales comerciales y oficinas, que no tengan la consideración de locales de pública concurrencia, en edificación vertical u horizontal.	P > 100 kW por caja general de protección
f	Las correspondientes a viviendas unifamiliares.	P > 50kW
g	Las de aparcamientos o estacionamientos que requieran ventilación forzada.	Cualquiera que sea su ocupación
h	Las de aparcamientos o estacionamientos que requieran ventilación natural.	De más de 5 plazas de estacionamiento
i	Las correspondientes a locales de pública concurrencia	Sin límite
j	Las correspondientes a: - Líneas de baja tensión con apoyos comunes con las de alta tensión; - Máquinas de elevación y transporte; - Las que utilicen tensiones especiales; - Las destinadas a rótulos luminosos salvo que se consideren instalaciones de Baja Tensión según lo establecido en la **ITC-BT 44**; - Cercas eléctricas; - Redes aéreas o subterráneas de distribución	Sin límite de potencia
k	Instalaciones de alumbrado exterior.	P > 5 kW
l	Las correspondientes a locales con riesgo de incendio o explosión, excepto aparcamientos o estacionamientos.	Sin límite
m	Las de quirófanos y salas de intervención.	Sin límite
n	Las correspondientes a piscinas y fuentes.	P > 5 kW
z	Las correspondientes a las infraestructuras para la recarga del vehículo eléctrico.	P > 50kW
	Instalaciones de recarga situadas en el exterior.	P > 10kW
	Todas las instalaciones que incluyan estaciones de recarga previstas para el modo de carga 4.	Sin límite
o	Todas aquellas que, no estando comprendidas en los grupos anteriores, determine el Ministerio de Ciencia y Tecnología, mediante la oportuna disposición.	Según corresponda

[P = Potencia prevista en la instalación, teniendo en cuenta lo estipulado en la (ITC) BT-10].

No será necesaria la elaboración de proyecto para las instalaciones de recarga que se ejecuten en los grupos de instalación g) y h) existentes en edificios de viviendas, siempre que las nuevas instalaciones no estén incluidas en el grupo z).

3.2. Asimismo, requerirán elaboración de proyecto las ampliaciones y modificaciones de las instalaciones siguientes:

a) Las ampliaciones de las instalaciones de los tipos (b, c, g, i, j, 1, m) y modificaciones de importancia de las instalaciones señaladas en 3.1.

b) Las ampliaciones de las instalaciones que, siendo de los tipos señalados en 3.1., no alcanzasen los límites de potencia prevista establecidos para las mismas, pero que los superan al producirse la ampliación.

c) Las ampliaciones de instalaciones que requirieron proyecto originalmente si en una o en varias ampliaciones se supera el 50% de la potencia prevista en el proyecto anterior.

3.3. Si una instalación está comprendida en más de un grupo de los especificados en 3.1, se le aplicará el criterio más exigente de los establecidos para dichos grupos.

4. INSTALACIONES QUE REQUIEREN MEMORIA TÉCNICA DE DISEÑO

Requerirán Memoria Técnica de Diseño todas las instalaciones -sean nuevas, ampliaciones o modificaciones- no incluidas en los grupos indicados en el apartado 3.

5. EJECUCIÓN Y TRAMITACIÓN DE LAS INSTALACIONES

5.1. Todas las instalaciones en el ámbito de aplicación del Reglamento deben ser efectuadas por las empresas instaladoras en baja tensión a las que se refiere la Instrucción Técnica complementaria **ITC-BT-03**.

En el caso de instalaciones que requirieron Proyecto, su ejecución deberá contar con la dirección de un técnico titulado competente.

Si, en el curso de la ejecución de la instalación, la empresa instaladora considerase que el Proyecto o Memoria Técnica de Diseño no se ajusta a lo establecido en el Reglamento, deberá, por escrito, poner tal circunstancia en cono-cimiento del autor de dichos Proyectos o Memoria, y del propietario. Si no hubiera acuerdo entre las partes se someterá la cuestión al órgano competente de la Comunidad Autónoma, para que ésta resuelva en el más breve plazo posible.

5.2. Al término de la ejecución de la instalación, la empresa instaladora realizará las verificaciones que resulten oportunas, en función de las características de aquélla, según se especifica en la **ITC-BT-05** y en su caso todas las que determine la dirección de obra.

5.3. Asimismo, las instalaciones que se especifican en la **ITC-BT-05** deberán ser objeto de la correspondiente Inspección Inicial por Organismo de Control.

5.4. Finalizadas las obras y realizadas las verificaciones e inspección inicial a que se refieren los puntos anteriores, la empresa instaladora deberá emitir un Certificado de Instalación, suscrito por un instalador en baja tensión que pertenezca a la empresa, según modelo establecido por la Administración, que deberá comprender, al menos, lo siguiente:

a) los datos referentes a las principales características de la instalación;

b) la potencia prevista de la instalación;

c) en su caso, la referencia del certificado del Organismo de Control que hubiera realizado con calificación de resultado favorable, la inspección inicial;

d) identificación de la empresa instaladora responsable de la instalación y del instalador en baja tensión que suscribe el certificado de instalación;

e) declaración expresa de que la instalación ha sido ejecutada de acuerdo con las prescripciones del Reglamento electrotécnico para baja tensión, aprobado por el Real Decreto 842/2002, de 2 de agosto, y, en su caso, con las especificaciones particulares aprobadas a la Compañía eléctrica, así como, según corresponda, con el Proyecto o la Memoria Técnica de Diseño.

5.5. Antes de la puesta en servicio de las instalaciones, la empresa instaladora deberá presentar ante el Órgano competente de la Comunidad Autónoma, al objeto de su inscripción en el correspondiente registro, el Certificado de Instalación con su correspondiente anexo de información al usuario, por quintuplicado, al que se acompañará, según el caso, el Proyecto o la Memoria Técnica de Diseño, así como el certificado de Dirección de Obra firmado por el correspondiente técnico titulado competente, y el certificado de inspección inicial del Organismo de Control, si procede.

El Órgano competente de la Comunidad Autónoma deberá diligenciar las copias del Certificado de Instalación, devolviendo cuatro a la empresa instaladora, dos para sí y las otras dos para la propiedad, a fin de que esta pueda, a su vez, quedarse con una copia y entregar la otra a la Compañía eléctrica, requisito sin el cual esta no podrá suministrar energía a la instalación, salvo lo indicado en el Artículo 18.3 del Reglamento Electrotécnico para Baja Tensión.

Si la documentación técnica indicada se presentase por medios electrónicos, solo será necesaria la presentación de una única copia del certificado de instalación eléctrica en lugar de cinco. En este caso, la administración enviará dicho certificado diligenciado por medios electrónicos a la empresa instaladora, quien deberá entregar una copia (también electrónica) del documento al titular de la instalación y conservar otra para su archivo.

5.6. Instalaciones temporales en ferias, exposiciones y similares

Cuando en este tipo de eventos exista para toda la instalación de la feria o exposición una Dirección de Obra común, podrán agruparse todas las documentaciones de las instalaciones parciales de alimentación a los distintos stands o elementos de la feria, exposición, etc., y presentarse de una sola vez ante el órgano competente de la Comunidad Autónoma, bajo una certificación de instalación global firmada por el responsable técnico de la Dirección mencionada.

Cuando se trate de montajes repetidos idénticos, se podrá prescindir de la documentación de diseño, tras el registro de la primera instalación, haciendo constar en el certificado de instalación dicha circunstancia, que será válida durante un año, siempre que no se produjeran modificaciones significativas, entendiendo como tales las que afecten a la potencia prevista, tensiones de servicio y utilización y a los elementos de protección contra contactos directos e indirectos y contra sobreintensidades y sobretensiones.

6. PUESTA EN SERVICIO DE LAS INSTALACIONES

El titular de la instalación deberá solicitar el suministro de energía a la empresa suministradora mediante entrega del correspondiente ejemplar del certificado de instalación.

La empresa suministradora podrá realizar, a su cargo, las verificaciones que considere oportunas, en lo que se refiere al cumplimiento de las prescripciones del presente Reglamento.

Cuando los valores obtenidos en la indicada verificación sean inferiores o superiores a los señalados respectivamente para el aislamiento y corrientes de fuga en la **ITC-BT-19**, las Empresas suministradoras no podrán conectar a sus redes las instalaciones receptoras.

En esos casos, deberán extender un Acta, en la que conste el resultado de las comprobaciones, la cual deberá ser firmada igualmente por el titular de la instalación, dándose por enterado. Dicha acta, en el plazo más breve posible, se pondrá en conocimiento del órgano competente de la Comunidad Autónoma, quien determinará lo que proceda.

Instrucción ITC-BT 05

VERIFICACIONES E INSPECCIONES

Normas de referencia en el REBT actualizadas publicadas en Enero de 2020

Índice

Normas UNE citadas en la ITC-BT-05

UNE 20.460-6-61 (EN 60.529)

1. OBJETO

La presente Instrucción tiene por objeto desarrollar las previsiones de los artículos 18 y 20 del **Reglamento Electrotécnico para Baja Tensión,** en relación con las verificaciones previas a la puesta en servicio e inspecciones de las instalaciones eléctricas incluidas en su campo de aplicación.

2. AGENTES INTERVINIENTES

2.1 Las verificaciones previas a la puesta en servicio de las instalaciones deberán ser realizadas por las empresas instaladoras que las ejecuten.

2.2 De acuerdo con lo indicado en el artículo 20 del **Reglamento,** sin perjuicio de las atribuciones que, en cualquier caso, ostenta la Administración Pública, los agentes que lleven a cabo las inspecciones de las instalaciones eléctricas de Baja Tensión deberán tener la condición de Organismos de Control, según lo establecido en el **Real Decreto 2.200/1995**, de 28 de diciembre, acreditados para este campo reglamentario.

3. VERIFICACIONES PREVIAS A LA PUESTA EN SERVICIO

Las instalaciones eléctricas en baja tensión deberán ser verificadas, previamente a su puesta en servicio y según corresponda en función de sus características, siguiendo la metodología de la norma **UNE 20.460** -6-61.

4. INSPECCIONES

Las instalaciones eléctricas en baja tensión de especial relevancia que se citan a continuación, deberán ser objeto de inspección por un Organismo de Control, a fin de asegurar, en la medida de lo posible, el cumplimiento reglamentario a lo largo de la vida de dichas instalaciones.

Las inspecciones podrán ser:

— Iniciales: Antes de la puesta en servicio de las instalaciones.

— Periódicas.

4.1. Inspecciones iniciales

Serán objeto de inspección, una vez ejecutadas las instalaciones, sus ampliaciones o modificaciones de importancia y previamente a ser documentadas ante el órgano competente de la Comunidad Autónoma, las siguientes instalaciones:

a) Instalaciones industriales que precisen proyecto, con una potencia instalada superior a 100 kW;

b) Locales de Pública Concurrencia;

c) Locales con riesgo de incendio o explosión, de clase I, excepto garajes de menos de 25 plazas;

d) Locales mojados con potencia instalada superior a 25 kW;

e) Piscinas con potencia instalada superior a 10 kW;

f) Quirófanos y salas de intervención;

g) Instalaciones de alumbrado exterior con potencia instalada superior 5 kW.

h) Instalaciones de las estaciones de recarga para el vehículo eléctrico, que requieran la elaboración de proyecto para su ejecución.

4.2. Inspecciones periódicas

Serán objeto de inspecciones periódicas, cada 5 años, todas las instalaciones eléctricas en baja tensión que precisaron inspección inicial, según el punto 4.1 anterior, y cada 10 años, las comunes de edificios de viviendas de potencia total instalada superior a 100 kW.

5. PROCEDIMIENTO

5.1. Los Organismos de Control realizarán la inspección de las instalaciones sobre la base de las prescripciones que establezca el Reglamento de aplicación y, en su caso, de lo especificado en la documentación técnica, aplicando los criterios para la clasificación de defectos que se relacionan en el apartado siguiente. La empresa instaladora, si lo estima conveniente, podrá asistir a la realización de estas inspecciones.

5.2. Como resultado de la inspección, el Organismo de Control emitirá un Certificado de Inspección, en el cual figurarán los datos de identificación de la instalación y la posible relación de defectos, con su clasificación, y la calificación de la instalación, que podrá ser:

5.2.1. Favorable: Cuando no se determine la existencia de ningún defecto muy grave o grave. En este caso, los posibles defectos leves se anotarán para constancia del titular, con la indicación de que deberá poner los medios para subsanarlos antes de la próxima inspección. Asimismo, podrán servir de base a efectos estadísticos y de control del buen hacer de las empresas instaladoras.

5.2.2. Condicionada: Cuando se detecte la existencia de, al menos, un defecto grave o defecto leve procedente de otra inspección anterior que no se haya corregido. En este caso:

a) Las instalaciones nuevas que sean objeto de esta calificación no podrán ser suministradas de energía eléctrica en tanto no se hayan corregido los defectos indicados y puedan obtener la calificación de favorable.

b) A las instalaciones ya en servicio se les fijará un plazo para proceder a su corrección, que no podrá superar los 6 meses. Transcurrido dicho plazo sin haberse subsanado los defectos, el Organismo de Control deberá remitir el Certificado con la calificación negativa al órgano competente de la Comunidad Autónoma.

5.2.3 Negativa: Cuando se observe, al menos, un defecto muy grave. En este caso:

a) Las nuevas instalaciones no podrán entrar en servicio, en tanto no se hayan corregido los defectos indicados y puedan obtener la calificación de favorable.

b) A las instalaciones ya en servicio se les emitirá Certificado negativo, que se remitirá inmediatamente al órgano competente de la Comunidad Autónoma.

6. CLASIFICACIÓN DE DEFECTOS

Los defectos en las instalaciones se clasificarán en: Defectos muy graves, defectos graves y defectos leves.

6.1. Defecto Muy Grave

Es todo aquel que la razón o la experiencia determinan que constituye un peligro inmediato para la seguridad de las personas o los bienes.

Se consideran tales los incumplimientos de las medidas de seguridad que pueden provocar el desencadenamiento de los peligros que se pretenden evitar con tales medidas, en relación con:

— Contactos directos, en cualquier tipo de instalación;

— Locales de pública concurrencia;

— Locales con riesgo de incendio o explosión;

— Locales de características especiales;

— Instalaciones con fines especiales;

— Quirófanos y salas de intervención.

6.2. Defecto Grave

Es el que no supone un peligro inmediato para la seguridad de las personas o de los bienes, pero puede serlo al originarse un fallo en la instalación. También se incluye dentro de esta clasificación el defecto que pueda reducir de modo sustancial la capacidad de utilización de la instalación eléctrica.

Dentro de este grupo y con carácter no exhaustivo, se consideran los siguientes defectos graves:

— Falta de conexiones equipotenciales, cuando éstas fueran requeridas;

— Inexistencia de medidas adecuadas de seguridad contra contactos indirectos;

— Falta de aislamiento de la instalación;

— Falta de protección adecuada contra cortocircuitos y sobrecargas en los conductores, en función de la intensidad máxima admisible en los mismos, de acuerdo con sus características y condiciones de instalación;

— Falta de continuidad de los conductores de protección;

— Valores elevados de resistencia de tierra en relación con las medidas de seguridad adoptadas;

— Defectos en la conexión de los conductores de protección a las masas, cuando estas conexiones fueran preceptivas;— Sección insuficiente de los conductores de protección;

— Existencia de partes o puntos de la instalación cuya defectuosa ejecución pudiera ser origen de averías o daños;

— Naturaleza o características no adecuadas de los conductores utilizados;

— Falta de sección de los conductores, en relación con las caídas de tensión admisibles para las cargas previstas;

— Falta de identificación de los conductores "neutro" y "de protección";

— Empleo de materiales, aparatos o receptores que no se ajusten a las especificaciones vigentes.

— Ampliaciones o modificaciones de una instalación que no se hubieran tramitado según lo establecido en la **ITC -BT 04**.

— Carencia del número de circuitos mínimos estipulados

— La sucesiva reiteración o acumulación de defectos leves.

6.3. Defecto Leve

Es todo aquel que no supone peligro para las personas o los bienes, no perturba el funcionamiento de la instalación y en el que la desviación respecto de lo reglamentado no tiene valor significativo para el uso efectivo o el funcionamiento de la instalación.

ITC 05

Instrucción ITC-BT 06

REDES AÉREAS PARA DISTRIBUCIÓN EN BAJA TENSIÓN

Índice

Normas UNE citadas en la ITC-BT-06

UNE 21.030, UNE 21.012, UNE 21.018, UNE 20.435, UNE 21.144-2-2, UNE 21.144

1. MATERIALES

1.1. Conductores

Los conductores utilizados en las redes aéreas serán de cobre, aluminio o de otros materiales o aleaciones que posean características eléctricas y mecánicas adecuadas y serán preferentemente aislados

1.1.1. Conductores aislados

Los conductores aislados serán de tensión asignada no inferior a 0,6/1 kV, tendrán un recubrimiento tal que garantice una buena resistencia a las acciones de la intemperie y deberán satisfacer las exigencias especificadas en la norma **UNE 21.030**.

La sección mínima permitida en los conductores de aluminio será de 16 mm², y en los de cobre de 10 mm². La sección mínima correspondiente a otros materiales será la que garantice una resistencia mecánica y conductividad eléctrica no inferiores a las que corresponden a los de cobre anteriormente indicados.

1.1.2. Conductores desnudos

Los conductores desnudos serán resistentes a las acciones de la intemperie y su carga de rotura mínima a la tracción será de 410 daN, debiendo satisfacer las exigencias especificadas en las normas **UNE 21.012** o **UNE 21.018**, según que los conductores sean de Cobre o de Aluminio.

Se considerarán como conductores desnudos aquellos conductores aislados para una tensión nominal inferior a 0,6/1 kV.

Su utilización tendrá carácter especial debidamente justificado, excluyendo el caso de zonas de arbolado o con peligro de incendio.

1.2. Aisladores

Los aisladores serán de porcelana, vidrio o de otros materiales aislantes equivalentes que resistan las acciones de la intemperie, especialmente las variaciones de temperatura y la corrosión, debiendo ofrecer la misma resistencia a los esfuerzos mecánicos y poseer el nivel de aislamiento de los aisladores de porcelana o vidrio.

La fijación de los aisladores a sus soportes se efectuará mediante roscado o cementación a base de sustancias que no ataquen ninguna de las partes, y que no sufran variaciones de volumen que puedan afectar a los propios aisladores o a la seguridad de su fijación.

1.3. Accesorios de sujeción

Los accesorios que se empleen en las redes aéreas deberán estar debidamente protegidos contra la corrosión y envejecimiento, y resistirán los esfuerzos

ITC 06

mecánicos a que puedan estar sometidos, con un coeficiente de seguridad no inferior al que corresponda al dispositivo de anclaje donde estén instalados.

1.4. Apoyos

Los apoyos podrán ser metálicos, de hormigón, madera o de cualquier otro material que cuente con la debida autorización de la Autoridad competente, y se dimensionarán de acuerdo con las hipótesis de cálculo indicadas en el apartado 2.3 de la presente instrucción. Deberán presentar una resistencia elevada a las acciones de la intemperie, y en el caso de no presentarla por sí mismos deberán recibir los tratamientos adecuados para tal fin.

1.5. Tirantes y tornapuntas

Los tirantes estarán constituidos por varillas o cables metálicos, debidamente protegidos contra la corrosión, y tendrán una carga de rotura mínima de 1.400 daN.

Los tornapuntas podrán ser metálicos, de hormigón, madera o cualquier otro material capaz de soportar los esfuerzos a que estén sometidos, debiendo estar debidamente protegidos contra las acciones de la intemperie.

Deberá restringirse el empleo de tirantes y tornapuntas.

2. CÁLCULO MECÁNICO

2.1. Acciones a considerar en el cálculo

El cálculo mecánico de los elementos constituyentes de la red, cualquiera que sea su naturaleza, se efectuará con los supuestos de acción de las cargas y sobrecargas que a continuación se indican, combinadas en la forma y condiciones que se fijan en los apartados siguientes:

Como cargas permanentes se considerarán las cargas verticales debidas al propio peso de los distintos elementos: conductores, aisladores, accesorios de sujeción y apoyos.

Se considerarán las sobrecargas debidas a la presión del viento siguientes:

— Sobre conductores: $50 \ daN/m^2$

— Sobre superficies planas: $100 \ daN/m^2$

— Sobre superficies cilíndricas de apoyos: $70 \ daN/m^2$

La acción del viento sobre los conductores no se tendrá en cuenta en aquellos lugares en que por la configuración del terreno o la disposición de las edificaciones actúe en el sentido longitudinal de la línea.

A los efectos de las sobrecargas motivadas por el hielo se clasificará el país en tres zonas:

— Zona A: La situada a menos de 500 m de altitud sobre el nivel del mar. No se tendrá en cuenta sobrecarga alguna motivada por el hielo.

— Zona B: La situada a una altitud comprendida entre 500 y 1000 m. Los conductores desnudos se considerarán sometidos a la sobrecarga de un manguito de hielo de valor $180\sqrt{d}$ gramos por metro lineal, siendo d el diámetro del conductor en mm. En los cables en haz la sobrecarga se considerará de $60\sqrt{d}$ gramos por metro lineal, siendo d el diámetro del cable en haz en mm. A efectos de cálculo se considera como diámetro de un cable en haz, 2,5 veces el diámetro del conductor de fase.

— Zona C: La situada a una altitud superior a 1000 m. Los conductores desnudos se considerarán sometidos a la sobrecarga de un manguito de hielo de valor $360\sqrt{d}$ gramos por metro lineal, siendo d el diámetro del conductor en mm. En los cables en haz la sobrecarga se considerará de $120\sqrt{d}$ gramos por metro lineal, siendo d el diámetro del cable en haz en mm. A efectos de cálculo se considera como diámetro de un cable en haz, 2,5 veces el diámetro del conductor de fase.

2.2. Conductores

2.2.1. Tracción máxima admisible

La tracción máxima admisible de los conductores no será superior a su carga de rotura dividida por 2,5 considerándolos sometidos a la hipótesis más desfavorable de las siguientes:

Zona A:

a) Sometidos a la acción de su propio peso y a la sobrecarga del viento, a la temperatura de 15 °C.

b) Sometidos a la acción de su propio peso y a la sobrecarga del viento dividida por 3, a la temperatura de 0 °C

Zona B y C:

a) Sometidos a la acción de su propio peso y a la sobrecarga del viento, a la temperatura de 15 °C.

b) Sometidos a la acción de su propio peso y a la sobrecarga de hielo correspondiente a la zona, a la temperatura de 0 °C.

ITC 06

2.2.2. Flecha máxima

Se adoptará como flecha máxima de los conductores el mayor valor resultante de la comparación entre las dos hipótesis correspondientes a la zona climatológica que se considere, y a una tercera hipótesis de temperatura (válida para las tres zonas), consistente en considerar los conductores sometidos a la acción de su propio peso y a la temperatura máxima previsible, teniendo en cuenta las condiciones climatológicas y las de servicio de la red. Esta temperatura no será inferior a 50 ºC.

2.3. Apoyos

Para el cálculo mecánico de los apoyos se tendrán en cuenta las hipótesis indicadas en la Tabla 1, según la función del apoyo y de la zona.

Tabla 1. *Cargas para el cálculo mecánico de los apoyos*

Función del apoyo	ZONA A		ZONA B y C	
	Hipótesis de viento a la temperatura de 15 ºC	Hipótesis de temperatura a 0 ºC con 1/3 de viento	Hipótesis de viento a la temperatura de 15 ºC	Hipótesis de hielo según zona y temperatura de 0 ºC
Alineación	Cargas permanentes	Cargas permanentes. Desequilibrio de tracciones	Cargas permanentes	Cargas permanentes. Desequilibrio de tracciones
Ángulo	Cargas permanentes. Resultante de ángulo			
Estrellamiento	Cargas permanentes. 2/3 resultante	Cargas permanentes. Total resultante	Cargas permanentes. 2/3 resultante	Cargas permanentes. Total resultante
Fin de línea	Cargas permanentes. Tracción total de conductores			

Cuando los vanos sean inferiores a 15 m, las cargas permanentes tienen muy poca influencia, por lo que en general se puede prescindir de las mismas en el cálculo.

El coeficiente de seguridad a la rotura será distinto en función del material de los apoyos, según la tabla 2.

Tabla 2. *Coeficiente de seguridad a la rotura en función del material de los apoyos.*

COEFICIENTE DE SEGURIDAD A LA ROTURA	
MATERIAL DEL APOYO	COEFICIENTE
Metálico	1,5
Hormigón armado vibrado	2,5
Madera	3,5
Otros materiales no metálicos	2,5
NOTA.- En el caso de apoyos metálicos o de hormigón armado vibrado cuya resistencia mecánica se haya comprobado mediante ensayos en verdadera magnitud, los coeficientes de seguridad podrán reducirse a 1,45 y 2 respectivamente.	

Cuando por razones climatológicas extraordinarias hayan de suponerse temperaturas o manguitos de hielo superiores a los indicados, será suficiente comprobar que los esfuerzos resultantes son inferiores al límite elástico.

3. EJECUCIÓN DE LAS INSTALACIONES

3.1. Instalación de conductores aislados

Los conductores dotados de envolventes aislantes cuya tensión nominal sea inferior a 0,6/1 kV se considerarán, a efectos de su instalación, como conductores desnudos (Apartado 3.2).

Los conductores aislados de tensión nominal 0,6/1 kV (**UNE 21.030**) podrán instalarse como:

3.1.1. Cables posados

Directamente posados sobre fachadas o muros, mediante abrazaderas fijadas a los mismos y resistentes a las acciones de la intemperie. Los conductores se protegerán adecuadamente en aquellos lugares en que puedan sufrir deterioro mecánico de cualquier índole.

En los espacios vacíos (cables no posados en fachada o muro) los conductores tendrán la condición de tensados y se regirán por lo indicado en el apartado 3.1.2.

En general deberá respetarse una altura mínima al suelo de 2,5 metros. Lógicamente, si se produce una circunstancia particular como la señalada en el párrafo anterior, la altura mínima deberá ser la señalada en los puntos 3.1.2 y 3.9 para cada caso en particular. En los recorridos por debajo de esta altura mínima al suelo (por ejemplo, para acometidas) deberán protegerse mediante

ITC 06

elementos adecuados, conforme a lo indicado en el apartado 1.2.1 de la **ITC -BT 11**, evitándose que los conductores pasen por delante de cualquier abertura existente en las fachadas o muros.

En las proximidades de aberturas en fachadas deben respetarse las siguientes distancias mínimas:

— Ventanas: 0,30 metros al borde superior de la abertura y 0,50 metros al borde inferior y bordes laterales de la abertura.

— Balcones: 0,30 metros al borde superior de la abertura y 1,00 metros a los bordes laterales del balcón.

Se tendrán en cuenta la existencia de salientes o marquesinas que puedan facilitar el posado de los conductores, pudiendo admitir, en estos casos, una disminución de las distancias antes indicadas.

Así mismo, se respetará una distancia mínima de 0,05 metros a los elementos metálicos presentes en las fachadas, tales como escaleras, a no ser que el cable disponga de una protección conforme a lo indicado en el apartado 1.2.1 de la **ITC -BT 11**.

3.1.2. Cables tensados

Los cables con neutro fiador podrán ir tensados entre piezas especiales colocadas sobre apoyos, fachadas o muros, con una tensión mecánica adecuada, sin considerar a estos efectos el aislamiento como elemento resistente. Para el resto de los cables tensados se utilizarán cables fiadores de acero galvanizado, cuya resistencia a la rotura será, como mínimo, de 800 daN, y a los que se fijarán mediante abrazaderas u otros dispositivos apropiados los conductores aislados.

Distancia al suelo: 4 m, salvo lo especificado en el apartado 3.9 para cruzamientos.

3.2. Instalación de conductores desnudos

Los conductores desnudos irán fijados a los aisladores de forma que quede asegurada su posición correcta en el aislador y no ocasione un debilitamiento apreciable de la resistencia mecánica del mismo, ni produzcan efectos de corrosión.

La fijación de los conductores al aislador debe hacerse preferentemente, en la garganta lateral del mismo, por la parte próxima al apoyo, y en el caso de ángulos, de manera que el esfuerzo mecánico del conductor esté dirigido hacia el aislador.

Cuando se establezcan derivaciones, y salvo que se utilicen aisladores especialmente concebidos para ellas, deberá colocarse un solo conductor por aislador.

Cuando se trate de redes establecidas por encima de edificaciones o sobre apoyos fijados a las fachadas, el coeficiente de seguridad de la tracción máxima admisible de los conductores deberá ser superior, en un 25 por ciento, a los valores indicados en el apartado 2.2.1.

3.2.1. Distancia de los conductores desnudos al suelo y zonas de protección de las edificaciones

Los conductores desnudos mantendrán, en las condiciones más desfavorables, las siguientes distancias respecto al suelo y a las edificaciones:

3.2.1.1. Al suelo: 4 m, salvo lo especificado en el apartado 3.9 para cruzamientos.

3.2.1.2. En edificios no destinados al servicio de distribución de la energía.

Los conductores se instalarán fuera de una zona de protección, limitada por los planos que se señalan:

— Sobre los tejados: Un plano paralelo al tejado, con una distancia vertical de 1,80 m del mismo, cuando se trate de conductores no puestos a tierra, y de 1,50 m cuando lo estén; así mismo, para cualquier elemento que se encontrase instalado o que se instale en el tejado, se respetarán las mismas distancias que las indicadas en la figura 1 para las chimeneas.

Cuando la inclinación del tejado sea superior a 45 grados sexagesimales, el plano limitante de la zona de protección deberá considerarse a 1 metro de separación entre ambos.

— Sobre terrazas y balcones: Un plano paralelo al suelo de la terraza o balcón, y a una distancia del mismo de 3 metros.

— En fachadas: La zona de protección queda limitada:

a) Por un plano vertical paralelo al muro de fachada sin aberturas, situado a 0,20 metros del mismo.

b) Por un plano vertical paralelo al muro de fachada a una distancia de 1 metro de las ventanas, balcones, terrazas o cualquier otra abertura. Este plano vendrá, a su vez, limitado por los planos siguientes:

— Un plano horizontal situado a una distancia vertical de 0,30 metros de la parte superior de la abertura de que se trate.

— Dos planos verticales, uno a cada lado de la abertura, perpendicular a la fachada, y situados a 1 metro de distancia horizontal de los extremos de la abertura.

ITC 06

— Un plano horizontal situado a 3 metros por debajo de los antepechos de las aberturas.

Los límites de esta zona de protección se representan en la figura 1

Figura 1. *Zona de protección en edificios para la instalación de líneas eléctricas de baja tensión con conductores desnudos.*

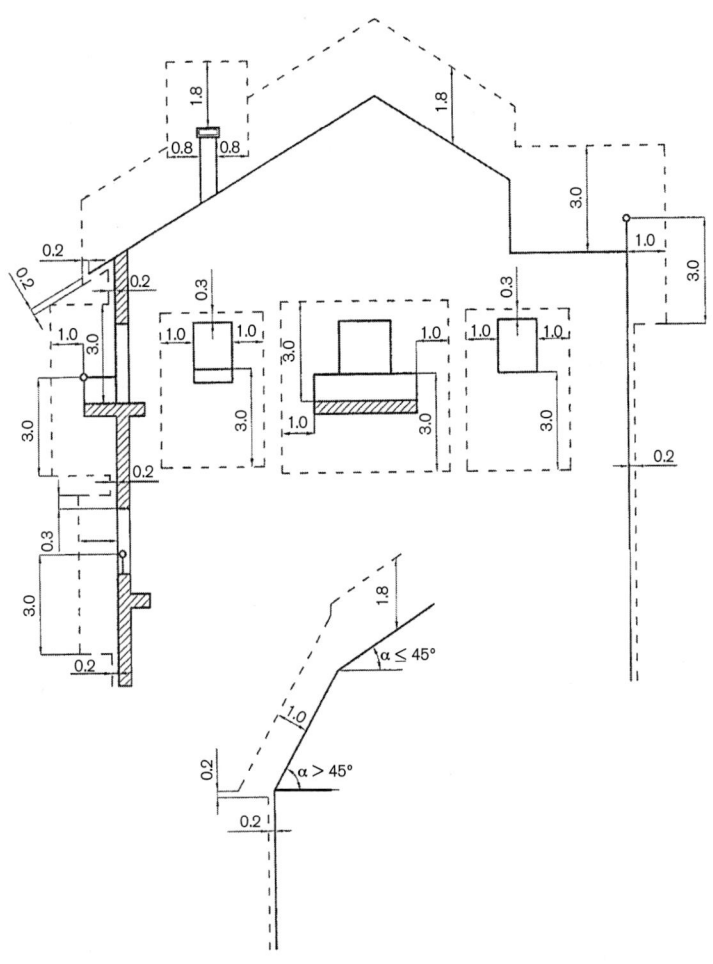

3.2.2. Separación mínima entre conductores desnudos y entre éstos y los muros o paredes de edificaciones

Las distancias (D) entre conductores desnudos de polaridades diferentes serán como mínimo las siguientes:

— En vanos hasta 4 metros   0,10 m

— En vanos de 4 a 6 metros   0,15 m

— En vanos de 6 a 30 metros   0,20 m

— En vanos de 30 a 50 metros   0,30 m

Para vanos mayores de 50 m se aplicará la fórmula $D=0,55\sqrt{F}$, en la que F es la flecha máxima en metros.

En los apoyos en los que se establezcan derivaciones, la distancia entre cada uno de los conductores derivados y los conductores de polaridad diferente de la línea de donde aquellos se deriven podrá disminuirse hasta un 50 por ciento de los valores indicados anteriormente, con un mínimo de 0,10 metros.

Los conductores colocados sobre apoyos sujetos a fachadas de edificios estarán distanciados de éstas 0,20 metros como mínimo. Esta separación deberá aumentarse en función de los vanos, de forma que nunca pueda sobrepasarse la zona de protección señalada en el capítulo anterior, ni en el caso de los más fuertes vientos.

3.3. Empalmes y conexiones de conductores. Condiciones mecánicas y eléctricas de los mismos

Los empalmes y conexiones de conductores se realizarán utilizando piezas metálicas apropiadas, resistentes a la corrosión, y que aseguren un contacto eléctrico eficaz, de modo que en ellos, la elevación de temperatura no sea superior a la de los conductores.

Los empalmes deberán soportar sin rotura ni deslizamiento del conductor, el 90 por ciento de su carga de rotura. No es admisible realizar empalmes por soldadura o por torsión directa de los conductores.

En los empalmes y conexiones de conductores aislados, o de éstos con conductores desnudos, se utilizarán accesorios adecuados, resistentes a la acción de la intemperie y se colocarán de tal forma que eviten la penetración de la humedad en los conductores aislados.

Las derivaciones se conectarán en las proximidades de los soportes de línea, y no originarán tracción mecánica sobre la misma.

Con conductores de distinta naturaleza, se tomarán todas las precauciones necesarias para obviar los inconvenientes que se derivan de sus características especiales, evitando la corrosión electrolítica mediante piezas adecuadas.

ITC 06

3.4. Sección mínima del conductor neutro

Dependiendo del número de conductores con que se haga la distribución la sección mínima del conductor neutro será:

a) Con dos o tres conductores: igual a la de los conductores de fase.

b) Con cuatro conductores: la sección de neutro será, como mínimo, la de la Tabla 1 de la **ITC-BT-07,** con un mínimo de 10 mm^2 para cobre y de 16 mm^2 para aluminio.

En caso de utilizar conductor neutro de aleaciones de aluminio (por ejemplo ALMELEC), la sección a considerar será la equivalente, teniendo en cuenta las conductividades de los diferentes materiales.

3.5. Identificación del conductor neutro

El conductor neutro deberá estar identificado por un sistema adecuado. En las líneas de conductores desnudos se admite que no lleve identificación alguna cuando este conductor tenga distinta sección o cuando esté claramente diferenciado por su posición.

3.6. Continuidad del conductor neutro

El conductor neutro no podrá ser interrumpido en las redes de distribución, salvo que esta interrupción sea realizada con alguno de los dispositivos siguientes:

a) Interruptores o seccionadores omnipolares que actúen sobre el neutro y las fases al mismo tiempo (corte omnipolar simultáneo), o que conecten el neutro antes que las fases y desconecten éstas antes que el neutro.

b) Uniones amovibles en el neutro próximas a los interruptores o seccionadores de los conductores de fase, debidamente señalizadas, y que sólo puedan ser maniobradas mediante herramientas adecuadas, no debiendo, en este caso, ser seccionado el neutro sin que lo estén previamente las fases, ni conectadas éstas sin haberlo sido previamente el neutro.

3.7. Puesta a tierra del neutro

El conductor neutro de las líneas aéreas de redes de distribución de las compañías eléctricas se conectará a tierra en el centro de transformación o central generadora de alimentación, en la forma prevista en el **Reglamento sobre Condiciones Técnicas y Garantías de Seguridad en Centrales Eléctricas, Subestaciones y Centros de Transformación**. Además, en los esquemas de distribución tipo TT y TN, el conductor neutro y el de protección para el esquema TN-S deberán estar puesto a tierra en otros puntos, y como mínimo una vez cada 500 metros de longitud de línea. Para efectuar esta puesta a tierra se elegirán, con preferencia, los puntos de donde partan las derivaciones importantes.

Cuando, en los mencionados esquemas de distribución tipo, la puesta a tierra del neutro se efectúe en un apoyo de madera, los soportes metálicos de los aisladores correspondientes a los conductores de fase en este apoyo estarán unidos al conductor neutro.

En las redes de distribución privadas, con origen en centrales de generación propia para las que se prevea la puesta a tierra del neutro, se seguirá lo especificado anteriormente para las redes de distribución de las compañías eléctricas.

3.8. Instalación de apoyos

Los apoyos estarán consolidados por fundaciones adecuadas o bien directamente empotrados en el terreno, asegurando su estabilidad frente a las solicitaciones actuantes y a la naturaleza del suelo. En su instalación deberá observarse:

1) Los postes de hormigón se colocarán en cimentaciones monolíticas de hormigón.

2) Los apoyos metálicos serán cimentados en macizos de hormigón o mediante otros procedimientos avalados por la técnica (pernos, etc.). La cimentación deberá construirse de forma tal que facilite el deslizamiento del agua, y cubra, cuando existan, las cabezas de los pernos.

3) Los postes de madera se colocarán directamente retacados en el suelo, y no se empotrarán en macizos de hormigón. Se podrán fijar a bases metálicas o de hormigón por medio de elementos de unión apropiados que permitan su fácil sustitución, quedando el poste separado del suelo 0,15 m, como mínimo.

3.9. Condiciones generales para cruzamientos y paralelismos

Las líneas eléctricas aéreas deberán cumplir las condiciones señaladas en los apartados 3.9.1. y 3.9.2 de la presente Instrucción.

3.9.1. Cruzamientos

Las líneas deberán presentar, en lo que se refiere a los vanos de cruce con las vías e instalaciones que se señalan, las condiciones que para cada caso se indican.

3.9.1.1. Con líneas eléctricas aéreas de alta tensión

De acuerdo con lo dispuesto en el **Reglamento de Líneas Eléctricas Aéreas de Alta Tensión**, la línea de baja tensión deberá cruzar por debajo de la línea de alta tensión.

La mínima distancia vertical "d" entre los conductores de ambas líneas, en las condiciones más desfavorables, no deberá ser inferior, en metros, a:

ITC 06

$$d > 1,5 + \frac{U + L1 + L2}{100}$$

donde:

U = Tensión nominal, en kV, de la línea de alta tensión.

L1 = Longitud, en metros, entre el punto de cruce y el apoyo más próximo de la línea de alta tensión.

L2 = Longitud, en metros, entre el punto de cruce y el apoyo más próximo de la línea de baja tensión.

Cuando la resultante de los esfuerzos del conductor en alguno de los apoyos de cruce de baja tensión tenga componente vertical ascendente, se tomarán las debidas precauciones para que no se desprendan los conductores, aisladores o accesorios de sujeción.

Podrán realizarse cruces sin que la línea de alta tensión reúna ninguna condición especial cuando la línea de baja tensión esté protegida en el cruce por un haz de cables de acero, situado entre los conductores de ambas líneas, con la suficiente resistencia mecánica para soportar la caída de los conductores de la línea de alta tensión, en el caso de que éstos se rompieran o desprendieran. Los cables de protección serán de acero galvanizado, y estarán puestos a tierra.

En caso de que por circunstancias singulares sea necesario que la línea de baja tensión cruce por encima de la de alta tensión será preciso recabar autorización expresa del Organismo competente de la Administración, debiendo tener presentes, para realizar estos cruzamientos, todas las precauciones y criterios expuestos en el citado **Reglamento de Líneas Eléctricas Aéreas de Alta Tensión**.

3.9.1.2. Con otras líneas eléctricas aéreas de baja tensión

Cuando alguna de las líneas sea de conductores desnudos, establecidas en apoyos diferentes, la distancia entre los conductores más próximos de las dos líneas será superior a 0,50 metros, y si el cruzamiento se realiza en apoyo común esta distancia será la señalada en el punto 3.2.2 para los apoyos de derivación. Cuando las dos líneas sean aisladas podrán estar en contacto.

3.9.1.3. Con líneas aéreas de telecomunicación

Las líneas de baja tensión, con conductores desnudos, deberán cruzar por encima de las de telecomunicación. Excepcionalmente podrán cruzar por debajo, debiendo adoptarse en este caso una de las soluciones siguientes:

— Colocación entre las líneas de un dispositivo de protección formado por un haz de cables de acero, situado entre los conductores de ambas líneas, con la suficiente resistencia mecánica para soportar la caída de los conductores de la línea de telecomunicación en el caso de que se rompieran o desprendieran. Los cables de protección serán de acero galvanizado, y estarán puestos a tierra.

— Empleo de conductores aislados para 0,6/1 kV en el vano de cruce para líneas de baja tensión.

— Empleo de conductores aislados para 0,6/1 kV en el vano de cruce para la línea de telecomunicación.

Cuando el cruce se efectúe en distintos apoyos, la distancia mínima entre los conductores desnudos de las líneas de baja tensión y los de las líneas de telecomunicación será de 1 metro. Si el cruce se efectúa sobre apoyos comunes dicha distancia podrá reducirse a 0,50 metros.

3.9.1.4. Con carretera y ferrocarriles sin electrificar

Los conductores tendrán una carga de rotura no inferior a 410 daN, admitiéndose en el caso de acometidas con conductores aislados que se reduzca dicho valor hasta 280 daN.

La altura mínima del conductor más bajo, en las condiciones de flecha más desfavorables, será de 6 metros.

Los conductores no presentarán ningún empalme en el vano de cruce, admitiéndose, durante la explotación, y por causa de reparación de la avería, la existencia de un empalme por vano.

3.9.1.5. Con ferrocarriles electrificados, tranvías y trolebuses

La altura mínima de los conductores sobre los cables o hilos sustentadores o conductores de la línea de contacto será de 2 metros.

Además, en el caso de ferrocarriles, tranvías o trolebuses provistos de trole, o de otros elementos de toma de corriente que puedan, accidentalmente, separarse de la línea de contacto, los conductores de la línea eléctrica deberán estar situados a una altura tal que, al desconectarse el elemento de toma de corriente, no alcance, en la posición más desfavorable que pueda adoptar, una separación inferior a 0,30 metros con los conductores de la línea de baja tensión.

3.9.1.6. Con teleféricos y cables transportadores

Cuando la línea de baja tensión pase por encima, la distancia mínima entre los conductores y cualquier elemento de la instalación del teleférico será de 2 metros. Cuando la línea aérea de baja tensión pase por debajo esta distancia

ITC 06

no será inferior a 3 metros. Los apoyos adyacentes del teleférico correspondiente al cruce con la línea de baja tensión se pondrán a tierra.

3.9.1.7. Con ríos y canales navegables o flotables

La altura mínima de los conductores sobre la superficie del agua para el máximo nivel que puede alcanzar será de: H = G + 1 m, donde G es el gálibo.

En el caso de que no exista gálibo definido se considerará éste igual a 6 metros.

3.9.1.8. Con antenas receptoras de radio y televisión

Los conductores de la línea de baja tensión, cuando sean desnudos, deberán presentar, como mínimo, una distancia igual a 1 m con respecto a la antena en sí, a sus tirantes y a sus conductores de bajada, cuando éstos no estén fijados a las paredes, de manera que eviten el posible contacto con la línea de baja tensión.

Queda prohibida la utilización de los apoyos de sustentación de líneas de baja tensión para la fijación sobre los mismos de las antenas de radio o televisión, así como de los tirantes de las mismas.

3.9.1.9. Con canalizaciones de agua y gas

La distancia mínima entre cables de energía eléctrica y canalizaciones de agua o gas será de 0,20 m. Se evitará el cruce por la vertical de las juntas de las canalizaciones de agua o gas, o de los empalmes de la canalización eléctrica, situando unas y otros a una distancia superior a 1 m del cruce. Para líneas aéreas desnudas la distancia mínima será 1 m.

3.9.2. Proximidades y paralelismos

3.9.2.1. Con líneas eléctricas aéreas de alta tensión

Se cumplirá lo dispuesto en el **Reglamento de Líneas Eléctricas Aéreas de Alta Tensión**, para evitar la construcción de líneas paralelas con las de alta tensión a distancias inferiores a 1,5 veces la altura del apoyo más alto entre las trazas de los conductores más próximos.

Se exceptúan de la prescripción anterior las líneas de acceso a centrales generadoras, estaciones transformadoras y centros de transformación. En estos casos se aplicará lo prescrito en los reglamentos aplicables a instalaciones de alta tensión. No obstante, en paralelismos con líneas de tensión igual o inferior a 66 kV no deberá existir una separación inferior a 2 metros entre los conductores contiguos de las líneas paralelas, y de 3 metros para tensiones superiores.

Las líneas eléctricas de baja tensión podrán ir en los mismos apoyos que las de alta tensión cuando se cumplan las condiciones siguientes:

— Los conductores de la línea de alta tensión tendrán una carga de rotura mínima de 480 daN, e irán colocados por encima de los de baja tensión.

— La distancia entre los conductores más próximos de las dos líneas será, por lo menos, igual a la separación de los conductores de la línea de alta tensión.

— En los apoyos comunes, deberá colocarse una indicación, situada entre las líneas de baja y alta tensión, que advierta al personal que ha de realizar trabajos en baja tensión de los peligros que supone la presencia de una línea de alta tensión en la parte superior.

— El aislamiento de la línea de baja tensión no será inferior al correspondiente de puesta a tierra de la línea de alta tensión.

3.9.2.2. Con otras líneas de baja tensión o de telecomunicación.

Cuando ambas líneas sean de conductores aislados, la distancia mínima será de 0,10 m.

Cuando cualquiera de las líneas sea de conductores desnudos, la distancia mínima será de 1 m. Si ambas líneas van sobre los mismos apoyos, la distancia mínima podrá reducirse a 0,50 m. El nivel de aislamiento de la línea de telecomunicación será, al menos, igual al de la línea de baja tensión, de otra forma se considerará como línea de conductores desnudos.

Cuando el paralelismo sea entre líneas desnudas de baja tensión, las distancias mínimas son las establecidas en el apartado 3.2.2.

3.9.2.3. Con calles y carreteras

Las líneas aéreas con conductores desnudos podrán establecerse próximas a estas vías públicas, debiendo en su instalación mantener la distancia mínima de 6 m cuando vuelen junto a las mismas en zonas o espacios de posible circulación rodada, y de 5 m en los demás casos. Cuando se trate de conductores aislados, esta distancia podrá reducirse a 4 metros cuando no vuelen junto a zonas o espacios de posible circulación rodada.

3.9.2.4. Con ferrocarriles electrificados, tranvías y trolebuses

La distancia horizontal de los conductores a la instalación de la línea de contacto será de 1,5 m, como mínimo.

3.9.2.5. Con zonas de arbolado

Se utilizarán preferentemente cables aislados en haz; cuando la línea sea de conductores desnudos deberán tomarse las medidas necesarias para que el árbol y sus ramas no lleguen a hacer contacto con dicha línea.

ITC 06

3.9.2.6. Con canalizaciones de agua

La distancia mínima entre los cables de energía eléctrica y las canalizaciones de agua será de 0,20 m. La distancia mínima entre los empalmes de los cables de energía eléctrica o entre los cables desnudos y las juntas de las canalizaciones de agua será de 1 m.

Se deberá mantener una distancia mínima de 0,20 m en proyección horizontal, y se procurará que la canalización de agua quede por debajo del nivel del cable eléctrico.

Por otro lado, las arterias principales de agua se dispondrán de forma que se aseguren distancias superiores a 1 m respecto a los cables eléctricos de baja tensión.

3.9.2.7. Con canalizaciones de gas

La distancia mínima entre los cables de energía eléctrica y las canalizaciones de gas será de 0,20 m, excepto para canalizaciones de gas de alta presión (más de 4 bar), en que la distancia será de 0,40 m. La distancia mínima entre los empalmes de los cables de energía eléctrica o entre los cables desnudos y las juntas de las canalizaciones de gas será de 1 m.

Se procurará mantener una distancia mínima de 0,20 m en proyección horizontal.

Por otro lado, las arterias más importantes de gas se dispondrán de forma que se aseguren distancias superiores a 1 m respecto a los cables eléctricos de baja tensión.

4. INTENSIDADES MÁXIMAS ADMISIBLES POR LOS CONDUCTORES

4.1. Generalidades

Las intensidades máximas admisibles que figuran en los siguientes apartados de esta Instrucción se aplican a los cables aislados de tensión asignada de 0,6/1 kV y a los conductores desnudos utilizados en redes aéreas.

4.2. Cables formados por conductores aislados con polietileno reticulado (XLPE), en haz, a espiral visible

Satisfarán las exigencias especificadas en **UNE 21.030**.

4.2.1. Intensidades máximas admisibles

En las tablas 3, 4 y 5 figuran las intensidades máximas admisibles en régimen permanente para algunos de estos tipos de cables, utilizados en condiciones normales de instalación.

Se definen como condiciones normales de instalación las correspondientes a un solo cable, instalado al aire libre, y a una temperatura ambiente de 40 °C.

Para condiciones de instalación diferentes u otras variables a tener en cuenta, se aplicarán los factores de corrección definidos en el apartado 4.2.2.

4.2.1.1. Cables con neutro fiador de aleación de Aluminio-Magnesio-Silicio (Almelec) para instalaciones de cables tensados

Tabla 3. *Intensidad máxima admisible en amperios a temperatura ambiente de 40 °C.*

Número de conductores por sección mm^2	Intensidad máxima A
1 x 25 Al/54,6 Alm	110
1 x 50 Al/54,6 Alm	165
3 x 25 Al/54,6 Alm	100
3 x 50 Al/54,6 Alm	150
3 x 95 Al/54,6 Alm	230
3 x 150 Al/80 Alm	305

4.2.1.2. Cables sin neutro fiador para instalaciones de cables posados o tensados con fiador de acero

Tabla 4. *Intensidad máxima admisible en amperios a temperatura ambiente de 40 °C.*

Número de conductores por sección mm^2	Intensidad máxima A	
	Posada sobre fachadas	Tendida con fiador de acero
2 x 16 Al	73	81
2 x 25 Al	101	109
4 x 16 Al	67	72
4 x 25 Al	90	97
4 x 50 Al	133	144
3 x 95/50 Al	207	223
3 x 150/95 Al	277	301

ITC 06

Tabla 5. *Intensidad máxima admisible en Amperios a una temperatura ambiente de 40 °C*

Número de conductores por sección mm²	Intensidad máxima A	
	Posada sobre fachadas	Tendida con fiador de acero
2 x 10 Cu	77	85
4 x 10 Cu	65	72
4 x 16 Cu	86	95

4.2.2. Factores de corrección

4.2.2.1. Instalación expuesta directamente al sol

En zonas en las que la radiación solar es muy fuerte, se deberá tener en cuenta el calentamiento de la superficie de los cables con relación a la temperatura ambiente, por lo que en estos casos se aplica un factor de corrección 0,9 o inferior, tal como recomiendan las normas de la serie **UNE 20.435.**

4.2.2.2. Factores de corrección por agrupación de varios cables

En la tabla 6 figuran los factores de corrección de la intensidad máxima admisible, en caso de agrupación de varios cables en haz al aire. Estos factores se aplican a cables separados entre sí una distancia comprendida entre un diámetro y un cuarto de diámetro en tendidos horizontales con cables en el mismo plano vertical.

Para otras separaciones o agrupaciones consultar la norma **UNE 21.144 -2-2.**

Tabla 6. *Factores de corrección de la intensidad máxima admisible en caso de agrupación de cables aislados en haz, instalados al aire.*

Número de cables	1	2	3	más de 3
Factor de corrección	1,00	0,89	0,80	0,75

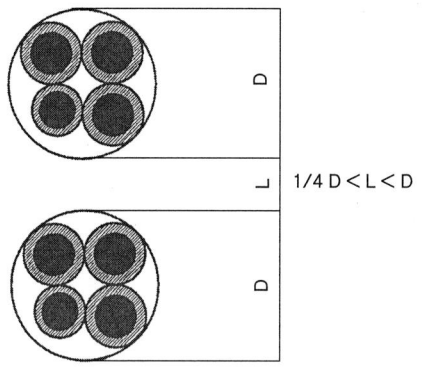

A efectos de cálculo, se considera como diámetro de un cable en haz 2,5 veces el diámetro del conductor de fase.

4.2.2.3. Factores de corrección en función de la temperatura ambiente

En la tabla 7 figuran los factores de corrección para temperaturas diferentes a 40 °C.

Tabla 7. *Factores de corrección de la intensidad máxima admisible para cables aislados en haz, en función de la temperatura ambiente*

Temperatura °C	20	25	30	35	40	45	50
Aislados con polietileno reticulado	1,18	1,14	1,10	1,05	1,00	0,95	0,90

4.2.3. Intensidades máximas de cortocircuito admisible en los conductores de los cables

En la tabla 8 y 9 se indican las intensidades de cortocircuito admisibles, en función de los diferentes tiempos de duración del cortocircuito.

Tabla 8. *Intensidades máximas de cortocircuitos en kA para conductores de aluminio.*

Sección del conductor mm²	Duración del cortocircuito s								
	0,1	0,2	0,3	0,5	1,0	1,5	2,0	2,5	3,0
16	4,7	3,2	2,7	2,1	1,4	1,2	1,0	0,9	0,8
25	7,3	5,0	4,2	3,3	2,3	1,9	1,6	1,4	1,3
50	14,7	10,1	8,5	6,6	4,6	3,8	3,3	2,9	2,7
95	27,9	19,2	16,1	12,5	8,8	7,2	6,2	5,6	5,1
150	44,1	30,4	25,5	19,8	13,9	11,4	9,9	8,8	8,1

Tabla 9. *Intensidades máximas de cortocircuitos en kA para conductores de cobre.*

Sección del conductor mm²	Duración del cortocircuito s								
	0,1	0,2	0,3	0,5	1,0	1,5	2,0	2,5	3,0
10	4,81	3,29	2,70	2,11	1,52	1,26	1,11	1,00	0,92
16	7,34	5,23	4,29	3,35	2,40	1,99	1,74	1,57	1,44

4.3. Conductores desnudos de cobre y aluminio

Las intensidades máximas admisibles en régimen permanente serán las obtenidas por aplicación de la tabla siguiente:

Tabla 10. *Densidad de corriente en A/mm² para conductores desnudos al aire.*

Sección nominal mm²	Densidad de corriente A/mm²	
	Cobre	Aluminio
10	8,75	–
16	7,60	6,00
25	6,35	5,00
35	5,75	4,55
50	5,10	4,00
70	4,50	3,55
95	4,05	3,20
120	–	2,90
150	–	2,70

4.4. Otros cables u otros sistemas de instalación

Para cualquier otro tipo de cable o composiciones u otro sistema de instalación no contemplado en esta Instrucción, así como para cables que no figuren en la tablas anteriores, deberán consultarse las normas de la serie **UNE 20.435**, o calcularse según la norma **UNE 21.144**.

ITC 06

Instrucción ITC-BT 07

REDES SUBTERRÁNEAS PARA DISTRIBUCIÓN EN BAJA TENSIÓN

Índice

Normas UNE citadas en la ITC-BT-07

UNE 21.030, UNE 21.012, UNE 21.018, UNE 20.435, UNE 21.144-2-2, UNE 21.144

1. CABLES

Los conductores de los cables utilizados en las líneas subterráneas serán de cobre o de aluminio y estarán aislados con mezclas apropiadas de compuestos poliméricos. Estarán además debidamente protegidos contra la corrosión que pueda provocar el terreno donde se instalen y tendrán la resistencia mecánica suficiente para soportar los esfuerzos a que puedan estar sometidos.

Los cables podrán ser de uno o más conductores y de tensión asignada no inferior a 0,6/1 kV, y deberán cumplir los requisitos especificados en la parte correspondiente de la Norma **UNE-HD 603**. La sección de estos conductores será la adecuada a las intensidades y caídas de tensión previstas y, en todo caso, esta sección no será inferior a 6 mm^2 para conductores de cobre y a 16 mm^2 para los de aluminio.

Dependiendo del número de conductores con que se haga la distribución, la sección mínima del conductor neutro será:

a) Con dos o tres conductores: igual a la de los conductores de fase.

b) Con cuatro conductores, la sección del neutro será como mínimo la de la tabla 1.

Tabla 1. *Sección mínima del conductor neutro en función de la sección de los conductores de fase.*

Conductores fase (mm^2)	Sección neutro (mm^2)
6 (Cu)	6
10 (Cu)	10
16 (Cu)	10
16 (Al)	16
25	16
35	16
50	25
70	35
95	50
120	70
150	70
185	95
240	120
300	150
400	185

2. EJECUCIÓN DE LAS INSTALACIONES

2.1. Instalación de cables aislados

Las canalizaciones se dispondrán, en general, por terrenos de dominio público, y en zonas perfectamente delimitadas, preferentemente bajo las aceras. El trazado será lo más rectilíneo posible y a poder ser paralelo a referencias fijas, como líneas en fachada y bordillos. Asimismo, deberán tenerse en cuenta los radios de curvatura mínimos, fijados por los fabricantes (o en su defecto los indicados en las normas de la serie **UNE 20.435**), a respetar en los cambios de dirección.

En la etapa de proyecto se deberá consultar con las empresas de servicio público y con los posibles propietarios de servicios para conocer la posición de sus instalaciones en la zona afectada. Una vez conocida, antes de proceder a la apertura de las zanjas se abrirán calas de reconocimiento para confirmar o rectificar el trazado previsto en el proyecto.

Los cables aislados podrán instalarse de cualquiera de las maneras indicadas a continuación:

2.1.1. Directamente enterrados

La profundidad, hasta la parte inferior del cable, no será menor de 0,60 m en acera, ni de 0,80 m en calzada.

Cuando existan impedimentos que no permitan lograr las mencionadas profundidades, éstas podrán reducirse, disponiendo protecciones mecánicas suficientes, tales como las establecidas en el apartado 2.1.2. Por el contrario, deberán aumentarse cuando las condiciones que se establecen en el apartado 2.2 de la presente instrucción así lo exijan.

Para conseguir que el cable quede correctamente instalado sin haber recibido daño alguno, y que ofrezca seguridad frente a excavaciones hechas por terceros, en la instalación de los cables se seguirán las instrucciones descritas a continuación:

— El lecho de la zanja que va a recibir el cable será liso y estará libre de aristas vivas, cantos, piedras, etc. En el mismo se dispondrá una capa de arena de mina o de río lavada, de espesor mínimo 0,05 m, sobre la que se colocará el cable. Por encima del cable irá otra capa de arena o tierra cribada de unos 0,10 m de espesor. Ambas capas cubrirán la anchura total de la zanja, la cual será suficiente para mantener 0,05 m entre los cables y las paredes laterales.

— Por encima de la arena todos los cables deberán tener una protección mecánica, como por ejemplo losetas de hormigón, placas protectoras de plástico, ladrillos o rasillas colocados transversalmente. Podrá admitirse

ITC 07

el empleo de otras protecciones mecánicas equivalentes. Se colocará también una cinta de señalización que advierta de la existencia del cable eléctrico de baja tensión. Su distancia mínima al suelo será de 0,10 m, y a la parte superior del cable de 0,25 m.

— Se admitirá también la colocación de placas con la doble misión de protección mecánica y de señalización.

2.1.2. En canalizaciones entubadas

Serán conformes con las especificaciones del apartado **1.2.4. de la ITC-BT-21**. No se instalará más de un circuito por tubo.

Se evitarán, en lo posible, los cambios de dirección de los tubos. En los puntos donde se produzcan y para facilitar la manipulación de los cables, se dispondrán arquetas con tapa, registrables o no. Para facilitar el tendido de los cables, en los tramos rectos se instalarán arquetas intermedias, registrables, ciegas o simplemente calas de tiro, como máximo cada 40 m. Esta distancia podrá variarse de forma razonable, en función de derivaciones, cruces u otros condicionantes viarios. A la entrada de las arquetas, los tubos deberán quedar debidamente sellados en sus extremos para evitar la entrada de roedores y de agua.

2.1.3. En galerías

Se consideran dos tipos de galería: la galería visitable, de dimensiones interiores suficientes para la circulación de personas, y la galería registrable, o zanja prefabricada, en la que no está prevista la circulación de personas y donde las tapas de registro precisan medios mecánicos para su manipulación.

Las galerías serán de hormigón armado o de otros materiales de rigidez, estanqueidad y duración equivalentes. Se dimensionarán para soportar la carga de tierras y pavimentos situados por encima y las cargas del tráfico que correspondan.

2.1.3.1. Galerías visitables

Limitación de servicios existentes

Las galerías visitables se usarán, preferentemente, para instalaciones eléctricas de potencia, cables de control y telecomunicaciones. En ningún caso podrán coexistir en la misma galería instalaciones eléctricas e instalaciones de gas.

Tampoco es recomendable que existan canalizaciones de agua, aunque en aquellos casos en que sea necesario, las canalizaciones de agua se situarán a un nivel inferior que el resto de las instalaciones, siendo condición indispensable que la galería tenga un desagüe situado por encima de la cota del alcantarillado, o de la canalización de saneamiento en que evacua.

Condiciones generales

Las galerías visitables dispondrán de pasillos de circulación de 0,90 m de anchura mínima y 2 m de altura mínima, debiéndose justificar las excepciones. En los puntos singulares, entronques, pasos especiales, accesos de personal, etc., se estudiarán tanto el correcto paso de las canalizaciones como la seguridad de circulación de las personas.

Los accesos a la galería deben quedar cerrados de forma que se impida la entrada de personas ajenas al servicio, pero que permita la salida de las que estén en su interior. Deberán disponerse accesos en las zonas extremas de las galerías.

La ventilación de las galerías será suficiente para asegurar que el aire se renueve 6 veces por hora, para evitar acumulaciones de gas y condensaciones de humedad, y contribuir a que la temperatura máxima de la galería sea compatible con los servicios que contenga. Esta temperatura no sobrepasará los 40 °C.

Los suelos de las galerías serán antideslizantes y deberán tener la pendiente adecuada y un sistema de drenaje eficaz, que evite la formación de charcos.

Las empresas utilizadoras tomarán las disposiciones oportunas para evitar la presencia de roedores en las galerías.

Disposición e identificación de los cables

Es aconsejable disponer los cables de distintos servicios y de distintos propietarios sobre soportes diferentes y mantener entre ellos unas distancias que permitan su correcta instalación y mantenimiento. Dentro de un mismo servicio debe procurarse agruparlos por tensiones (por ejemplo, en uno de los laterales se instalarán los cables de baja tensión, control, señalización, etc., reservando el otro para los cables de alta tensión).

Los cables se dispondrán de forma que su trazado sea recto y procurando conservar su posición relativa con los demás. Las entradas y salidas de los cables en las galerías se harán de forma que no dificulten ni el mantenimiento de los cables existentes ni la instalación de nuevos cables.

Una vez instalados, todos los cables deberán quedar debidamente señalizados e identificados. En la identificación figurará, también, la empresa a quien pertenecen.

ITC 07

Sujeción de los cables

Los cables deberán estar fijados a las paredes o a estructuras de la galería mediante elementos de sujeción (regletas, ménsulas, bandejas, bridas, etc.) para evitar que, los esfuerzos electrodinámicos que pueden presentarse durante la explotación de las redes de baja tensión, puedan moverlos o deformarlos.

Estos esfuerzos, en las condiciones más desfavorables previsibles, servirán para dimensionar la resistencia de los elementos de sujeción, así como su separación.

En el caso de cables unipolares agrupados en mazo, los mayores esfuerzos electrodinámicos aparecen entre fases de una misma línea, como fuerza de repulsión de una fase respecto a las otras. En este caso pueden complementarse las sujeciones de los cables con otras que mantengan unido el mazo.

Equipotencialidad de masas metálicas accesibles

Todos los elementos metálicos para sujeción de los cables (bandejas, soportes, bridas, etc.) u otros elementos metálicos accesibles a las personas que transitan por las galerías (pavimentos, barandillas, estructuras o tuberías metálicas, etc.), se conectarán eléctricamente al conductor de tierra de la galería.

Galerías de longitud superior a 400 m

Las galerías de longitud superior a 400 m, además de las disposiciones anteriores, dispondrán de:

a) Iluminación fija en su interior.

b) Instalaciones fijas de detección de gases tóxicos, con una sensibilidad mínima de 300 ppm.

c) Indicadores luminosos que regulen el acceso en las entradas.

d) Accesos de personas cada 400 m, como máximo.

e) Alumbrado de señalización interior para informar de las salidas y referencias exteriores.

f) Tabiques de sectorización contra incendios (RF120) según **NBE-CPI-96**.

g) Puertas cortafuegos (RF 90) según **NBE-CPI-96**.

2.1.3.2. Galerías o zanjas registrables

En tales galerías se admite la instalación de cables eléctricos de alta tensión, de baja tensión y de alumbrado, control y comunicación. No se admite la existencia de canalizaciones de gas. Sólo se admite la existencia de canalizaciones de agua, si se puede asegurar que en caso de fuga, el agua no afecte a los demás servicios (por ejemplo, en un diseño de doble cuerpo, en el que en un cuerpo se dispone una canalización de agua, y en el otro cuerpo, estanco respecto al anterior cuando tiene colocada la tapa registrable, se disponen los cables de baja tensión, de alta tensión, de alumbrado público, semáforos, control y comunicación).

Las condiciones de seguridad más destacables que debe cumplir este tipo de instalación son:

— estanqueidad de los cierres, y

— buena renovación de aire en el cuerpo ocupado por los cables eléctricos, para evitar acumulaciones de gas y condensación de humedades y mejorar la disipación de calor.

2.1.4. En atarjeas o canales revisables

En ciertas ubicaciones con acceso restringido a personas adiestradas, como puede ser, en el interior de industrias o de recintos destinados exclusivamente a contener instalaciones eléctricas, podrán utilizarse canales de obra con tapas (que normalmente enrasan con el nivel del suelo) manipulables a mano.

Es aconsejable separar los cables de distintas tensiones (aprovechando el fondo y las dos paredes). Incluso, puede ser preferible utilizar canales distintos.

El canal debe permitir la renovación del aire. Sin embargo, si hay canalizaciones de gas cercanas al canal, existe el riesgo de explosión ocasionado por eventuales fugas de gas que lleguen al canal. En cualquier caso, el proyectista debe estudiar las características particulares del entorno y justificar la solución adoptada.

2.1.5. En bandejas, soportes, palomillas o directamente sujetos a la pared

Normalmente, este tipo de instalación sólo se empleará en subestaciones u otras instalaciones eléctricas y en la parte interior de edificios, no sometida a la intemperie, y en donde el acceso quede restringido al personal autorizado. Cuando las zonas por las que discurra el cable sean accesibles a personas o vehículos, deberán disponerse protecciones mecánicas que dificulten su accesibilidad.

2.1.6. Circuitos con cables en paralelo

Cuando la intensidad a transportar sea superior a la admisible por un solo conductor se podrá instalar más de un conductor por fase, según los siguientes criterios:

— Emplear conductores del mismo material, sección y longitud.

ITC 07

— Los cables se agruparán al tresbolillo en ternas dispuestas, en uno o varios niveles, por ejemplo:

— Tres ternas en un nivel: $R^S T$, $T^S R$, $R^S T$.

— Tres ternas apiladas en tres niveles: $R^S T$,

$T^S R$,

$R^S T$.

2.2. Condiciones generales para cruzamiento, proximidades y paralelismo

Los cables subterráneos, cuando estén enterrados directamente en el terreno, deberán cumplir, además de los requisitos reseñados en el presente punto, las condiciones que pudieran imponer otros Organismos Competentes, como consecuencia de disposiciones legales, cuando sus instalaciones fueran afectadas por tendidos de cables subterráneos de baja tensión.

Los requisitos señalados en este punto no serán de aplicación a cables dispuestos en galerías, en canales, en bandejas, en soportes, en palomillas o directamente sujetos a la pared. En estos casos, la disposición de los cables se hará a criterio de la empresa que los explote; sin embargo, para establecer las intensidades admisibles en dichos cables se deberán aplicar los factores de corrección definidos en el apartado 3.

Para cruzar zonas en las que no sea posible o suponga graves inconvenientes y dificultades la apertura de zanjas (cruces de ferrocarriles, carreteras con gran densidad de circulación, etc.), pueden utilizarse máquinas perforadoras "topo" de tipo impacto, hincadora de tuberías o taladradora de barrena. En estos casos se prescindirá del diseño de zanja descrito anteriormente, puesto que se utiliza el proceso de perforación que se considere más adecuado. Su instalación precisa zonas amplias despejadas a ambos lados del obstáculo a atravesar, para la ubicación de la maquinaria.

2.2.1. Cruzamientos

A continuación se fijan, para cada uno de los casos indicados, las condiciones a que deben responder los cruzamientos de cables subterráneos de baja tensión directamente enterrados.

Calles y carreteras

Los cables se colocarán en el interior de tubos protectores conforme con lo establecido en la **ITC-BT-21**, recubiertos de hormigón en toda su longitud a una profundidad mínima de 0,80 m. Siempre que sea posible, el cruce se hará perpendicular al eje del vial.

Ferrocarriles

Los cables se colocarán en el interior de tubos protectores conforme lo establecido en la **ITC-BT-21**, recubiertos de hormigón y siempre que sea posible, perpendiculares a la vía, y a una profundidad mínima de 1,3 m respecto a la cara inferior de la traviesa. Dichos tubos rebasarán las vías férreas en 1,5 m por cada extremo.

Otros cables de energía eléctrica

Siempre que sea posible, se procurará que los cables de baja tensión discurran por encima de los de alta tensión.

La distancia mínima entre un cable de baja tensión y otros cables de energía eléctrica será: 0,25 m con cables de alta tensión y 0,10 m con cables de baja tensión. La distancia del punto de cruce a los empalmes será superior a 1 m. Cuando no puedan respetarse estas distancias en los cables directamente enterrados, el cable instalado más recientemente se dispondrá en canalización entubada, según lo prescrito en el apartado 2.1.2.

Cables de telecomunicación

La separación mínima entre los cables de energía eléctrica y los de telecomunicación será de 0,20 m. La distancia del punto de cruce a los empalmes, tanto del cable de energía como del cable de telecomunicación, será superior a 1 m. Cuando no puedan respetarse estas distancias en los cables directamente enterrados, el cable instalado más recientemente se dispondrá en canalización entubada, según lo prescrito en el apartado 2.1.2.

Estas restricciones no se deben aplicar a los cables de fibra óptica con cubiertas dieléctricas. Todo tipo de protección en la cubierta del cable debe ser aislante.

Canalizaciones de agua y gas

Siempre que sea posible, los cables se instalarán por encima de las canalizaciones de agua.

La distancia mínima entre cables de energía eléctrica y canalizaciones de agua o gas será de 0,20 m. Se evitará el cruce por la vertical de las juntas de las canalizaciones de agua o gas, o de los empalmes de la canalización eléctrica, situando unas y otros a una distancia superior a 1 m del cruce. Cuando no puedan respetarse estas distancias en los cables directamente enterrados, la canalización instalada más recientemente se dispondrá entubada, según lo prescrito en el apartado 2.1.2.

ITC 07

Conducciones de alcantarillado

Se procurará pasar los cables por encima de las conducciones de alcantarillado. No se admitirá incidir en su interior. Se admitirá incidir en su pared (por ejemplo, instalando tubos), siempre que se asegure que ésta no ha quedado debilitada. Si no es posible, se pasará por debajo, y los cables se dispondrán en canalizaciones entubadas, según lo prescrito en el apartado 2.1.2.

Depósitos de carburante

Los cables se dispondrán en canalizaciones entubadas según lo prescrito en el apartado 2.1.2. y distarán, como mínimo, 0,20 m del depósito. Los extremos de los tubos rebasarán al depósito como mínimo 1,5 m por cada extremo.

2.2.2. Proximidades y paralelismos

Los cables subterráneos de baja tensión directamente enterrados deberán cumplir las condiciones y distancias de proximidad que se indican a continuación, procurando evitar que queden en el mismo plano vertical que las demás conducciones.

Otros cables de energía eléctrica

Los cables de baja tensión podrán instalarse paralelamente a otros de baja o alta tensión, manteniendo entre ellos una distancia mínima de 0,10 m con los cables de baja tensión y 0,25 m con los cables de alta tensión. Cuando no puedan respetarse estas distancias en los cables directamente enterrados, el cable instalado más recientemente se dispondrá en canalización entubada según lo prescrito en el apartado 2.1.2.

En el caso de que un mismo propietario canalice a la vez varios cables de baja tensión, podrá instalarlos a menor distancia, incluso en contacto.

Cables de telecomunicación

La distancia mínima entre los cables de energía eléctrica y los de telecomunicación será de 0,20 m. Cuando no puedan respetarse estas distancias en los cables directamente enterrados, el cable instalado más recientemente se dispondrá en canalización entubada según lo prescrito en el apartado 2.1.2.

Canalizaciones de agua

La distancia mínima entre los cables de energía eléctrica y las canalizaciones de agua será de 0,20 m. La distancia mínima entre los empalmes de los cables de energía eléctrica y las juntas de las canalizaciones de agua será de 1 m.

Cuando no puedan respetarse estas distancias en los cables directamente enterrados, la canalización instalada más recientemente se dispondrá entubada según lo prescrito en el apartado 2.1.2.

Se procurará mantener una distancia mínima de 0,20 m en proyección horizontal, y que la canalización de agua quede por debajo del nivel del cable eléctrico.

Por otro lado, las arterias principales de agua se dispondrán de forma que se aseguren distancias superiores a 1 m respecto a los cables eléctricos de baja tensión.

Canalizaciones de gas

La distancia mínima entre los cables de energía eléctrica y las canalizaciones de gas será de 0,20 m, excepto para canalizaciones de gas de alta presión (más de 4 bar), en que la distancia será de 0,40 m. La distancia mínima entre los empalmes de los cables de energía eléctrica y las juntas de las canalizaciones de gas será de 1 m. Cuando no puedan respetarse estas distancias en los cables directamente enterrados, la canalización instalada más recientemente se dispondrá entubada, según lo prescrito en el apartado 2.1.2.

Se procurará mantener una distancia mínima de 0,20 m en proyección horizontal.

Por otro lado, las arterias importantes de gas se dispondrán de forma que se aseguren distancias superiores a 1 m respecto a los cables eléctricos de baja tensión.

2.2.3. Acometidas (conexiones de servicio).

En el caso de que el cruzamiento o paralelismo entre cables eléctricos y canalizaciones de los servicios descritos anteriormente se produzcan en el tramo de acometida a un edificio, deberá mantenerse una distancia mínima de 0,20 m.

Cuando no puedan respetarse estas distancias en los cables directamente enterrados, la canalización instalada más recientemente se dispondrá entubada según lo prescrito en el apartado 2.1.2.

La canalización de la acometida eléctrica, en la entrada al edificio, deberá taponarse hasta conseguir una estanqueidad adecuada.

2.3. Puesta a tierra y continuidad del neutro

La puesta a tierra y continuidad del neutro se atendrá a lo establecido en los capítulos 3.6 y 3.7 de la **ITC-BT 06**.

ITC 07

3. INTENSIDADES MÁXIMAS ADMISIBLES

3.1. Intensidades máximas permanentes en los conductores de los cables

En las tablas que siguen se dan los valores indicados en la Norma **UNE 20.435**.

En la tabla 2 se dan las temperaturas máximas admisibles en el conductor según los tipos de aislamiento.

En las tablas 3, 4 y 5 se indican las intensidades máximas permanentes admisibles en los diferentes tipos de cables, en las condiciones tipo de instalación enterrada indicadas en el apartado 3.1.2.1. En las condiciones especiales de instalación indicadas en el apartado 3.1.2.2 se aplicarán los factores de corrección que correspondan, según las tablas 6 a 9. Dichos factores de corrección se indican para cada condición que pueda diferenciar la instalación considerada de la instalación tipo.

En las tablas 10, 11 y 12 se indican las intensidades máximas permanentes admisibles en los diferentes tipos de cables, en las condiciones tipo de instalación al aire indicadas en el apartado 3.1.4.1. En las condiciones especiales de instalación indicadas en el apartado 3.1.4.2 se aplicarán los factores de corrección que correspondan, tablas 13 a 15. Dichos factores de corrección se indican para cada condición que pueda diferenciar la instalación considerada de la instalación tipo.

3.1.1. Temperatura máxima admisible

Las intensidades máximas admisibles en servicio permanente dependen en cada caso de la temperatura máxima que el aislamiento pueda soportar sin alteraciones de sus propiedades eléctricas, mecánicas o químicas. Esta temperatura es función del tipo de aislamiento y del régimen de carga.

En la tabla 2 se especifican, con carácter informativo, las temperaturas máximas admisibles, en servicio permanente y en cortocircuito, para algunos tipos de cables aislados con aislamiento seco.

Tabla 2. *Cables aislados con aislamiento seco; temperatura máxima, en °C, asignada al conductor.*

Tipo de Aislamiento seco	Temperatura máxima °C	
	Servicio permanente	Cortocircuito t ≤ 5s
Policloruro de vinilo (PVC)		
S ≤ 300 mm²	70	160
S > 300 mm²	70	140
Polietileno reticulado (XLPE)	90	250
Etileno Propileno (EPR)	90	250

3.1.2. Condiciones de instalación enterrada

3.1.2.1 Condiciones tipo de instalación enterrada

A los efectos de determinar la intensidad máxima admisible, se considera la siguiente instalación tipo:

Un solo cable tripolar o tetrapolar o una terna de cables unipolares en contacto mutuo, o un cable bipolar o dos cables unipolares en contacto mutuo, directamente enterrados en toda su longitud en una zanja de 0,70 m de profundidad, en un terreno de resistividad térmica media de 1 K.m/W y temperatura ambiente del terreno a dicha profundidad, de 25 °C.

Tabla 3. *Intensidad máxima admisible en amperios para cables tetrapolares con conductores de aluminio y conductor neutro concéntrico de cobre, en instalación enterrada (servicio permanente).*

CABLES	Sección nominal de los conductores (mm²)	Intensidad
3 x 50 Al + 16 Cu	50	160
3 x 95 Al + 30 Cu	95	235
3 x 150 Al + 50 Cu	150	305
3 x 240 Al + 80 Cu	240	395

— Temperatura máxima en el conductor: 90 °C.
— Temperatura del terreno: 25 °C.
— Profundidad de instalación: 0,70 m.
— Resistividad térmica del terreno: 1 K.m/W

ITC 07

Tabla 4. *Intensidad máxima admisible, en amperios, para cables con conductores de aluminio en instalación enterrada (servicio permanente).*

SECCIÓN NOMINAL mm²	Terna de cables unipolares (1) (2)			1 cable tripolar o tetrapolar (3)		
	TIPO DE AISLAMIENTO					
	XLPE	EPR	PVC	XLPE	EPR	PVC
16	97	94	86	90	86	76
25	125	120	110	115	110	98
35	150	145	130	140	135	120
50	180	175	155	165	160	140
70	220	215	190	205	220	170
95	260	255	225	240	235	210
120	295	290	260	275	270	235
150	330	325	290	310	305	265
185	375	365	325	350	345	300
240	430	420	380	405	395	350
300	485	475	430	4660	445	395
400	550	540	480	520	500	445
500	615	605	525	–	–	–
630	690	680	600	–	–	–

Tipo de aislamiento:

XLPE   Polietileno reticulado. Temperatura máxima en el conductor 90 °C (servicio permanente).

EPR   Etileno propileno. Temperatura máxima en el conductor 90 °C (servicio permanente).

PVC   Policloruro de vinilo. Temperatura máxima en el conductor 70 °C (servicio permanente).

Temperatura del terreno: 25 °C.
Profundidad de instalación: 0,70 m.
Resistividad térmica del terreno: 1 K.m/W.

(1) Incluye el conductor neutro, si existe.
(2) Para el caso de dos cables unipolares, la intensidad máxima admisible será la correspondiente a la columna de la terna de cables unipolares de la misma sección y tipo de aislamiento multiplicada por 1,225.
(3) Para el caso de un cable bipolar, la intensidad máxima admisible será la correspondiente a la columna de un cable tripolar o tetrapolar de la misma sección y tipo de aislamiento multiplicada por 1,225.

Tabla 5. *Intensidad máxima admisible, en amperios, para cables con conductores de cobre en instalación enterrada (servicio permanente).*

SECCIÓN NOMINAL mm²	Terna de cables unipolares (1) (2)			1 cable tripolar o tetrapolar (3)		
	TIPO DE AISLAMIENTO					
	XLPE	EPR	PVC	XLPE	EPR	PVC
6	72	70	63	66	64	56
10	96	94	85	88	85	75
16	125	120	110	115	110	97
25	160	155	140	150	140	125
35	190	185	170	180	175	150
50	230	225	200	215	205	180
70	280	270	245	260	250	220
95	335	325	290	310	305	265
120	380	375	335	355	350	305
150	425	415	370	400	390	340
185	480	470	420	450	440	385
240	550	540	485	520	505	445
300	620	610	550	590	5654	505
400	705	690	615	665	645	570
500	790	775	685	–	–	–
630	885	870	770	–	–	–

Tipo de aislamiento:

XLPE   Polietileno reticulado. Temperatura máxima en el conductor 90 ºC (servicio permanente).

EPR   Etileno propileno. Temperatura máxima en el conductor 90 ºC (servicio permanente).

PVC   Policloruro de vinilo. Temperatura máxima en el conductor 70 ºC (servicio permanente).

Temperatura del terreno: 25 ºC.
Profundidad de instalación: 0,70 m.
Resistividad térmica del terreno: 1 K.m/W.

(1) Incluye el conductor neutro, si existe.
(2) Para el caso de dos cables unipolares, la intensidad máxima admisible será la correspondiente a la columna de la terna de cables unipolares de la misma sección y tipo de aislamiento multiplicada por 1,225.
(3) Para el caso de un cable bipolar, la intensidad máxima admisible será la correspondiente a la columna de un cable tripolar o tetrapolar de la misma sección y tipo de aislamiento multiplicada por 1,225.

ITC 07

3.1.2.2. Condiciones especiales de instalación enterrada y factores de corrección de intensidad admisible

La intensidad admisible de un cable, determinada por las condiciones de instalación enterrada cuyas características se han especificado en los apartados 2.1.1 y 3.1.2.1, deberán corregirse teniendo en cuenta cada una de las magnitudes de la instalación real que difieran de aquéllas, de forma que el aumento de temperatura provocado por la circulación de la intensidad calculada no dé lugar a una temperatura en el conductor superior a la prescrita en la tabla 2. A continuación se exponen algunos casos particulares de instalación, cuyas características afectan al valor máximo de la intensidad admisible, indicando los factores de corrección a aplicar.

3.1.2.2.1. Cables enterrados en terrenos cuya temperatura sea distinta de 25 °C

En la tabla 6 se indican los factores de corrección, F, de la intensidad admisible para temperaturas del terreno Θ_t, distintas de 25 °C, en función de la temperatura máxima de servicio Θ_s, de la tabla 2.

Tabla 6. *Factor de corrección F, para temperatura del terreno distinto de 25 °C.*

Temperatura de servicio Θ_s (°C)	Temperatura del terreno, Θ_t ,en °C								
	10	15	20	25	30	35	40	45	50
90	1,11	1,07	1,04	1	0,96	0,92	0,88	0,83	0,78
70	1.15	1,11	1,05	1	0,94	0,88	0,82	0,75	0,67

El factor de corrección para otras temperaturas del terreno, distintas de las de la tabla, será:

$$F = \sqrt{\frac{\theta_s - \theta_t}{\theta_s - 25}}$$

3.1.2.2.2. Cables enterrados, directamente o en conducciones, en terreno de resistividad térmica distinta de 1 K.m/W

En la tabla 7 se indican, para distintas resistividades térmicas del terreno, los correspondientes factores de corrección de la intensidad admisible.

Tabla 7. *Factor de corrección para resistividad térmica del terreno distinta de 1 K.m/W.*

Tipo de cable	Resistividad técnica del terreno, en K.m/ W									
	0,80	0,85	0,90	1	1,10	1,20	1,40	1,65	2,00	2,50	2,80
Unipolar	1,09	1,06	1,04	1	0,96	0,93	0,87	0,81	0,75	0,68	0,66
Tripolar	1,07	1,05	1,03	1	0,97	0,94	0,89	0,84	0,78	0,71	0,69

3.1.2.2.3. Cables tripolares o tetrapolares o ternos de cables unipolares agrupados bajo tierra

En la tabla 8 se indican los factores de corrección que se deben aplicar, según el número de cables tripolares o ternos de unipolares y la distancia entre ellos.

Tabla 8. *Factor de corrección para agrupaciones de cables trifásicos o ternos de cables unipolares.*

Factor de corrección								
Separación entre los cables o ternos	Número de cables o ternos de la zanja							
	2	3	4	5	6	8	10	12
d=0 (en contacto)	0,80	0,70	0,64	0,60	0,56	0,53	0,50	0,47
d= 0,07 m	0,85	0,75	0,68	0,64	0,6	0,56	0,53	0,50
d= 0,10 m	0,85	0,76	0,69	0,65	0,62	0,58	0,55	0,53
d= 0,15 m	0,87	0,77	0,72	0,68	0,66	0,62	0,59	0,57
d= 0,20 m	0,88	0,79	0,74	0,70	0,68	0,64	0,62	0,60
d= 0,25 m	0,89	0,80	0,76	0,72	0,70	0,66	0,64	0,62

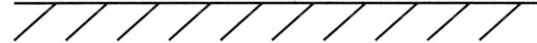

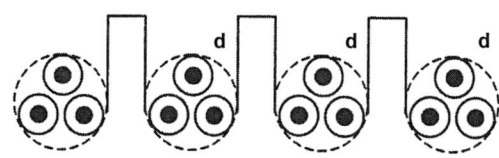

ITC 07

3.1.2.2.4. Cables enterrados en zanja a diferentes profundidades

En la tabla 9 se indican los factores de corrección que deben aplicarse para profundidades de instalación distintas de 0,70 m.

Tabla 9. *Factores de corrección para diferentes profundidades de instalación.*

Profundidad de instalación (m)	0,4	0,5	0,6	0,7	0,80	0,90	1,00	1,20
Factor de corrección	1,03	1,02	1,01	1	0,90	0,98	0,97	0,95

3.1.3. Cables enterrados en zanja en el interior de tubos o similares

En este tipo de instalaciones es de aplicación todo lo establecido en el apartado 3.1.2., además de lo indicado a continuación.

Se instalará un circuito por tubo. La relación entre el diámetro interior del tubo y el diámetro aparente del circuito será superior a 2, pudiéndose aceptar excepcionalmente 1,5.

En el caso de una línea con cable tripolar o con una terna de cables unipolares en el interior de un mismo tubo, se aplicará un factor de corrección de 0,8.

Si se trata de una línea con cuatro cables unipolares situados en sendos tubos, podrá aplicarse un factor de corrección de 0,9.

Si se trata de una agrupación de tubos, el factor dependerá del tipo de agrupación y variará para cada cable según esté colocado en un tubo central o periférico. Cada caso deberá estudiarse individualmente.

En el caso de canalizaciones bajo tubos que no superen los 15 m, si el tubo se rellena con aglomerados especiales no será necesario aplicar factor de corrección de intensidad por este motivo.

3.1.4. Condiciones de instalación al aire (en galerías, zanjas registrables, atarjeas o canales revisables)

3.1.4.1. Condiciones de instalación al aire (en galerías, zanjas registrables, etc.)

A los efectos de determinar la intensidad máxima admisible, se considera la siguiente instalación tipo:

Un solo cable tripolar o tetrapolar o una terna de cables unipolares en contacto mutuo, con una colocación tal que permita una eficaz renovación del aire, siendo la temperatura del medio ambiente de 40 °C. Por ejemplo, con el cable colocado sobre bandejas o fijado a una pared, etc.

Tabla 10. *Intensidad máxima admisible, en amperios, en servicio permanente, para cables tetrapolares con conductores de aluminio y con conductor neutro concéntrico de cobre, en instalación al aire en galerías ventiladas.*

CABLES	Sección nominal de los conductores (mm²)	Intensidad
3 x 50 Al + 16 Cu	50	125
3 x 95 Al + 30 Cu	95	195
3 x 150 Al + 50 Cu	150	260
3 x 240 Al + 80 Cu	240	360

— Temperatura máxima en el conductor: 90 °C.

— Temperatura del aire ambiente: 40 °C.

— Diposición que permita una eficaz renovación del aire.

Tabla 11. *Intensidad máxima admisible, en amperios, en servicio permanente para cables con conductores de aluminio en instalación al aire en galerías ventiladas (temperatura ambiente 40 °C).*

SECCIÓN NOMINAL mm²	Tres cables unipolares (1)			1 cable trifásico		
	TIPO DE AISLAMIENTO					
	XLPE	EPR	PVC	XLPE	EPR	PVC
16	67	65	55	64	63	51
25	93	90	75	85	82	68
35	115	110	90	105	100	82
50	140	135	115	130	125	100
70	180	175	145	165	155	130
95	220	215	180	205	195	160
120	260	255	215	235	225	185
150	300	290	245	275	260	215
185	350	345	285	315	300	245
240	420	400	340	370	360	290
300	480	465	390	425	405	335
400	560	545	455	505	475	385
500	645	625	520	–	–	–
630	740	715	600	–	–	–

— Temperatura del aire: 40 °C.

— Un cable trifásico al aire o conjunto (terna) de cables unipolares en contacto mutuo.

— Diposición que permita una eficaz renovación del aire.

(1) Incluye el conductor neutro, si existiese.

Tabla 12. *Intensidad máxima admisible, en amperios, en servicio permanente para cables con conductores de cobre en instalación al aire en galerías ventiladas (temperatura ambiente 40 °C)*

SECCIÓN NOMINAL mm²	Tres cables unipolares (1)			1 cable trifásico		
	TIPO DE AISLAMIENTO					
	XLPE	EPR	PVC	XLPE	EPR	PVC
6	46	45	38	44	43	36
10	64	62	53	61	60	50
16	86	83	71	82	80	65
25	120	115	96	110	105	87
35	145	140	115	135	130	105
50	180	175	145	165	160	130
70	230	225	185	210	220	165
95	285	280	235	260	250	205
120	335	325	275	300	290	240
150	385	375	315	350	335	275
185	450	440	365	400	385	315
240	535	515	435	475	460	370
300	615	595	500	545	520	425
400	720	700	585	645	610	495
500	825	800	665	–	–	–
630	950	915	765	–	–	–

— Temperatura del aire: 40 °C.
— Un cable trifásico al aire o un conjunto (terna) de cables unipolares en contacto mutuo.
— Diposición que permita una eficaz renovación del aire.

(1) Incluye el conductor neutro, si existiese.

3.1.4.2. Condiciones especiales de instalación al aire en galerías ventiladas y factores de corrección de la intensidad admisible

La intensidad admisible de un cable, determinada por las condiciones de instalación al aire en galerías ventiladas cuyas características se han especificado en el apartado 3.1.4.1., deberá corregirse teniendo en cuenta cada una de las magnitudes de la instalación real que difiera de aquéllas, de forma que el aumento de

ITC 07

temperatura provocado por la circulación de la intensidad calculada no dé lugar a una temperatura en el conductor superior a la prescrita en la tabla 2. A continuación, se exponen algunos casos particulares de instalación, cuyas características afectan al valor máximo de la intensidad admisible, indicando los coeficientes de corrección a aplicar.

3.1.4.2.1. Cables instalados al aire en ambientes de temperatura distinta de 40 °C

En la tabla 13 se indican los factores de corrección F, de la intensidad admisible para temperaturas del aire ambiente, Θ_a, distintas de 40 °C, en función de la temperatura máxima de servicio Θ_S en la tabla 2.

Tabla 13. *Coeficiente de corrección F para temperatura ambiente distinta de 40 °C.*

Temperatura de servicio Θ_s (°C)	Temperatura ambiente, Θa, en °C										
	10	15	20	25	30	35	40	45	50	55	60
90	1,27	1,22	1,18	1,14	1,10	1,05	1	0,95	0,90	0,84	0,77
70	1,41	1,35	1,29	1,22	1,15	1,08	1	0,91	0,81	0,71	0,58

El factor de corrección para otras temperaturas, distintas de las de la tabla, será:

$$F = \sqrt{\frac{\theta_s - \theta_a}{\theta_s - 40}}$$

3.1.4.2.2. Cables instalados al aire en canales o galerías pequeñas

Se observa que en ciertas condiciones de instalación (en canalillos, galerías pequeñas, etc.), en los que no hay una eficaz renovación de aire, el calor disipado por los cables no puede difundirse libremente y provoca un aumento de la temperatura del aire.

La magnitud de este aumento depende de muchos factores y debe ser determinada en cada caso como una estimación aproximada. Debe tenerse en cuenta que el incremento de temperatura por este motivo puede ser del orden de 15 K. La intensidad admisible en las condiciones de régimen deberá, por tanto, reducirse con los coeficientes de la tabla 13.

3.1.4.2.3. Grupos de cables instalados al aire

En las tablas 14 y 15 se dan los factores de corrección a aplicar en los agrupamientos de varios circuitos constituidos por cables unipolares o multipolares en función del tipo de instalación y número de circuitos.

Tabla 14. *Factor de corrección para agrupaciones de cables unipolares instalados al aire.*

Tipo de instalación		N° de bandejas	N° de circuitos trifásicos (2)			A utilizar para (1):
			1	2	3	
Bandejas perforadas (3)	Contiguos	1	0,95	0,90	0,85	Tres cables en capa horizontal
		2	0,95	0,85	0,80	
		3	0,90	0,85	0,80	
Bandejas verticales perforadas (4)	Contiguos	1	0,95	0,85	–	Tres cables en capa vertical
		2	0,90	0,85	–	
Bandejas escalera, soporte, etc. (3)	Contiguos	1	1,00	0,95	0,95	Tres cables en capa horizontal
		2	0,95	0,90	0,90	
		3	0,95	0,90	0,85	
Bandejas perforadas (3)	≥ 2 Dₑ	1	1,00	1,00	0,95	Tres cables dispuestos en trébol
		2	0,95	0,95	0,90	
		3	0,95	0,90	0,85	
Bandejas verticales perforadas (4)	≥ 2 Dₑ	1	1,00	0,90	0,90	
		2	1,00	0,90	0,85	
Bandejas escalera, soporte, etc. (3)	≥ 2 Dₑ	1	1,00	1,00	1,00	
		2	0,95	0,95	0,95	
		3	0,95	0,95	0,90	

NOTAS:

(1) Incluye además el conductor neutro, si existiese.

(2) Para circuitos con varios cables en paralelo por fase, a los efectos de la aplicación de esta tabla cada grupo de tres conductores se considera como un circuito.

(3) Los valores están indicados para una distancia vertical entre bandejas de 300 mm. Para distancias más pequeñas, se reducirán los factores.

(4) Los valores están indicados para una distancia horizontal entre bandejas de 225 mm, estando las bandejas montadas dorso con dorso. Para distancias más pequeñas se reducirán los factores.

ITC 07

Tabla 15. *Factor de corrección para agrupaciones de cables trifásicos.*

Tipo de instalación		N° de bandejas	N° de circuitos trifásicos (1)					
			1	2	3	4	6	9
Bandejas perforadas (2)	Contiguos	1	1,00	0,90	0,80	0,80	0,75	0,75
		2	1,00	0,85	0,80	0,75	0,75	0,70
		3	1,00	0,85	0,80	0,75	0,70	0,65
	Espaciados	1	1,00	1,00	1,00	0,95	0,90	–
		2	1,00	1,00	0,95	0,90	0,85	–
		3	1,00	1,00	0,95	0,90	0,85	–
Bandejas verticales perforadas (3)	Contiguos	1	1,00	0,90	0,80	0,75	0,75	0,70
		2	1,00	0,90	0,80	0,75	0,70	0,70
	Espaciados	1	1,00	0,90	0,90	0,90	0,85	–
		2	1,00	0,90	0,90	0,85	0,85	–
Bandejas escalera, soporte, etc. (2)	Contiguos	1	1,00	0,85	0,80	0,80	0,80	0,80
		2	1,00	0,85	0,80	0,80	0,75	0,75
		3	1,00	0,85	0,80	0,75	0,75	0,70
	Espaciados	1	1,00	1,00	1,00	1,00	1,00	–
		2	1,00	1,00	1,00	0,95	0,95	–
		3	1,00	1,00	0,95	0,95	0,75	–

NOTAS:

(1) Incluye además el conductor neutro, si existiese.

(2) Los valores están indicados para una distancia vertical entre bandejas de 300 mm. Para distancias más pequeñas, se reducirán los factores.

(3) Los valores están indicados para una distancia horizontal entre bandejas de 225 mm, estando las bandejas montadas dorso con dorso. Para distancias más pequeñas se reducirán los factores.

3.2. Intensidades de cortocircuito admisibles en los conductores

En las tablas 16 y 17 se indican las densidades de corriente de cortocircuito admisibles en los conductores de aluminio y de cobre de los cables aislados con diferentes materiales, en función de los tiempos de duración del cortocircuito.

Tabla 16. *Densidad de corriente de cortocircuito, en A/mm², para conductores de aluminio.*

Tipo de aislamiento	Duración del cortocicuito, en segundos								
	0,1	0,2	0,3	0,5	1,0	1,5	2,0	2,5	3,0
XLPE y EPR	294	208	170	132	93	76	66	59	54
PVC Sección ≤ 300 mm²	237	168	137	106	75	61	53	47	43
Sección > 300 mm²	211	150	122	94	67	54	47	42	39

Tabla 17. *Densidad de corriente de cortocircuito, en A/mm², para conductores de cobre.*

Tipo de aislamiento	Duración del cortocicuito, en segundos								
	0,1	0,2	0,3	0,5	1,0	1,5	2,0	2,5	3,0
XLPE y EPR	449	318	259	201	142	116	100	90	82
PVC Sección ≤ 300 mm²	364	257	210	163	115	94	81	73	66
Sección > 300 mm²	322	228	186	144	102	83	72	64	59

3.3. Otros cables o sistemas de instalación

Para cualquier otro tipo de cable u otros sistemas no contemplados en esta Instrucción así como para cables que no figuren en las tablas anteriores, deberá consultarse la norma **UNE 20.435** o calcularse según la norma **UNE 21.144**.

ITC 07

Instrucción ITC-BT 08

SISTEMAS DE CONEXIÓN DEL NEUTRO Y DE LAS MASAS EN REDES DE DISTRIBUCIÓN DE ENERGÍA ELÉCTRICA

Índice

1. ESQUEMAS DE DISTRIBUCIÓN

Para la determinación de las características de las medidas de protección contra choques eléctricos en caso de defecto (contactos indirectos) y contra sobreintensidades, así como de las especificaciones de la aparamenta encargada de tales funciones, será preciso tener en cuenta el esquema de distribución empleado.

Los esquemas de distribución se establecen en función de las conexiones a tierra de la red de distribución o de la alimentación, por un lado, y de las masas de la instalación receptora, por otro.

La denominación se realiza con un código de letras con el significado siguiente:

Primera letra: Se refiere a la situación de la alimentación con respecto a tierra.

T = Conexión directa de un punto de la alimentación a tierra.

I = Aislamiento de todas las partes activas de la alimentación con respecto a tierra o conexión de un punto a tierra a través de una impedancia.

Segunda letra: Se refiere a la situación de las masas de la instalación receptora con respecto a tierra.

T = Masas conectadas directamente a tierra, independientemente de la eventual puesta a tierra de la alimentación.

N = Masas conectadas directamente al punto de la alimentación puesto a tierra (en corriente alterna, este punto es normalmente el punto neutro).

Otras letras (eventuales): Se refieren a la situación relativa del conductor neutro y del conductor de protección.

S = Las funciones de neutro y de protección, aseguradas por conductores separados.

C = Las funciones de neutro y de protección, combinadas en un solo conductor (conductor CPN).

1.1. Esquema TN

Los esquemas TN tienen un punto de la alimentación, generalmente el neutro o compensador, conectado directamente a tierra y las masas de la instalación receptora conectadas a dicho punto mediante conductores de protección. Se distinguen tres tipos de esquemas TN según la disposición relativa del conductor neutro y del conductor de protección:

Esquema TN-S: En el que el conductor neutro y el de protección son distintos en todo el esquema (figura 1).

Figura 1. *Esquema de distribución tipo TN-S.*

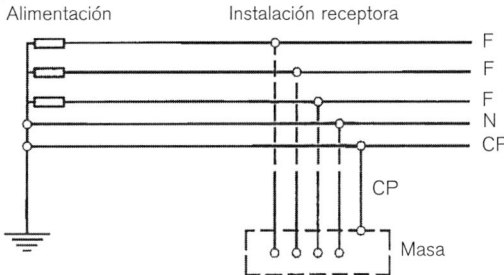

Esquema TN-C: En el que las funciones de neutro y protección están combinadas en un solo conductor en todo el esquema (figura 2).

Figura 2. *Esquema de distribución tipo TN-C.*

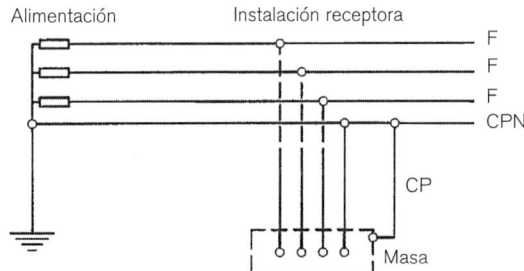

Esquema TN-C-S: En el que las funciones de neutro y protección están combinadas en un solo conductor en una parte del esquema (figura 3).

Figura 3. *Esquema de distribución tipo TN-C-S.*

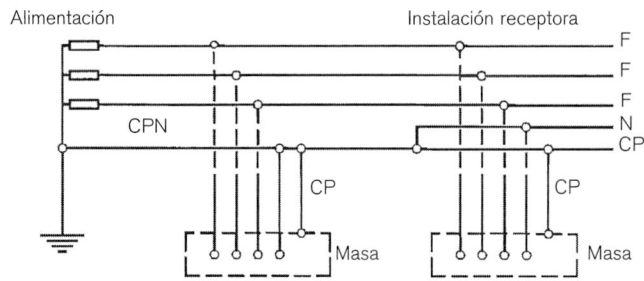

En los esquemas TN cualquier intensidad de defecto franco fase-masa es una intensidad de cortocircuito. El bucle de defecto está constituido exclusivamente por elementos conductores metálicos.

1.2. Esquema TT

El esquema TT tiene un punto de alimentación, generalmente el neutro o compensador, conectado directamente a tierra. Las masas de la instalación receptora están conectadas a una toma de tierra separada de la toma de tierra de la alimentación (figura 4).

Figura 4. *Esquema de distribución tipo TT.*

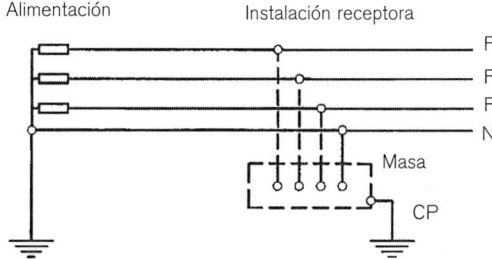

En este esquema las intensidades de defecto fase-masa o fase-tierra pueden tener valores inferiores a los de cortocircuito, pero pueden ser suficientes para provocar la aparición de tensiones peligrosas.

En general, el bucle de defecto incluye resistencia de paso a tierra en alguna parte del circuito de defecto, lo que no excluye la posibilidad de conexiones eléctricas voluntarias o no, entre la zona de la toma de tierra de las masas de la instalación y la de la alimentación. Aunque ambas tomas de tierra no sean independientes, el esquema sigue siendo un esquema TT si no se cumplen todas las condiciones del esquema TN. Dicho de otra forma, no se tienen en cuenta las posibles conexiones entre ambas zonas de toma de tierra para la determinación de las condiciones de protección.

1.3. Esquema IT

El esquema IT no tiene ningún punto de la alimentación conectado directamente a tierra. Las masas de la instalación receptora están puestas directamente a tierra (figura 5).

Figura 5. *Esquema de distribución tipo IT.*

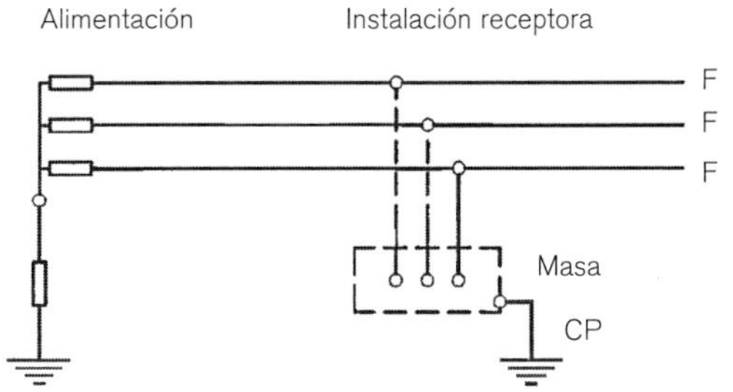

En este esquema, la intensidad resultante de un primer defecto fase-masa o fase-tierra tiene un valor lo suficientemente reducido como para no provocar la aparición de tensiones de contacto peligrosas.

La limitación del valor de la intensidad resultante de un primer defecto fase-masa o fase-tierra se obtiene bien por la ausencia de conexión a tierra en la alimentación, o bien por la inserción de una impedancia suficiente entre un punto de la alimentación (generalmente el neutro) y tierra. A este efecto puede resultar necesario limitar la extensión de la instalación para disminuir el efecto capacitivo de los cables con respecto a tierra.

En este tipo de esquema se recomienda no distribuir el neutro.

1.4. Aplicación de los tres tipos de esquemas

La elección de uno de los tres tipos de esquema debe hacerse en función de las características técnicas y económicas de cada instalación. Sin embargo, hay que tener en cuenta los siguientes principios.

a) Las redes de distribución pública de baja tensión tienen un punto puesto directamente a tierra por prescripción reglamentaria. Este punto es el punto neutro de la red. El esquema de distribución para instalaciones receptoras alimentadas directamente de una red de distribución pública de baja tensión es el esquema TT.

b) En instalaciones alimentadas en baja tensión, a partir de un centro de transformación de abonado, se podrá elegir cualquiera de los tres esquemas citados.

c) No obstante lo dicho en a), puede establecerse un esquema IT en parte o partes de una instalación alimentada directamente de una red de distribución pública mediante el uso de transformadores adecuados, en cuyo

ITC 08

secundario y en la parte de la instalación afectada se establezcan las disposiciones que para tal esquema se citan en el apartado 1.3.

2. PRESCRIPCIONES ESPECIALES EN LAS REDES DE DISTRIBUCIÓN PARA LA APLICACIÓN DEL ESQUEMA TN

Para que las masas de la instalación receptora puedan estar conectadas a neutro como medida de protección contra contactos indirectos, la red de alimentación debe cumplir las siguientes prescripciones especiales:

a) La sección del conductor neutro debe, en todo su recorrido, ser como mínimo igual a la indicada en la tabla siguiente, en función de la sección de los conductores de fase.

Tabla 1. *Sección del conductor neutro en función de la sección de los conductores de fase.*

Sección de conductores de la fase (mm²)	Sección nominal del conductor neutro (mm²)	
	Redes aéreas	Redes subterráneas
16	16	16
25	25	16
35	35	16
50	50	25
70	50	35
95	50	50
120	70	70
150	70	70
185	95	95
240	120	120
300	150	150
400	185	185

b) En las líneas aéreas, el conductor neutro se tenderá con las mismas precauciones que los conductores de fase.

c) Además de las puestas a tierra de los neutros señaladas en las instrucciones **ITC-BT-06** e **ITC-BT-07**, para las líneas principales y derivaciones serán puestos a tierra igualmente en los extremos de éstas cuando la longitud de las mismas sea superior a 200 metros.

d) La resistencia de tierra del neutro no será superior a 5 ohmios en las proximidades de la central generadora o del centro de transformación, así como en los 200 últimos metros de cualquier derivación de la red.

e) La resistencia global de tierra, de todas las tomas de tierra del neutro, no será superior a 2 ohmios.

f) En el esquema TN-C, las masas de las instalaciones receptoras deberán conectarse al conductor neutro mediante conductores de protección.

Instrucción ITC-BT 09

INSTALACIONES DE ALUMBRADO EXTERIOR

Índice

Normas UNE citadas en la ITC-BT 09:

UNE 20.324, UNE-EN 50.102, UNE 21.123, UNE-EN 50.086-2-4,
UNE-EN 60.598-2-3, UNE-EN 60.598-2-5

1. CAMPO DE APLICACIÓN

Esta instrucción complementaria se aplicará a las instalaciones de alumbrado exterior destinadas a iluminar zonas de dominio público o privado, tales como autopistas, carreteras, calles, plazas, parques, jardines, pasos elevados o subterráneos para vehículos o personas, caminos, etc. Igualmente, se incluyen las instalaciones de alumbrado para cabinas telefónicas, anuncios publicitarios, mobiliario urbano en general, monumentos o similares, así como todos los receptores que se conecten a la red de alumbrado exterior. Se excluyen del ámbito de aplicación de esta instrucción la instalación para la iluminación de fuentes y piscinas y las de los semáforos y las balizas, cuando sean completamente autónomos.

2. ACOMETIDAS DESDE LAS REDES DE DISTRIBUCIÓN DE LA COMPAÑÍA SUMINISTRADORA

La acometida podrá ser subterránea o aérea con cables aislados, y se realizará de acuerdo con las prescripciones particulares de la compañía suministradora, aprobadas según lo previsto en este Reglamento para este tipo de instalaciones.

La acometida finalizará en la caja general de protección y a continuación de la misma se dispondrá el equipo de medida.

3. DIMENSIONAMIENTO DE LAS INSTALACIONES

Las líneas de alimentación a puntos de luz con lámparas o tubos de descarga estarán previstas para transportar la carga debida a los propios receptores y a sus elementos asociados, a sus corrientes armónicas de arranque y desequilibrio de fases. Como consecuencia, la potencia aparente mínima en VA se considerará 1,8 veces la potencia en vatios de las lámparas o tubos de descarga.

Cuando se conozca la carga que supone cada uno de los elementos asociados a las lámparas o tubos de descarga, las corrientes armónicas, de arranque y desequilibrio de fases, que tanto éstas como aquéllos puedan producir, se aplicará el coeficiente corrector calculado con estos valores.

Además de lo indicado en párrafos anteriores, el factor de potencia de cada punto de luz deberá corregirse hasta un valor mayor o igual a 0,90. La máxima caída de tensión entre el origen de la instalación y cualquier otro punto de la instalación será menor o igual que 3%.

Con el fin de conseguir ahorros energéticos y siempre que sea posible, las instalaciones de alumbrado público se proyectarán con distintos niveles de iluminación, de forma que ésta decrezca durante las horas de menor necesidad de iluminación.

4. CUADROS DE PROTECCIÓN, MEDIDA Y CONTROL

Las líneas de alimentación a los puntos de luz y de control, cuando existan, partirán desde un cuadro de protección y control; las líneas estarán protegidas individualmente, con corte omnipolar, en este cuadro, tanto contra sobreintensidades (sobrecargas y cortocircuitos), como contra corrientes de defecto a tierra y contra sobretensiones cuando los equipos instalados lo precisen. La intensidad de defecto, umbral de desconexión de los interruptores diferenciales, que podrán ser de reenganche automático, será como máximo de 300 mA y la resistencia de puesta a tierra, medida en la puesta en servicio de la instalación, será como máximo de 30 Ω. No obstante, se admitirán interruptores diferenciales de intensidad máxima de 500 mA o 1 A, siempre que la resistencia de puesta a tierra medida en la puesta en servicio de la instalación sea inferior o igual a 5 Ω y a 1 Ω, respectivamente.

Si el sistema de accionamiento del alumbrado se realiza con interruptores horarios o fotoeléctricos, se dispondrá además de un interruptor manual que permita el accionamiento del sistema, con independencia de los dispositivos citados.

La envolvente del cuadro proporcionará un grado de protección mínima IP55 según **UNE 20.324** e IK10 según **UNE-EN 50.102** y dispondrá de un sistema de cierre que permita el acceso exclusivo al mismo del personal autorizado, con su puerta de acceso situada a una altura comprendida entre 2 m y 0,3 m. Los elementos de medidas estarán situados en un módulo independiente.

Las partes metálicas del cuadro irán conectadas a tierra.

5. REDES DE ALIMENTACIÓN

5.1. Cables

Los cables serán multipolares o unipolares con conductores de cobre y tensiones nominales de 0,6/1 kV.

El conductor neutro de cada circuito que parte del cuadro no podrá ser utilizado por ningún otro circuito.

5.2. Tipos

5.2.1. Redes subterráneas

Se emplearán sistemas y materiales análogos a los de las redes subterráneas de distribución reguladas en la **ITC-BT-07**. Los cables serán de las características especificadas en la **UNE 21.123**, e irán entubados; los tubos para las canalizaciones subterráneas deben ser los indicados en la **ITC-BT-21** y el grado de protección mecánica el indicado en dicha instrucción, y podrán ir hormigonados en zanja o no. Cuando vayan hormigonados el grado de resistencia al impacto será ligero, según **UNE-EN 50.086 -2-4**.

Los tubos irán enterrados a una profundidad mínima de 0,4 m del nivel del suelo medidos desde la cota inferior del tubo y su diámetro interior no será inferior a 60 mm.

Se colocará una cinta de señalización que advierta de la existencia de cables de alumbrado exterior, situada a una distancia mínima del nivel del suelo de 0,10 m y a 0,25 m por encima del tubo.

En los cruzamientos de calzadas, la canalización, además de entubada, irá hormigonada y se instalará como mínimo un tubo de reserva.

La sección mínima a emplear en los conductores de los cables, incluido el neutro, será de 6 mm². En distribuciones trifásicas tetrapolares, para conductores de fase de sección superior a 6 mm², la sección del neutro será conforme a lo indicado en la tabla 1 de la **ITC-BT-07**.

Los empalmes y derivaciones deberán realizarse en cajas de bornes adecuadas, situadas dentro de los soportes de las luminarias, y a una altura mínima de 0,3 m sobre el nivel del suelo o en una arqueta registrable, que garanticen, en ambos casos, la continuidad, el aislamiento y la estanqueidad del conductor.

5.2.2. Redes aéreas

Se emplearán los sistemas y materiales adecuados para las redes aéreas aisladas descritas en la **ITC-BT-06**.

Podrán estar constituidas por cables posados sobre fachadas o tensados sobre apoyos. En este último caso, los cables serán autoportantes con neutro fiador o con fiador de acero.

La sección mínima a emplear, para todos los conductores incluido el neutro, será de 4 mm². En distribuciones trifásicas tetrapolares con conductores de fase de sección superior a 10 mm², la sección del neutro será como mínimo la mitad de la sección de fase. En caso de ir sobre apoyos comunes con los de una red de distribución, el tendido de los cables de alumbrado será independiente de aquél.

5.2.3. Redes de control y auxiliares

Se emplearán sistemas y materiales similares a los indicados para los circuitos de alimentación, la sección mínima de los conductores será 2,5 mm².

6. SOPORTES DE LUMINARIAS

6.1. Características

Los soportes de las luminarias de alumbrado exterior se ajustarán a la normativa vigente (en el caso de que sean de acero deberán cumplir el **RD 2642/85, RD 401/89** y **OM de 16/5/89**). Serán de materiales resistentes a las acciones de la intemperie o estarán debidamente protegidas contra éstas, no debiendo permitir la entrada de agua de lluvia ni la acumulación del agua de condensación. Los soportes, sus anclajes y cimentaciones se dimensionarán de forma que resistan las solicitaciones mecánicas, particularmente teniendo en cuenta la acción del viento, con un coeficiente de seguridad no inferior a 2,5, considerando las luminarias completas instaladas en el soporte.

Los soportes que lo requieran deberán poseer una abertura de dimensiones adecuadas al equipo eléctrico para acceder a los elementos de protección y maniobra; la parte inferior de dicha abertura estará situada, como mínimo, a 0,30 m de la rasante, y estará dotada de puerta o trampilla con grado de protección IP 44 según **UNE 20.324** (EN 60529) e IK10 según **UNE-EN 50.102**. La puerta o trampilla solamente se podrá abrir mediante el empleo de útiles especiales y dispondrá de un borne de tierra cuando sea metálica.

Cuando por su situación o dimensiones las columnas fijadas o incorporadas a obras de fábrica no permitan la instalación de los elementos de protección y maniobra en la base, podrán colocarse éstos en la parte superior, en lugar apropiado o en el interior de la obra de fábrica.

6.2. Instalación eléctrica

En la instalación eléctrica en el interior de los soportes, se deberán respetar los siguientes aspectos:

— Los conductores serán de cobre, de sección mínima 2,5 mm², y de tensión asignada de 0,6/1kV, como mínimo; no existirán empalmes en el interior de los soportes.

— En los puntos de entrada de los cables al interior de los soportes, los cables tendrán una protección suplementaria de material aislante mediante la prolongación del tubo u otro sistema que lo garantice.

— La conexión a los terminales estará hecha de forma que no ejerza sobre los conductores ningún esfuerzo de tracción. Para las conexiones de los conductores de la red con los del soporte, se utilizarán elementos de derivación que contendrán los bornes apropiados, en número y tipo, así como los elementos de protección necesarios para el punto de luz.

7. LUMINARIAS

7.1. Características

Las luminarias utilizadas en el alumbrado exterior serán conformes la norma **UNE-EN 60.598** -2-3 y la **UNE-EN 60.598** -2-5 en el caso de proyectores de exterior.

7.2. Instalación eléctrica de luminarias suspendidas

La conexión se realizará mediante cables flexibles, que penetren en la luminaria con la holgura suficiente para evitar que las oscilaciones de ésta provoquen esfuerzos perjudiciales en los cables y en los terminales de conexión, utilizándose dispositivos que no disminuyan el grado de protección de luminaria IP X3 según **UNE 20.324**.

La suspensión de las luminarias se hará mediante cables de acero protegido contra la corrosión, de sección suficiente para que posea una resistencia mecánica con coeficiente de seguridad de no inferior a 3,5. La altura mínima sobre el nivel del suelo será de 6 m.

8. EQUIPOS ELÉCTRICOS DE LOS PUNTOS DE LUZ

Podrán ser de tipo interior o exterior, y su instalación será la adecuada al tipo utilizado.

Los equipos eléctricos para montaje exterior poseerán un grado de protección mínima IP-54, según **UNE 20.324** e IK 8 según **UNE-EN 50.102**, e irán montados a una altura mínima de 2,5 m sobre el nivel del suelo. Las entradas y salidas de cables serán por la parte inferior de la envolvente.

Cada punto de luz deberá tener compensado individualmente el factor de potencia para que sea igual o superior a 0,90; asimismo, deberá estar protegido contra sobreintensidades.

9. PROTECCIÓN CONTRA CONTACTOS DIRECTOS E INDIRECTOS

Las luminarias serán de Clase I o de Clase II.

Las partes metálicas accesibles de los soportes de luminarias estarán conectadas a tierra. Se excluyen de esta prescripción aquellas partes metálicas que, teniendo un doble aislamiento, no sean accesibles al público en general. Para el acceso al interior de las luminarias que estén instaladas a una altura inferior a 3 m sobre el suelo o en un espacio accesible al público, se requerirá el empleo de útiles especiales. Las partes metálicas de los kioskos, marquesinas, cabinas telefónicas, paneles de anuncios y demás elementos de mobiliario urbano que estén a una distancia inferior a 2 m de las partes metálicas de la instalación de alumbrado exterior y que sean susceptibles de ser tocadas simultáneamente deberán estar puestas a tierra.

Cuando las luminarias sean de Clase I, deberán estar conectadas al punto de puesta a tierra del soporte mediante cable unipolar aislado de tensión asignada 450/750V con recubrimiento de color verde-amarillo y sección mínima 2,5 mm^2 en cobre.

10. PUESTAS A TIERRA

La máxima resistencia de puesta a tierra será tal que, a lo largo de la vida de la instalación y en cualquier época del año, no se puedan producir tensiones de contacto mayores de 24 V en las partes metálicas accesibles de la instalación (soportes, cuadros metálicos, etc.).

La puesta a tierra de los soportes se realizará por conexión a una red de tierra común para todas las líneas que partan del mismo cuadro de protección, medida y control.

En las redes de tierra se instalará como mínimo un electrodo de puesta a tierra cada 5 soportes de luminarias, y siempre en el primero y en el último soporte de cada línea.

Los conductores de la red de tierra que unen los electrodos deberán ser:

— Desnudos, de cobre, de 35 mm^2 de sección mínima si forman parte de la propia red de tierra, en cuyo caso irán por fuera de las canalizaciones de los cables de alimentación.

— Aislados, mediante cables de tensión asignada 450/750 V, con recubrimiento de color verde-amarillo, con conductores de cobre, de sección mínima 16 mm^2 para redes subterráneas, y de igual sección que los conductores de fase para las redes posadas, en cuyo caso irán por el interior de las canalizaciones de los cables de alimentación.

El conductor de protección que une cada soporte con el electrodo o con la red de tierra, será de cable unipolar aislado, de tensión asignada 450/750 V, con recubrimiento de color verde-amarillo, y sección mínima de 16 mm^2 de cobre.

Todas las conexiones de los circuitos de tierra se realizarán mediante terminales, grapas, soldadura o elementos apropiados que garanticen un buen contacto permanente y protegido contra la corrosión.

Instrucción ITC-BT 10

PREVISIÓN DE CARGAS PARA SUMINISTROS EN BAJA TENSIÓN

Índice

1. CLASIFICACIÓN DE LOS LUGARES DE CONSUMO

Se establece la siguiente clasificación de los lugares de consumo:
— Edificios destinados principalmente a viviendas
— Edificios comerciales o de oficinas
— Edificios destinados a una industria específica
— Edificios destinados a una concentración de industrias
— Aparcamientos o estacionamientos dotados de infraestructura para la re-carga de los vehículos eléctricos

2. GRADO DE ELECTRIFICACIÓN Y PREVISIÓN DE LA POTENCIA EN LAS VIVIENDAS

La carga máxima por vivienda depende del grado de utilización que se desee alcanzar. Se establecen los siguientes grados de electrificación.

2.1. Grado de electrificación

2.1.1. Electrificación básica

Es la necesaria para la cobertura de las posibles necesidades de utilización primarias sin necesidad de obras posteriores de adecuación.

Debe permitir la utilización de los aparatos eléctricos de uso común en una vivienda.

2.1.2. Electrificación elevada

Es la correspondiente a viviendas con una previsión de utilización de aparatos electrodomésticos superior a la electrificación básica o con previsión de utilización de sistemas de calefacción eléctrica o de acondicionamiento de aire o con superficies útiles de la vivienda superiores a 160 m^2, o con una instalación para la recarga del vehículo eléctrico en viviendas unifamiliares, o con cualquier combinación de los casos anteriores.

2.2. Previsión de la potencia

El promotor, propietario o usuario del edificio fijará de acuerdo con la Empresa Suministradora la potencia a prever, la cual, para nuevas construcciones, no será inferior a 5750 W a 230 V, en cada vivienda, independientemente de la potencia a contratar por cada usuario, que dependerá de la utilización que éste haga de la instalación eléctrica.

En las viviendas con grado de electrificación elevada, la potencia a prever no será inferior a 9200 W.

En todos los casos, la potencia a prever se corresponderá con la capacidad máxima de la instalación, definida ésta por la intensidad asignada del interruptor general automático, según se indica en la ITC-BT-25.

3. CARGA TOTAL CORRESPONDIENTE A UN EDIFICIO DESTINADO PREFERENTEMENTE A VIVIENDAS

La carga total correspondiente a un edificio destinado principalmente a viviendas resulta de la suma de la carga correspondiente al conjunto de viviendas, de los servicios generales del edificio, de la correspondiente a los locales comerciales y de los garajes que formen parte del mismo.

La carga total correspondiente a varias viviendas o servicios se calculará de acuerdo con los siguientes apartados:

3.1. Carga correspondiente a un conjunto de viviendas

Se obtendrá multiplicando la media aritmética de las potencias máximas previstas en cada vivienda por el coeficiente de simultaneidad indicado en la tabla 1, según el número de viviendas.

Tabla 1. *Coeficiente de simultaneidad, según el número de viviendas.*

N° Viviendas (n)	Coeficiente de Simultaneidad
1	1
2	2
3	3
4	3,8
5	4,6
6	5,4
7	6,2
8	7
9	7,8
10	8,5
11	9,2
12	9,9
13	10,6
14	11,3
15	11,9
16	12,5
17	13,1
18	13,7
19	14,3
20	14,8
21	15,3
n > 21	$15,3 + (n - 21) \cdot 0,5$

Para edificios cuya instalación esté prevista para la aplicación de la tarifa nocturna, la simultaneidad será 1 (Coeficiente de simultaneidad = n° de viviendas).

3.2. Carga correspondiente a los servicios generales

Será la suma de la potencia prevista en ascensores, aparatos elevadores, centrales de calor y frío, grupos de presión, alumbrado de portal, caja de escalera y espacios comunes y en todo el servicio eléctrico general del edificio sin aplicar ningún factor de reducción por simultaneidad (factor de simultaneidad = 1).

3.3. Carga correspondiente a los locales comerciales y oficinas

Se calculará considerando un mínimo de 100 W por metro cuadrado y planta, con un mínimo por local de 3.450 W a 230 V y coeficiente de simultaneidad 1.

3.4. Carga correspondiente a los garajes

Se calculará considerando un mínimo de 10 W por metro cuadrado y planta para garajes de ventilación natural y de 20 W para los de ventilación forzada, con un mínimo de 3.450 W a 230 V y coeficiente de simultaneidad 1.

Cuando en aplicación de la NBE-CPI-96 sea necesario un sistema de ventilación forzada para la evacuación de humos de incendio, se estudiará de forma específica la previsión de cargas de los garajes.

4. CARGA TOTAL CORRESPONDIENTE A EDIFICIOS COMERCIALES, DE OFICINAS O DESTINADOS A UNA O VARIAS INDUSTRIAS

En general, la demanda de potencia determinará la carga a prever en estos casos, que no podrá ser nunca inferior a los siguientes valores.

4.1. Edificios comerciales o de oficinas

Se calculará considerando un mínimo de 100 W por metro cuadrado y planta, con un mínimo por local de 3.450 W a 230 V y coeficiente de simultaneidad 1.

4.2. Edificios destinados a concentración de industrias

Se calculará considerando un mínimo de 125 W por metro cuadrado y planta, con un mínimo por local de 10.350 W a 230 V y coeficiente de simultaneidad 1.

5. CARGA CORRESPONDIENTE A LAS ZONAS DE ESTACIONAMIENTO CON INFRAESTRUCTURA PARA LA RECARGA DE LOS VEHÍCULOS ELÉCTRICOS EN VIVIENDAS DE NUEVA CONSTRUCCIÓN

5.1 Viviendas unifamiliares

Para la previsión de cargas de viviendas unifamiliares dotadas de infraestructura para la recarga de vehículos eléctricos se considerará grado de electrificación elevado.

5.2 Instalación en plazas de aparcamientos o estacionamientos colectivos en edificios o conjuntos inmobiliarios en régimen de propiedad horizontal

La previsión de cargas para la carga del vehículo eléctrico se calculará multiplicando 3.680 W, por el 10 % del total de las plazas de aparcamiento construidas. La suma de todas estas potencias se multiplicará por el factor de simultaneidad que corresponda y su sumará con la previsión de potencia del resto de la instalación del edificio, en función del esquema de la instalación y de la disponibilidad de un sistema protección de la línea general de alimentación, tal y como se establece en la **ITC- BT-52**.

No obstante el proyectista de la instalación podrá prever una potencia instalada mayor cuando disponga de los datos que lo justifiquen.

6. PREVISIÓN DE CARGAS

La previsión de los consumos y cargas se hará de acuerdo con lo dispuesto en la presente instrucción. La carga total prevista en los capítulos 2, 3, 4 y 5 será la que hay que considerar en el cálculo de los conductores de las acometidas y en el cálculo de las instalaciones de enlace.

7. SUMINISTROS MONOFÁSICOS

Las empresas distribuidoras estarán obligadas, siempre que lo solicite el cliente, a efectuar el suministro de forma que permita el funcionamiento de cualquier receptor monofásico de potencia menor o igual a 5.750 W a 230 V, hasta un suministro de potencia máxima de 14.490 W a 230 V.

Instrucción ITC-BT 11

REDES DE DISTRIBUCIÓN DE ENERGÍA ELÉCTRICA. ACOMETIDAS

Índice

Normas UNE citadas en la ITC-BT 11:

UNE-EN 50.086-2-1, UNE-EN 50.085-1

1. ACOMETIDAS

1.1. Definición

Parte de la instalación de la red de distribución, que alimenta la caja o cajas generales de protección o unidad funcional equivalente (en adelante CGP).

1.2. Tipos de acometidas

Atendiendo a su trazado, al sistema de instalación y a las características de la red, las acometidas podrán ser:

Tabla 1. *Tipo de acometida en función del sistema de instalación.*

TIPO	SISTEMA DE INSTALACIÓN
Aéreas	Posada sobre fachada
	Tensada sobre poste
Subterráneas	Con entrada y salida
	En derivación
Mixtas	Aero-Subterráneas

1.2.1. Acometida aérea posada sobre fachada

Antes de proceder a su realización, si es posible, deberá efectuarse un estudio previo de las fachadas para que éstas se vean afectadas lo menos posible por el recorrido de los conductores, que deberán quedar suficientemente protegidos y resguardados.

En este tipo de acometidas los cables se instalarán distanciados de la pared y su fijación a ésta se hará mediante accesorios apropiados.

Los cables posados sobre fachada serán aislados de tensión asignada 0,6/1 kV y su instalación se hará, preferentemente, bajo conductos cerrados o canales protectoras con tapa desmontable con la ayuda de un útil.

Los tramos en que la acometida quede a una altura sobre el suelo inferior a 2,5 m, deberán protegerse con tubos o canales rígidos de las características indicadas en la tabla siguiente y se tomarán las medidas adecuadas para evitar el almacenamiento de agua en estos tubos o canales de protección.

Tabla 2. *Características de los tubos o canales que deben utilizarse cuando la acometida quede a una altura sobre el suelo inferior a 2,5 m.*

Características	Grado (canales)	Código (tubos)
Resistencia al impacto	Fuerte (6 julios)	4
Temperatura mínima de instalación y servicio	-5 °C	4
Temperatura máxima de instalación y servicio	+60 °C	1
Propiedades eléctricas	Continuidad eléctrica/aislante	1/2
Resistencia a la penetración de objetos sólidos	Ø ≥ 1 mm	4
Resistencia a la corrosión (conductos metálicos)	Protección interior media, exterior alta	3
Resistencia a la propagación de la llama	No propagador	1

ITC 11

El cumplimiento de estas características se verificará según los ensayos indicados en las normas **UNE-EN 50086-2-1** para tubos rígidos y **UNE-EN 50085-1** para canales.

Para los cruces de vías públicas y espacios sin edificar y dependiendo de la longitud del vano, los cables podrán instalarse amarrados directamente en ambos extremos, bien utilizando el sistema para acometida tensada, bien utilizando un cable fiador, siempre que se cumplan las condiciones de la **ITC-BT-06**.

Estos cruces se realizarán de modo que el vano sea lo más corto posible, y la altura mínima sobre calles y carreteras no será en ningún caso inferior a 6 m.

En edificaciones de interés histórico o artístico o declaradas como tal se tratará de evitar este tipo de acometidas.

1.2.2. Acometida aérea tensada sobre postes

Los cables serán del tipo aislado 0,6/1 kV y podrán instalarse suspendidos de un cable fiador, independiente y debidamente tensado o también mediante la utilización de un conductor neutro fiador con una adecuada resistencia mecánica y debidamente calculado para esta función.

Todos los apoyos irán provistos de elementos adecuados que permitirán la sujeción mediante soportes de suspensión o de amarre, indistintamente.

Las distancias en altura, proximidades, cruzamientos y paralelismos cumplirán lo indicado en la **ITC-BT-06**.

Cuando los cables crucen sobre vías públicas o zonas de posible circulación rodada, la altura mínima sobre calles y carreteras no será en ningún caso inferior a 6 m.

1.2.3. Acometida subterránea

Este tipo de instalación se realizará de acuerdo con lo indicado en la **ITC-BT-07**.

Se tendrán en cuenta las separaciones mínimas indicadas en la **ITC-BT-07** en los cruces y paralelismos con otras canalizaciones de agua, gas, líneas de telecomunicación y con otros conductores de energía eléctrica.

1.2.4. Acometida aero-subterránea

Son aquellas acometidas que se realizan parte en instalación aérea y parte en instalación subterránea.

El proyecto e instalación de los distintos tramos de la acometida se realizará en función de su trazado, de acuerdo con los apartados que le correspondan de esta instrucción, teniendo en cuenta las condiciones de su instalación.

En el paso de acometidas subterráneas a aéreas, el cable irá protegido desde la profundidad establecida según **ITC-BT-07** y hasta una altura mínima de 2,5 m por encima del nivel del suelo, mediante un conducto rígido de las características indicadas en el apartado 1.2.1. de esta instrucción.

1.3. Instalación

Con carácter general, las acometidas se realizarán siguiendo los trazados más cortos, realizando conexiones cuando éstas sean necesarias mediante sistemas o dispositivos apropiados. En todo caso, se realizarán de forma que el aislamiento de los conductores se mantenga hasta los elementos de conexión de la CGP.

La acometida discurrirá por terrenos de dominio público excepto en aquellos casos de acometidas aéreas o subterráneas en que hayan sido autorizadas las correspondientes servidumbres de paso.

Se evitará la realización de acometidas por patios interiores, garajes, jardines privados, viales de conjuntos privados cerrados, etc.

En general, se dispondrá de una sola acometida por edificio o finca. Sin embargo, podrán establecerse acometidas independientes para suministros complementarios establecidos en el Reglamento Electrotécnico para Baja Tensión o aquellos cuyas características especiales (potencias elevadas, entre otras) así lo aconsejen.

1.4. Características de los cables y conductores

Los conductores o cables serán aislados, de cobre o aluminio y los materiales utilizados y las condiciones de instalación cumplirán con las prescripciones establecidas en la ITC-BT-06 y la ITC-BT-07 para redes aéreas o subterráneas de distribución de energía eléctrica, respectivamente.

Por lo que se refiere a las secciones de los conductores y al número de los mismos, se calcularán teniendo en cuenta los siguientes aspectos:

— Máxima carga prevista de acuerdo con la **ITC-BT-10**.

— Tensión de suministro.

— Intensidades máximas admisibles para el tipo de conductor y las condiciones de su instalación.

— La caída de tensión máxima admisible. Esta caída de tensión será la que la empresa distribuidora tenga establecida, en su reparto de caídas de tensión en los elementos que constituyen la red, para que en la caja o cajas generales de protección esté dentro de los límites establecidos por el Reglamento por el que se regulan las actividades de transporte, distribución, comercialización, suministro y procedimientos de autorización de instalaciones de energía eléctrica.

ITC 11

Instrucción ITC-BT 12

INSTALACIONES DE ENLACE. ESQUEMAS

Índice

Normas UNE citadas en la ITC-BT 12:

UNE-EN 60.439-2

1. INSTALACIONES DE ENLACE

1.1. Definición

Se denominan instalaciones de enlace, aquellas que unen la caja general de protección o cajas generales de protección, incluidas éstas, con las instalaciones interiores o receptoras del usuario.

Comenzarán, por tanto, en el final de la acometida y terminarán en los dispositivos generales de mando y protección.

Estas instalaciones se situarán y discurrirán siempre por lugares de uso común y quedarán de propiedad del usuario, que se responsabilizará de su conservación y mantenimiento

1.2. Partes que constituyen las instalaciones de enlace

— Caja General de Protección (CGP)

— Linea General de Alimentación (LGA)

— Elementos para la Ubicación de Contadores (CC)

— Derivación Individual (DI)

— Caja para Interruptor de Control de Potencia (ICP)

— Dispositivos Generales de Mando y Protección (DGMP)

2. Esquemas

Leyenda:

1. Red de distribución	8. Derivación Individual
2. Acometida	9. Fusible de seguridad
3. Caja general de protección	10. Contador
4. Línea general de alimentación	11. Caja para interruptor de control de potencia
5. Interruptor general de maniobra	12. Dispositivos generales de mando y protección
6. Caja de derivación	13. Instalación interior
7. Emplazamiento de contadores	

Nota: El conjunto de derivación individual e instalación interior constituye la instalación privada.

2.1. Para un solo usuario

En este caso se podrán simplificar las instalaciones de enlace al coincidir en el mismo lugar la Caja General de Protección y la situación del equipo de medida y no existir, por tanto, la Línea general de alimentación. En consecuencia, el fusible de seguridad (9) coincide con el fusible de la CGP.

Esquema 2.1. *Para un solo usuario.*

Local o vivienda
usuario

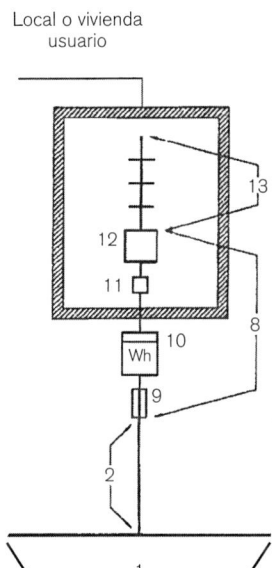

2.2. Para más de un usuario

Las instalaciones de enlace se ajustarán a los siguientes esquemas según la colocación de los contadores.

2.2.1. Colocación de contadores para dos usuarios alimentados desde el mismo lugar

El esquema 2.1 puede generalizarse para dos usuarios alimentados desde el mismo lugar.

Por lo tanto es válido lo indicado para los fusibles de seguridad (9) en el apartado 2.1.

Esquema 2.2.1. *Para dos usuarios alimentados desde el mismo lugar.*

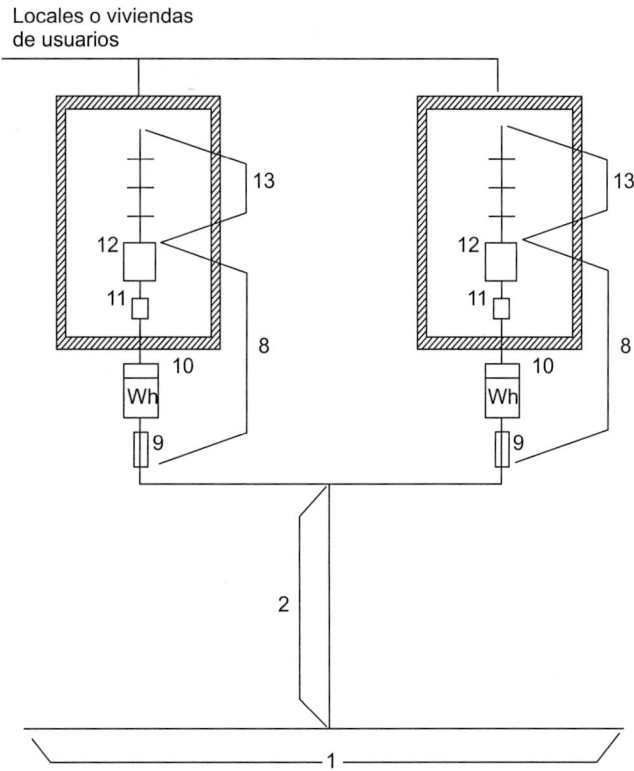

2.2.2. Colocación de contadores en forma centralizada en un lugar

Este esquema es el que se utilizará normalmente en conjunto de edificación vertical u horizontal, destinados principalmente a viviendas, edificios comerciales, de oficinas o destinados a una concentración de industrias.

Esquema 2.2.2. *Para varios usuarios con contadores en forma centralizada en un lugar.*

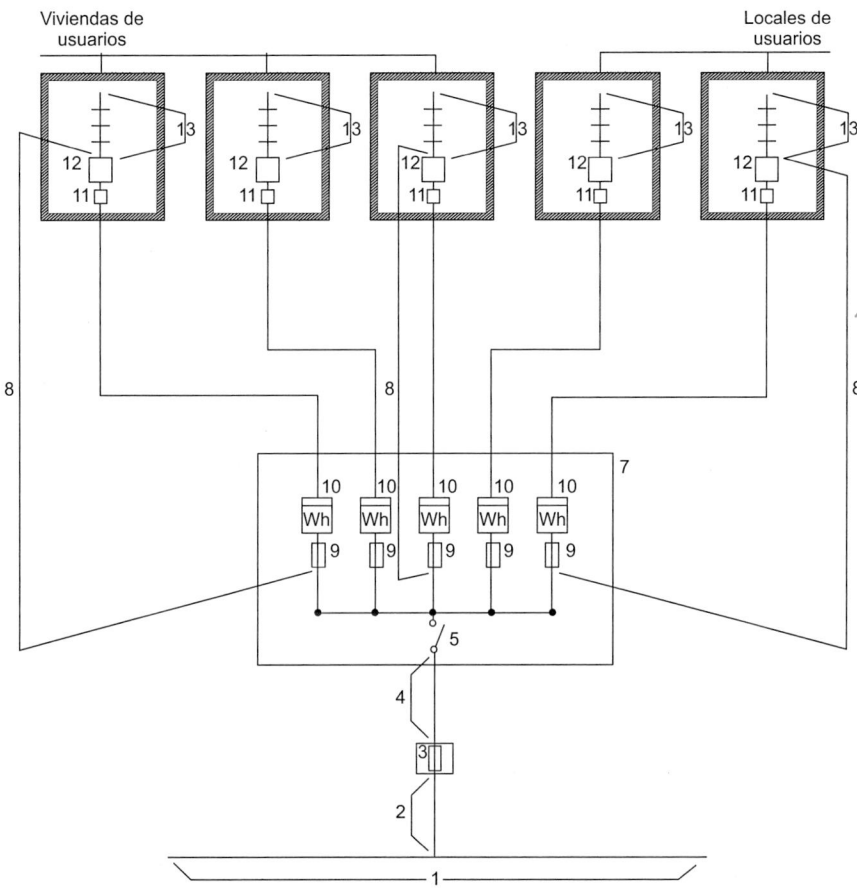

Leyenda:

1. Red de distribución
2. Acometida
3. Caja general de protección
4. Línea general de alimentación
5. Interruptor general de maniobra
6. Caja de derivación
7. Emplazamiento de contadores

8. Derivación Individual
9. Fusible de seguridad
10. Contador
11. Caja para interruptor de control de potencia
12. Dispositivos generales de mando y protección
13. Instalación interior

2.2.3. Colocación de contadores en forma centralizada en más de un lugar

Este esquema se utilizará en edificios destinados a viviendas, edificios comerciales, de oficinas o destinados a una concentración de industrias donde la previsión de cargas haga aconsejable la centralización de contadores en más de un lugar o planta. Igualmente se utilizará para la ubicación de diversas centralizaciones en una misma planta en edificios comerciales o industriales, cuando la superficie de la misma y la previsión de cargas lo aconseje. También podrá ser de aplicación en las agrupaciones de viviendas en distribución horizontal dentro de un recinto privado.

Este esquema es de aplicación en el caso de centralización de contadores de forma distribuida mediante canalizaciones eléctricas prefabricadas, que cumplan lo establecido en la norma **UNE-EN60.439-2**.

Esquema 2.2.3. *Para varios usuarios con contadores en forma centralizada en más de un lugar.*

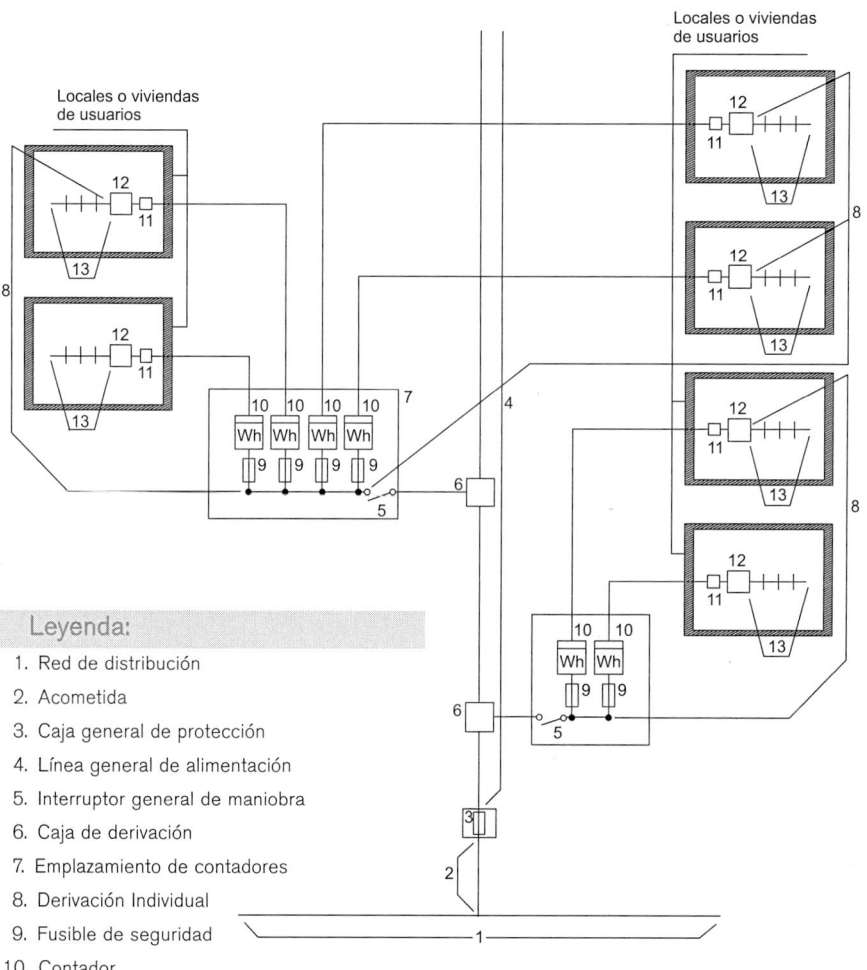

Leyenda:

1. Red de distribución
2. Acometida
3. Caja general de protección
4. Línea general de alimentación
5. Interruptor general de maniobra
6. Caja de derivación
7. Emplazamiento de contadores
8. Derivación Individual
9. Fusible de seguridad
10. Contador
11. Caja para interruptor de control de potencia
12. Dispositivos generales de mando y protección
13. Instalación interior

Instrucción ITC-BT 13

INSTALACIONES DE ENLACE. CAJAS GENERALES DE PROTECCIÓN

Índice

Normas UNE citadas en la ITC-BT 13:

UNE-EN 50.102, UNE-EN 60.439-1, UNE-EN 60.439-3, UNE 20.324

1. CAJAS GENERALES DE PROTECCIÓN

Son las cajas que alojan los elementos de protección de las líneas generales de alimentación.

1.1. Emplazamiento e instalación

Se instalarán preferentemente sobre las fachadas exteriores de los edificios, en lugares de libre y permanente acceso. Su situación se fijará de común acuerdo entre la propiedad y la empresa suministradora.

En el caso de edificios que alberguen en su interior un centro de transformación para distribución en baja tensión, los fusibles del cuadro de baja tensión de dicho centro podrán utilizarse como protección de la línea general de alimentación, desempeñando la función de caja general de protección. En este caso, la propiedad y el mantenimiento de la protección serán de la empresa suministradora.

Cuando la acometida sea aérea podrán instalarse en montaje superficial a una altura sobre el suelo comprendida entre 3 m y 4 m. Cuando se trate de una zona en la que esté previsto el paso de la red aérea a red subterránea, la caja general de protección se situará como si se tratase de una acometida subterránea.

Cuando la acometida sea subterránea se instalará siempre en un nicho en pared que se cerrará con una puerta preferentemente metálica, con grado de protección IK 10 según **UNE-EN 50.102**, revestida exteriormente de acuerdo con las características del entorno y estará protegida contra la corrosión disponiendo de una cerradura o candado normalizado por la empresa suministradora. La parte inferior de la puerta se encontrará a un mínimo de 30 cm del suelo.

En el nicho se dejarán previstos los orificios necesarios para alojar los conductos para la entrada de las acometidas subterráneas de la red general, conforme a lo establecido en la **ITC-BT-21** para canalizaciones empotradas.

En todos los casos se procurará que la situación elegida, esté lo más próxima posible a la red de distribución pública y que quede alejada o en su defecto protegida adecuadamente, de otras instalaciones tales como de agua, gas, teléfono, etc., según se indica en **ITC-BT-06** y **ITC-BT-07**.

Cuando la fachada no linde con la vía pública, la caja general de protección se situará en el límete entre las propieades públicas y privadas.

No se alojarán más de dos cajas generales de protección en el interior del mismo nicho disponiéndose una caja por cada línea general de alimentación. Cuando para un suministro se precisen más de dos cajas, podrán utilizarse otras soluciones técnicas previo acuerdo entre la propiedad y la empresa suministradora.

Los usuarios o el instalador electricista autorizado sólo tendrán acceso y podrán actuar sobre las conexiones con la línea general de alimentación, previa comunicación a la empresa suministradora.

1.2. Tipos y características

Las cajas generales de protección a utilizar corresponderán a uno de los tipos recogidos en las especificaciones técnicas de la empresa suministradora que hayan sido aprobadas por la Administración Pública competente. Dentro de las mismas se instalarán cortacircuitos fusibles en todos los conductores de fase o polares, con poder de corte al menos igual a la corriente de cortocircuito prevista en el punto de su instalación. El neutro estará constituido por una conexión amovible situada a la izquierda de las fases colocada la caja general de protección en posición de servicio, y dispondra también de un borne de conexión para su puesta a tierra si procede.

El esquema de caja general de protección a utilizar estará en función de las necesidades del suministro solicitado, del tipo de red de alimentación y lo determinará la empresa suministradora. En el caso de alimentación subterránea, las cajas generales de protección podrán tener previstas la entrada y salida de la línea de distribución.

Las cajas generales de protección cumplirán todo lo que sobre el particular se indica en la Norma **UNE-EN 60.439-1** tendrán grado de inflamabilidad según se indica en la norma **UNE-EN 60.439-3**, una vez instaladas tendrán un grado de protección IP43 según **UNE 20.324** e IK 08 según **UNE-EN 50.102** y serán precin-tables.

2. CAJAS DE PROTECCIÓN Y MEDIDA

Para el caso de suministros para un único usuario o dos usuarios alimentados desde el mismo lugar conforme a los esquemas 2.1, y 2.2.1 de la instrucción ITC-BT-12, al no existir línea general de alimentación, podrá simplificarse la instalación colocando en un único elemento, la caja general de protección y el equipo de medida; dicho elemento se denominará caja de protección y medida.

2.1. Emplazamiento e instalación

Es aplicable lo indicado en el apartado 1.1. de esta instrucción, salvo que no se admitirá el montaje superficial. Además, los dispositivos de lectura de los equipos de medida deberán estar instalados a una altura comprendida entre 0,7 m y 1,80 m.

2.2. Tipos y características

Las cajas de protección y medida a utilizar corresponderán a uno de los tipos recogidos en las especificaciones técnicas de la empresa suministradora que hayan sido aprobadas por la Administración Pública competente, en función de número y naturaleza del suministro.

Las cajas de protección y medida cumplirán todo lo que sobre el particular se indica en la Norma **UNE-EN 60.439-1**, tendrán grado de inflamabilidad según se indica en la **UNE-EN 60.439-3**, una vez instaladas tendrán un grado de protección IP43 según **UNE 20.324** e IK09 según **UNE-EN 50.102** y serán precintables.

La envolvente deberá disponer de la ventilación interna necesaria que garantice la no formación de condensaciones.

El material transparente para la lectura, será resistente a la acción de los rayos ultravioleta.

Instrucción ITC-BT 14

INSTALACIONES DE ENLACE.
LÍNEA GENERAL DE ALIMENTACIÓN

Índice

Normas UNE citadas en la ITC-BT 14:

UNE-EN 60.439-2, UNE 21.123-4, UNE 21.123-5, UNE-EN 50.085-1, UNE-EN 50.086-1, UNE 20.460-5-523

1. DEFINICIÓN

Es aquella que enlaza la Caja General de Protección con la centralización de contadores.

De una misma línea general de alimentación pueden hacerse derivaciones para distintas centralizaciones de contadores.

Las líneas generales de alimentación estarán constituidas por:

— Conductores aislados en el interior de tubos empotrados.

— Conductores aislados en el interior de tubos enterrados.

— Conductores aislados en el interior de tubos en montaje superficial.

— Conductores aislados en el interior de canales protectoras cuya tapa sólo se pueda abrir con la ayuda de un útil.

— Canalizaciones eléctricas prefabricadas que deberán cumplir la norma **UNE-EN 60.439-2**.

— Conductores aislados en el interior de conductos cerrados de obra de fábrica, proyectados y construidos al efecto.

En los casos anteriores, los tubos y canales, así como su instalación, cumplirán lo indicado en la **ITC-BT-21,** salvo en lo indicado en la presente instrucción.

Las canalizaciones incluirán, en su caso, el conductor de protección.

2. INSTALACIÓN

El trazado de la línea general de alimentación será lo más corto y rectilíneo posible, discurriendo por zonas de uso común.

Cuando se instalen en el interior de tubos, su diámetro en función de la sección del cable a instalar será el que se indica en la tabla 1.

Las dimensiones de otros tipos de canalizaciones deberán permitir la ampliación de la sección de los conductores en un 100%.

En instalaciones de cables aislados y conductores de protección en el interior de tubos enterrados se cumplirá lo especificado en la **ITC-BT-07,** excepto en lo indicado en la presente instrucción.

Las uniones de los tubos rígidos serán roscadas o embutidas, de modo que no puedan separarse los extremos.

Además, cuando la línea general de alimentación discurra verticalmente lo hará por el interior de una canaladura o conducto de obra de fábrica empotrado o adosado al hueco de la escalera por lugares de uso común. La línea general de alimentación no podrá ir adosada o empotrada a la escalera o zona de uso común cuando estos recintos sean protegidos conforme a lo establecido en la **NBE-CPI-96.** Se evitarán las curvas, los cambios de dirección y la influencia térmica de otras canalizaciones del edificio. Este conducto será registrable y precintable en cada planta y se establecerán cortafuegos cada tres plantas como mínimo, y sus paredes tendrán una resistencia al fuego de RF 120 según **NBE-CPI-96.** Las tapas de registro tendrán una resistencia al fuego mínima, RF 30. Las dimensiones mínimas del conducto serán de 30 × 30 cm y se destinará única y exclusivamente a alojar la línea general de alimentación y el conductor de protección.

3. CABLES

Los conductores a utilizar, tres de fase y uno de neutro, serán de cobre o aluminio, unipolares y aislados, siendo su nivel de aislamiento 0,6/1 kV.

Los cables y sistemas de conducción de cables deben instalarse de manera que no se reduzcan las características de la estructura del edificio en la seguridad contra incendios.

Los cables serán de la clase de reacción al fuego mínima C_{ca}-s1b,d1,a1. Los cables con características equivalentes a las de la norma **UNE 21123** partes 4 o 5 cumplen con esta prescripción[1].

Los elementos de conducción de cables con características equivalentes a los clasificados como "no propagadores de la llama", de acuerdo con las normas **UNE-EN 50.085-1** y **UNE-EN 50.086-1,** cumplen con esta prescripción.

Siempre que se utilicen conductores de aluminio, las conexiones de los mismos deberán realizarse utilizando las técnicas apropiadas que eviten el deterioro del conductor debido a la aparición de potenciales peligrosos, originados por los efectos de los pares galvánicos.

La sección de los cables deberá ser uniforme en todo su recorrido y sin empalmes, exceptuándose las derivaciones realizadas en el interior de cajas para alimentación de centralizaciones de contadores. La sección mínima será de 10 mm^2 en cobre o 16 mm^2 en aluminio.

Para el cálculo de la sección de los cables se tendrá en cuenta tanto la máxima caída de tensión permitida como la intensidad máxima admisible.

La caída de tensión máxima permitida será:

---

[1] Este párrafo sustituye al original de la ITC-BT 14 para adaptar el REBT al CPR (Reglamento de los Productos de la Construcción) con la denominación actual de las Euroclases de los cables eléctricos.

— Para líneas generales de alimentación destinadas a contadores totalmente centralizados: 0,5 por 100.

— Para líneas generales de alimentación destinadas a centralizaciones parciales de contadores: 1 por 100.

La intensidad máxima admisible a considerar será la fijada en la norma **UNE 20.460-5-523** con los factores de corrección correspondientes a cada tipo de montaje, de acuerdo con la previsión de potencias establecidas en la **ITC-BT-10**.

Para la sección del conductor neutro se tendrán en cuenta el máximo desequilibrio que puede preverse y las corrientes armónicas y su comportamiento en función de las protecciones establecidas ante las sobrecargas y cortocircuitos que pudieran presentarse, no admitiéndose una sección inferior al 50 por 100 de la correspondiente al conductor de fase, no siendo inferiores a los valores especificados en la tabla 1.

Tabla 1.

Secciones (mm^2)		Diámetro exterior de los tubos (mm)
Fase	Neutro	
10 (Cu)	10	75'
16 (Cu)	10	75
16 (Al)	16	75
25	16	110
35	16	110
50	25	125
70	35	140
95	50	140
120	70	160
150	70	160
185	95	180
240	120	200

Instrucción ITC-BT 15

INSTALACIONES DE ENLACE. DERIVACIONES INDIVIDUALES

Índice

Normas UNE citadas en la ITC-BT 15:
UNE-EN 60.439-2, UNE-EN 60.695-11-10, UNE 21.123-4, UNE 21.123-5, UNE 21.100-2, UNE-EN 50.085-1, UNE-EN 50.086-1

1. DEFINICIÓN

Derivación individual es la parte de la instalación que, partiendo de la línea general de alimentación, suministra energía eléctrica a una instalación de usuario.

La derivación individual se inicia en el embarrado general y comprende los fusibles de seguridad, el conjunto de medida y los dispositivos generales de mando y protección.

Las derivaciones individuales estarán constituidas por:

— Conductores aislados en el interior de tubos empotrados.

— Conductores aislados en el interior de tubos enterrados.

— Conductores aislados en el interior de tubos en montaje superficial.

— Conductores aislados en el interior de canales protectoras cuya tapa sólo se pueda abrir con la ayuda de un útil.

— Canalizaciones eléctricas prefabricadas que deberán cumplir la norma **UNE-EN 60.439-2**.

— Conductores aislados en el interior de conductos cerrados de obra de fábrica, proyectados y construidos al efecto.

En los casos anteriores, los tubos y canales, así como su instalación, cumplirán lo indicado en la **ITC-BT-21,** salvo en lo indicado en la presente instrucción.

Las canalizaciones incluirán, en cualquier caso, el conductor de protección.

Cada derivación individual será totalmente independiente de las derivaciones correspondientes a otros usuarios.

2. INSTALACIÓN

Los tubos y canales protectoras tendrán una sección nominal que permita ampliar la sección de los conductores inicialmente instalados en un 100%. En las mencionadas condiciones de instalación, los diámetros exteriores nominales mínimos de los tubos en derivaciones individuales serán de 32 mm. Cuando por coincidencia del trazado se produzca una agrupación de dos o más derivaciones individuales, éstas podrán ser tendidas simultáneamente en el interior de un canal protector mediante cable con cubierta, asegurándose así la separación necesaria entre derivaciones individuales.

En cualquier caso, se dispondrá de un tubo de reserva por cada diez derivaciones individuales o fracción, desde las concentraciones de contadores hasta las viviendas o locales, para poder atender fácilmente posibles ampliaciones. En locales donde no esté definida su partición, se instalará como mínimo un tubo por cada 50 m^2 de superficie.

Las uniones de los tubos rígidos serán roscadas o embutidas, de manera que no puedan separarse los extremos.

En el caso de edificios destinados principalmente a viviendas, en edificios comerciales, de oficinas o destinados a una concentración de industrias, las derivaciones individuales deberán discurrir por lugares de uso común, o en caso contrario quedar determinadas sus servidumbres correspondientes.

Cuando las derivaciones individuales discurran verticalmente se alojarán en el interior de una canaladura o conducto de obra de fábrica con paredes de resistencia al fuego RF 120, preparado única y exclusivamente para este fin, que podrá ir empotrado o adosado al hueco de escalera o zonas de uso común, salvo cuando sean recintos protegidos conforme a lo establecido en la **NBE-CPI-96**, careciendo de curvas, cambios de dirección, cerrado convenientemente y precintables. En estos casos y para evitar la caída de objetos y la propagación de las llamas, se dispondrá, como mínimo cada tres plantas, de elementos cortafuegos y tapas de registro precintables de las dimensiones de la canaladura, a fin de facilitar los trabajos de inspección y de instalación y sus características vendrán definidas por la **NBE-CPI-96**. Las tapas de registro tendrán una resistencia al fuego mínima, RF 30.

Las dimensiones mínimas de la canaladura o conducto de obra de fábrica, se ajustarán a la siguiente tabla:

Tabla 1. *Dimensiones mínimas de la canaladura o conducto de obra de fábrica.*

Número de derivaciones	Dimensiones (m)	
	Anchura L (m)	
	Profundidad P = 0,15 m una fila	Profundidad P = 0,30 m dos filas
Hasta 12	0,65	0,50
13-24	1,25	0,65
25-36	1,85	0,95
36-48	2,45	1,35

Para más derivaciones individuales de las indicadas se dispondrá el número de conductos o canaladuras necesario.

La altura mínima de las tapas registro será de 0,30 m y su anchura igual a la de la canaladura. Su parte superior quedará instalada, como mínimo, a 0,20 m del techo.

Con objeto de facilitar la instalación, cada 15 m se podrán colocar cajas de registro precintables, comunes a todos los tubos de derivación individual, en las que no se realizarán empalmes de conductores. Las cajas serán de material aislante, no propagadoras de la llama y grado de inflamabilidad V-l, según **UNE-EN 60.695-11-10**.

Para el caso de cables aislados en el interior de tubos enterrados, la derivación individual cumplirá lo que se indica en la **ITC-BT-07** para redes subterráneas, excepto en lo indicado en la presente instrucción.

3. CABLES

El número de conductores vendrá fijado por el número de fases necesarias para la utilización de los receptores de la derivación correspondiente y según su potencia, llevando cada línea su correspondiente conductor neutro, así como el conductor de protección. En el caso de suministros individuales el punto de conexión del conductor de protección se dejará a criterio del proyectista de la instalación. Además, cada derivación individual incluirá el hilo de mando para posibilitar la aplicación de diferentes tarifas. No se admitirá el empleo de conductor neutro común ni de conductor de protección común para distintos suministros.

A efecto de la consideración del número de fases que compongan la derivación individual, se tendrá en cuenta la potencia que en monofásico está obligada a suministrar la empresa distribuidora si el usuario así lo desea.

Los cables no presentarán empalmes y su sección será uniforme, exceptuándose en este caso las conexiones realizadas en la ubicación de los contadores y en los dispositivos de protección.

Los conductores a utilizar serán de cobre o aluminio, aislados y normalmente unipolares, siendo su tensión asignada 450/750 V. Se seguirá el código de colores indicado en la **ITC-BT 19.**

Para el caso de cables multiconductores o para el caso de derivaciones individuales en el interior de tubos enterrados, el aislamiento de los conductores será de tensión asignada 0,6/1 kV

Los cables y sistemas de conducción de cables deben instalarse de manera que no se reduzcan las características de la estructura del edificio en la seguridad contra incendios.

Los cables serán de la clase de reacción al fuego mínima C_{ca}-s1b,d1,a1. Los cables con características equivalentes a los de la norma **UNE 21123**, partes 4 o 5, o a la norma **UNE 211002** (según la tensión asignada del cable) cumplen con esta prescripción[1].

---

[1] Este párrafo sustituye al original de la ITC-BT 15 para adaptar el REBT al CPR (Reglamento de los Productos de la Construcción) con la denominación actual de las Euroclases de los cables eléctricos.

Los elementos de conducción de cables con características equivalentes a los clasificados como "no propagadores de la llama" de acuerdo con las normas UNE-EN 50.085-1 y UNE-EN 50.086-1, cumplen con esta prescripción.

La sección mínima será de 6 mm^2 para los cables polares, neutro y protección y de 1,5 mm^2 para el hilo de mando, que será de color rojo.

Para el cálculo de la sección de los conductores se tendrá en cuenta lo siguiente:

a) La demanda prevista por cada usuario, que será como mínimo la fijada por la ITC-010 y cuya intensidad estará controlada por los dispositivos privados de mando y protección.

A efectos de las intensidades admisibles por cada sección, se tendrá en cuenta lo que se indica en la **ITC-BT-19** y para el caso de cables aislados en el interior de tubos enterrados, lo dispuesto en la **ITC-BT-07.**

b) La caída de tensión máxima admisible será:

— Para el caso de contadores concentrados en más de un lugar: 0,5%.

— Para el caso de contadores totalmente concentrados: 1%.

— Para el caso de derivaciones individuales en suministros para un único usuario en que no existe línea general de alimentación: 1,5%.

Instrucción ITC-BT 16

INSTALACIONES DE ENLACE. CONTADORES: UBICACIÓN Y SISTEMAS DE INSTALACIÓN

Índice

Normas UNE citadas en la ITC-BT 16:

UNE-EN 60.439-1, UNE-EN 60.439-2, UNE-EN 60.439-3, UNE 20.324, UNE-EN 50.102, UNE 21.022, UNE 21.027-9, UNE 21.100-2, UNE-EN 60.695-2-1

1. GENERALIDADES

Los contadores y demás dispositivos para la medida de la energía eléctrica, podrán estar ubicados en:

— módulos (cajas con tapas precintables)

— paneles

— armarios

Todos ellos, constituirán conjuntos que deberán cumplir la norma UNE-EN **60.439,** partes 1,2 y 3.

El grado de protección mínimo que deben cumplir estos conjuntos, de acuerdo con las normas UNE **20.324** y UNE-EN **50.102,** respectivamente:

— Para instalaciones de tipo interior: IP40; IK 09.

— Para instalaciones de tipo exterior: IP43; IK 09.

Deberán permitir de forma directa la lectura de los contadores e interruptores horarios, así como la del resto de dispositivos de medida, cuando así sea preciso. Las partes transparentes que permiten la lectura directa deberán ser resistentes a los rayos ultravioleta.

Cuando se utilicen módulos o armarios, éstos deberán disponer de ventilación interna para evitar condensaciones, sin que disminuya su grado de protección.

Las dimensiones de los módulos, paneles y armarios, serán las adecuadas para el tipo y número de contadores, así como del resto de dispositivos necesarios para la facturación de la energía que según el tipo de suministro deban llevar.

Cada derivación individual debe llevar asociado en su origen su propia protección compuesta por fusibles de seguridad, con independencia de las protecciones correspondientes a la instalación interior de cada suministro. Estos fusibles se instalarán antes del contador y se colocarán en cada uno de los hilos de fase o polares que van al mismo, tendrán la adecuada capacidad de corte en función de la máxima intensidad de cortocircuito que pueda presentarse en ese punto y estarán precintados por la empresa distribuidora.

Los cables serán de 6 mm^2 de sección, salvo cuando se incumplan las prescripciones reglamentarias en lo que afecta a previsión de cargas y caídas de tensión, en cuyo caso la sección será mayor.

Los cables serán de una tensión asignada de 450/750 V y los conductores de cobre, de clase 2 según norma UNE **21.022,** con un aislamiento seco, extruido a base de mezclas termoestables o termoplásticas; y se identificarán según los colores prescritos en la **ITC MIE-BT-26.**

Los cables serán de la clase de reacción al fuego mínima C_{ca}-s1b,d1,a1. Los cables con características equivalentes a la norma **UNE 21027**, parte 9 (mezclas termoestables) o a la norma **UNE 211002** (mezclas termoplásticas) cumplen con esta prescripción.[1]

Asimismo, deberá disponer del cableado necesario para los circuitos de mando y control con el objetivo de satisfacer las disposiciones tarifarias vigentes. El cable tendrá las mismas características que las indicadas anteriormente, su color de identificación será el rojo y con una sección de 1,5 mm^2.

Las conexiones se efectuarán directamente y los condpuctores no requerirán preparación especial o terminales.

Cuando en una centralización se instalen contadores inteligentes que incorporen la función de telegestión, las derivaciones individuales con origen en estos contadores no requerirán del hilo mando especificado en la **ITC-BT 15**, ya que estos contadores permiten la aplicación de diferentes tarifas sin necesidad del hilo de mando.

2. FORMAS DE COLOCACIÓN

2.1. Colocación en forma individual

Esta disposición se utilizará sólo cuando se trate de un suministro a un único usuario independiente o a dos usuarios alimentados desde un mismo lugar.

Se hará uso de la Caja de Protección y Medida, de los tipos y características indicados en el apartado 2 de **ITC MIE-BT-13,** que reúne bajo una misma envolvente, los fusibles generales de protección, el contador y el dispositivo para discriminación horaria. En este caso, los fusibles de seguridad coinciden con los generales de protección.

El emplazamiento de la Caja de Protección y Medida se efectuará de acuerdo a lo indicado en el apartado 2.1 de la **ITC MIE-BT-13**.

Para suministros industriales, comerciales o de servicios con medida indirecta, dada la complejidad y diversidad que ofrecen, la solución a adoptar será la que se especifique en los requisitos particulares de la empresa suministradora para cada caso en concreto, partiendo de los siguientes principios:

— Fácil lectura del equipo de medida.

— Acceso permanente a los fusibles generales de protección.

— Garantías de seguridad y mantenimiento.

---

[1] Este párrafo sustituye al original de la ITC-BT 16 para adaptar el REBT al CPR (Reglamento de los Productos de la Construcción) con la denominación actual de las Euroclases de los cables eléctricos.

El usuario será responsable del quebrantamiento de los precintos que coloquen los organismos oficiales o las empresas suministradoras, así como de la rotura de cualquiera de los elementos que queden bajo su custodia, cuando el contador esté instalado dentro de su local o vivienda. En el caso de que el contador se instale fuera, será responsable el propietario del edificio.

2.2. Colocación en forma concentrada

En el caso de:

— Edificios destinados a viviendas y locales comerciales.

— Edificios comerciales.

— Edificios destinados a una concentración de industrias.

Los contadores y demás dispositivos para la medida de la energía eléctrica de cada uno de los usuarios y de los servicios generales del edificio, podrán concentrarse en uno o varios lugares, para cada uno de los cuales habrá de preverse en el edificio un armario o local adecuado a este fin, donde se colocarán los distintos elementos necesarios para su instalación.

Cuando el número de contadores a instalar sea superior aló, será obligatorio su ubicación en local, según el apartado 2.2.1 siguiente.

En función de la naturaleza y número de contadores, así como de las plantas del edificio, la concentración de los contadores se situará de la forma siguiente:

— En edificios de hasta 12 plantas se colocarán en la planta baja, entresuelo o primer sótano. En edificios superiores a 12 plantas se podrá concentrar por plantas intermedias, comprendiendo cada concentración los contadores de 6 o más plantas.

— Podrán disponerse concentraciones por plantas cuando el número de contadores en cada una de las concentraciones sea superior aló.

2.2.1. En local

Este local, que estará dedicado única y exclusivamente a este fin, podrá, además, albergar, por necesidades de la Compañía Eléctrica para la gestión de los suministros que parten de la centralización, un equipo de comunicación y adquisición de datos, a instalar por la Compañía Eléctrica, así como el cuadro general de mando y protección de los servicios comunes del edificio, siempre que las dimensiones reglamentarias lo permitan.

El local cumplirá las condiciones de protección contra incendios que establece la NBE-CPI-96 para los locales de riesgo especial bajo y responderá a las siguientes condiciones:

— Estará situado en la planta baja, entresuelo o primer sótano, salvo cuando existan concentraciones por plantas, en un lugar lo más próximo posible a la entrada del edificio y a la canalización de las derivaciones individuales. Será de fácil y libre acceso, tal como portal o recinto de portería y el local nunca podrá coincidir con el de otros servicios, tales como cuarto de calderas, concentración de contadores de agua, gas, telecomunicaciones, maquinaria de ascensores o de otros, como almacén, cuarto trastero, de basuras, etc.

— No servirá nunca de paso ni de acceso a otros locales.

— Estará construido con paredes de clase MO y suelos de clase MI, separado de otros locales que presenten riesgos de incendio o produzcan vapores corrosivos y no estará expuesto a vibraciones ni humedades.

— Dispondrá de ventilación y de iluminación suficiente para comprobar el buen funcionamiento de todos los componentes de la concentración.

— Cuando la cota del suelo sea inferior o igual a la de los pasillos o locales colindantes, deberán disponerse sumideros de desagüe para que en el caso de avería, descuido o rotura de tuberías de agua, no puedan producirse inundaciones en el local.

— Las paredes donde debe fijarse la concentración de contadores tendrán una resistencia no inferior a la del tabicón de medio pie de ladrillo hueco.

— El local tendrá una altura mínima de 2,30 m y una anchura mínima en paredes ocupadas por contadores de 1,50 m. Sus dimensiones serán tales que las distancias desde la pared donde se instale la concentración de contadores hasta el primer obstáculo que tenga enfrente sean de 1,10 m. La distancia entre los laterales de dicha concentración y sus paredes colindantes será de 20 cm. La resistencia al fuego del local corresponderá a lo establecido en la Norma **NBE-CPI-96** para locales de riesgo especial bajo.

— La puerta de acceso abrirá hacia el exterior y tendrá una dimensión mínima de 0,70 × 2 m, su resistencia al fuego corresponderá a lo establecido para puertas de locales de riesgo especial bajo en la Norma NBE-CPI-96 y estará equipada con la cerradura que tenga normalizada la empresa distribuidora.

— Dentro del local e inmediato a la entrada deberá instalarse un equipo autónomo de alumbrado de emergencia, de autonomía no inferior a 1 hora y proporcionando un nivel mínimo de iluminación de 5 lux.

— En el exterior del local y lo más próximo a la puerta de entrada, deberá existir un extintor móvil, de eficacia mínima 21B, cuya instalación y mantenimiento será a cargo de la propiedad del edificio.

2.2.2. En armario

Si el número de contadores a centralizar es igual o inferior a 16, además de poderse instalar en un local de las características descritas en 2.2.1, la concentración podrá ubicarse en un armario destinado única y exclusivamente a este fin.

Este armario reunirá los siguientes requisitos:

— Estará situado en la planta baja, entresuelo o primer sótano del edificio, salvo cuando existan concentraciones por plantas, empotrado o adosado sobre un paramento de la zona común de la entrada lo más próximo a ella y a la canalización de las derivaciones individuales.

— No tendrá bastidores intermedios que dificulten la instalación o lectura de los contadores y demás dispositivos.

— Desde la parte más saliente del armario hasta la pared opuesta deberá respetarse un pasillo de 1,5 m como mínimo.

— Los armarios tendrán una característica parallamas mínima, PF 30.

— Las puertas de cierre dispondrán de la cerradura que tenga normalizada la empresa suministradora.

— Dispondrá de ventilación y de iluminación suficiente y en sus inmediaciones se instalará un extintor móvil, de eficacia mínima 2IB, cuya instalación y mantenimiento será a cargo de la propiedad del edificio. Igualmente, se colocará una base de enchufe (toma de corriente) con toma de tierra de 16 A para servicios de mantenimiento.

3. CONCENTRACIÓN DE CONTADORES

Las concentraciones de contadores estarán concebidas para albergar los aparatos de medida, mando, control (ajeno al ICP) y protección de todas y cada una de las derivaciones individuales que se alimentan desde la propia concentración.

En referente al grado de inflamabilidad cumplirán con el ensayo del hilo incandescente descrito en la norma **UNE-EN 60.695 -2-1,** a una temperatura de 960 °C para los materiales aislantes que estén en contacto con las partes que transportan la corriente y de 850 °C para el resto de los materiales, tales como envolventes, tapas, etc.

Cuando existan envolventes estarán dotadas de dispositivos precintables que impidan toda manipulación interior y podrán constituir uno o varios conjuntos. Los elementos constituyentes de la concentración que lo precisen, estarán marcados de forma visible para que permitan una fácil y correcta identificación del suministro al que corresponden.

La propiedad del edificio o el usuario tendrán, en su caso, la responsabilidad del quebranto de los precintos que se coloquen y de la alteración de los elementos instalados que quedan bajo su custodia en el local o armario en que se ubique la concentración de contadores.

Las concentraciones permitirán la instalación de los elementos necesarios para la aplicación de las disposiciones tarifarias vigentes y permitirán la incorporación de los avances tecnológicos del momento.

La colocación de la concentración de contadores se realizará de tal forma que desde la parte inferior de la misma al suelo haya como mínimo una altura de 0,25 m y el cuadrante de lectura del aparato de medida situado más alto no supere 1,80 m.

El cableado que efectúa las uniones embarrado-contador-borne de salida podrá ir bajo tubo o conducto.

Las concentraciones estarán formadas eléctricamente por las siguientes unidades funcionales:

— Unidad funcional de interruptor general de maniobra.

Su misión es dejar fuera de servicio, en caso de necesidad, toda la concentración de contadores. Será obligatoria para concentraciones de más de dos usuarios.

Esta unidad se instalará en una envolvente de doble aislamiento independiente, que contendrá un interruptor de corte omnipolar, de apertura en carga y que garantice que el neutro no sea cortado antes que los otros polos.

Se instalará entre la línea general de alimentación y el embarrado general de la concentración de contadores.

Cuando exista más de una línea general de alimentación se colocará un interruptor por cada una de ellas.

El interruptor será, como mínimo, de 160 A para previsiones de carga hasta 90 kW, y de 250 A para las superiores a ésta, hasta 150 kW.

— Unidad funcional de embarrado general y fusibles de seguridad

Contiene el embarrado general de la concentración y los fusibles de seguridad correspondiente a todos los suministros que estén conectados al mismo. Dispondrá de una protección aislante que evite contactos accidentales con el embarrado general al acceder a los fusibles de seguridad.

— Unidad funcional de medida

Contiene los contadores, interruptores horarios y/o dispositivos de mando para la medida de la energía eléctrica.

— Unidad funcional de mando (opcional)

Contiene los dispositivos de mando para el cambio de tarifa de cada suministro.

— Unidad funcional de embarrado de protección y bornes de salida

Contiene el embarrado de protección donde se conectarán los cables de protección de cada derivación individual, así como los bornes de salida de las derivaciones individuales.

El embarrado de protección deberá estar señalizado con el símbolo normalizado de puesta a tierra y conectado a tierra.

— Unidad funcional de telecomunicaciones (opcional)

Contiene el espacio para el equipo de comunicación y adquisición de datos.

4. ELECCIÓN DEL SISTEMA

Para homogeneizar estas instalaciones, la Empresa Suministradora, de común acuerdo con la propiedad, elegirá de entre las soluciones propuestas la que mejor se ajuste al suministro solicitado. En caso de discrepancia resolverá el Organismo Competente de la Administración.

Se admitirán otras soluciones, tales como contadores individuales en viviendas o locales, cuando se incorporen al sistema nuevas técnicas de telegestión

Instrucción ITC-BT 17

INSTALACIONES DE ENLACE. DISPOSITIVOS GENERALES E INDIVIDUALES DE MANDO Y PROTECCIÓN, INTERRUPTOR DE CONTROL DE POTENCIA

Índice

Normas UNE citadas en la ITC-BT 17:
UNE 20.451, UNE-EN 60.439-3, UNE 20.324, UNE-EN 50.102

1. DISPOSITIVOS GENERALES E INDIVIDUALES DE MANDO Y PROTECCIÓN. INTERRUPTOR DE CONTROL DE POTENCIA

1.1. Situación

Los dispositivos generales de mando y protección se situarán lo más cerca posible del punto de entrada de la derivación individual en el local o vivienda del usuario. En viviendas y en locales comerciales e industriales en los que proceda, se colocará una caja para el interruptor de control de potencia, inmediatamente antes de los demás dispositivos, en compartimento independiente y precintable. Dicha caja se podrá colocar en el mismo cuadro donde se coloquen los dispositivos generales de mando y protección.

En viviendas, deberá preverse la situación de los dispositivos generales de mando y protección junto a la puerta de entrada y no podrá colocarse en dormitorios, baños, aseos, etc. En los locales destinados a actividades industriales o comerciales, deberán situarse lo más próximos posible a una puerta de entrada de estos.

Los dispositivos individuales de mando y protección de cada uno de los circuitos, que son el origen de la instalación interior, podrán instalarse en cuadros separados y en otros lugares.

En locales de uso común o de pública concurrencia, deberán tomarse las precauciones necesarias para que los dispositivos de mando y protección no sean accesibles al público en general.

La altura a la cual se situarán los dispositivos generales e individuales de mando y protección de los circuitos, medida desde el nivel del suelo, estará comprendida entre 1,4 y 2 m, para viviendas. En locales comerciales, la altura mínima será de 1 m desde el nivel del suelo.

1.2. Composición y características de los cuadros

Los dispositivos generales e individuales de mando y protección, cuya posición de servicio será vertical, se ubicarán en el interior de uno o varios cuadros de distribución, de donde partirán los circuitos interiores.

Las envolventes de los cuadros se ajustarán a las normas **UNE 20.451** y **UNE-EN 60.439-3** con un grado de protección mínimo IP 30 según **UNE 20.324** e IK07 según **UNE-EN 50.102**. La envolvente para el interruptor de control de potencia será precintable y sus dimensiones estarán de acuerdo con el tipo de suministro y tarifa a aplicar. Sus características y tipo corresponderán a un modelo oficialmente aprobado.

Los dispositivos generales e individuales de mando y protección serán, como mínimo:

— Un interruptor general automático de corte omnipolar, que permita su accionamiento manual y que esté dotado de elementos de protección contra sobrecarga y cortocircuitos. Este interruptor será independiente del interruptor de control de potencia.

— Un interruptor diferencial general, destinado a la protección contra contactos indirectos de todos los circuitos; salvo que la protección contra contactos se efectúe mediante otros dispositivos de acuerdo con la **ITC-BT-24.**

— Dispositivos de corte omnipolar, destinados a la protección contra sobrecargas y cortocircuitos de cada uno de los circuitos interiores de la vivienda o local.

— Dispositivo de protección contra sobretensiones, según **ITC-BT-23** si fuese necesario.

Si por el tipo o carácter de la instalación se instalase un interruptor diferencial por cada circuito o grupo de circuitos, se podría prescindir del interruptor diferencial general, siempre que queden protegidos todos los circuitos. En el caso de que se instale más de un interruptor diferencial en serie, existirá una selectividad entre ellos.

Según la tarifa a aplicar, el cuadro deberá prever la instalación de los mecanismos de control necesarios por exigencia de la aplicación de esa tarifa.

1.3. Características principales de los dispositivos de protección

El interruptor general automático de corte omnipolar tendrá poder de corte suficiente para la intensidad de cortocircuito que pueda producirse en el punto de su instalación, de 4.500 A como mínimo.

Los demás interruptores automáticos y diferenciales deberán resistir las corrientes de cortocircuito que puedan presentarse en el punto de su instalación. La sensibilidad de los interruptores diferenciales responderá a lo señalado en la Instrucción ITC-BT-24.

Los dispositivos de protección contra sobrecargas y cortocircuitos de los circuitos interiores serán de corte omnipolar y tendrán los polos protegidos que correspondan al número de fases del circuito que protejan. Sus características de interrupción estarán de acuerdo con las corrientes admisibles de los conductores del circuito que protejan.

Instrucción ITC-BT 18

INSTALACIONES DE PUESTA A TIERRA

Índice

Normas UNE citadas en la ITC-BT 18:
UNE 21.022, UNE 20.460-5-54

1. OBJETO

Las puestas a tierra se establecen principalmente con objeto de limitar la tensión que, con respecto a tierra, puedan presentar en un momento dado las masas metálicas, asegurar la actuación de las protecciones y eliminar o disminuir el riesgo que supone una avería en los materiales eléctricos utilizados.

Cuando otras instrucciones técnicas prescriban como obligatoria la puesta a tierra de algún elemento o parte de la instalación, dichas puestas a tierra se regirá por el contenido de la presente instrucción.

2. PUESTA O CONEXIÓN A TIERRA. DEFINICIÓN

La puesta o conexión a tierra es la unión eléctrica directa, sin fusibles ni protección alguna, de una parte del circuito eléctrico o de una parte conductora no perteneciente al mismo mediante una toma de tierra con un electrodo o grupos de electrodos enterrados en el suelo.

Mediante la instalación de puesta a tierra se deberá conseguir que en el conjunto de instalaciones, edificios y superficie próxima del terreno no aparezcan diferencias de potencial peligrosas y que, al mismo tiempo, permita el paso a tierra de las corrientes de defecto o las de descarga de origen atmosférico.

3. UNIONES A TIERRA

Las disposiciones de puesta a tierra pueden ser utilizadas a la vez o separadamente, por razones de protección o razones funcionales, según las prescripciones de la instalación.

La elección e instalación de los materiales que aseguren la puesta a tierra deben ser tales que:

— El valor de la resistencia de puesta a tierra esté conforme con las normas de protección y de funcionamiento de la instalación y se mantenga de esta manera a lo largo del tiempo, teniendo en cuenta los requisitos generales indicados en la **ITC-BT-24** y los requisitos particulares de las Instrucciones Técnicas aplicables a cada instalación.

— Las corrientes de defecto a tierra y las corrientes de fuga puedan circular sin peligro, particularmente desde el punto de vista de solicitaciones térmicas, mecánicas y eléctricas.

— La solidez o la protección mecánica quede asegurada con independencia de las condiciones estimadas de influencias externas.

— Contemplen los posibles riesgos debidos a electrólisis que pudieran afectar a otras partes metálicas.

En la figura 1 se indican las partes típicas de una instalación de puesta a tierra:

Figura 1. *Representación esquemática de un circuito de puesta a tierra.*

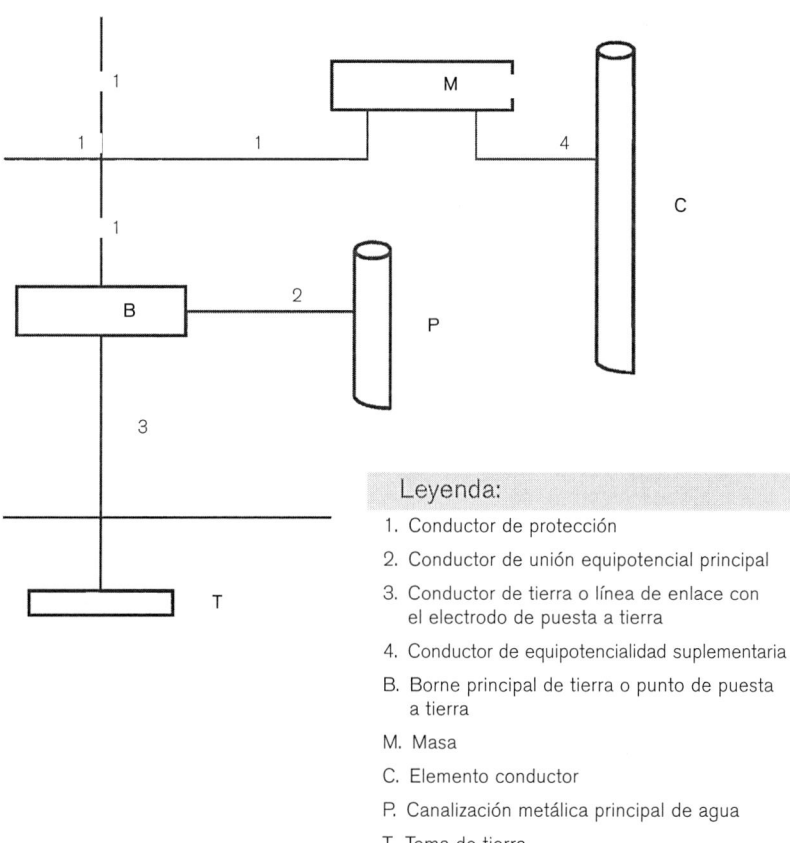

Leyenda:

1. Conductor de protección
2. Conductor de unión equipotencial principal
3. Conductor de tierra o línea de enlace con el electrodo de puesta a tierra
4. Conductor de equipotencialidad suplementaria
B. Borne principal de tierra o punto de puesta a tierra
M. Masa
C. Elemento conductor
P. Canalización metálica principal de agua
T. Toma de tierra

3.1. Tomas de tierra

Para la toma de tierra se pueden utilizar electrodos formados por:

— barras, tubos;
— pletinas, conductores desnudos;
— placas;

— anillos o mallas metálicas constituidos por los elementos anteriores o sus combinaciones;

— armaduras de hormigón enterradas; con excepción de las armaduras pretensadas;

— otras estructuras enterradas que se demuestre que son apropiadas.

Los conductores de cobre utilizados como electrodos serán de construcción y resistencia eléctrica según la clase 2 de la norma **UNE 21.022**.

El tipo y la profundidad de enterramiento de las tomas de tierra deben ser tales que la posible pérdida de humedad del suelo, la presencia del hielo u otros efectos climáticos no aumenten la resistencia de la toma de tierra por encima del valor previsto. La profundidad nunca será inferior a 0,50 m.

Los materiales utilizados y la realización de las tomas de tierra deben ser tales que no se vea afectada la resistencia mecánica y eléctrica por efecto de la corrosión de forma que comprometa las características del diseño de la instalación.

Las canalizaciones metálicas de otros servicios (agua, líquidos o gases inflamables, calefacción central, etc.) no deben ser utilizadas como tomas de tierra por razones de seguridad.

Las envolventes de plomo y otras envolventes de cables que no sean susceptibles de deterioro debido a una corrosión excesiva, pueden ser utilizadas como toma de tierra, previa autorización del propietario, tomando las precauciones debidas para que el usuario de la instalación eléctrica sea advertido de los cambios del cable, que podría afectar a sus características de puesta a tierra.

3.2. Conductores de tierra

La sección de los conductores de tierra tiene que satisfacer las prescripciones del apartado 3.4 de esta Instrucción y, cuando estén enterrados, deberán estar de acuerdo con los valores de la tabla 1. La sección no será inferior a la mínima exigida para los conductores de protección.

Tabla 1. *Secciones mínimas convencionales de los conductores de tierra.*

TIPO	Protegido mecánicamente	No protegido mecánicamente
Protegido contra la corrosión*	Según apartado 3.4	16 mm² Cobre 16 mm² Acero Galvanzado
No protegido contra la corrosión*	25 mm² Cobre 50 mm² Hierro	
* La protección contra la corrosión puede obtenerse mediante una envolvente		

Durante la ejecución de las uniones entre conductores de tierra y electrodos de tierra debe extremarse el cuidado, para que resulten eléctricamente correctas.

Debe cuidarse, en especial, que las conexiones no dañen ni a los conductores ni a los electrodos de tierra.

3.3. Bornes de puesta a tierra

En toda instalación de puesta a tierra debe preverse un borne principal de tierra, al cual deben unirse los conductores siguientes:

— Los conductores de tierra.

— Los conductores de protección.

— Los conductores de unión equipotencial principal.

— Los conductores de puesta a tierra funcional, si son necesarios.

Debe preverse sobre los conductores de tierra y en lugar accesible, un dispositivo que permita medir la resistencia de la toma de tierra correspondiente. Este dispositivo puede estar combinado con el borne principal de tierra, debe ser desmontable necesariamente por medio de un útil, tiene que ser mecánicamente seguro y debe asegurar la continuidad eléctrica.

3.4. Conductores de protección

Los conductores de protección sirven para unir eléctricamente las masas de una instalación a ciertos elementos, con el fin de asegurar la protección contra contactos indirectos.

En el circuito de conexión a tierra, los conductores de protección unirán las masas al conductor de tierra.

En otros casos reciben igualmente el nombre de conductores de protección aquellos conductores que unen las masas:

— Al neutro de la red.

— A un relé de protección.

La sección de los conductores de protección será la indicada en la tabla 2, o se obtendrá por cálculo conforme a lo indicado en la Norma **UNE 20.460** -5-54 apartado 543.1.1.

ITC 18

Tabla 2. *Relación entre las secciones de los conductores de protección y los de fase*

Sección de los conductores de fase de la instalación S (mm^2)	Sección mínima de los conductores de protección S_p (mm^2)
$S \leq 16$	$S_p = S$
$16 < S \leq 35$	$S_p = 16$
$S > 35$	$S_p = S/2$

Si la aplicación de la tabla conduce a valores no normalizados, se han de utilizar conductores que tengan la sección normalizada superior más próxima.

Los valores de la tabla 2 sólo son válidos en el caso de que los conductores de protección hayan sido fabricados del mismo material que los conductores activos; de no ser así, las secciones de los conductores de protección se determinarán de forma que presenten una conductividad equivalente a la que resulta aplicando la tabla 2.

En todos los casos, los conductores de protección que no formen parte de la canalización de alimentación serán de cobre, con una sección al menos de:

— 2,5 mm², si los conductores de protección disponen de una protección mecánica.

— 4 mm², si los conductores de protección no disponen de una protección mecánica.

Cuando el conductor de protección sea común a varios circuitos, la sección de ese conductor debe dimensionarse en función de la mayor sección de los conductores de fase.

Como conductores de protección pueden utilizarse:

— conductores en los cables multiconductores, o

— conductores aislados o desnudos que posean una envolvente común con los conductores activos, o

— conductores separados desnudos o aislados.

Cuando la instalación consta de partes de envolventes de conjuntos montadas en fábrica o de canalizaciones prefabricadas con envolvente metálica, estas envolventes pueden ser utilizadas como conductores de protección si satisfacen, simultáneamente, las tres condiciones siguientes:

a) Su continuidad eléctrica debe ser tal que no resulte afectada por deterioros mecánicos, químicos o electroquímicos.

b) Su conductividad debe ser, como mínimo, igual a la que resulta por la aplicación del presente apartado.

c) Deben permitir la conexión de otros conductores de protección en toda derivación predeterminada.

La cubierta exterior de los cables con aislamiento mineral puede utilizarse como conductor de protección de los circuitos correspondientes, si satisfacen simultáneamente las condiciones a) y b) anteriores. Otros conductos (agua, gas u otros tipos) o estructuras metálicas no pueden utilizarse como conductores de protección (CP o CPN).

Los conductores de protección deben estar convenientemente protegidos contra deterioros mecánicos, químicos y electroquímicos y contra los esfuerzos electrodinámicos.

Las conexiones deben ser accesibles para la verificación y ensayos, excepto en el caso de las efectuadas en cajas selladas con material de relleno o en cajas no desmontables con juntas estancas.

Ningún aparato deberá ser intercalado en el conductor de protección, aunque para los ensayos podrán utilizarse conexiones desmontables mediante útiles adecuados.

Las masas de los equipos a unir con los conductores de protección no deben ser conectadas en serie en un circuito de protección, con excepción de las envolventes montadas en fábrica o canalizaciones prefabricadas mencionadas anteriormente.

4. PUESTA A TIERRA POR RAZONES DE PROTECCIÓN

Para las medidas de protección en los esquemas TN, TT e IT, ver la **ITC-BT 24**.

Cuando se utilicen dispositivos de protección contra sobreintensidades para la protección contra el choque eléctrico, será preceptiva la incorporación del conductor de protección en la misma canalización que los conductores activos o en su proximidad inmediata.

4.1. Tomas de tierra y conductores de protección para dispositivos de control de tensión de defecto

La toma de tierra auxiliar del dispositivo debe ser eléctricamente independiente de todos los elementos metálicos puestos a tierra, tales como elementos de construcciones metálicas, conducciones metálicas, cubiertas metálicas de cables. Esta condición se considera como cumplida si la toma de tierra auxiliar se instala a una distancia especificada de todo elemento metálico puesto a tierra, tal que quede fuera de la zona de influencia de la puesta a tierra principal.

ITC 18

La unión a esta toma de tierra debe estar aislada, con el fin de evitar todo contacto con el conductor de protección o cualquier elemento que pueda estar conectados a él.

El conductor de protección no debe estar unido más que a las masas de aquellos equipos eléctricos cuya alimentación pueda ser interrumpida cuando el dispositivo de protección funcione en las condiciones de defecto.

5. PUESTA A TIERRA POR RAZONES FUNCIONALES

Las puestas a tierra por razones funcionales deben ser realizadas de forma que aseguren el funcionamiento correcto del equipo y permitan un funcionamiento correcto y fiable de la instalación.

6. PUESTA A TIERRA POR RAZONES COMBINADAS DE PROTECCIÓN Y FUNCIONALES

Cuando la puesta a tierra sea necesaria a la vez por razones de protección y funcionales, prevalecerán las prescripciones de las medidas de protección.

7. CONDUCTORES CPN (TAMBIÉN DENOMINADOS PEN)

En el esquema TN, cuando en las instalaciones fijas el conductor de protección tenga una sección al menos igual a 10 mm^2, en cobre o aluminio, las funciones de conductor de protección y de conductor neutro pueden ser combinadas, a condición de que la parte de la instalación común no se encuentre protegida por un dispositivo de protección de corriente diferencial residual.

Sin embargo, la sección mínima de un conductor CPN puede ser de 4 mm^2, a condición de que el cable sea de cobre y del tipo concéntrico y que las conexiones que aseguran la continuidad estén duplicadas en todos los puntos de conexión sobre el conductor externo. El conductor CPN concéntrico debe utilizarse a partir del transformador y debe limitarse a aquellas instalaciones en las que se utilicen accesorios concebidos para este fin.

El conductor CPN debe estar aislado para la tensión más elevada a la que puede estar sometido, con el fin de evitar las corriente de fuga.

El conductor CPN no tiene necesidad de estar aislado en el interior de los aparatos.

Si a partir de un punto cualquiera de la instalación, el conductor neutro y el conductor de protección están separados, no estará permitido conectarlos entre sí en la continuación del circuito por detrás de este punto. En el punto de separación deben preverse bornes o barras separadas para el conductor de protección y para el conductor neutro. El conductor CPN debe estar unido al borne o a la barra prevista para el conductor de protección.

8. CONDUCTORES DE EQUIPOTENCIALIDAD

El conductor principal de equipotencialidad debe tener una sección no inferior a la mitad de la del conductor de protección de sección mayor de la instalación, con un mínimo de 6 mm². Sin embargo, su sección puede ser reducida a 2,5 mm² si es de cobre.

Si el conductor suplementario de equipotencialidad uniera una masa a un elemento conductor, su sección no será inferior a la mitad de la del conductor de protección unido a esta masa.

La unión de equipotencialidad suplementaria puede estar asegurada, bien por elementos conductores no desmontables, tales como estructuras metálicas no desmontables, bien por conductores suplementarios, o por combinación de los dos.

9. RESISTENCIA DE LAS TOMAS DE TIERRA

El electrodo se dimensionará de forma que su resistencia de tierra, en cualquier circunstancia previsible, no sea superior al valor especificado para ella, en cada caso.

Este valor de resistencia de tierra será tal que cualquier masa no pueda dar lugar a tensiones de contacto superiores a:

— 24 V en local o emplazamiento conductor.

— 50 V en los demás casos.

Si las condiciones de la instalación son tales que pueden dar lugar a tensiones de contacto superiores a los valores señalados anteriormente, se asegurará la rápida eliminación de la falta mediante dispositivos de corte adecuados a la corriente de servicio.

La resistencia de un electrodo depende de sus dimensiones, de su forma y de la resistividad del terreno en el que se establece. Esta resistividad varía frecuentemente de un punto a otro del terreno, y varía también con la profundidad.

La tabla 3 da, a título de orientación, unos valores de la resistividad para un cierto número de terrenos. Con objeto de obtener una primera aproximación de la resistencia a tierra, los cálculos pueden efectuarse utilizando los valores medios indicados en la tabla 4.

Aunque los cálculos efectuados a partir de estos valores no dan más que un valor muy aproximado de la resistencia a tierra del electrodo, la medida de resistencia de tierra de este electrodo puede permitir, aplicando las fórmulas dadas en la tabla 5, estimar el valor medio local de la resistividad del terreno. El conocimiento de este valor puede ser útil para trabajos posteriores efectuados en condiciones análogas.

Tabla 3. *Valores orientativos de la resistividad en función del terreno.*

Naturaleza terreno	Resistividad en Ohm.m
Terrenos pantanosos	de algunas unidades a 30
Limo	20 a 100
Humus	10 a 150
Turba húmeda	5 a 100
Arcilla plástica	50
Margas y Arcillas compactas	100 a 200
Margas del Jurásico	30 a 40
Arena arcillosa	50 a 500
Arena silícea	200 a 3.000
Suelo pedregoso cubierto de césped	300 a 5.00
Suelo pedregoso desnudo	1500 a 3.000
Calizas blandas	100 a 300
Calizas compactas	1.000 a 5.000
Calizas agrietadas	500 a 1.000
Pizarras	50 a 300
Roca de mica y cuarzo	800
Granitos y gres procedentes de alteración	1.500 a 10.000
Granito y gres muy alterados	100 a 600

Tabla 4. *Valores medios aproximados de la resistividad en función del terreno.*

Naturaleza del terreno	Valor medio de la resistividad Ohm.m
Terrenos cultivables y fértiles, terraplenes compactos y húmedos	50
Terraplenes cultivables poco fértiles, y otros terraplenes	500
Suelos pedregosos desnudos, arenas secas permeables	3.000

Tabla 5. *Fórmulas para estimar la resistencia de tierra en función de la resistividad del terreno y las características del electrodo.*

Electrodo	Resistencia de Tierra en Ohm
Placa enterrada	$R = 0,8\ \rho/P$
Pica vertical	$R = \rho/L$
Conductor enterrado horizontalmente	$R = 2\ \rho/L$
ρ, resistividad del terreno (Ohm.m) P, perímetro de la placa (m) L, longitud de la pica o del conductor (m)	

10. TOMAS DE TIERRA INDEPENDIENTES

Se considerará independiente una toma de tierra respecto a otra, cuando una de las tomas de tierra no alcance, respecto a un punto de potencial cero, una tensión superior a 50 V cuando por la otra circula la máxima corriente de defecto a tierra prevista.

11. SEPARACIÓN ENTRE LAS TOMAS DE TIERRA DE LAS MASAS DE LAS INSTALACIONES DE UTILIZACIÓN Y DE LAS MASAS DE UN CENTRO DE TRANSFORMACIÓN

Se verificará que las masas puestas a tierra en una instalación de utilización, así como los conductores de protección asociados a estas masas o a los relés de protección de masa, no están unidos a la toma de tierra de las masas de un centro de transformación, para evitar que durante la evacuación de un defecto a tierra en el centro de transformación, las masas de la instalación de utilización puedan quedar sometidas a tensiones de contacto peligrosas. Si no se hace el control de independencia del punto 10, entre las puesta a tierra de las masas de las instalaciones de utilización respecto a la puesta a tierra de protección o masas del centro de transformación, se considerará que las tomas de tierra son eléctricamente independientes cuando se cumplan todas y cada una de las condiciones siguientes:

a) No exista canalización metálica conductora (cubierta metálica de cable no aislada especialmente, canalización de agua, gas, etc.) que una la zona de tierras del centro de transformación con la zona en donde se encuentren los aparatos de utilización.

b) La distancia entre las tomas de tierra del centro de transformación y las tomas de tierra u otros elementos conductores enterrados en los locales de utilización es al menos igual a 15 metros para terrenos cuya resistividad no sea elevada (<100 ohmios.m). Cuando el terreno sea muy mal conductor, la distancia se calculará, aplicando la fórmula:

$$D = \frac{\rho I_d}{2\pi U}$$

siendo:

D: distancia entre electrodos, en metros

ρ: resistividad media del terreno en ohmios.metro

I_d : intensidad de defecto a tierra, en amperios, para el lado de alta tensión, que será facilitado por la empresa eléctrica

U: 1.200 V para sistemas de distribución TT, siempre que el tiempo de eliminación del defecto en la instalación de alta tensión sea menor o igual a 5 segundos y 250 V, en caso contrario. Para redes TN, U será inferior a dos veces la tensión de contacto máxima admisible de la instalación definida en el punto 1.1 de la MIE-RAT 13 del **Reglamento sobre Condiciones Técnicas y Garantía de Seguridad en Centrales Eléctricas, Subestaciones y Centros de Transformación.**

c) El centro de transformación está situado en un recinto aislado de los locales de utilización, o bien, si esta contiguo a los locales de utilización o en el interior de los mismos, está establecido de tal manera que sus elementos metálicos no están unidos eléctricamente a los elementos metálicos constructivos de los locales de utilización.

Sólo se podrán unir la puesta a tierra de la instalación de utilización (edificio) y la puesta a tierra de protección (masas) del centro de transformación si el valor de la resistencia de puesta a tierra única es lo suficientemente baja para que se cumpla que en el caso de evacuar el máximo valor previsto de la corriente de defecto a tierra (I_d) en el centro de transformación, el valor de la tensión de defecto ($V_d = I_d * R_t$) será menor que la tensión de contacto máximo aplicada, definida en el punto 1.1 de la MIE-RAT 13 del **Reglamento sobre Condiciones Técnicas y Garantía de Seguridad en Centrales Eléctricas, Subestaciones y Centros de Transformación.**

12. REVISIÓN DE LAS TOMAS DE TIERRA

Por la importancia que ofrece, desde el punto de vista de la seguridad cualquier instalación de toma de tierra deberá ser obligatoriamente comprobada por el Director de la Obra o Empresa Instaladora en el momento de dar de alta la instalación para su puesta en marcha o en funcionamiento.

Personal técnicamente competente efectuará la comprobación de la instalación de puesta a tierra, al menos anualmente, en la época en la que el terreno esté mas seco. Para ello, se medirá la resistencia de tierra y se repararán con carácter urgente los defectos que se encuentren.

En los lugares en que el terreno no sea favorable a la buena conservación de los electrodos, éstos y los conductores de enlace entre ellos hasta el punto de puesta a tierra se pondrán al descubierto para su examen, al menos una vez cada cinco años.

ITC 18

Instrucción ITC-BT 19

INSTALACIONES INTERIORES
O RECEPTORAS.
PRESCRIPCIONES GENERALES

Índice

Normas UNE citadas en la ITC-BT 19:

UNE 20.460-3, UNE 20.460-5-523, UNE 20.460-5-54, UNE-EN 60.998-2-1,
UNE 20.460-4-41, UNE 20.460-4-47, UNE 20.315, UNE-EN 60.309

1. CAMPO DE APLICACIÓN

Las prescripciones contenidas en esta Instrucción se extienden a las instalaciones interiores dentro del campo de aplicación del artículo 2 y con tensión asignada dentro de los márgenes de tensión fijados en el **artículo 4 del Reglamento Electrotécnico para Baja Tensión**.

2. PRESCRIPCIONES DE CARÁCTER GENERAL

2.1. Regla general

La determinación de las características de la instalación deberá efectuarse de acuerdo con lo señalado en la Norma **UNE 20.460-3**.

2.2. Conductores activos

2.2.1. Naturaleza de los conductores

Los conductores y cables que se empleen en las instalaciones serán de cobre o aluminio y serán siempre aislados, excepto cuando vayan montados sobre aisladores, tal como se indica en la **ITC-BT20**.

2.2.2. Sección de los conductores. Caídas de tensión

La sección de los conductores a utilizar se determinará de forma que la caída de tensión entre el origen de la instalación interior y cualquier punto de utilización sea, salvo lo prescrito en las Instrucciones particulares, menor del 3% de la tensión nominal para cualquier circuito interior de viviendas, y para otras instalaciones interiores o receptoras, del 3% para alumbrado y del 5% para los demás usos. Esta caída de tensión se calculará considerando alimentados todos los aparatos de utilización susceptibles de funcionar simultáneamente. El valor de la caída de tensión podrá compensarse entre la de la instalación interior y la de las derivaciones individuales, de forma que la caída de tensión total sea inferior a la suma de los valores límites especificados para ambas, según el tipo de esquema utilizado.

Para instalaciones industriales que se alimenten directamente en alta tensión mediante un transformador de distribución propio, se considerará que la instalación interior de baja tensión tiene su origen en la salida del transformador. En este caso las caídas de tensión máximas admisibles serán del 4,5% para alumbrado y del 6,5% para los demás usos.

El número de aparatos susceptibles de funcionar simultáneamente se determinará en cada caso particular de acuerdo con las indicaciones incluidas en las instrucciones del presente reglamento y en su defecto con las indicaciones facilitadas por el usuario considerando una utilización racional de los aparatos.

En instalaciones interiores, para tener en cuenta las corrientes armónicas debidas a cargas no lineales y posible desequilibrios, salvo justificación por cálculo, la sección del conductor neutro será, como mínimo, igual a la de las fases.

2.2.3. Intensidades máximas admisibles

Las intensidades máximas admisibles se regirán en su totalidad por lo indicado en la Norma **UNE 20.460-5-523** y su anexo Nacional.

En la siguiente tabla se indican las intensidades admisibles para una temperatura ambiente del aire de 40 °C y para distintos métodos de instalación, agrupamientos y tipos de cables. Para otras temperaturas, métodos de instalación, agrupamientos y tipos de cable, así como para conductores enterrados consultar la Norma **UNE 20.460-5-523**.

Tabla 1. *Intensidades máximas admisibles (A) para conductores de cobre no enterrados. Temperatura ambiente 40°C en el aire* (**UNE-HD 60364-5-52:2014**).

NOTA IMPRTANTE: sobre la Tabla 1. Intensidades máximas admisibles (A) para conductores de cobre no enterrados. Temperatura ambiente 40°C en el aire

Los datos de la Tabla 1 original de esta instrucción ITC BT 19 del año 1994 fueron actualizados en noviembre de 2004 mediante la norma UNE 20460-5-523 de 2004. Posteriormente, en diciembre de 2014 se publicó la norma **UNE-HD 60364-5-52: 2014** *Instalaciones eléctricas de baja tensión. Parte 5: Selección e instalación de equipos eléctricos. Canalizaciones*, que anuló y sustituyó a la norma anterior convirtiéndose en el **nuevo documento vigente en la actualidad**.

Con el fin de ofrecer los datos más actualizados, en este libro se incluyen a continuación las dos tablas correspondientes de la norma **UNE-HD 60364-5-52: 2014: Tabla C.52.1 bis. *Corriente admisibles en amperios. Temperatura ambiente 40 °C en el aire*** y la **Tabla C.52.2 bis. *Corrientes admisibles en amperios. Temperatura ambiente 25 °C en el terreno.***

Tabla C.52.1 bis. *Corrientes admisibles en amperios. Temperatura ambiente 40 °C en el aire* (UNE-HD 60.364.5.52: 2014)

Método de referencia de la tabla B.52.1	Número de conductores cargados y tipo de aislamiento																	
A1		PVC3	PVC2			XLPE 3		XLPE 2										
A2	PVC3	PVC2		XLPE 3		XLPE 2												
B1			PVC3		PVC2					XLPE 3					XLPE 2			
B2		PVC3	PVC2					XLPE 3		XLPE 2								
C					PVC3				PVC2				XLPE 3			XLPE 2		
E							PVC3				PVC2			XLPE 3		XLPE 2		
F									PVC3			PVC2				XLPE 3		XLPE 2
1	2	3	4	5a	5b	6a	6b	7a	7b	8a	8b	9a	9b	10a	10b	11	12	13
Sección mm² Cobre																		
1,5	11	11,5	12,5	13,5	14	14,5	15,5	16	16,5	17	17,5	19	20	20	20	21	23	–
2,5	15	15,5	17	18	19	20	20	21	22	23	24	26	27	26	28	30	32	–
4	20	20	22	24	25	26	28	29	30	31	32	34	36	36	38	40	44	–
6	25	26	29	31	32	34	36	37	39	40	41	44	46	46	49	52	57	–
10	33	36	40	43	45	46	49	52	54	54	57	60	63	65	68	72	78	–
16	45	48	53	59	61	63	66	69	72	73	77	81	85	87	91	97	104	–
25	59	63	69	77	80	82	86	87	91	95	100	103	108	110	115	122	135	146
35	–	–	–	95	100	101	106	109	114	119	124	127	133	137	143	153	168	182
50	–	–	–	116	121	122	128	133	139	145	151	155	162	167	174	188	204	220
70	–	–	–	148	155	155	162	170	178	185	193	199	208	214	223	243	262	282
95	–	–	–	180	188	187	196	207	216	224	234	241	252	259	271	298	320	343
120	–	–	–	207	217	216	226	240	251	260	272	280	293	301	314	350	373	397
150	–	–	–	–	–	247	259	276	289	299	313	322	337	343	359	401	430	458
185	–	–	–	–	–	281	294	314	329	341	356	368	385	391	409	460	493	523
240	–	–	–	–	–	330	345	368	385	401	419	435	455	468	489	545	583	617
Aluminio																		
2,5	11,5	12	13	14	15	16	16,5	17	17,5	18	19	20	20	20	21	23	25	–
4	15	16	17	19	20	21	22	22	23	24	25	26	28	27	29	31	34	–
6	20	20	22	24	25	27	29	28	30	31	32	33	35	36	38	40	44	–
10	26	27	31	33	35	38	40	40	41	42	44	46	49	50	52	56	60	–
16	35	37	41	46	48	50	52	53	55	57	60	63	66	66	70	76	82	–
25	46	49	54	60	63	63	66	67	70	72	75	78	81	84	88	91	98	110
35	–	–	–	74	78	78	81	83	87	89	93	97	101	104	109	114	122	136
50	–	–	–	90	94	95	100	101	106	108	113	118	123	127	132	140	149	167
70	–	–	–	115	121	121	127	130	136	139	145	151	158	162	170	180	192	215
95	–	–	–	140	146	147	154	159	166	169	177	183	192	197	206	219	233	262
120	–	–	–	161	169	171	179	184	192	196	205	213	222	228	239	254	273	306
150	–	–	–	–	–	196	205	213	222	227	237	246	257	264	276	294	314	353
185	–	–	–	–	–	222	232	243	254	259	271	281	293	301	315	337	361	406
240	–	–	–	–	–	261	273	287	300	306	320	332	347	355	372	399	427	482

Tabla C.52.2 bis. *Corrientes admisibles en amperios. Temperatura ambiente 25 ºC en el terreno* (UNE-HD 60.364.5.52: 2014)

Método de instalación	Sección mm²	Número de conductores cargados y tipo de aislamiento			
		PVC2	PVC3	XLPE2	XLPE3
D1/D2	Cobre				
	1,5	20	17	24	21
	2,5	27	22	32	27
	4	36	29	42	35
	6	44	37	53	44
	10	59	49	70	58
	16	76	63	91	75
	25	98	81	116	96
	35	118	97	140	117
	50	140	115	166	138
	70	173	143	204	170
	95	205	170	241	202
	120	233	192	275	230
	150	264	218	311	260
	185	296	245	348	291
	240	342	282	402	336
	300	387	319	455	380
D1/D2	Aluminio				
	2,5	20	17,5	24	21
	4	27	22	32	27
	6	34	28	40	34
	10	45	38	53	45
	16	58	49	70	58
	25	76	62	89	74
	35	91	76	107	90
	50	107	89	126	107
	70	133	111	156	132
	95	157	131	185	157
	120	179	149	211	178
	150	202	169	239	201
	185	228	190	267	226
	240	263	218	309	261
	300	297	247	349	295

Tabla B. *Tipos de instalación de cables no enterrado.*

A1	– *Conductores unipolares aislados en tubos empotrados en paredes térmicamente aislantes.* – *Cables multiconductores empotrados directamente en paredes térmicamente aislantes.* – *Conductores unipolares aislados en molduras.* – *Conductores unipolares aislados en conductos o cables uni o multiconductores dentro de los marcos de las puertas* – *Conductores unipolares aislados en tubos o cables uni o multiconductores dentro de los marcos de las ventanas*
A2	*Cables multiconductores en tubos empotrados en paredes térmicamente aislantes*
B1	– *Conductores aislados o cable unipolar en tubos empotrados en obra* – *Conductores aislados o cable unipolar en tubo sobre pared de madera o mampostería separados a una distancia inferior a 0,3 veces el diámetro del tubo* – *Conductores unipolares aislados en canales o conductos cerrados de sección no circular sobre pared de madera* – *Cables unipolares o multiconductores en huecos de obra de fábrica[+)]* – *Conductores unipolares aislados en tubos dentro de huecos de obra de fábrica[+)]* – *Conductores unipolares aislados en conductos cerrados de sección no circular en huecos de obra de fábrica[+)]* – *Conductores aislados en conductos cerrados de sección no circular empotrados en obra de fábrica con una resistividad térmica no superior a 2K· m/W[+)].* – *Conductores unipolares aislados o cables unipolares en canal protectora empotrada en el suelo* – *Conductores aislados o cables unipolares en conductos perfilados empotrados* – *Cables uni o multiconductores en falsos techos o suelos técnicos[+)]* – *Conductores unipolares aislados o cables unipolares en canal protectora suspendida* – *Conductores aislados o cables unipolares en tubos en canalizaciones no ventiladas[+)]* – *Conductores unipolares aislados en tubos en canales de obra ventilados* – *Cables uni o multiconductores en canales de obra ventilados* – *Conductores unipolares aislados o cables unipolares dentro de zócalos acanalados (rodapiés ranurado)* – *Cables multiconductores en tubos empotrados en obra*
B2	– *Cables multiconductores en tubos empotrados en obra* – *Cables multiconductores en tubos sobre pared de madera o separados a una distancia inferior a 0,3 veces el diámetro del tubo.* – *Cables multiconductores en canales o conductos cerrados de sección no circular sobre pared de madera.* – *Cables multiconductores en canal protectora suspendida.* – *Cables multiconductores dentro de zócalos acanalados (rodapiés ranurados).* – *Cables multiconductores en canal protectora empotrada en el suelo.* – *Cables multiconductor.*
C	– *Cables multiconductores directamente bajo un techo de madera* – *Cables unipolares o multiconductores sobre bandejas no perforadas* – *Cables unipolares o multiconductores fijados en el techo o pared de madera o espaciados 0,3 veces el diámetro del cable* – *Cables uni o multiconductores empotrados directamente en paredes*
E	– *Cables multiconductores separados de la pared una distancia no inferior a 0,3 D5.* – *Cables unipolares o multiconductores sobre bandejas perforadas en horizontal o vertical* – *Cables unipolares o multiconductores sobre bandejas de rejilla* – *Cables unipolares o multiconductores sobre bandejas de escalera* – *Cables unipolares o multiconductores suspendidos de un cable fiador*
F	– *Se aplica a los mismos sistemas de instalación que el tipo E, cuando la sección del conductor es superior a 25 mm².* – *Cables unipolares en contacto mutuo separados de la pared una distancia no inferior a D5*

+) Según la relación entre el diámetro del cable y su alojamiento, puede ser de aplicación el método B2. Dicha relación se indica en la norma **UNE 20460·5·523.**

2.2.4. Identificación de conductores

Los conductores de la instalación deben ser fácilmente identificables, especialmente por lo que respecta al conductor neutro y al conductor de protección. Esta identificación se realizará por los colores que presenten sus aislamientos. Cuando exista conductor neutro en la instalación o se prevea para un conductor de fase su pase posterior a conductor neutro, se identificarán éstos por el color azul claro. Al conductor de protección se le identificará por el color verde-amarillo. Todos los conductores de fase, o en su caso, aquellos para los que no se prevea su pase posterior a neutro, se identificarán por los colores marrón o negro.

Cuando se considere necesario identificar tres fases diferentes, se utilizará también el color gris.

2.3. Conductores de protección

Se aplicará lo indicado en la Norma **UNE 20.460** -5-54 en su apartado 543. Como ejemplo, para los conductores de protección que estén constituidos por el mismo metal que los conductores de fase o polares, tendrán una sección mínima igual a la fijada en la tabla 2, en función de la sección de los conductores de fase o polares de la instalación; en caso de que sea distinto material, la sección se determinará de forma que presente una conductividad equivalente a la que resulta de aplicar la Tabla 2.

Tabla 2

Secciones de los conductores de fase o polares de la instalación (mm²)	Secciones mínimas de los conductores de protección (mm²)
S< 16	S(*)
16<S<35	16
S>35	S/2
(*) Con un mínimo de:	
— 2,5 mm² si los conductores de protección no forman parte de la canalización de alimentación y tienen una protección mecánica	
— 4 mm² si los conductores de protección no forman parte de la canalización de alimentación y no tienen una protección mecánica	

Para otras condiciones se aplicará la norma **UNE 20.460** -5-54, apartado 543.

En la instalación de los conductores de protección se tendrá en cuenta:

— Si se aplican diferentes sistemas de protección en instalaciones próximas, se empleará para cada uno de los sistemas un conductor de protección distinto. Los sistemas a utilizar estarán de acuerdo con los indicados en la norma **UNE 20.460-3**. En los pasos a través de paredes o techos estarán protegidos por un tubo de adecuada resistencia mecánica, según **ITC-BT 21** para canalizaciones empotradas.

— No se utilizará un conductor de protección común para instalaciones de tensiones nominales diferentes.

— Si los conductores activos van en el interior de una envolvente común, se recomienda incluir también dentro de ella el conductor de protección, en cuyo caso presentará el mismo aislamiento que los otros conductores. Cuando el conductor de protección se instale fuera de esta canalización seguirá el curso de la misma.

— En una canalización móvil todos los conductores, incluyendo el conductor de protección, irán por la misma canalización.

— En el caso de canalizaciones que incluyan conductores con aislamiento mineral, la cubierta exterior de estos conductores podrá utilizarse como conductor de protección de los circuitos correspondientes, siempre que su continuidad quede perfectamente asegurada y su conductividad sea como mínimo igual a la que resulte de la aplicación de la **UNE 20.460 -5-54**, apartado 543.

— Cuando las canalizaciones estén constituidas por conductores aislados colocados bajo tubos de material ferromagnético, o por cables que contienen una armadura metálica, los conductores de protección se colocarán en los mismos tubos o formarán parte de los mismos cables que los conductores activos.

— Los conductores de protección estarán convenientemente protegidos contra el deterioro mecánico y químicos, especialmente en los pasos a través de los elementos de la construcción.

— Las conexiones en estos conductores se realizarán por medio de uniones soldadas sin empleo de ácido o por piezas de conexión de apriete por rosca, debiendo ser accesibles para verificación y ensayo. Estas piezas serán de material inoxidable y los tornillos de apriete, si se usan, estarán previstos para evitar su desapriete. Se considera que los dispositivos que cumplan con la norma **UNE-EN 60.998 -2-1** cumplen con esta prescripción.

— Se tomarán las precauciones necesarias para evitar el deterioro causado por efectos electroquímicos cuando las conexiones sean entre metales diferentes (por ejemplo cobre-aluminio).

2.4. Subdivisión de las instalaciones

Las instalaciones se subdividirán de forma que las perturbaciones originadas por averías que puedan producirse en un punto de ellas afecten solamente a ciertas partes de la instalación, por ejemplo a un sector del edificio, a un piso, a un solo local, etc., para lo cual los dispositivos de protección de cada circuito estarán adecuadamente coordinados y serán selectivos con los dispositivos generales de protección que les precedan.

Toda instalación se dividirá en varios circuitos, según las necesidades, a fin de:

— Evitar las interrupciones innecesarias de todo el circuito y limitar las consecuencias de un fallo.

— Facilitar las verificaciones, ensayos y mantenimientos.

— Evitar los riesgos que podrían resultar del fallo de un solo circuito que pudiera dividirse, como por ejemplo si sólo hay un circuito de alumbrado.

2.5. Equilibrado de cargas

Para que se mantenga el mayor equilibrio posible en la carga de los conductores que forman parte de una instalación, se procurará que aquélla quede repartida entre sus fases o conductores polares.

2.6. Posibilidad de separación de la alimentación

Se podrán desconectar de la fuente de alimentación de energía las siguientes instalaciones:
a)   Toda instalación cuyo origen esté en una línea general de alimentación.
b)   Toda instalación con origen en un cuadro de mando o de distribución.

Los dispositivos admitidos para esta desconexión, que garantizarán la separación omnipolar excepto en el neutro de las redes TN-C, son:
— Los cortacircuitos fusibles.
— Los seccionadores.
— Los interruptores con separación de contactos mayor de 3 mm o con nivel de seguridad equivalente.
— Los bornes de conexión, sólo en caso de derivación de un circuito.

Los dispositivos de desconexión se situarán y actuarán en un mismo punto de la instalación, y cuando esta condición resulte de difícil cumplimiento, se colocarán instrucciones o avisos aclaratorios. Los dispositivos deberán ser accesibles y estarán dispuestos de forma que permitan la fácil identificación de la parte de la instalación que separen.

2.7. Posibilidad de conectar y desconectar en carga

Se instalarán dispositivos apropiados que permitan conectar y desconectar en carga en una sola maniobra, en:
a)   Toda instalación interior o receptora en su origen, circuitos principales y cuadros secundarios. Podrán exceptuarse de esta prescripción los circuitos destinados a relojes, a rectificadores para instalaciones telefónicas cuya potencia nominal no exceda de 500 VA y los circuitos de mando o control, siempre que su desconexión impida cumplir alguna función importante para la seguridad de la instalación. Estos circuitos podrán desconectarse mediante dispositivos independientes del general de la instalación.
b)   Cualquier receptor.
c)   Todo circuito auxiliar para mando o control, excepto los destinados a la tarificación de la energía.
d)   Toda instalación de aparatos de elevación o transporte, en su conjunto.
e)   Todo circuito de alimentación en baja tensión destinado a una instalación de tubos luminosos de descarga en alta tensión.
f)   Toda instalación de locales que presente riesgo de incendio o de explosión.
g)   Las instalaciones a la intemperie.
h)   Los circuitos con origen en cuadros de distribución.
i)   Las instalaciones de acumuladores.
j)   Los circuitos de salida de generadores.

Los dispositivos admitidos para la conexión y desconexión en carga son:
— Los interruptores manuales.
— Los cortacircuitos fusibles de accionamiento manual, o cualquier otro sistema aislado que permita estas maniobras siempre que tengan poder de corte y de cierre adecuado e independiente del operador.

— Las clavijas de las tomas de corriente de intensidad nominal no superior a 16 A.

— Deberán ser de corte omnipolar los dispositivos siguientes:

— Los situados en el cuadro general y secundarios de toda instalación interior o receptora.

— Los destinados a circuitos excepto en sistemas de distribución TN-C, en los que el corte del conductor neutro está prohibido y excepto en los TN-S en los que se pueda asegurar que el conductor neutro está al potencial de tierra.

— Los destinados a receptores cuya potencia sea superior a 1.000 W, salvo que prescripciones particulares admitan corte no omnipolar.

— Los situados en circuitos que alimenten a lámparas de descarga o autotransformadores.

— Los situados en circuitos que alimenten a instalaciones de tubos de descarga en alta tensión.

En los demás casos, los dispositivos podrán no ser de corte omnipolar.

El conductor neutro o compensador no podrá ser interrumpido salvo cuando el corte se establezca por interruptores omnipolares.

2.8. Medidas de protección contra contactos directos o indirectos

Las instalaciones eléctricas se establecerán de forma que no supongan riesgo para las personas y los animales domésticos, tanto en servicio normal como cuando puedan presentarse averías previsibles.

En relación con estos riesgos, las instalaciones deberán proyectarse y ejecutarse aplicando las medidas de protección necesarias contra los contactos directos e indirectos.

Estas medidas de protección son las señaladas en la Instrucción **ITC-BT-24** y deberán cumplir lo indicado en la **UNE 20.460**, parte 4-41 y parte 4-47.

2.9. Resistencia de aislamiento y rigidez dieléctrica

Las instalaciones deberán presentar una resistencia de aislamiento al menos igual a los valores indicados en la tabla siguiente:

Tabla 3

Tensión nominal de la instalación	Tensión de ensayo en corriente continua (v)	Resistencia de aislamiento (MQ)
Muy Baja Tensión de Segundad (MBTS) Muy Baja Tensión de protección (MBTP)	250	>0,25
Inferior o igual a 500 V, excepto caso anterior	500	>0,5
Superior a 500 V	1000	> 1,0
Nota. Para instalaciones a MBTS y MBTP, véase la **ITC-BT-36**		

Este aislamiento se entiende para una instalación en la cual la longitud del conjunto de canalizaciones y cualquiera que sea el número de conductores que la componen no exceda de 100 metros. Cuando esta longitud exceda del valor anteriormente citado y pueda fraccionarse la instalación en partes de aproximadamente 100 metros de longitud, bien por seccionamiento, desconexión, retirada de fusibles o apertura de interruptores, cada una de las partes en que la instalación ha sido fraccionada deberá presentar la resistencia de aislamiento que corresponda.

Cuando no sea posible efectuar el fraccionamiento citado, se admite que el valor de la resistencia de aislamiento de toda la instalación sea, con relación al mínimo que le corresponda, inversamente proporcional a la longitud total, en hectómetros, de las canalizaciones.

El aislamiento se medirá con relación a tierra y entre conductores, mediante un generador de corriente continua capaz de suministrar las tensiones de ensayo especificadas en la tabla anterior con una corriente de 1 mA para una carga igual a la mínima resistencia de aislamiento especificada para cada tensión.

Durante la medida, los conductores, incluido el conductor neutro o compensador, estarán aislados de tierra, así como de la fuente de alimentación de energía a la cual estén unidos habitualmente. Si las masas de los aparatos receptores están unidas al conductor neutro, se suprimirán estas conexiones durante la medida, restableciéndose una vez terminada ésta.

Cuando la instalación tenga circuitos con dispositivos electrónicos, en dichos circuitos los conductores de fases y el neutro estarán unidos entre sí durante las medidas.

La medida de aislamiento con relación a tierra se efectuará uniendo a ésta el polo positivo del generador y dejando, en principio, todos los receptores conectados y sus mandos en posición "paro", asegurándose de que no existe falta de continuidad eléctrica en la parte de la instalación que se verifica; los dispositivos de interrupción se pondrán en posición de "cerrado" y los cortacircuitos instalados como en servicio normal. Todos los conductores se conectarán entre sí, incluyendo el conductor neutro o compensador, en el origen de la instalación que se verifica y a este punto se conectará el polo negativo del generador.

Cuando la resistencia de aislamiento obtenida resultara inferior al valor mínimo que le corresponda, se admitirá que la instalación es, no obstante, correcta, si se cumplen las siguientes condiciones:
— Cada aparato receptor presenta una resistencia de aislamiento por lo menos igual al valor señalado por la Norma UNE que le concierna o en su defecto 0,5 MΩ.
— Desconectados los aparatos receptores, la instalación presenta la resistencia de aislamiento que le corresponda.

La medida de la resistencia de aislamiento entre conductores polares se efectúa después de haber desconectado todos los receptores, quedando los interruptores y cortacircuitos en la misma posición que la señalada anteriormente para la medida del aislamiento con relación a tierra. La medida de la resistencia de aislamiento se efectuará sucesivamente entre los conductores tomados dos a dos, comprendiendo el conductor neutro o compensador.

Por lo que respecta a la rigidez dieléctrica de una instalación, ha de ser tal que, desconectados los aparatos de utilización (receptores), resista durante 1 minuto una prueba de tensión de 2U + 1.000 voltios a frecuencia industrial, siendo U la tensión máxima de servicio expresada en voltios y con un mínimo de 1.500 voltios. Este ensayo se realizará para cada uno de los conductores incluido el neutro o compensador, con relación a tierra y entre conductores, salvo para aquellos materiales en los que se justifique que haya sido realizado dicho ensayo previamente por el fabricante.

Durante este ensayo, los dispositivos de interrupción se pondrán en la posición de "cerrado" y los cortacircuitos instalados como en servicio normal. Este ensayo no se realizará en instalaciones correspondientes a locales que presenten riesgo de incendio o explosión.

Las corrientes de fuga no serán superiores para el conjunto de la instalación o para cada uno de los circuitos en que ésta pueda dividirse a efectos de su protección a la sensibilidad que presenten los interruptores diferenciales, instalados como protección contra los contactos indirectos.

2.10. Bases de toma de corriente

Las bases de toma de corriente utilizadas en las instalaciones interiores o receptoras serán del tipo indicado en las figuras C2a, C3a o ESB 25-5a de la norma **UNE 20.315**. El tipo indicado en la figura C3a queda reservado para instalaciones en las que se requiera distinguir la fase del neutro, o disponer de una red de tierras específica.

En instalaciones diferentes de las indicadas en la **ITC-BT 25** para viviendas, además se admitirán las bases de toma de corriente indicadas en la serie de normas **UNE EN 60.309**.

Las bases móviles deberán ser del tipo indicado en las figuras ESC 10-1a, C2a o C3a de la Norma **UNE 20.315**. Las clavijas utilizadas en los cordones prolongadores deberán ser del tipo indicado en las figuras ESC 10-1b, C2b, C4, C6 o ESB 25-5b.

Las bases de toma de corriente del tipo indicado en las figuras C1a, las ejecuciones fijas de las figuras ESB 10-5a y ESC 10-1a, así como las clavijas de las figuras ESB 10-5b y C1b, recogidas en la norma **UNE 20.315**, sólo podrán comercializarse e instalarse para reposición de las existentes.

2.11. Conexiones

En ningún caso se permitirá la unión de conductores mediante conexiones y/o derivaciones por simple retorcimiento o arrollamiento entre sí de los conductores, sino que deberá realizarse siempre utilizando bornes de conexión montados individualmente o constituyendo bloques o regletas de conexión; puede permitirse asimismo, la utilización de bridas de conexión. Siempre deberán realizarse en el interior de cajas de empalme y/o de derivación salvo en los casos indicados en el apartado 3.1 de la **ITC-BT-21**. Si se trata de conductores de varios alambres cableados, las conexiones se realizarán de forma que la corriente se reparta por todos los alambres componentes y si el sistema adoptado es de tornillo de apriete entre una arandela metálica bajo su cabeza y una superficie metálica, los conductores de sección superior a 6 mm^2 deberán conectarse por medio de terminales adecuados, de forma que las conexiones no queden sometidas a esfuerzos mecánicos.

Instrucción ITC-BT 20

INSTALACIONES INTERIORES O RECEPTORAS. SISTEMAS DE INSTALACIÓN

Índice

Normas UNE citadas en la ITC-BT 20:
UNE 20.460-5-52, UNE-EN 50.085-1, UNE-EN 60.570, UNE-EN 60.439-2

1. GENERALIDADES

Los sistemas de instalación que se describen en esta Instrucción Técnica deberán tener en consideración los principios fundamentales de la norma **UNE 20.460 -5-52**.

2. SISTEMAS DE INSTALACIÓN

La selección del tipo de canalización en cada instalación particular se realizará escogiendo, en función de las influencias externas, el que se considere más adecuado de entre los descritos para conductores y cables en la norma **UNE 20.460 -5-52**.

2.1. Prescripciones generales

Circuitos de potencia

Varios circuitos pueden encontrarse en el mismo tubo o en el mismo compartimento de canal, si todos los conductores están aislados para la tensión asignada más elevada.

Separación de circuitos

No deben instalarse circuitos de potencia y circuitos de muy baja tensión de seguridad (MBTS o MBTP) en las mismas canalizaciones, a menos que cada cable esté aislado para la tensión más alta presente o se aplique una de las disposiciones siguientes:

— que cada conductor de un cable de varios conductores esté aislado para la tensión más alta presente en el cable;

— que los conductores estén aislados para su tensión e instalados en un compartimento separado de un conducto o de una canal, si la separación garantiza el nivel de aislamiento requerido para la tensión más elevada.

2.1.1. Disposiciones

En caso de proximidad de canalizaciones eléctricas con otras no eléctricas, se dispondrán de forma que entre las superficies exteriores de ambas se mantenga una distancia mínima de 3 cm. En caso de proximidad con conductos de calefacción, de aire caliente, vapor o humo, las canalizaciones eléctricas se establecerán de forma que no puedan alcanzar una temperatura peligrosa y, por consiguiente, se mantendrán separadas por una distancia conveniente o por medio de pantallas calorífugas.

Las canalizaciones eléctricas no se situarán por debajo de otras canalizaciones que puedan dar lugar a condensaciones, tales como las destinadas a conducción de vapor, de agua, de gas, etc., a menos que se tomen las disposiciones necesarias para proteger las canalizaciones eléctricas contra los efectos de estas condensaciones.

Las canalizaciones eléctricas y las no eléctricas sólo podrán ir dentro de un mismo canal o hueco en la construcción cuando se cumplan simultáneamente las siguientes condiciones:

a) La protección contra contactos indirectos estará asegurada por alguno de los sistemas señalados en la Instrucción **ITC-BT-24**, considerando a las conducciones no eléctricas, cuando sean metálicas, como elementos conductores.

b) Las canalizaciones eléctricas estarán convenientemente protegidas contra los posibles peligros que pueda presentar su proximidad a canalizaciones, y especialmente se tendrá en cuenta:

— La elevación de la temperatura, debida a la proximidad con una conducción de fluido caliente.

— La condensación.

— La inundación, por avería en una conducción de líquidos; en este caso se tomarán todas las disposiciones convenientes para asegurar su evacuación.

— La corrosión, por avería en una conducción que contenga un fluido corrosivo.

— La explosión, por avería en una conducción que contenga un fluido inflamable.

— La intervención por mantenimiento o avería en una de las canalizaciones puede realizarse sin dañar al resto.

2.1.2. Accesibilidad

Las canalizaciones deberán estar dispuestas de forma que faciliten su maniobra, inspección y acceso a sus conexiones. Estas posibilidades no deben ser limitadas por el montaje de equipos en las envolventes o en los compartimentos.

2.1.3. Identificación

Las canalizaciones eléctricas se establecerán de forma que mediante la conveniente identificación de sus circuitos y elementos se pueda proceder en todo momento a reparaciones, transformaciones, etc. Por otra parte, el conductor neutro o compensador, cuando exista, estará claramente diferenciado de los demás conductores.

Las canalizaciones pueden considerarse suficientemente diferenciadas unas de otras, bien por la naturaleza o por el tipo de los conductores que la componen, o bien por sus dimensiones o por su trazado. Cuando la identificación pueda resultar difícil, debe establecerse un plano de la instalación que permita en todo momento esta identificación, mediante etiquetas o señales de aviso indelebles y legibles.

2.2. Condiciones particulares

Los sistemas de instalación de las canalizaciones en función de los tipos de conductores o cables deben estar de acuerdo con la tabla 1, siempre y cuando las influencias externas estén de acuerdo con las prescripciones de las normas de canalizaciones correspondientes. Los sistemas de instalación de las canalizaciones en función de la situación deben estar de acuerdo con la tabla 2.

Tabla 1. *Elección de las canalizaciones.*

Conductores y cables		Sistemas de instalación							
		Sin fijación	Fijación directa	Tubos	Canales y molduras	Conductos de sección no circular	Bandejas de escalera Bandejas soportes	Sobre aisladores	Con fiador
Conductores desnudos		-	-	-	-	-	-	+	-
Conductores aislados		-	-	+	(*)	+	-	+	-
Cables con cubierta	Multipolares	+	+	+	+	+	+	0	+
	Unipolares	0	+	+	+	+	+	0	+

+: Admitido.
–: No admitido.
0: No aplicable o no utilizado en la práctica.
(*): Se admiten conductores aislados si la tapa sólo puede abrirse con un útil o con una acción manual importante y la canal es IP4X o IP XXD.

Tabla 2. *Situación de las canalizaciones.*

Situaciones		Sistemas de instalación							
		Sin fijación	Fijación directa	Tubos	Canales y molduras	Conductos de sección no circular	Bandejas de escalera Bandejas soportes	Sobre aisladores	Con fiador	Sin fijación
Huecos de la construcción	Accesibles	+	+	+	+	+	+	-	0	
	No accesibles	+	0	+	0	+	0	-	-	
Canal de obra		+	+	+	+	+	+	-	1	
Enterrados		+	0	+	-	+	0	-	-	
Empotrados en estructuras		+	+	+	+	+	0	-	-	
En montaje superficial		-	+	+	+	+	+	+	-	
Aéreo		-	-	(*)	+	-	+	+	+	

+: Admitido
-: No admitido
0: No aplicable o no utilizado en la práctica
('): No se utilizan en la práctica salvo en instalaciones cortas y destinadas a la alimentación de máquinas o elementos de movilidad restringida

2.2.1. Conductores aislados bajo tubos protectores

Los cables utilizados serán de tensión asignada no inferior a 450/750 V y los tubos cumplirán lo establecido en la **ITC-BT-21**.

2.2.2. Conductores aislados fijados directamente sobre las paredes

Estas instalaciones se establecerán con cables de tensiones asignadas no inferiores a 0,6/1 kV, provistos de aislamiento y cubierta (se incluyen cables armados o con aislamiento mineral). Estas instalaciones se realizarán de acuerdo a la norma **UNE 20.460--52**.

Para la ejecución de las canalizaciones se tendrán en cuenta las siguientes prescripciones:

— Se fijarán sobre las paredes por medio de bridas, abrazaderas o collares, de forma que no perjudiquen las cubiertas de los mismos.

— Con el fin de que los cables no sean susceptibles de doblarse por efecto de su propio peso, los puntos de fijación de los mismos estarán suficientemente próximos. La distancia entre dos puntos de fijación sucesivos no excederá de 0,40 metros.

— Cuando los cables deban disponer de protección mecánica por el lugar y condiciones de instalación en que se efectúe la misma, se utilizarán cables armados. En caso de no utilizar estos cables, se establecerá una protección mecánica complementaria sobre los mismos.

— Se evitará curvar los cables con un radio demasiado pequeño y salvo prescripción en contra fijada en la Norma UNE correspondiente al cable utilizado, este radio no será inferior a 10 veces el diámetro exterior del cable.

— Los cruces de los cables con canalizaciones no eléctricas se podrán efectuar por la parte anterior o posterior a éstas, dejando una distancia mínima de 3 cm entre la superficie exterior de la canalización no eléctrica y la cubierta de los cables cuando el cruce se efectúe por la parte anterior de aquélla.

— Los puntos de fijación de los cables estarán suficientemente próximos para evitar que esta distancia pueda quedar disminuida. Cuando el cruce de los cables requiera su empotramiento para respetar la separación mínima de 3 cm, se seguirá lo dispuesto en el apartado 2.2.1 de la presente instrucción. Cuando el cruce se realice bajo molduras, se seguirá lo dispuesto en el apartado 2.2.8 de la presente instrucción.

— Los extremos de los cables serán estancos cuando las características de los locales o emplazamientos así lo exijan, utilizándose a este fin cajas u otros dispositivos adecuados. La estanqueidad podrá quedar asegurada con la ayuda de prensaestopas.

— Los cables con aislamiento mineral, cuando lleven cubiertas metálicas, no deberán utilizarse en locales que puedan presentar riesgo de corrosión para las cubiertas metálicas de estos cables, salvo que esta cubierta esté protegida adecuadamente contra la corrosión.

— Los empalmes y conexiones se harán por medio de cajas o dispositivos equivalentes provistos de tapas desmontables que aseguren a la vez la continuidad de la protección mecánica establecida, el aislamiento y la inaccesibilidad de las conexiones y permitiendo su verificación en caso necesario.

2.2.3. Conductores aislados enterrados

Las condiciones para estas canalizaciones en las que los conductores aislados deberán ir bajo tubo salvo que tengan cubierta y una tensión asignada 0,6/1 kV se establecerán de acuerdo con lo señalado en las Instrucciones **ITC-BT-07** e **ITC-BT-21.**

2.2.4. Conductores aislados directamente empotrados en estructuras

Para estas canalizaciones son necesarios conductores aislados con cubierta (incluidos cables armados o con aislamiento mineral). La temperatura mínima y máxima de instalación y servicio será de –5 °C y 90 °C respectivamente (por ejemplo con polietileno reticulado o etileno-propileno).

2.2.5. Conductores aéreos

Los cables aéreos no cubiertos en 2.2.2, cumplirán lo establecido en la **ITC-BT-06.**

2.2.6. Conductores aislados en el interior de huecos de la construcción

Estas canalizaciones están constituidas por cables colocados en el interior de huecos de la construcción según **UNE 20.460-5-52.** Los cables utilizados serán de tensión asignada no inferior a 450/750 V.

Podrán instalarse directamente en los huecos de la construcción los cables de clase de reacción al fuego mínima E_{ca} y los tubos que sean no propagadores de la llama.[1]

Los huecos en la construcción admisibles para estas canalizaciones podrán estar dispuestos en muros, paredes, vigas, forjados o techos, adoptando la forma de conductos continuos o bien estarán comprendidos entre dos superficies paralelas, como en el caso de falsos techos o muros con cámaras de aire. En el caso de conductos continuos, éstos no podrán destinarse simultáneamente a otro fin (ventilación, etc.).

---

[1] Este párrafo ha sustituido al original de la ITC-BT 20 para adaptar el REBT al CPR (Reglamento de los Productos de la Construcción) con la denominación actual de las Euroclases de los cables eléctricos.

La sección de los huecos será, como mínimo, igual a cuatro veces la ocupada por los cables o tubos, y su dimensión más pequeña no será inferior a dos veces el diámetro exterior de mayor sección de éstos, con un mínimo de 20 milímetros.

Las paredes que separen un hueco que contenga canalizaciones eléctricas de los locales inmediatos, tendrán suficiente solidez como para proteger éstas contra acciones previsibles.

Se evitarán, dentro de lo posible, las asperezas en el interior de los huecos y los cambios de dirección de los mismos en un número elevado o de pequeño radio de curvatura.

La canalización podrá ser reconocida y conservada sin que sea necesaria la destrucción parcial de las paredes, techos, etc., o sus guarnecidos y decoraciones. Los empalmes y derivaciones de los cables serán accesibles, disponiéndose para ellos las cajas de derivación adecuadas.

Normalmente, como los cables solamente podrán fijarse en puntos bastante alejados entre sí, puede considerarse que el esfuerzo resultante de un recorrido vertical libre no superior a 3 metros quede dentro de los límites admisibles. Se tendrá en cuenta al disponer de puntos de fijación que no debe quedar comprometida ésta cuando se suelten los bornes de conexión, especialmente en recorridos verticales y se trate de bornes que están en su parte superior.

Se evitará que puedan producirse infiltraciones, fugas o condensaciones de agua que puedan penetrar en el interior del hueco, prestando especial atención a la impermeabilidad de sus muros exteriores, así como a la proximidad de tuberías de conducción de líquidos, penetración de agua al efectuar la limpieza de suelos, posibilidad de acumulación de aquélla en partes bajas del hueco, etc.

Cuando no se tomen las medidas para evitar los riesgos anteriores, las canalizaciones cumplirán las prescripciones establecidas para las instalaciones en locales húmedos e incluso mojados que pudieran afectarles.

2.2.7. Conductores aislados bajo canales protectoras

La canal protectora es un material de instalación constituido por un perfil de paredes perforadas o no, destinado a alojar conductores o cables y cerrado por una tapa desmontable.

Las canales deberán satisfacer lo establecido en la **ITC-BT-21**.

En las canales protectoras de grado IP 4X o superior y clasificadas como "canales con tapa de acceso que solo puede abrirse con herramientas" según la norma **UNE-EN 50.085-1** se podrá:

a) Utilizar conductor aislado, de tensión asignada 450/750 V.

b) Colocar mecanismos tales como interruptores, tomas de corrientes, dispositivos de mando y control, etc., en su interior, siempre que se fijen de acuerdo con las instrucciones del fabricante.

c) Realizar empalmes de conductores en su interior y conexiones a los mecanismos.

En las canales protectoras de grado de protección inferior a IP 4X o superior y clasificadas como "canales con tapa de acceso que puede abrirse con herramientas", según la Norma UNE EN 50.085-1, sólo podrá utilizarse conductor aislado bajo cubierta estanca, de tensión asignada mínima 300/500 V.

2.2.8. Conductores aislados bajo molduras

Estas canalizaciones están constituidas por cables alojados en ranuras bajo molduras. Podrán utilizarse únicamente en locales o emplazamientos clasificados como secos, temporalmente húmedos o polvorientos.

Los cables serán de tensión asignada no inferior a 450/750 V.

Las molduras podrán ser reemplazadas por guarniciones de puertas, astrágalos o rodapiés ranurados, siempre que cumplan las condiciones impuestas para las primeras.

Las molduras cumplirán las siguientes condiciones:

— Las ranuras tendrán unas dimensiones tales que permitan instalar sin dificultad por ellas a los conductores o cables. En principio, no se colocará más de un conductor por ranura, admitiéndose, no obstante, colocar varios conductores siempre que pertenezcan al mismo circuito y la ranura presente dimensiones adecuadas para ello.

— La anchura de las ranuras destinadas a recibir cables rígidos de sección igual o inferior a 6 mm^2 serán, como mínimo, de 6 mm.

Para la instalación de las molduras se tendrá en cuenta:

— Las molduras no presentarán discontinuidad alguna en toda la longitud donde contribuyen a la protección mecánica de los conductores. En los cambios de dirección, los ángulos de las ranuras serán obtusos.

— Las canalizaciones podrán colocarse al nivel del techo o inmediatamente encima de los rodapiés. En ausencia de éstos, la parte inferior de la moldura estará, como mínimo, a 10 cm por encima del suelo.

— En el caso de utilizarse rodapiés ranurados, el conductor aislado más bajo estará, como mínimo, a 1,5 cm por encima del suelo.

— Cuando no puedan evitarse cruces de estas canalizaciones con las destinadas a otro uso (agua, gas, etc.), se utilizará una moldura especialmente concebida para estos cruces o preferentemente un tubo rígido empotrado que sobresaldrá por una y otra parte del cruce. La separación entre dos canalizaciones que se crucen será, como mínimo, de 1 cm en el caso de utilizar molduras especiales para el cruce y 3 cm en el caso de utilizar tubos rígidos empotrados.

— Las conexiones y derivaciones de los conductores se harán mediante dispositivos de conexión con tornillo o sistemas equivalentes.

— Las molduras no estarán totalmente empotradas en la pared ni recubiertas por papeles, tapicerías o cualquier otro material, debiendo quedar su cubierta siempre al aire.

— Antes de colocar las molduras de madera sobre una pared, debe asegurarse que la pared está suficientemente seca; en caso contrario, las molduras se separarán de la pared por medio de un producto hidrófugo.

2.2.9. Cables aislados en bandeja o soporte de bandejas

Sólo se utilizarán conductores aislados con cubierta (incluidos cables armados o con aislamiento mineral), unipolares o multipolares según norma **UNE 20.460-5-52**.

2.2.10. Canalizaciones eléctricas prefabricadas

Deberán tener un grado de protección adecuado a las características del local por el que discurran.

Las canalizaciones prefabricadas para iluminación deberán ser conformes con las especificaciones de las normas de la serie **UNE EN 60.570**.

Las características de las canalizaciones de uso general deberán ser conformes con las especificaciones de la Norma **UNE EN 60.439-2**.

3. PASO A TRAVÉS DE ELEMENTOS DE LA CONSTRUCCIÓN

El paso de las canalizaciones a través de elementos de la construcción, tales como muros, tabiques y techos, se realizará de acuerdo con las siguientes prescripciones:

— En toda la longitud de los pasos de canalizaciones no se dispondrán empalmes o derivaciones de cables.

— Las canalizaciones estarán suficientemente protegidas contra los deterioros mecánicos, las acciones químicas y los efectos de la humedad. Esta protección se exigirá de forma continua en toda la longitud del paso.

— Si se utilizan tubos no obturados para atravesar un elemento constructivo que separe dos locales de humedades marcadamente diferentes, se dispondrán de modo que se impida la entrada y acumulación de agua en el local menos húmedo, curvándolos convenientemente en su extremo hacia el local más húmedo. Cuando los pasos desemboquen al exterior se instalará en el extremo del tubo una pipa de porcelana o vidrio, o de otro material aislante adecuado, dispuesta de modo que el paso exterior-interior de los conductores se efectúe en sentido ascendente.

— En el caso de que las canalizaciones sean de naturaleza distinta a uno y otro lado del paso, éste se efectuará por la canalización utilizada en el local cuyas prescripciones de instalación sean más severas.

— Para la protección mecánica de los cables en la longitud del paso, se dispondrán éstos en el interior de tubos normales cuando aquella longitud no exceda de 20 cm y si excede, se dispondrán tubos conforme a la tabla 3 de la Instrucción **ITC-BT-21**. Los extremos de los tubos metálicos sin aislamiento interior estarán provistos de boquillas aislantes de bordes redondeados o de dispositivo equivalente, o bien los bordes de los tubos estarán convenientemente redondeados, siendo suficiente para los tubos metálicos con aislamiento interior que éste último sobresalga ligeramente del mismo. También podrán emplearse para proteger los conductores los tubos de vidrio o porcelana o de otro material aislante adecuado de suficiente resistencia mecánica. No necesitan protección suplementaria los cables provistos de una armadura metálica ni los cables con aislamiento mineral, siempre y cuando su cubierta no sea atacada por materiales de los elementos a atravesar.

— Si el elemento constructivo que debe atravesarse separa dos locales con las mismas características de humedad, pueden practicarse aberturas en el mismo que permitan el paso de los conductores, respetando en cada caso las separaciones indicadas para el tipo de canalización de que se trate.

— Los pasos con conductores aislados bajo molduras no excederán de 20 cm; en los demás casos el paso se efectuará por medio de tubos.

— En los pasos de techos por medio de tubo, éste estará obturado mediante cierre estanco y su extremidad superior saldrá por encima del suelo a una altura al menos igual a la de los rodapiés, si existen, o a 10 centímetros en otro caso. Cuando el paso se efectúe por otro sistema, se obturará igualmente mediante material incombustible, de clase y resistencia al fuego, como mínimo, igual a la de los materiales de los elementos que atraviesa.

Instrucción ITC-BT 21

INSTALACIONES INTERIORES O RECEPTORAS. TUBOS Y CANALES PROTECTORES

Índice

Normas UNE citadas en la ITC-BT 21:

UNE-EN 50.086-2-1, UNE-EN 50.086-2-2, UNE-EN 50.086-2-3, UNE-EN 50.086-2-4, UNE-EN 60.423, UNE 20.460-5-523, UNE-EN 60.998, UNE-EN 50.085, UNE-EN 50.085-1, UNE 20.460-5-5

1. TUBOS PROTECTORES

1.1. Generalidades

Los tubos protectores pueden ser:

— Tubo y accesorios metálicos.

— Tubo y accesorios no metálicos.

— Tubo y accesorios compuestos (constituidos por materiales metálicos y no metálicos).

Los tubos se clasifican según lo dispuesto en las normas siguientes:

UNE-EN 50.086 -2-1: Sistemas de tubos rígidos

UNE-EN 50.086 -2-2: Sistemas de tubos curvables

UNE-EN 50.086 -2-3: Sistemas de tubos flexibles

UNE-EN 50.086 -2-4: Sistemas de tubos enterrados

Las características de protección de la unión entre el tubo y sus accesorios no deben ser inferiores a los declarados para el sistema de tubos.

La superficie interior de los tubos no deberá presentar en ningún punto aristas, asperezas o fisuras susceptibles de dañar los conductores o cables aislados o de causar heridas a instaladores o usuarios.

Las dimensiones de los tubos no enterrados y con unión roscada utilizados en las instalaciones eléctricas son las que se prescriben en la **UNE-EN 60.423.** Para los tubos enterrados, las dimensiones se corresponden con las indicadas en la norma **UNE-EN 50.086** -2-4. Para el resto de los tubos, las dimensiones serán las establecidas en la norma correspondiente de las citadas anteriormente. La denominación se realizará en función del diámetro exterior.

El diámetro interior mínimo deberá ser declarado por el fabricante.

En lo relativo a la resistencia a los efectos del fuego considerados en la norma particular para cada tipo de tubo, se seguirá lo establecido por la aplicación de la **Directiva de Productos de la Construcción (89/106/CEE).**

1.2. Características mínimas de los tubos, en función del tipo de instalación

1.2.1. Tubos en canalizaciones fijas en superficie

En las canalizaciones superficiales, los tubos deberán ser preferentemente rígidos y en casos especiales podrán usarse tubos curvables. Sus características mínimas serán las indicadas en la tabla 1.

Tabla 1. *Características mínimas para tubos en canalizaciones superficiales ordinarias fijas.*

Característica	Código	Grado
Resistencia a la compresión	4	Fuerte
Resistencia al impacto	3	Media
Temperatura mínima de instalación y servicio	2	-5 °C
Temperatura máxima de instalación y servicio	1	+60 °C
Resistencia al curvado	1-2	Rígido/curvable
Propiedades eléctricas	1-2	Continuidad eléctrica/aislante
Resistencia a la penetración de objetos sólidos	4	Contra objetos D $\geq$ 1 mm
Resistencia a la penetración del agua	2	Contra gotas de agua cayendo verticalmente cuando el sistema de tubos está inclinado 15°
Resistencia a la corrosión de tubos metálicos y compuestos	2	Protección interior y exterior media
Resistencia a la tracción	0	No declarada
Resistencia a la propagación de la llama	1	No propagador
Resistencia a las cargas suspendidas	0	No declarada

ITC 21

El cumplimiento de estas características se realizará según los ensayos indicados en las normas **UNE-EN 50.086** -2-1, para tubos rígidos y **UNE-EN 50.086** -2-2, para tubos curvables.

Los tubos deberán tener un diámetro tal que permita un fácil alojamiento y extracción de los cables o conductores aislados. En la tabla 2 figuran los diámetros exteriores mínimos de los tubos en función del número y la sección de los conductores o cables a conducir.

Tabla 2. *Diámetros exteriores mínimos de los tubos en función del número y la sección de los conductores o cables a conducir.*

Sección nominal de los conductores unipolares (mm²)	Diámetro exterior de los tubos (mm)				
	Número de conductores				
	1	2	3	4	5
1,5	12	12	16	16	16
2,5	12	12	16	16	20
4	12	16	20	20	20
6	12	16	20	20	25
10	16	20	25	32	32
16	16	25	32	32	32
25	20	32	32	40	40
35	25	32	40	40	50
50	25	40	50	50	50
70	32	40	50	63	63
95	32	50	63	63	75
120	40	50	63	75	75
150	40	63	75	75	—
185	50	63	75	—	—
240	50	75	—	—	—

Para más de 5 conductores por tubo o para conductores aislados o cables de secciones diferentes a instalar en el mismo tubo, su sección interior será como mínimo igual a 2,5 veces la sección ocupada por los conductores.

1.2.2. Tubos en canalizaciones empotradas

En las canalizaciones empotradas, los tubos protectores podrán ser rígidos, curvables o flexibles y sus características mínimas se describen en la tabla 3 para tubos empotrados en obras de fábrica (paredes, techos y falsos techos), huecos de la construcción o canales protectoras de obra y en la tabla 4 para tubos empotrados embebidos en hormigón.

Las canalizaciones ordinarias precableadas destinadas a ser empotradas en ranuras realizadas en obra de fábrica (paredes, techos y falsos techos) serán flexibles o curvables y sus características mínimas para instalaciones ordinarias serán las indicadas en la tabla 4.

Tabla 3. *Características mínimas para tubos en canalizaciones empotradas ordinarias en obra de fábrica (paredes, techos y falsos techos), huecos de la construcción y canales protectoras de obra.*

Característica	Código	Grado
Resistencia a la compresión	2	Ligera
Resistencia al impacto	2	Ligera
Temperatura mínima de instalación y servicio	2	-5 °C
Temperatura máxima de instalación y servicio	1	+60 °C
Resistencia al curvado	1-2-3-4	Cualquiera de las específicas
Propiedades eléctricas	0	No declaradas
Resistencia a la penetración de objetos sólidos	4	Contra objetos D ≥ 1 mm
Resistencia a la penetración del agua	2	Contra gotas de agua cayendo verticalmente cuando el sistema de tubos está inclinado 15°
Resistencia a la corrosión de tubos metálicos y compuestos	2	Protección interior y exterior media
Resistencia a la tracción	0	No declarada
Resistencia a la propagación de la llama	1	No propagador
Resistencia a las cargas suspendidas	0	No declarada

Tabla 4. *Características mínimas para tubos en canalizaciones empotradas ordinarias embebidas en hormigón y para canalizaciones precableadas.*

Característica	Código	Grado
Resistencia a la compresión	3	Media
Resistencia al impacto	3	Media
Temperatura mínima de instalación y servicio	2	-5 °C
Temperatura máxima de instalación y servicio	2	+90 °C[1]
Resistencia al curvado	1-2-3-4	Cualquiera de las específicas
Propiedades eléctricas	0	No declaradas
Resistencia a la penetración de objetos sólidos	5	Protegido contra el polvo
Resistencia a la penetración del agua	3	Protegido contra el agua en forma de lluvia
Resistencia a la corrosión de tubos metálicos y compuestos	2	Protección interior y exterior media
Resistencia a la tracción	0	No declarada
Resistencia a la propagación de la llama	1	No propagador
Resistencia a las cargas suspendidas	0	No declarada

(1) Para canalizaciones precableadas ordinarias empotradas en obra de fábrica (paredes, techos y falsos techos) se acepta una temperatura máxima de instalación y servicio código 1; +60 °C.

ITC 21

El cumplimiento de las características indicadas en las tablas 3 y 4 se realizará según los ensayos indicados en las normas **UNE-EN 50.086** -2-1, para tubos rígidos, **UNE-EN 50.086** -2-2, para tubos curvables y **UNE-EN 50.086** - 2-3, para tubos flexibles.

Los tubos deberán tener un diámetro tal que permitan un fácil alojamiento y extracción de los cables o conductores aislados. En la Tabla 5 figuran los diámetros exteriores mínimos de los tubos en función del número y la sección de los conductores o cables a conducir.

Tabla 5. *Diámetros exteriores mínimos de los tubos en función del número y la sección de los conductores o cables a conducir.*

Sección nominal de los conductores unipolares (mm²)	Diámetro exterior de los tubos (mm)				
	Número de conductores				
	1	2	3	4	5
1,5	12	12	16	16	20
2,5	12	16	20	20	20
4	12	16	20	20	25
6	12	16	25	25	25
10	16	25	25	32	32
16	20	25	32	32	40
25	25	32	40	40	50
35	25	40	40	50	50
50	32	40	50	50	63
70	32	50	63	63	63
95	40	50	63	75	75
120	40	63	75	75	—
150	50	63	75	—	—
185	50	75	—	—	—
240	63	75	—	—	—

Para más de 5 conductores por tubo o para conductores o cables de secciones diferentes a instalar en el mismo tubo, su sección interior será como mínimo igual a 3 veces la sección ocupada por los conductores.

1.2.3. Canalizaciones aéreas o con tubos al aire

En las canalizaciones al aire, destinadas a la alimentación de máquinas o elementos de movilidad restringida, los tubos serán flexibles y sus características mínimas para instalaciones ordinarias serán las indicadas en la tabla 6.

Se recomienda no utilizar este tipo de instalación para secciones nominales de conductor superiores a 16 mm².

Tabla 6. *Características mínimas para canalizaciones de tubos al aire o aéreas.*

Característica	Código	Grado
Resistencia a la compresión	4	Fuerte
Resistencia al impacto	3	Media
Temperatura mínima de instalación y servicio	2	-5 °C
Temperatura máxima de instalación y servicio	1	+60 °C
Resistencia al curvado	4	Flexible
Propiedades eléctricas	1/2	Continuidad/ aislado
Resistencia a la penetración de objetos sólidos	4	Contra objetos D ≥ 1 mm
Resistencia a la penetración del agua	2	Protegido contra gotas de agua cayendo verticalmente cuando el sistema de tubos está inclinado 15°
Resistencia a la corrosión de tubos metálicos y compuestos	2	Protección interior mediana y exterior elevada
Resistencia a la tracción	2	Ligera
Resistencia a la propagación de la llama	1	No propagador
Resistencia a las cargas suspendidas	2	Ligera

El cumplimiento de estas características se realizará según los ensayos indicados en la norma **UNE-EN 50.086** -2-3.

Los tubos deberán tener un diámetro tal que permita un fácil alojamiento y extracción de los cables o conductores aislados. En la tabla 7 figuran los diámetros exteriores mínimos de los tubos en función del número y la sección de los conductores o cables a conducir.

ITC 21

Tabla 7. *Diámetros exteriores mínimos de los tubos en función del número y la sección de los conductores o cables a conducir.*

Sección nominal de los conductores (mm²)	Diámetro exterior de los tubos (mm)				
	Número de conductores				
	1	2	3	4	5
1,5	12	12	16	16	20
2,5	12	16	20	20	20
4	12	16	20	20	25
6	12	16	25	25	25
10	16	25	25	32	32
16	20	25	32	32	40

Para más de 5 conductores por tubo o para conductores o cables de secciones diferentes a instalar en el mismo tubo, su sección interior será como mínimo igual a 4 veces la sección ocupada por los conductores.

1.2.4. Tubos en canalizaciones enterradas

En las canalizaciones enterradas, los tubos protectores serán conformes a lo establecido en la norma **UNE-EN 50.086** 2-4 y sus características mínimas serán, para las instalaciones ordinarias, las indicadas en la tabla 8.

Se considera suelo ligero aquel suelo uniforme que no sea del tipo pedregoso y con cargas superiores ligeras, como por ejemplo aceras, parques y jardines. Suelo pesado es aquel del tipo pedregoso y duro y con cargas superiores pesadas, como por ejemplo calzadas y vías férreas.

El cumplimiento de estas características se realizará según los ensayos indicados en la norma **UNE-EN 50.086** -2-4.

Los tubos deberán tener un diámetro tal que permita un fácil alojamiento y extracción de los cables o conductores aislados. En la tabla 9 figuran los diámetros exteriores mínimos de los tubos en función del número y la sección de los conductores o cables a conducir.

Para más de 10 conductores por tubo o para conductores o cables de secciones diferentes a instalar en el mismo tubo, su sección interior será como mínimo igual a 4 veces la sección ocupada por los conductores.

Tabla 8. *Características mínimas para tubos en canalizaciones enterradas.*

Característica	Código	Grado
Resistencia a la compresión	NA	250/N / 450/N / 750/N
Resistencia al impacto	NA	Ligero / Normal / Normal
Temperatura mínima de instalación y servicio	NA	NA
Temperatura máxima de instalación y servicio	NA	NA
Resistencia al curvado	1-2-3-4	Cualquiera de las específicas
Propiedades eléctricas	0	No declaradas
Resistencia a la penetración de objetos sólidos	4	Protegido contra objetos D ≥ 1 mm
Resistencia a la penetración del agua	3	Protegido contra el agua en forma de lluvia
Resistencia a la corrosión de tubos metálicos y compuestos	2	Protección interior y exterior media
Resistencia a la tracción	0	No declarada
Resistencia a la propagación de la llama	0	No declarada
Resistencia a las cargas suspendidas	0	No declarada

Notas:
NA : No aplicable.
(*) Para tubos embebidos en hormigón aplica 250 N y grado Ligero; para tubos en suelo ligero aplica 450 N y grado Normal; para tubos en suelos pesados aplica 750 N y grado Normal.

ITC 21

Tabla 9. *Diámetros exteriores mínimos de los tubos en función del número y la sección de los conductores o cables a conducir.*

Sección nominal de los conductores unipolares (mm²)	Diámetro exterior de los tubos (mm)				
	Número de conductores				
	≤ 6	7	8	9	10
1,5	25	32	32	32	32
2,5	32	32	40	40	40
4	40	40	40	40	50
6	50	50	50	63	63
10	63	63	63	75	75
16	63	75	75	75	90
25	90	90	90	110	110
35	90	110	110	110	125
50	110	110	125	125	140
70	125	125	140	160	160
95	140	140	160	160	180
120	160	160	180	180	200
150	180	180	200	200	225
185	180	200	225	225	250
240	225	225	250	250	—

2. INSTALACIÓN Y COLOCACIÓN DE LOS TUBOS

La instalación y puesta en obra de los tubos de protección deberá cumplir lo indicado a continuación y en su defecto lo prescrito en la norma **UNE 20.460-5-523** y en las **ITC-BT-19** e **ITC-BT-20**.

2.1. Prescripciones generales

Para la ejecución de las canalizaciones bajo tubos protectores, se tendrán en cuenta las prescripciones generales siguientes:

— El trazado de las canalizaciones se hará siguiendo líneas verticales y horizontales o paralelas a las aristas de las paredes que limitan el local donde se efectúa la instalación.

— Los tubos se unirán entre sí mediante accesorios adecuados a su clase que aseguren la continuidad de la protección que proporcionan a los conductores.

— Los tubos aislantes rígidos curvables en caliente podrán ser ensamblados entre sí en caliente, recubriendo el empalme con una cola especial cuando se precise una unión estanca.

— Las curvas practicadas en los tubos serán continuas y no originarán reducciones de sección inadmisibles. Los radios mínimos de curvatura para cada clase de tubo serán los especificados por el fabricante conforme a **UNE-EN 50.086** -2-2.

— Será posible la fácil introducción y retirada de los conductores en los tubos después de colocarlos y fijados éstos y sus accesorios, disponiendo para ello los registros que se consideren convenientes, que en tramos rectos no estarán separados entre sí más de 15 metros. El número de curvas en ángulo situadas entre dos registros consecutivos no será superior a 3. Los conductores se alojarán normalmente en los tubos después de colocados éstos.

— Los registros podrán estar destinadas únicamente a facilitar la introducción y retirada de los conductores en los tubos o servir al mismo tiempo como cajas de empalme o derivación.

— Las conexiones entre conductores se realizarán en el interior de cajas apropiadas de material aislante y no propagador de la llama. Si son metálicas estarán protegidas contra la corrosión. Las dimensiones de estas cajas serán tales que permitan alojar holgadamente todos los conductores que deban contener. Su profundidad será al menos igual al diámetro del tubo mayor más un 50% del mismo, con un mínimo de 40 mm. Su diámetro o lado interior mínimo será de 60 mm. Cuando se quieran hacer estancas las entradas de los tubos en las cajas de conexión, deberán emplearse prensaestopas o racores adecuados.

— En ningún caso se permitirá la unión de conductores como empalmes o derivaciones por simple retorcimiento o arrollamiento entre sí de los conductores, sino que deberá realizarse siempre utilizando bornes de conexión montados individualmente o constituyendo bloques o regletas de conexión; puede permitirse asimismo la utilización de bridas de conexión. El retorcimiento o arrollamiento de conductores no se refiere a aquellos casos en los que se utilice cualquier dispositivo conector que asegure una correcta unión entre los conductores, aunque se produzca un retorcimiento parcial de los mismos y con la posibilidad de que puedan desmontarse fácilmente. Los bornes de conexión para uso doméstico o análogo serán conformes a lo establecido en la correspondiente parte de la norma **UNE-EN 60.998**.

— Durante la instalación de los conductores, para que su aislamiento no pueda ser dañado por su roce con los bordes libres de los tubos, los extremos de éstos, cuando sean metálicos y penetren en una caja de conexión o aparato, estarán provistos de boquillas con bordes redondeados o dispositivos equivalentes, o bien los bordes estarán convenientemente redondeados.

— En los tubos metálicos sin aislamiento interior, se tendrá en cuenta las posibilidades de que se produzcan condensaciones de agua en su interior,

ITC 21

para lo cual se elegirá convenientemente el trazado de su instalación, previendo la evacuación y estableciendo una ventilación apropiada en el interior de los tubos mediante el sistema adecuado, como puede ser, por ejemplo, el uso de una "T", de la que uno de los brazos no se emplea.

— Los tubos metálicos que sean accesibles deben ponerse a tierra. Su continuidad eléctrica deberá quedar convenientemente asegurada. En el caso de utilizar tubos metálicos flexibles, es necesario que la distancia entre dos puestas a tierra consecutivas de los tubos no exceda de 10 metros.

— No podrán utilizarse los tubos metálicos como conductores de protección o de neutro.

— Para la colocación de los conductores se seguirá lo señalado en la **ITC-BT-20**.

— A fin de evitar los efectos del calor emitido por fuentes externas (distribuciones de agua caliente, aparatos y luminarias, procesos de fabricación, absorción del calor del medio circundante, etc.), las canalizaciones se protegerán utilizando los siguientes métodos eficaces:

■ Pantallas de protección calorífuga.

■ Alejamiento suficiente de las fuentes de calor.

■ Elección de la canalización adecuada que soporte los efectos nocivos que se puedan producir.

■ Modificación del material aislante a emplear.

2.2. Montaje fijo en superficie

Cuando los tubos se coloquen en montaje superficial se tendrán en cuenta, además, las siguientes prescripciones:

— Los tubos se fijarán a las paredes o techos por medio de bridas o abrazaderas protegidas contra la corrosión y sólidamente sujetas. La distancia entre éstas será, como máximo, de 0,50 metros. Se dispondrán fijaciones de una y otra parte en los cambios de dirección, en los empalmes y en la proximidad inmediata de las entradas en cajas o aparatos.

— Los tubos se colocarán adaptándose a la superficie sobre la que se instalan, curvándose o usando los accesorios necesarios.

— En alineaciones rectas, las desviaciones del eje del tubo respecto a la línea que une los puntos extremos no serán superiores al 2%.

— Es conveniente disponer los tubos, siempre que sea posible, a una altura mínima de 2,50 metros sobre el suelo, con objeto de protegerlos de eventuales daños mecánicos.

— En los cruces de tubos rígidos con juntas de dilatación de un edificio, deberán interrumpirse los tubos, quedando los extremos del mismo separados entre sí 5 centímetros aproximadamente, y empalmándose posteriormente mediante manguitos deslizantes que tengan una longitud mínima de 20 centímetros.

2.3. Montaje fijo empotrado

Cuando los tubos se coloquen empotrados, se tendrán en cuenta las recomendaciones de la tabla 8 y las siguientes prescripciones:

— En la instalación de los tubos en el interior de los elementos de la construcción, las rozas no pondrán en peligro la seguridad de las paredes o techos en que se practiquen. Las dimensiones de las rozas serán suficientes para que los tubos queden recubiertos por una capa de 1 centímetro de espesor, como mínimo. En los ángulos, el espesor de esta capa puede reducirse a 0,5 centímetros.

— No se instalarán entre forjado y revestimiento tubos destinados a la instalación eléctrica de las plantas inferiores.

— Para la instalación correspondiente a la propia planta, únicamente podrán instalarse, entre forjado y revestimiento, tubos que deberán quedar recubiertos por una capa de hormigón o mortero de 1 centímetro de espesor, como mínimo, además del revestimiento.

— En los cambios de dirección, los tubos estarán convenientemente curvados o bien provistos de codos o "T" apropiados, pero en este último caso sólo se admitirán los provistos de tapas de registro.

— Las tapas de los registros y de las cajas de conexión quedarán accesibles y desmontables una vez finalizada la obra. Los registros y cajas quedarán enrasados con la superficie exterior del revestimiento de la pared o techo cuando no se instalen en el interior de un alojamiento cerrado y practicable.

— En el caso de utilizarse tubos empotrados en paredes, es conveniente disponer los recorridos horizontales a 50 centímetros como máximo de suelo o techos y los verticales a una distancia de los ángulos de esquinas no superior a 20 centímetros.

ITC 21

Tabla 10.

ELEMENTO CONSTRUCTIVO	Colocación del tubo antes de terminar la construcción y revestimiento (*)	Preparación de la roza o alojamiento durante la construcción	Ejecución de la roza después de la construcción y revestimiento	OBSERVACIONES
Muros de:				
ladrillo macizo	SI	X	SI	
ladrillo hueco, siendo el nº de huecos en sentido transversal:				Únicamente en rozas verticales y en las horizontales situadas a una distancia del borde superior del muro inferior a 50 cm. La roza, en profundidad sólo interesará a un tabiquillo de hueco por ladrillo.
– uno	SI	X	SI	
– dos o tres	SI	X	SI	
– más de tres	SI	X	SI	La roza en profundidad sólo interesará a un tabiquillo de hueco por ladrillo. No se colocarán los tubos en diagonal.
bloques macizos de hormigón	SI	X	X	
bloques huecos de hormigón	SI	X	NO	
hormigón en masa	SI	SI	X	
hormigón armado	SI	SI	X	
Forjados:				
placas de hormigón	SI	SI	NO	
forjados con nervios	SI	SI	NO	(**) Es admisible practicar un orificio en la cara inferior del forjado para introducir los tubos en un hueco longitudinal del mismo.
forjados con nervios y elementos de relleno	SI	SI	NO (**)	
forjados con viguetas y bovedillas	SI	SI	NO (**)	
forjados con viguetas y tableros y revoltón	SI	SI	NO (**)	
de rasilla	SI	SI	NO	
X: Difícilmente aplicable en la práctica (*): Tubos blindados únicamente				

2.4. Montaje al aire

Solamente está permitido su uso para la alimentación de máquinas o elementos de movilidad restringida desde canalizaciones prefabricadas y cajas de derivación fijadas al techo. Se tendrán en cuenta las siguientes prescripciones:

La longitud total de la conducción en el aire no será superior a 4 metros y no empezará a una altura inferior a 2 metros.

Se prestará especial atención para que las características de la instalación establecidas en la tabla 6 se conserven en todo el sistema, especialmente en las conexiones.

3. CANALES PROTECTORAS

3.1. Generalidades

La canal protectora es un material de instalación constituido por un perfil de paredes perforadas o no perforadas, destinado a alojar conductores o cables y cerrado por una tapa desmontable, según se indica en la **ITC-BT-01** "Terminología".

Las canales serán conformes a lo dispuesto en las normas de la serie **UNE-EN 50.085** y se clasificarán según lo establecido en la misma.

Las características de protección deben mantenerse en todo el sistema. Para garantizar éstas, la instalación debe realizarse siguiendo las instrucciones del fabricante.

En las canales protectoras de grado IP4X o superior y clasificadas como "canales con tapa de acceso que sólo puede abrirse con herramientas" según la norma **UNE-EN 50.085** -1, se podrá:

a) Utilizar conductor aislado, de tensión asignada 450/750 V.

b) Colocar mecanismos tales como interruptores, tomas de corrientes, dispositivos de mando y control, etc., en su interior, siempre que se fijen de acuerdo con las instrucciones del fabricante.

c) Realizar empalmes de conductores en su interior y conexiones a los mecanismos.

En las canales protectoras de grado de protección inferior a IP4X o clasificadas como "canales con tapa de acceso que puede abrirse sin herramientas", según la norma **UNE-EN 50.085** -1, sólo podrá utilizarse conductor aislado bajo cubierta estanca, de tensión asignada mínima 300/500 V.

ITC 21

3.2. Características de las canales

En las canalizaciones para instalaciones superficiales ordinarias, las características mínimas de las canales serán las indicadas en la tabla 11.

Tabla 11. *Características mínimas para canalizaciones superficiales ordinarias.*

Característica	Grado	
Dimensión del lado mayor de la sección transversal	≤ 16 mm	≤ 16 mm
Resistencia al impacto	Muy ligera	Media
Temperatura mínima de instalación y servicio	+15 °C	-5 °C
Temperatura máxima de instalación y servicio	+60 °C	+60 °C
Propiedades eléctricas	Aislante	Continuidad eléctrica/aislante
Resistencia a la penetración de objetos sólidos	4	no inferior a 2
Resistencia a la penetración del agua	Ni declarada	
Resistencia a la propagación de la llama	No propagador	

El cumplimiento de estas características se realizará según los ensayos indicados en las normas **UNE-EN 50.085**.

El número máximo de conductores que pueden ser alojados en el interior de una canal será el compatible con un tendido fácilmente realizable y considerando la incorporación de accesorios en la misma canal.

Salvo otras prescripciones en instrucciones particulares, las canales protectoras para aplicaciones no ordinarias deberán tener unas características mínimas de resistencia al impacto, de temperatura mínima y máxima de instalación y servicio, de resistencia a la penetración de objetos sólidos y de resistencia a la penetración de agua, adecuadas a las condiciones del emplazamiento al que se destine; asimismo, las canales serán no propagadoras de la llama. Dichas características serán conformes a las normas de la serie **UNE-EN 50.085**.

4. INSTALACIÓN Y COLOCACIÓN DE LAS CANALES

4.1. Prescripciones generales

— La instalación y puesta en obra de las canales protectoras deberá cumplir lo indicado en la norma **UNE 20.460** -5-52 y en las Instrucciones **ITC-BT-19** e **ITC-BT-20**.

— El trazado de las canalizaciones se hará siguiendo preferentemente líneas verticales y horizontales o paralelas a las aristas de las paredes que limiten al local donde se efectúa la instalación.

— Las canales con conductividad eléctrica deben conectarse a la red de tierra. Su continuidad eléctrica quedará convenientemente asegurada.

— No se podrán utilizar las canales como conductores de protección o de neutro, salvo lo dispuesto en la Instrucción **ITC-BT-18** para canalizaciones prefabricadas.

— La tapa de las canales quedará siempre accesible.

ITC 21

Instrucción ITC-BT 22

INSTALACIONES INTERIORES O RECEPTORAS. PROTECCIÓN CONTRA SOBREINTENSIDADES

Índice

Normas UNE citadas en la ITC-BT 22:

UNE 20.460-4-43, UNE 20.460-4-473

1. PROTECCIÓN DE LAS INSTALACIONES

1.1. Protección contra sobreintensidades

Todo circuito estará protegido contra los efectos de las sobreintensidades que puedan presentarse en el mismo, para lo cual la interrupción de este circuito se realizará en un tiempo conveniente o estará dimensionado para las sobreintensidades previsibles.

Las sobreintensidades pueden estar motivadas por:

— Sobrecargas debidas a los aparatos de utilización o defectos de aislamiento de gran impedancia.

— Cortocircuitos.

— Descargas eléctricas atmosféricas

a) Protección contra sobrecargas. El límite de intensidad de corriente admisible en un conductor ha de quedar en todo caso garantizada por el dispositivo de protección utilizado.

El dispositivo de protección podrá estar constituido por un interruptor automático de corte omnipolar con curva térmica de corte, o por cortacircuitos fusibles calibrados de características de funcionamiento adecuadas.

b) Protección contra cortocircuitos. En el origen de todo circuito se establecerá un dispositivo de protección contra cortocircuitos cuya capacidad de corte estará de acuerdo con la intensidad de cortocircuito que pueda presentarse en el punto de su conexión. Se admite, no obstante, que cuando se trate de circuitos derivados de uno principal, cada uno de estos circuitos derivados disponga de protección contra sobrecargas, mientras que un solo dispositivo general pueda asegurar la protección contra cortocircuitos para todos los circuitos derivados.

Se admiten como dispositivos de protección contra cortocircuitos los fusibles calibrados de características de funcionamiento adecuadas y los interruptores automáticos con sistema de corte omnipolar.

La norma **UNE 20.460** -4-43 recoge en su articulado todos los aspectos requeridos para los dispositivos de protección en sus apartados:

432 — Naturaleza de los dispositivos de protección.

433 — Protección contra las corrientes de sobrecarga.

434 — Protección contra las corrientes de cortocircuito.

435 — Coordinación entre la protección contra las sobrecargas y la protección contra los cortocircuitos.

436 — Limitación de las sobreintensidades por las características de alimentación.

1.2. Aplicación de las medidas de protección

La norma **UNE 20.460** -4-473 define la aplicación de las medidas de protección expuestas en la norma **UNE 20.460** -4-43 según sea por causa de sobrecargas o cortocircuito, señalando en cada caso su emplazamiento u omisión, resumiendo los diferentes casos en la siguiente tabla.

Tabla 1.

Circuitos	3 F + N								3 F			F + N		2 F	
	$S_N \geq S_F$				$S_N < S_F$										
Esquemas	F	F	F	N	F	F	F	N	F	F	F	F	N	F	F
TN-C	P	P	P	–	P	P	P	– (1)	P	P	P	P	–	P	P
TN-S	P	P	P	–	P	P	P	P (3) (5)	P	P	P	P	–	P	P
TT	P	P	P	–	P	P	P	P (3) (5)	P	P	P (2) (4)	P	–	P	P (2)
IT	P	P	P	P (3) (6)	P	P	P	P (3) (6)	P	P	P	P	P (6) (3)	P	P (2)

NOTAS:

P: significa que debe preverse un dispositivo de protección (detección) sobre el conductor correspondiente

SN: Sección del conductor de neutro

SF: Sección del conductor de fase

(1): admisible si el conductor de neutro está protegido contra los cortocircuitos por el dispositivo de protección de los conductores de fase y la intensidad máxima que recorre el conductor neutro en servicio normal es netamente inferior al valor de intensidad admisible en este conductor.

(2): excepto cuando haya protección diferencial

(3): en este caso el corte y la conexión del conductor de neutro debe ser tal que el conductor neutro no sea cortado antes que los conductores de fase y que se conecte al mismo tiempo o antes que los conductores de fase.

(4): en el esquema TT sobre los circuitos alimentados entre fases y en los que el conductor de neutro no es distribuido, la detección de sobreintensidad

ITC 22

puede no estar prevista sobre uno de los conductores de fase, si existe sobre el mismo circuito aguas arriba una protección diferencial que corte todos los conductores de fase y si no existe distribución del conductor de neutro a partir de un punto neutro artificial en los circuitos situados aguas abajo del dispositivo de protección diferencial antes mencionado.

(5): salvo que el conductor de neutro esté protegido contra los cortocircuitos por el dispositivo de protección de los conductores de fase y la intensidad máxima que recorre el conductor neutro en servicio normal sea netamente inferior al valor de intensidad admisible en este conductor.

(6): salvo si el conductor neutro está efectivamente protegido contra los cortocircuitos o si existe aguas arriba una protección diferencial cuya corriente diferencial-residual nominal sea como máximo igual a 0,15 veces la corriente admisible en el conductor neutro correspondiente. Este dispositivo debe cortar todos los conductores activos del circuito correspondiente, incluido el conductor neutro.

Instrucción ITC-BT 23

INSTALACIONES INTERIORES O RECEPTORAS. PROTECCIÓN CONTRA SOBRETENSIONES

Índice

1. OBJETO Y CAMPO DE APLICACIÓN

Esta Instrucción trata de la protección de las instalaciones eléctricas interiores contra las sobretensiones transitorias que se transmiten por las redes de distribución y que se originan, fundamentalmente, como consecuencia de las descargas atmosféricas, conmutaciones de redes y defectos en las mismas.

El nivel de sobretensión que puede aparecer en la red es función del: nivel isoceraúnico estimado, tipo de acometida aérea o subterránea, proximidad del transformador de MT/BT, etc. La incidencia que la sobretensión puede tener en la seguridad de las personas, instalaciones y equipos, así como su repercusión en la continuidad del servicio es función de:

— La coordinación del aislamiento de los equipos.

— Las características de los dispositivos de protección contra sobretensiones, su instalación y su ubicación.

— La existencia de una adecuada red de tierras.

Esta Instrucción contiene las indicaciones a considerar para cuando la protección contra sobretensiones está prescrita o recomendada en las líneas de alimentación principal 230/400 V en corriente alterna, no contemplándose en la misma otros casos como, por ejemplo, la protección de señales de medida, control y telecomunicación.

2. CATEGORÍAS DE LAS SOBRETENSIONES

2.1. Objeto de las categorías

Las categorías de sobretensiones permiten distinguir los diversos grados de tensión soportada a las sobretensiones en cada una de las partes de la instalación, equipos y receptores. Mediante una adecuada selección de la categoría, se puede lograr la coordinación del aislamiento necesario en el conjunto de la instalación, reduciendo el riesgo de fallo a un nivel aceptable y proporcionando una base para el control de la sobretensión.

Las categorías indican los valores de tensión soportada a la onda de choque de sobretensión que deben de tener los equipos, determinando, a su vez, el valor límite máximo de tensión residual que deben permitir los diferentes dispositivos de protección de cada zona para evitar el posible daño de dichos equipos. La reducción de las sobretensiones de entrada a valores inferiores a los indicados en cada categoría se consigue con una estrategia de protección en cascada que integra tres niveles de protección: basta, media y fina, logrando de esta forma un nivel de tensión residual no peligroso para los equipos y una capacidad de derivación de energía que prolonga la vida y efectividad de los dispositivos de protección.

2.2. Descripción de las categorías de sobretensiones

En la tabla 1 se distinguen 4 categorías diferentes, indicando en cada caso el nivel de tensión soportada a impulsos, en kV, según la tensión nominal de la instalación.

Categoría I

Se aplica a los equipos muy sensibles a las sobretensiones y que están destinados a ser conectados a la instalación eléctrica fija. En este caso, las medidas de protección se toman fuera de los equipos a proteger, ya sea en la instalación fija o entre la instalación fija y los equipos, con objeto de limitar las sobretensiones a un nivel específico.

Ejemplo: ordenadores, equipos electrónicos muy sensibles, etc.

Categoría II

Se aplica a los equipos destinados a conectarse a una instalación eléctrica fija.

Ejemplo: electrodomésticos, herramientas portátiles y otros equipos similares.

Categoría III

Se aplica a los equipos y materiales que forman parte de la instalación eléctrica fija y a otros equipos para los cuales se requiere un alto nivel de fiabilidad.

Ejemplo: armarios de distribución, embarrados, aparamenta (interruptores, seccionadores, tomas de corriente...), canalizaciones y sus accesorios (cables, caja de derivación...), motores con conexión eléctrica fija (ascensores, máquinas industriales...), etc.

Categoría IV

Se aplica a los equipos y materiales que se conectan en el origen o muy próximos al origen de la instalación, aguas arriba del cuadro de distribución.

Ejemplo: contadores de energía, aparatos de telemedida, equipos principales de protección contra sobreintensidades, etc.

3. MEDIDAS PARA EL CONTROL DE LAS SOBRETENSIONES

Es preciso distinguir dos tipos de sobretensiones:

— Las producidas como consecuencia de la descarga directa del rayo. Esta Instrucción no trata este caso.

ITC 23

— Las debidas a la influencia de la descarga lejana del rayo, conmutaciones de la red, defectos de red, efectos inductivos, capacitivos, etc.

Se pueden presentar dos situaciones diferentes:

— Situación natural: Cuando no es preciso la protección contra las sobretensiones transitorias.

— Situación controlada: Cuando es preciso la protección contra las sobretensiones transitorias.

3.1. Situación natural

Cuando se prevé un bajo riesgo de sobretensiones en una instalación (debido a que está alimentada por una red subterránea en su totalidad), se considera suficiente la resistencia a las sobretensiones de los equipos que se indica en la tabla 1 y no se requiere ninguna protección suplementaria contra las sobretensiones transitorias.

Una línea aérea constituida por conductores aislados con pantalla metálica unida a tierra en sus dos extremos se considera equivalente a una línea subterránea.

3.2. Situación controlada

Cuando una instalación se alimenta por, o incluye, una línea aérea con conductores desnudos o aislados, se considera necesaria una protección contra sobretensiones de origen atmosférico en el origen de la instalación.

El nivel de sobretensiones puede controlarse mediante dispositivos de protección contra las sobretensiones colocados en las líneas aéreas (siempre que estén suficientemente próximos al origen de la instalación) o en la instalación eléctrica del edificio.

También se considera situación controlada aquella situación natural en que es conveniente incluir dispositivos de protección para una mayor seguridad (por ejemplo, continuidad de servicio, valor económico de los equipos, pérdidas irreparables, etc.).

Los dispositivos de protección contra sobretensiones de origen atmosférico deben seleccionarse de forma que su nivel de protección sea inferior a la tensión soportada a impulso de la categoría de los equipos y materiales que se prevé que se vayan a instalar.

En redes TT o IT, los descargadores se conectarán entre cada uno de los conductores, incluyendo el neutro o compensador y la tierra de la instalación. En redes TN-S, los descargadores se conectarán entre cada uno de los conductores de fase y el conductor de protección. En redes TN-C, los descargadores se conectarán entre cada uno de los conductores de fase y el neutro o compensador. No obstante, se permiten otras formas de conexión, siempre que se demuestre su eficacia.

4. SELECCIÓN DE LOS MATERIALES EN LA INSTALACIÓN

Los equipos y materiales deben escogerse de manera que su tensión soportada a impulsos no sea inferior a la tensión soportada prescrita en la tabla 1, según su categoría.

Los equipos y materiales que tengan una tensión soportada a impulsos inferior a la indicada en la tabla 1, se pueden utilizar, no obstante:

— En situación natural. Cuando el riesgo sea aceptable.

— En situación controlada, si la protección contra las sobretensiones es adecuada.

Tabla 1.

TENSIÓN NOMINAL DE LA INSTALACIÓN		TENSIÓN SOPORTADA A IMPULSOS 1,2/50 (kV)			
SISTEMAS TRIFÁSICOS	SISTEMAS MONOFÁSICOS	CATEGORÍA IV	CATEGORÍA III	CATEGORÍA II	CATEGORÍA I
230/400	230	6	4	2,5	1,5
400/690	—	8	6	4	2,5
1000	—				

ITC 23

Instrucción ITC-BT 24

INSTALACIONES INTERIORES O RECEPTORAS. PROTECCIÓN CONTRA LOS CONTACTOS DIRECTOS E INDIRECTOS

Índice

Normas UNE citadas en la ITC-BT 24:
UNE 20.481, UNE 20.460-4-41, UNE 20.324, UNE 20.572-1

1. INTRODUCCIÓN

La presente instrucción describe las medidas destinadas a asegurar la protección de las personas y animales domésticos contra los choques eléctricos.

En la protección contra los choques eléctricos se aplicarán las medidas apropiadas:

— Para la protección contra los contactos directos y contra los contactos indirectos.

— Para la protección contra contactos directos.

— Para la protección contra contactos indirectos.

2. PROTECCIÓN CONTRA CONTACTOS DIRECTOS E INDIRECTOS

La protección contra los choques eléctricos para contactos directos e indirectos a la vez se realiza mediante la utilización de muy baja tensión de seguridad MBTS, que debe cumplir las siguientes condiciones:

— Tensión nominal en el campo I de acuerdo a la norma **UNE 20.481** y la **ITC-BT-36**.

— Fuente de alimentación de seguridad para MBTS de acuerdo con lo indicado en la norma **UNE 20.460** -4-41.

— Los circuitos de instalaciones para MBTS, cumplirán lo que se indica en la norma **UNE 20.460**-4-41 y en la **ITC-BT-36**.

3. PROTECCIÓN CONTRA CONTACTOS DIRECTOS

Esta protección consiste en tomar las medidas destinadas a proteger las personas contra los peligros que pueden derivarse de un contacto con las partes activas de los materiales eléctricos.

Salvo indicación contraria, los medios a utilizar vienen expuestos y definidos en la Norma **UNE 20.460** -4-41, que son habitualmente:

— Protección por aislamiento de las partes activas.

— Protección por medio de barreras o envolventes.

— Protección por medio de obstáculos.

— Protección por puesta fuera de alcance por alejamiento.

— Protección complementaria por dispositivos de corriente diferencial residual.

3.1. Protección por aislamiento de las partes activas

Las partes activas deberán estar recubiertas de un aislamiento que no pueda ser eliminado más que destruyéndolo.

Las pinturas, barnices, lacas y productos similares no se considera que constituyan un aislamiento suficiente en el marco de la protección contra los contactos directos.

3.2. Protección por medio de barreras o envolventes

Las partes activas deben estar situadas en el interior de las envolventes o detrás de barreras que posean, como mínimo, el grado de protección IP XXB, según **UNE 20.324**. Si se necesitan aberturas mayores para la reparación de piezas o para el buen funcionamiento de los equipos, se adoptarán precauciones apropiadas para impedir que las personas o animales domésticos toquen las partes activas y se garantizará que las personas sean conscientes del hecho de que las partes activas no deben ser tocadas voluntariamente.

Las superficies superiores de las barreras o envolventes horizontales que son fácilmente accesibles deben responder como mínimo al grado de protección IP4X o IP XXD.

Las barreras o envolventes deben fijarse de manera segura y ser de una robustez y durabilidad suficientes para mantener los grados de protección exigidos, con una separación suficiente de las partes activas en las condiciones normales de servicio, teniendo en cuenta las influencias externas.

Cuando sea necesario suprimir las barreras, abrir las envolventes o quitar partes de éstas, esto no debe ser posible más que:

— bien con la ayuda de una llave o de una herramienta;

— o bien, después de quitar la tensión de las partes activas protegidas por estas barreras o estas envolventes, no pudiendo ser restablecida la tensión hasta después de volver a colocar las barreras o las envolventes;

— o bien, si hay interpuesta una segunda barrera que posee como mínimo el grado de protección IP2X o IP XXB, que no pueda ser quitada más que con la ayuda de una llave o de una herramienta y que impida todo contacto con las partes activas.

3.3. Protección por medio de obstáculos

Esta medida no garantiza una protección completa y su aplicación se limita, en la práctica, a los locales de servicio eléctrico sólo accesibles al personal autorizado.

Los obstáculos están destinados a impedir los contactos fortuitos con las partes activas, pero no los contactos voluntarios por una tentativa deliberada de salvar el obstáculo.

Los obstáculos deben impedir:

— bien, un acercamiento físico no intencionado a las partes activas;

— bien, los contactos no intencionados con las partes activas en el caso de intervenciones en equipos bajo tensión durante el servicio.

Los obstáculos pueden ser desmontables sin la ayuda de una herramienta o de una llave; no obstante, deben estar fijados de manera que se impida todo desmontaje involuntario.

3.4. Protección por puesta fuera de alcance por alejamiento

Esta medida no garantiza una protección completa y su aplicación se limita, en la práctica, a los locales de servicio eléctrico sólo accesibles al personal autorizado.

La puesta fuera de alcance por alejamiento está destinada solamente a impedir los contactos fortuitos con las partes activas.

Las partes accesibles simultáneamente que se encuentran a tensiones diferentes no deben encontrarse dentro del volumen de accesibilidad.

El volumen de accesibilidad de las personas se define como el situado alrededor de los emplazamientos en los que pueden permanecer o circular personas, y cuyos límites no pueden ser alcanzados por una mano sin medios auxiliares. Por convenio, este volumen está limitado conforme a la figura 1, entendiendo que la altura que limita el volumen es 2,5 m.

Figura 1. *Volumen de accesibilidad.*

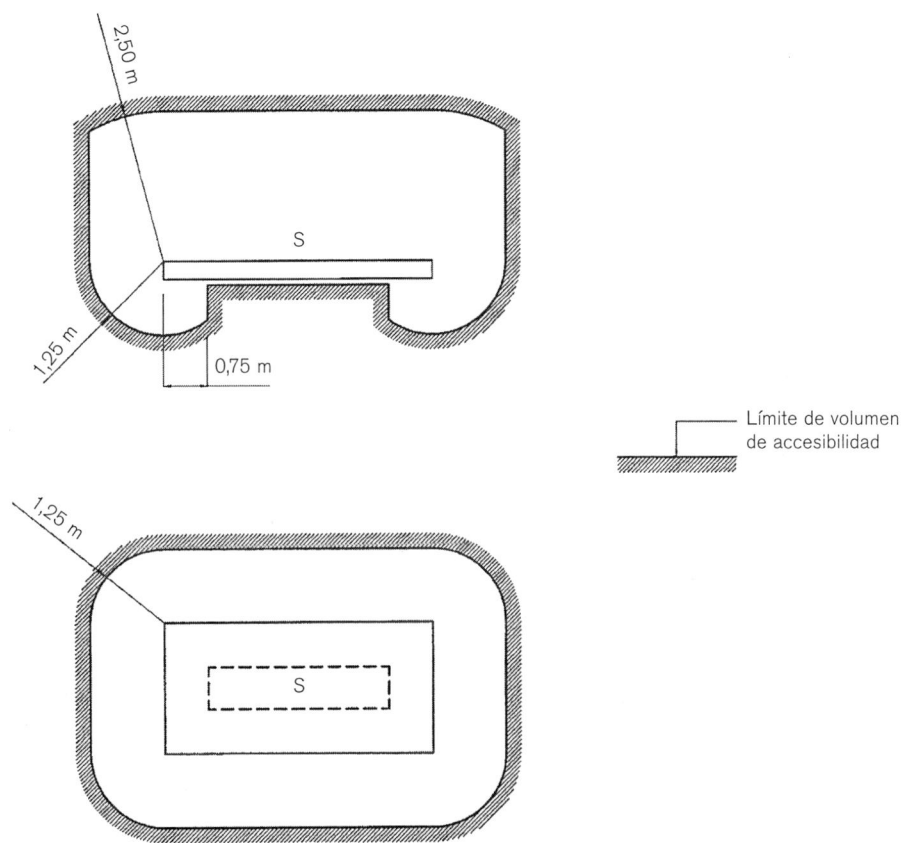

S = Superficie susceptible de ocupación por personas

Cuando el espacio en el que permanecen y circulan normalmente personas está limitado por un obstáculo (por ejemplo, listón de protección, barandillas, panel enrejado) que presenta un grado de protección inferior al IP2X o IP XXB, según **UNE 20.324**, el volumen de accesibilidad comienza a partir de este obstáculo.

En los emplazamientos en que se manipulen corrientemente objetos conductores de gran longitud o voluminosos, las distancias prescritas anteriormente deben aumentarse teniendo en cuenta las dimensiones de estos objetos.

ITC 24

3.5. Protección complementaria por dispositivos de corriente diferencial-residual

Esta medida de protección está destinada solamente a complementar otras medidas de protección contra los contactos directos.

El empleo de dispositivos de corriente diferencial-residual, cuyo valor de corriente diferencial asignada de funcionamiento sea inferior o igual a 30 mA, se reconoce como medida de protección complementaria en caso de fallo de otra medida de protección contra los contactos directos o en caso de imprudencia de los usuarios.

Cuando se prevea que las corrientes diferenciales puedan ser no senoidales (como por ejemplo en salas de radiología intervencionista), los dispositivos de corriente diferencial-residual utilizados serán de clase A, que aseguran la desconexión para corrientes alternas senoidales, así como para corrientes continuas pulsantes.

La utilización de tales dispositivos no constituye por sí mismo una medida de protección completa y requiere el empleo de una de las medidas de protección enunciadas en los apartados 3.1 a 3.4 de la presente instrucción.

4. PROTECCIÓN CONTRA LOS CONTACTOS INDIRECTOS

Esta protección se consigue mediante la aplicación de algunas de las medidas siguientes:

4.1. Protección por corte automático de la alimentación

El corte automático de la alimentación después de la aparición de un fallo está destinado a impedir que una tensión de contacto de valor suficiente se mantenga durante un tiempo tal que puede dar como resultado un riesgo.

Debe existir una adecuada coordinación entre el esquema de conexiones a tierra de la instalación, utilizado de entre los descritos en la **ITC-BT-08**, y las características de los dispositivos de protección.

El corte automático de la alimentación está prescrito cuando puede producirse un efecto peligroso en las personas o animales domésticos en caso de defecto, debido al valor y duración de la tensión de contacto. Se utilizará como referencia lo indicado en la norma **UNE 20.572 -1**.

La tensión límite convencional es igual a 50 V, valor eficaz en corriente alterna, en condiciones normales. En ciertas condiciones pueden especificarse valores menos elevados, como por ejemplo 24 V para las instalaciones de alumbrado exterior contempladas en la **ITC-BT-09**, apartado 10.

Se describen a continuación aquellos aspectos más significativos que deben reunir los sistemas de protección en función de los distintos esquemas de conexión de la instalación, según la **ITC-BT-08** y que la norma **UNE 20.460** -4-41 define cada caso.

4.1.1. Esquemas TN, características y prescripciones de los dispositivos de protección

Una puesta a tierra múltiple, en puntos repartidos con regularidad, puede ser necesaria para asegurarse de que el potencial del conductor de protección se mantiene, en caso de fallo, lo más próximo posible al de tierra. Por la misma razón, se recomienda conectar el conductor de protección a tierra en el punto de entrada de cada edificio o establecimiento.

Las características de los dispositivos de protección y las secciones de los conductores se eligen de manera que, si se produce en un lugar cualquiera un fallo, de impedancia despreciable, entre un conductor de fase y el conductor de protección o una masa, el corte automático se efectúe en un tiempo igual, como máximo, al valor especificado, y se cumpla la condición siguiente:

$$Z_s \times I_a \leq U_0$$

donde

Z_s Es la impedancia del bucle de defecto, incluyendo la de la fuente, la del conductor activo hasta el punto de defecto y la del conductor de protección, desde el punto de defecto hasta la fuente.

I_a Es la corriente que asegura el funcionamiento del dispositivo de corte automático en un tiempo como máximo igual al definido en la tabla 1 para tensión nominal igual a U_0. En caso de utilización de un dispositivo de corriente diferencial-residual, I_a es la corriente diferencial asignada.

U_0 Es la tensión nominal entre fase y tierra, valor eficaz en corriente alterna.

Tabla 1.

U_0 (V)	Tiempos de interrupción (s)
230	0,4
400	0,2
>400	0,1

ITC 24

Instalaciones interiores o receptoras. Protección contra los contactos directos e indirectos / **281**

En la norma **UNE 20.460** -4-41 se indican las condiciones especiales que deben cumplirse para permitir tiempos de interrupción mayores o condiciones especiales de instalación.

En el esquema TN pueden utilizarse los dispositivos de protección siguientes:

— Dispositivos de protección de máxima corriente, tales como fusibles, interruptores automáticos.

— Dispositivos de protección de corriente diferencial-residual.

Cuando el conductor neutro y el conductor de protección sean comunes (esquemas TN-C), no podrán utilizarse dispositivos de protección de corriente diferencial-residual.

Cuando se utilice un dispositivo de protección de corriente diferencial-residual en esquemas TN-C-S, no debe utilizarse un conductor CPN aguas abajo. La conexión del conductor de protección al conductor CPN debe efectuarse aguas arriba del dispositivo de protección de corriente diferencial-residual.

Con miras a la selectividad pueden instalarse dispositivos de corriente diferencial-residual temporizada (por ejemplo del tipo "S") en serie con dispositivos de protección diferencial-residual de tipo general.

Figura 2. *Esquema TN-C.*

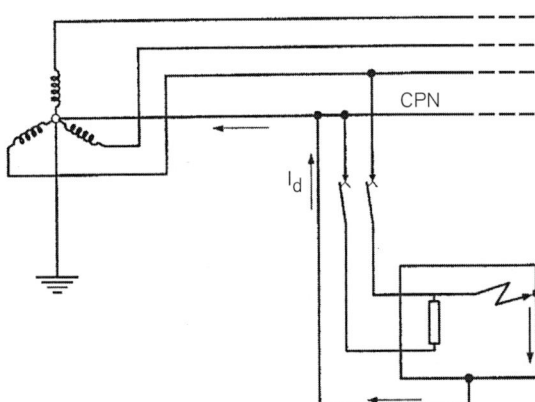

Figura 3. *Esquema TN-S.*

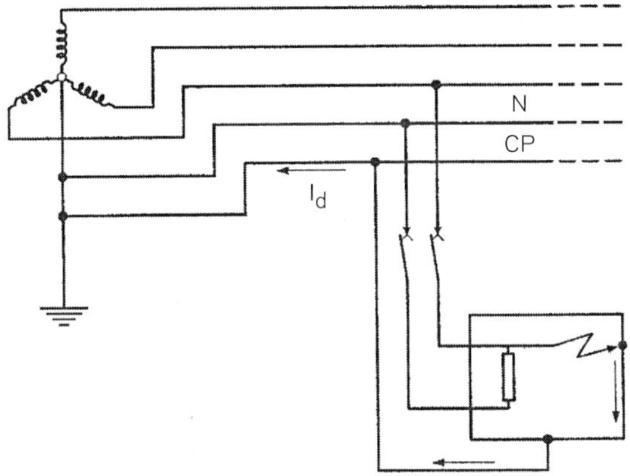

4.1.2. Esquemas TT. Características y prescripciones de los dispositivos de protección

Todas las masas de los equipos eléctricos protegidos por un mismo dispositivo de protección deben ser interconectadas y unidas por un conductor de protección a una misma toma de tierra. Si varios dispositivos de protección van montados en serie, esta prescripción se aplica por separado a las masas protegidas por cada dispositivo.

El punto neutro de cada generador o transformador, o, si no existe, un conductor de fase de cada generador o transformador, debe ponerse a tierra.

Se cumplirá la siguiente condición:

$$R_A \times I_a \leq U$$

donde:

R_A Es la suma de las resistencias de la toma de tierra y de los conductores de protección de masas.

I_a Es la corriente que asegura el funcionamiento automático del dispositivo de protección. Cuando el dispositivo de protección es un dispositivo de corriente diferencial-residual es la corriente diferencial-residual asignada.

U Es la tensión de contacto límite convencional (50, 24 V u otras, según los casos).

En el esquema TT, se utilizan los dispositivos de protección siguientes:

ITC 24

— Dispositivos de protección de corriente diferencial-residual.

— Dispositivos de protección de máxima corriente, tales como fusibles, interruptores automáticos. Estos dispositivos solamente son aplicables cuando la resistencia R_a tiene un valor muy bajo.

Cuando el dispositivo de protección es un dispositivo de protección contra las sobreintensidades, debe ser:

— bien un dispositivo que posea una característica de funcionamiento de tiempo inverso e I_a debe ser la corriente que asegure el funcionamiento automático en 5 s como máximo;

— o bien un dispositivo que posea una característica de funcionamiento instantánea e I_a debe ser la corriente que asegura el funcionamiento instantáneo.

La utilización de dispositivos de protección de tensión de defecto no está excluida para aplicaciones especiales cuando no puedan utilizarse los dispositivos de protección antes señalados.

Con miras a la selectividad pueden instalarse dispositivos de corriente diferencial-residual temporizada (por ejemplo del tipo "S") en serie con dispositivos de protección diferencial-residual de tipo general, con un tiempo de funcionamiento como máximo igual a 1 s.

Figura 4 *Esquema TT.*

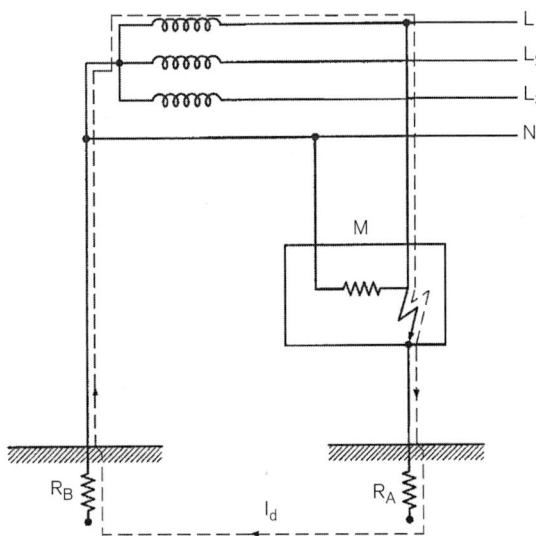

4.1.3. Esquemas IT. Características y prescripciones de los dispositivos de protección

En el esquema IT, la instalación debe estar aislada de tierra o conectada a tierra a través de una impedancia de valor suficientemente alto. Esta conexión se efectúa bien sea en el punto neutro de la instalación, si está montada en estrella, o en un punto neutro artificial. Cuando no exista ningún punto de neutro, un conductor de fase puede conectarse a tierra a través de una impedancia.

En caso de que exista un solo defecto a masa o a tierra, la corriente de fallo es de poca intensidad y no es imperativo el corte. Sin embargo, se deben tomar medidas para evitar cualquier peligro en caso de aparición de dos fallos simultáneos.

Ningún conductor activo debe conectarse directamente a tierra en la instalación.

Las masas deben conectarse a tierra, bien sea individualmente o por grupos.

Debe ser satisfecha la condición siguiente:

$$R_A \times I_d \leq U_L$$

donde:

R_A Es la suma de las resistencias de toma de tierra y de los conductores de protección de las masas.

I_d Es la corriente de defecto en caso de un primer defecto franco de baja impedancia entre un conductor de fase y una masa. Este valor tiene en cuenta las corrientes de fuga y la impedancia global de puesta a tierra de la instalación eléctrica.

U_L Es la tensión de contacto límite convencional (50, 24 V u otras, según los casos).

C_1; C_2; C_3 Capacidad homopolar de los conductores respecto de tierra.

Instalaciones interiores o receptoras. Protección contra los contactos directos e indirectos / **285**

ITC 24

Figura 5. *Esquema IT aislado de tierra.*

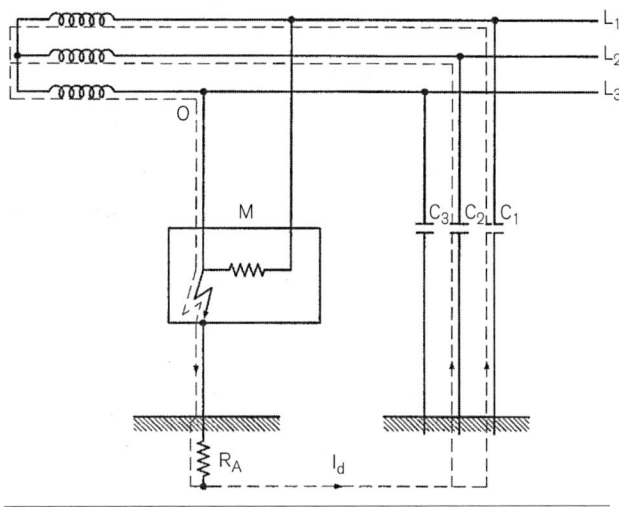

Figura 6. *Esquema IT unido a tierra por impedancia Z y con las puestas a tierra de la alimentación y de las masas separadas.*

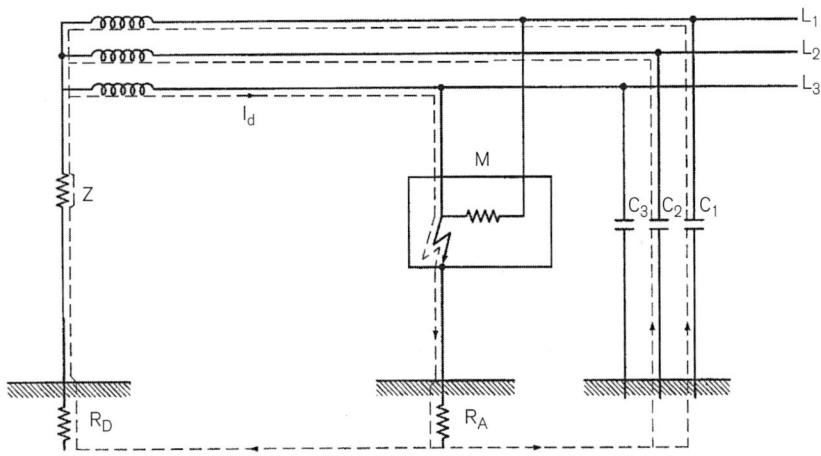

En el esquema IT, se utilizan los dispositivos de protección siguientes:

— Controladores permanentes de aislamiento.

— Dispositivos de protección de corriente diferencial-residual.

— Dispositivos de protección de máxima corriente, tales como fusibles o interruptores automáticos.

Si se ha previsto un controlador permanente de primer defecto para indicar la aparición de un primer defecto de una parte activa a masa o a tierra, debe activar una señal acústica o visual.

Después de la aparición de un primer defecto, las condiciones de interrupción de la alimentación en un segundo defecto deben ser las siguientes:

— Cuando se pongan a tierra masas por grupos o individualmente, las condiciones de protección son las del esquema TT, salvo que el neutro no debe ponerse a tierra.

— Cuando las masas estén interconectadas mediante un conductor de protección, colectivamente a tierra, se aplican las condiciones del esquema TN, con protección mediante un dispositivo contra sobreintensidades, de forma que se cumplan las condiciones siguientes:

a) si el neutro no está distribuido: $\quad 2 \times Z_s \times I_a \leq U$

b) si el neutro está distribuido: $\quad 2 \times Z_s' \times I_a \leq U_0$

donde:

Z_s Es la impedancia del bucle de defecto constituido por el conductor de fase y el conductor de protección.

Z_s' Es la impedancia del bucle de defecto constituido por el conductor neutro, el conductor de protección y el de fase.

I_a Es la corriente que garantiza el funcionamiento del dispositivo de protección de la instalación en un tiempo t, según la tabla 2, o tiempos superiores, con 5 segundos como máximo para aquellos casos especiales contemplados en la norma **UNE 20.460** -4-41.

U Es la tensión entre fases, valor eficaz en corriente alterna.

U_0 Es la tensión entre fase y neutro, valor eficaz en corriente alterna.

ITC 24

Instalaciones interiores o receptoras. Protección contra los contactos directos e indirectos / **287**

Tabla 2.

Tensión nominal de la instalación (U_0/U)	Tiempo de interrupción (s)	
	Neutro no distribuido	Neutro distribuido
230/400	0,4	0,8
400/690	0,2	0,4
580/1000	0,1	0,2

Figura 7. *Corriente de segundo defecto en el esquema IT con masa conectadas a la misma toma de tierra y neutro no distribuido.*

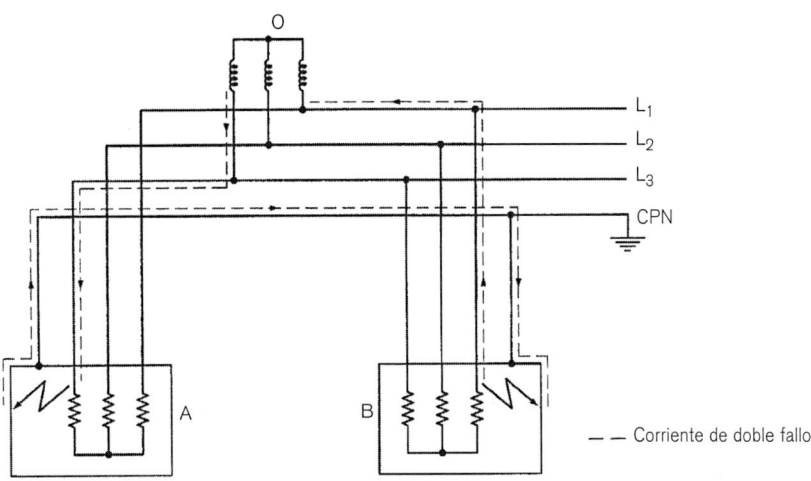

Si no es posible utilizar dispositivos de protección contra sobreintensidades de forma que se cumpla lo anterior, se utilizarán dispositivos de protección de corriente diferencial-residual para cada aparato de utilización o se realizará una conexión equipotencial complementaria, según lo dispuesto en la norma **UNE 20.460** -4-41.

Figura 8. *Corriente de segundo defecto en el esquema IT con masa conectadas a la misma toma de tierra y neutro distribuido.*

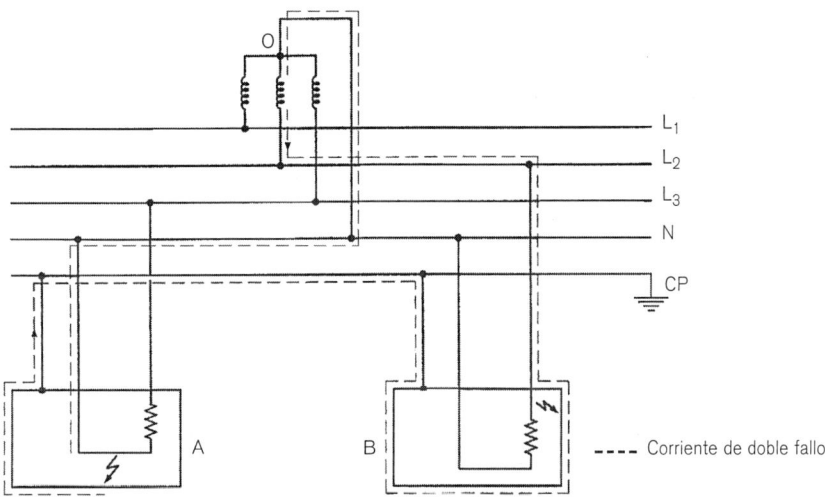

Corriente de doble fallo

4.2. Protección por empleo de equipos de la clase II o por aislamiento equivalente

Se asegura esta protección por:

— Utilización de equipos con un aislamiento doble o reforzado (clase II).

— Conjuntos de aparamenta construidos en fábrica y que posean aislamiento equivalente (doble o reforzado).

— Aislamientos suplementarios montados en el curso de la instalación eléctrica y que aíslen equipos eléctricos que posean únicamente un aislamiento principal.

— Aislamientos reforzados montados en el curso de la instalación eléctrica y que aíslen las partes activas descubiertas, cuando por construcción no sea posible la utilización de un doble aislamiento.

La norma **UNE 20.460** -4-41 describe el resto de características y revestimiento que deben cumplir las envolventes de estos equipos.

ITC 24

4.3. Protección en los locales o emplazamientos no conductores

La norma **UNE 20.460** -4-41 indica las características de las protecciones y medios para estos casos.

Esta medida de protección está destinada a impedir, en caso de fallo del aislamiento principal de las partes activas, el contacto simultáneo con partes que pueden ser puestas a tensiones diferentes. Se admite la utilización de materiales de la clase 0, condición de que se respete el conjunto de las condiciones siguientes:

Las masas deben estar dispuestas de manera que, en condiciones normales, las personas no hagan contacto simultáneo, bien con dos masas, bien con una masa y cualquier elemento conductor, si estos elementos pueden encontrarse a tensiones diferentes en caso de un fallo del aislamiento principal de las partes activas.

En estos locales (o emplazamientos), no debe estar previsto ningún conductor de protección.

Las prescripciones del apartado anterior se consideran satisfechas si el emplazamiento posee paredes aislantes y si se cumplen una o varias de las condiciones siguientes:

a) Alejamiento respectivo de las masas y de los elementos conductores, así como de las masas entre sí. Este alejamiento se considera suficiente si la distancia entre dos elementos es de 2 m como mínimo, pudiendo ser reducida esta distancia a 1,25 m por fuera del volumen de accesibilidad.

b) Interposición de obstáculos eficaces entre las masas o entre las masas y los elementos conductores. Estos obstáculos son considerados como suficientemente eficaces si se dejan la distancia a franquear en los valores indicados en el punto a). No deben conectarse ni a tierra ni a las masas y, en la medida de lo posible, deben ser de material aislante.

c) Aislamiento o disposición aislada de los elementos conductores. El aislamiento debe tener una rigidez mecánica suficiente y poder soportar una tensión de ensayo de un mínimo de 2.000 V. La corriente de fuga no debe ser superior a 1 mA en las condiciones normales de empleo.

Las figuras siguientes contienen ejemplos explicativos de las disposiciones anteriores.

Figura 9.

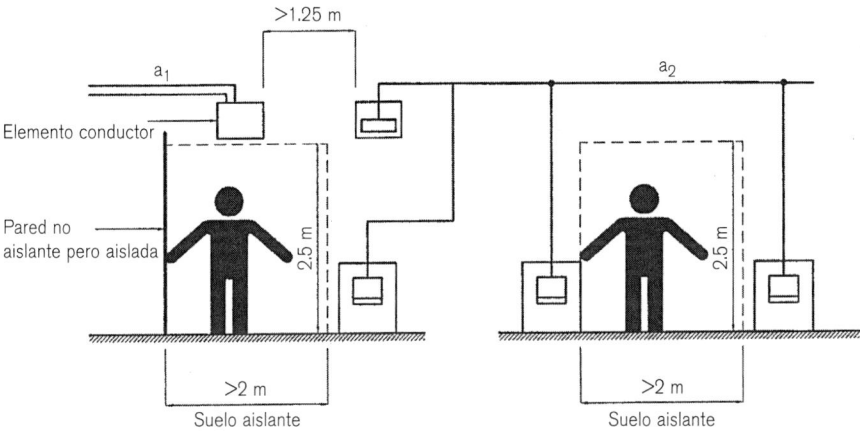

Figura 10.

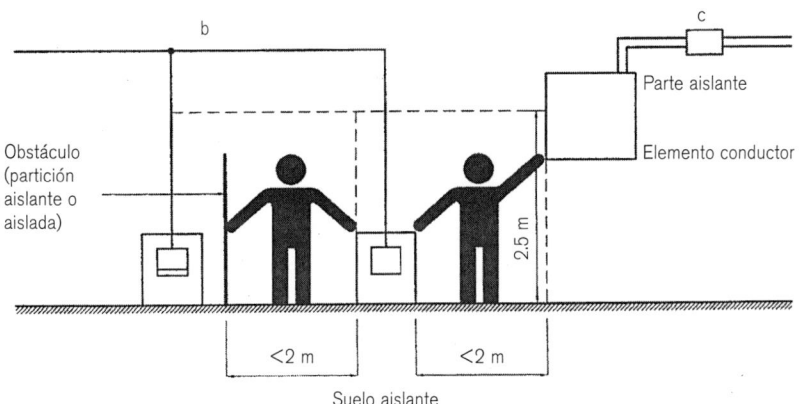

Las paredes y suelos aislantes deben presentar una resistencia no inferior a:

— 50 kΩ, si la tensión nominal de la instalación no es superior a 500 V; y

— 100 kΩ, si la tensión nominal de la instalación es superior a 500 V.

Si la resistencia no es superior o igual, en todo punto, al valor prescrito, estas paredes y suelos se considerarán como elementos conductores desde el punto de vista de la protección contra las descargas eléctricas.

Instalaciones interiores o receptoras. Protección contra los contactos directos e indirectos / **291**

ITC 24

Las disposiciones adoptadas deben ser duraderas y no deben poder inutilizarse. Igualmente, deben garantizar la protección de los equipos móviles cuando esté prevista la utilización de éstos.

Deberá evitarse la colocación posterior, en las instalaciones eléctricas no vigiladas continuamente, de otras partes (por ejemplo, materiales móviles de la clase I o elementos conductores, tales como conductos de agua metálicos), que puedan anular la conformidad con el apartado anterior.

Deberán evitarse que la humedad pueda comprometer el aislamiento de las paredes y de los suelos.

Deben adoptarse medidas adecuadas para evitar que los elementos conductores puedan transferir tensiones fuera del emplazamiento considerado.

4.4. Protección mediante conexiones equipotenciales locales no conectadas a tierra

Los conductores de equipotencialidad deben conectar todas las masas y todos los elementos conductores que sean simultáneamente accesibles.

La conexión equipotencial local así realizada no debe estar conectada a tierra, ni directamente ni a través de masas o de elementos conductores.

Deben adoptarse disposiciones para asegurar el acceso de personas al emplazamiento considerado, sin que éstas puedan ser sometidas a una diferencia de potencial peligrosa. Esto se aplica concretamente en el caso en que un suelo conductor, aunque aislado del terreno, está conectado a la conexión equipotencial local.

4.5. Protección por separación eléctrica

El circuito debe alimentarse a través de una fuente de separación, es decir:

— un transformador de aislamiento;

— una fuente que asegure un grado de seguridad equivalente al transformador de aislamiento anterior, por ejemplo un grupo motor generador que posea una separación equivalente.

La norma **UNE 20.460** -4-41 enuncia el conjunto de prescripciones que debe garantizar esta protección.

En el caso de que el circuito separado no alimente más que un solo aparato, las masas del circuito no deben ser conectadas a un conductor de protección.

En el caso de un circuito separado que alimente muchos aparatos, se satisfarán las siguientes prescripciones:

a) Las masas del circuito separado deben conectarse entre sí mediante conductores de equipotencialidad aislados, no conectados a tierra. Tales conductores no deben conectarse ni a conductores de protección, ni a masas de otros circuitos ni a elementos conductores.

b) Todas las bases de tomas de corriente deben estar provistas de un contacto de tierra que debe estar conectado al conductor de equipotencialidad descrito en el apartado anterior.

c) Todos los cables flexibles de equipos que no sean de clase II deben tener un conductor de protección utilizado como conductor de equipotencialidad.

d) En el caso de dos fallos francos que afecten a dos masas y alimentados por dos conductores de polaridad diferente, debe existir un dispositivo de protección que garantice el corte en un tiempo como máximo igual al indicado en la tabla 1 incluida en el apartado 4.1.1, para esquemas TN.

ITC 24

Instalaciones interiores o receptoras. Protección contra los contactos directos e indirectos / **293**

Instrucción ITC-BT 25

INSTALACIONES INTERIORES EN VIVIENDAS. NÚMERO DE CIRCUITOS Y CARACTERÍSTICAS

Índice

Normas UNE citadas en la ITC-BT 25:

UNE 20.315

1. GRADO DE ELECTRIFICACIÓN BÁSICO

El grado de electrificación básico se plantea como el sistema mínimo, a los efectos de uso, de la instalación interior de las viviendas en edificios nuevos, tal como se indica en la **ITC-BT-10**. Su objeto es permitir la utilización de los aparatos electrodomésticos de uso básico sin necesidad de obras posteriores de adecuación.

La capacidad de instalación se corresponderá como mínimo al valor de la intensidad asignada determinada para el interruptor general automático. Igualmente, se cumplirá esta condición para la derivación individual.

2. CIRCUITOS INTERIORES

2.1. Protección general

Los circuitos de protección privados se ejecutarán según lo dispuesto en la **ITC-BT-17** y constarán como mínimo de:

— Un interruptor general automático de corte omnipolar con accionamiento manual, de intensidad nominal mínima de 25 A y dispositivos de protección contra sobrecargas y cortocircuitos. El interruptor general es independiente del interruptor para el control de potencia (ICP) y no puede ser sustituido por éste.

— Uno o varios interruptores diferenciales que garanticen la protección contra contactos indirectos de todos los circuitos, con una intensidad diferencial-residual máxima de 30 mA e intensidad asignada superior o igual que la del interruptor general. Cuando se usen interruptores diferenciales en serie, habrá que garantizar que todos los circuitos queden protegidos frente a intensidades diferenciales-residuales de 30 mA como máximo, pudiéndose instalar otros diferenciales de intensidad superior a 30 mA en serie, siempre que se cumpla lo anterior.

Para instalaciones de viviendas alimentadas con redes diferentes a las de tipo TT, que eventualmente pudieran autorizarse, la protección contra contactos indirectos se realizará según se indica en el apartado 4.1 de la **ITC-BT-24**.

— Dispositivos de protección contra sobretensiones, si fuese necesario, conforme a la **ITC-BT-23**.

2.2. Previsión para instalaciones de sistemas de automatización, gestión técnica de la energía y seguridad

En el caso de instalaciones de sistemas de automatización, gestión técnica de la energía y de seguridad, que se desarrolla en la **ITC-BT-51**, la alimentación a los dispositivos de control y mando centralizado de los sistemas electrónicos se hará mediante un interruptor automático de corte omnipolar con dispositivo de protección contra sobrecargas y cortocircuitos, que se podrá situar aguas arriba de cualquier interruptor diferencial, siempre que su alimentación se realice a través de una fuente de MBTS o MBTP, según **ITC-BT-36**.

2.3. Derivaciones

Los tipos de circuitos independientes serán los que se indican a continuación y estarán protegidos cada uno de ellos por un interruptor automático de corte omnipolar con accionamiento manual y dispositivos de protección contra sobrecargas y cortocircuitos, con una intensidad asignada según su aplicación e indicada en el apartado 3.

2.3.1. Electrificación básica

Circuitos independientes

C_1 Circuito de distribución interna, destinado a alimentar los puntos de iluminación.

C_2 Circuito de distribución interna, destinado a tomas de corriente de uso general y frigorífico.

C_3 Circuito de distribución interna, destinado a alimentar la cocina y horno.

C_4 Circuito de distribución interna, destinado a alimentar la lavadora, lavavajillas y termo eléctrico.

C_5 Circuito de distribución interna, destinado a alimentar tomas de corriente de los cuartos de baño, así como las bases auxiliares del cuarto de cocina.

2.3.2. Electrificación elevada

Es el caso de viviendas con una previsión importante de aparatos electrodomésticos que obligue a instalar más de un circuito de cualquiera de los tipos descritos anteriormente, así como con previsión de sistemas de calefacción eléctrica, acondicionamiento de aire, automatización, gestión técnica de la energía y seguridad, para la recarga de vehículos eléctricos en viviendas unifamiliares, o con superficies útiles de las viviendas superiores a 160 m^2. En este caso se instalarán, además de los correspondientes a la electrificación básica, los siguientes circuitos:

C_6 Circuito adicional del tipo C_1 por cada 30 puntos de luz.

C_7 Circuito adicional del tipo C_2, por cada 20 tomas de corriente de uso general o si la superficie útil de la vivienda es mayor de 160 m^2.

C_8 Circuito de distribución interna, destinado a la instalación de calefacción eléctrica, cuando exista previsión de ésta.

C_9 Circuito de distribución interna, destinado a la instalación aire acondicionado, cuando existe previsión de éste.

C_{10} Circuito de distribución interna, destinado a la instalación de una secadora independiente.

C_{11} Circuito de distribución interna, destinado a la alimentación del sistema de automatización, gestión técnica de la energía y de seguridad, cuando exista previsión de éste.

C_{12} Circuitos adicionales de cualquiera de los tipos C_3 o C_4, cuando se prevean, o circuito adicional del tipo C_5, cuando su número de tomas de corriente exceda de 6.

C_{13} Circuito adicional para la infraestructura de recarga de vehículos eléctricos, cuando esté prevista una o más plazas o espacios para el estacionamiento de vehículos eléctricos

Tanto para la electrificación básica como para la elevada, se colocará, como mínimo, un interruptor diferencial de las características indicadas en el apartado 2.1 por cada cinco circuitos instalados.

En el circuito C13, se colocará un interruptor diferencial exclusivo para éste con las características especificadas en la **ITC- BT-52**. En aparcamientos o estacionamientos colectivos en edificios o conjuntos inmobiliarios en régimen de propiedad horizontal, el circuito C13 quedará sustituido por los esquemas de conexión correspondientes instalados en las zonas comunes según establece la **ITC-BT-52**.

3. DETERMINACIÓN DEL NÚMERO DE CIRCUITOS, SECCIÓN DE LOS CONDUCTORES Y DE LAS CAÍDAS DE TENSIÓN

En la tabla 1 se relacionan los circuitos mínimos previstos con sus características eléctricas.

La sección mínima indicada por circuito está calculada para un número limitado de puntos de utilización. De aumentarse el número de puntos de utilización, será necesaria la instalación de circuitos adicionales correspondientes.

Cada accesorio o elemento del circuito en cuestión tendrá una corriente asignada, no inferior al valor de la intensidad prevista del receptor o receptores a conectar.

El valor de la intensidad de corriente prevista en cada circuito se calculará de acuerdo con la fórmula:

$$I = n \times Ia \times Fs \times Fu$$

N	N° de tomas o receptores.
I_a	Intensidad prevista por toma o receptor.
Fs (factor de simultaneidad)	Relación de receptores conectados simultáneamente sobre el total
Fu (factor de utilización)	Factor medio de utilización de la potencia máxima del receptor.

Los dispositivos automáticos de protección, tanto para el valor de la intensidad asignada como para la intensidad máxima de cortocircuito, se corresponderán con la intensidad admisible del circuito y la de cortocircuito en ese punto respectivamente.

Los conductores será de cobre y su sección será como mínimo la indicada en la tabla 1, y además estará condicionada a que la caída de tensión sea como máximo el 3%. Esta caída de tensión se calculará para una intensidad de funcionamiento del circuito igual a la intensidad nominal del interruptor automático de dicho circuito y para una distancia correspondiente a la del punto de utilización más alejado del origen de la instalación interior. El valor de la caída de tensión podrá compensarse entre la de la instalación interior y la de las derivaciones individuales, de forma que la caída de tensión total sea inferior a la suma de los valores límite especificados para ambas, según el tipo de esquema utilizado.

El valor de la intensidad de corriente prevista en cada circuito se calculará de acuerdo con la fórmula:

$$I = n \times Ia \times Fs \times Fu$$

N	N° de tomas o receptores.
I_a	Intensidad prevista por toma o receptor.
Fs (factor de simultaneidad)	Relación de receptores conectados simultáneamente sobre el total
Fu (factor de utilización)	Factor medio de utilización de la potencia máxima del receptor.

Los dispositivos automáticos de protección, tanto para el valor de la intensidad asignada como para la intensidad máxima de cortocircuito, se corresponderán con la intensidad admisible del circuito y la de cortocircuito en ese punto respectivamente.

Los conductores será de cobre y su sección será como mínimo la indicada en la tabla 1, y además estará condicionada a que la caída de tensión sea como máximo el 3%. Esta caída de tensión se calculará para una intensidad de funcionamiento del circuito igual a la intensidad nominal del interruptor automático de dicho circuito y para una distancia correspondiente a la del punto de utilización más alejado del origen de la instalación interior. El valor de la caída de tensión podrá compensarse entre la de la instalación interior y la de las derivaciones individuales, de forma que la caída de tensión total sea inferior a la suma de los valores límite especificados para ambas, según el tipo de esquema utilizado.

Tabla 1. *Características eléctricas de los circuitos* [1]

Circuito de utilización	Potencia prevista por toma (W)	Factor simultaneidad Fs	Factor utilización Fu	Tipo de toma [7]	Interruptor automático (A)	Máximo n° de puntos de utilización o tomas por circuito	Conductores sección mínima mm² [5]	Tubo o conducto Diámetro mm [3]
C_1 Iluminación	200	0,75	0,5	Punto de luz [9]	10	30	1,5	16
C_2 Tomas de uso general	3.450	0,2	0,25	Base 16A 2p+T	16	20	2,5	20
C_3 Cocina y horno	5.400	0,5	0,75	Base 25A 2p+T	25	2	6	25
C_4 Lavadora, lavavajillas y termo eléctrico	3.450	0,66	0,75	Base 16A 2p+T combinadas con fusibles o interruptores automáticos de 16A[8]	20	3	4[6]	20
C_5 Baño, cuarto de cocina	3.450	0,4	0,5	Base 16A 2p+T	16	6	2,5	20
C_8 Calefacción	[2]	—	—	—	25	—	6	25
C_9 Aire acondicionado	[2]	—	—	—	25	—	6	25
C_{10} Secadora	3.450	1	0,75	Base 16A 2p+T	16	1	2,5	20
C_{11} Automatización	[4]	—	—	—	10	—	1,5	16
C_{13} Recarga del vehículo eléctrico	[10]	1	1	[10]	[10]	3	2,5	20

(1) La tensión considerada es de 230 V entre fase y neutro.
(2) La potencia máxima permisible por circuito será de 5.750 W.
(3) Diámetros externos según ITC-BT 19.
(4) La potencia máxima permisible por circuito será de 2.300 W.
(5) Este valor corresponde a una instalación de dos conductores y tierra con aislamiento de PVC bajo tubo empotrado en obra, según tabla 1 de ITC-BT-19. Otras secciones pueden ser requeridas para otros tipos de cable o condiciones de instalación.
(6) En este circuito exclusivamente, cada toma individual puede conectarse mediante un conductor de sección 2,5 mm² que parta de una caja de derivación del circuito de 4 mm².
(7) Las bases de toma de corriente de 16 A 2p+T serán fijas del tipo indicado en la figura C2a y las de 25 A 2p+T serán del tipo indicado en la figura ESB 25-5A, ambas de la norma UNE 20.315.
(8) Los fusibles o interruptores automáticos no son necesarios si se dispone de circuitos independientes para cada aparato, con interruptor automático de 16 A en cada circuito, el desdoblamiento del circuito con este fin no supondrá el paso a electrificación elevada ni la necesidad de disponer de un diferencial adicional.
(9) El punto de luz incluirá conductor de protección.
(10) La potencia prevista por toma, los tipos de bases de toma de corriente y la intensidad asignada del interruptor automático para el circuito C_{13} se especifican en la ITC-BT-52.

4. PUNTOS DE UTILIZACIÓN

En cada estancia se utilizarán como mínimo los siguientes puntos de utilización:

Tabla 2.

Estancia	Circuito	Mecanismo	n° mínimo	Superrficie/longitud
Acceso	C_1	Pulsador timbre	1	—
Vestíbulo	C_1	Punto de luz	1	—
		Interruptor 10.A	1	
	C_2	Base 16 A 2p+T	1	—
Sala de estar o Salón	C_1	Punto de luz	1	Hasta 10 m^2 (dos si S >10 m^2)
		Interruptor 10 A	1	Uno por cada punto de luz
	C_2	Base 16 A 2p+T	3$^{(1)}$	Una por cada 6 m^2, redondeado al entero superior
	C_8	Toma de calefacción	1	Hasta 10 m^2 (dos si S >10 m^2)
	C_9	Toma de aire acondicionado	1	Hasta 10 m^2 (dos si S >10 m^2)
Dormitorios	C_1	Puntos de luz Interruptor 10 A	1	Hasta 10 m^2 (dos si S >10 m^2)
			1	Uno por cada punto de luz
	C_2	Base 16 A 2p+T	3$^{(1)}$	Una por cada 6 m^2, redondeado al entero superior
	C_8	Toma de calefacción	1	
	C_9	Toma de aire acondicionado	1	—
Baños	C_1	Puntos de luz interruptor 10 A	1	—
	C_5	Base 16 A 2p+T	1	—
	C_8	Toma de calefacción	1	—
Pasillos o distribuidores	C_1	Puntos de luz	1	Uno cada 5 m de longitud
		Interruptor/Conmutador 10A	1	Uno en cada acceso
	C_2	Base 16 A 2p+T		Hasta 5 m (dos si L > 5 m)
	C_8	Toma de calefacción		
Cocina	C_1	Puntos de luz		Hasta 10 m^2 (dos si S> 10 m^2)
		Interruptor 10 A		Uno por cada punto de luz
	C_2	Base 16 A 2p+T	2	Extractor y frigorífico
	C_3	Base 25 A 2p+T	1	Cocina/horno
	C_4	Base 16 A 2p+T	3	Lavadora, lavavajilla y termo
	C_5	Base 16 A 2 p +T	3$^{(2)}$	encima del plano de trabajo
	C_8	Toma de calefacción	1	—
	C_{10}	Base 16 A 2p +T	1	Secadora
Terraza y vestidores	C_1	Puntos de luz Interruptor 10 A	1	Hasta 10 m^2 (dos si S >10 m^2)
			1	Uno por cada punto de luz
Garajes unifamiliares y otros	C_1	Puntos de luz Interruptor 10 A	1	Hasta 10 m^2 (dos si S >10 m^2)
			1	Uno por cada punto de luz
	C_2	Base 16 A 2p+T	1	Hasta 10 m^2 (dos si S >10 m^2)
	C_{13}	Base de toma de corriente$^{(3)}$	1	—

(1) En donde se prevea la instalación de una toma para el receptor de TV, la base correspondiente deberá ser múltiple, y en este caso se considerará como una sola base a los efectos del número de puntos de utilización de la tabla 1.

(2) Se colocarán fuera de un volumen delimitado por los planos verticales situados a 0,5 m del fregadero y de la encimera de cocción o cocina.

(3) La potencia prevista por toma, los tipos de bases de toma de corriente y la intensidad asignada del interruptor automático para el circuito C_{13} se especifican en la ITC-BT-52.

Instrucción ITC-BT 26

INSTALACIONES INTERIORES EN VIVIENDAS. PRESCRIPCIONES GENERALES DE INSTALACIÓN

Índice

1. ÁMBITO DE APLICACIÓN

Las prescripciones objeto de esta Instrucción son complementarias de las expuestas en la **ITC-BT-19** y aplicables a las instalaciones interiores de las viviendas, así como, en la medida que pueda afectarles, a las de locales comerciales, de oficinas y a las de cualquier otro local destinado a fines análogos.

2. TENSIONES DE UTILIZACIÓN Y ESQUEMA DE CONEXIÓN

Las instalaciones de las viviendas se consideran que están alimentadas por una red de distribución pública de baja tensión según el esquema de distribución "TT" **(ITC-BT-08)** y a una tensión de 230 V en alimentación monofásica y 230/400 V en alimentación trifásica.

3. TOMAS DE TIERRA

3.1. Instalación

En toda nueva edificación se establecerá una toma de tierra de protección, según el siguiente sistema:

Instalando en el fondo de las zanjas de cimentación de los edificios, y antes de empezar ésta, un cable rígido de cobre desnudo de una sección mínima según se indica en la **ITC-BT-18**, formando un anillo cerrado que interese a todo el perímetro del edificio. A este anillo deberán conectarse electrodos verticalmente hincados en el terreno cuando se prevea la necesidad de disminuir la resistencia de tierra que pueda presentar el conductor en anillo. Cuando se trate de construcciones que comprendan varios edificios próximos, se procurará unir entre sí los anillos que forman la toma de tierra de cada uno de ellos, con objeto de formar una malla de la mayor extensión posible.

En rehabilitación o reforma de edificios existentes, la toma de tierra se podrá realizar también situando en patios de luces o en jardines particulares del edificio uno o varios electrodos de características adecuadas.

Al conductor en anillo, o bien a los electrodos, se conectarán, en su caso, la estructura metálica del edificio o, cuando la cimentación del mismo se haga con zapatas de hormigón armado, un cierto número de hierros de los considerados principales y como mínimo uno por zapata.

Estas conexiones se establecerán de manera fiable y segura, mediante soldadura aluminotérmica o autógena.

Las líneas de enlace con tierra se establecerán de acuerdo con la situación y número previsto de puntos de puesta a tierra. La naturaleza y sección de estos conductores estará de acuerdo con lo indicado para ellos en la Instrucción **ITC-BT-18**.

3.2. Elementos a conectar a tierra

A la toma de tierra establecida se conectará toda masa metálica importante existente en la zona de la instalación, y las masas metálicas accesibles de los aparatos receptores cuando su clase de aislamiento o condiciones de instalación así lo exijan.

A esta misma toma de tierra deberán conectarse las partes metálicas de los depósitos de gasóleo, de las instalaciones de calefacción general, de las instalaciones de agua, de las instalaciones de gas canalizado y de las antenas de radio y televisión.

3.3. Puntos de puesta a tierra

Los puntos de puesta a tierra se situarán:

a) En los patios de luces destinados a cocinas y cuartos de aseo, etc., en rehabilitación o reforma de edificios existentes.

b) En el local o lugar de la centralización de contadores, si la hubiere.

c) En la base de las estructuras metálicas de los ascensores y montacargas, si los hubiere.

d) En el punto de ubicación de la caja general de protección.

e) En cualquier local donde se prevea la instalación de elementos destinados a servicios generales o especiales, y que por su clase de aislamiento o condiciones de instalación deban ponerse a tierra.

3.4. Líneas principales de tierra. Derivaciones

Las líneas principales y sus derivaciones se establecerán en las mismas canalizaciones que las de las líneas generales de alimentación y derivaciones individuales.

Únicamente es admitida la entrada directa de las derivaciones de la línea principal de tierra en cocinas y cuartos de aseo, cuando, por la fecha de construcción del edificio, no se hubiese previsto la instalación de conductores de protección. En este caso, las masas de los aparatos receptores, cuando sus condiciones de instalación lo exijan, podrán ser conectadas a la derivación de la línea principal de tierra directamente, o bien a través de tomas de corriente que dispongan de contacto de puesta a tierra. Al punto o puntos de puesta a tierra indicados como a) en el apartado 3.3, se conectarán las líneas principales de tierra. Estas líneas podrán instalarse por los patios de luces o por canalizaciones interiores, con el fin de establecer a la altura de cada planta del edificio su derivación hasta el borne de conexión de los conductores de protección de cada local o vivienda.

Las líneas principales de tierra estarán constituidas por conductores de cobre de igual sección que la fijada para los conductores de protección en la Instrucción **ITC-BT-19**, con un mínimo de 16 milímetros cuadrados. Pueden estar formadas por barras planas o redondas, por conductores desnudos o aislados, debiendo disponerse una protección mecánica en la parte en que estos conductores sean accesibles, así como en los pasos de techos, paredes, etc.

La sección de los conductores que constituyen las derivaciones de la línea principal de tierra será la señalada en la Instrucción **ITC-BT-19** para los conductores de protección.

No podrán utilizarse como conductores de tierra las tuberías de agua, gas, calefacción, desagües, conductos de evacuación de humos o basuras, ni las cubiertas metálicas de los cables, tanto de la instalación eléctrica como de teléfonos o de cualquier otro servicio similar, ni las partes conductoras de los sistemas de conducción de los cables, tubos, canales y bandejas.

Las conexiones en los conductores de tierra serán realizadas mediante dispositivos, con tornillos de apriete u otros similares, que garanticen una continua y perfecta conexión entre aquéllos.

3.5. Conductores de protección

Se instalarán conductores de protección acompañando a los conductores activos en todos los circuitos de la vivienda hasta los puntos de utilización.

4. PROTECCIÓN CONTRA CONTACTOS INDIRECTOS

La protección contra contactos indirectos se realizará mediante la puesta a tierra de las masas y empleo de los dispositivos descritos en el apartado 2.1 de la **ITC-BT-25**.

5. CUADRO GENERAL DE DISTRIBUCIÓN

El cuadro general de distribución estará de acuerdo con lo indicado en la **ITC-BT-17**. En este mismo cuadro se dispondrán los bornes o pletinas para la conexión de los conductores de protección de la instalación interior con la derivación de la línea principal de tierra.

El instalador fijará de forma permanente sobre el cuadro de distribución una placa, impresa con caracteres indelebles, en la que conste su nombre o marca comercial, fecha en que se realizó la instalación, así como la intensidad asignada del interruptor general automático, que de acuerdo con lo señalado en las Instrucciones **ITC-BT-10** e **ITC-BT-25**, corresponda a la vivienda.

6. CONDUCTORES

6.1. Naturaleza y Secciones

6.1.1. Conductores activos

Los conductores activos serán de cobre, aislados y con una tensión asignada de 450/750 V, como mínimo.

Los circuitos y las secciones utilizadas serán los indicados en la **ITC-BT-25**.

6.1.2. Conductores de protección

Los conductores de protección serán de cobre y presentarán el mismo aislamiento que los conductores activos. Se instalarán por la misma canalización que éstos y su sección será la indicada en la Instrucción **ITC-BT-19**.

6.2. Identificación de los conductores

Los conductores de la instalación deben ser fácilmente identificados, especialmente por lo que respecta a los conductores neutro y de protección. Esta identificación se realizará por los colores que presenten sus aislamientos. Cuando exista conductor neutro en la instalación o se prevea para un conductor de fase su pase posterior a conductor neutro, se identificarán éstos por el color azul claro. Al conductor de protección se le identificará por el doble color amarillo-verde. Todos los conductores de fase, o en su caso, aquellos para los que no se prevea su pase posterior a neutro, se identificarán por los colores marrón o negro. Cuando se considere necesario identificar tres fases diferentes, podrá utilizarse el color gris.

6.3. Conexiones

Se realizarán conforme a lo establecido en el apartado 2.11 de la **ITC-BT 19**.

Se admitirán no obstante las conexiones en paralelo entre bases de toma de corriente cuando éstas estén juntas y dispongan de bornes de conexión previstos para la conexión de varios conductores.

7. EJECUCIÓN DE LAS INSTALACIONES

7.1. Sistema de instalación

Las instalaciones se realizarán mediante algunos de los siguientes sistemas:

Instalaciones empotradas:

— Cables aislados bajo tubo flexible.

— Cables aislados bajo tubo curvable.

Instalaciones superficiales:

— Cables aislados bajo tubo curvable.

— Cables aislados bajo tubo rígido.

— Cables aislados bajo canal protectora cerrada.

— Canalizaciones prefabricadas.

Las instalaciones deberán cumplir lo indicado en las **ITC-BT-20** e **ITC-BT-21**.

7.2. Condiciones generales

En la ejecución de las instalaciones interiores de las viviendas se deberá tener en cuenta:

— No se utilizará un mismo conductor neutro para varios circuitos.

— Todo conductor debe poder seccionarse en cualquier punto de la instalación en el que se realice una derivación del mismo, utilizando un dispositivo apropiado, tal como un borne de conexión, de forma que permita la separación completa de cada parte del circuito del resto de la instalación.

— Las tomas de corriente en una misma habitación deben estar conectadas a la misma fase.

— Las cubiertas, tapas o envolventes, mandos y pulsadores de maniobra de aparatos tales como mecanismos, interruptores, bases, reguladores, etc., instalados en cocinas, cuartos de baño, secaderos y, en general, en los locales húmedos o mojados, así como en aquellos en que las paredes y suelos sean conductores, serán de material aislante.

— La instalación empotrada de estos aparatos se realizará utilizando cajas especiales para su empotramiento. Cuando estas cajas sean metálicas estarán aisladas interiormente o puestas a tierra.

— La instalación de estos aparatos en marcos metálicos podrá realizarse siempre que los aparatos utilizados estén concebidos de forma que no permitan la posible puesta bajo tensión del marco metálico, conectándose éste al sistema de tierras.

— La utilización de estos aparatos empotrados en bastidores o tabiques de madera u otro material aislante cumplirá lo indicado en la **ITC-BT 49**.

ITC 26

Instrucción ITC-BT 27

INSTALACIONES INTERIORES EN VIVIENDAS. LOCALES QUE CONTIENEN UNA BAÑERA O DUCHA

Índice

Normas UNE citadas en la ITC-BT 27:
UNE 20.324, UNE 20.460-6-61, UNE 20.460-4-41, UNE-EN 60.742, UNE-EN 61.558-2-5, UNE-EN 60.669-1, UNE-EN 60.335-2-60

1. CAMPO DE APLICACIÓN

Las prescripciones objeto de esta Instrucción son aplicables a las instalaciones interiores de viviendas, así como, en la medida que pueda afectarles, a las de locales comerciales, de oficinas y a las de cualquier otro local destinado a fines análogos que contengan una bañera o una ducha, o una ducha prefabricada o una bañera de hidromasaje o aparato para uso análogo.

Para lugares que contengan baños o duchas para tratamiento médico o para minusválidos, pueden ser necesarios requisitos adicionales.

Para duchas de emergencia en zonas industriales, son de aplicación las reglas generales.

2. EJECUCIÓN DE LAS INSTALACIONES

2.1. Clasificación de los volúmenes

Para las instalaciones de estos locales se tendrán en cuenta los cuatro volúmenes 0, 1, 2 y 3 que se definen a continuación. En el apartado 4 de la presente instrucción se presentan figuras aclaratorias para la clasificación de los volúmenes, teniendo en cuenta la influencia de las paredes y del tipo de baño o ducha. Los falsos techos y las mamparas no se consideran barreras a los efectos de separación de volúmenes.

2.1.1. Volumen 0

Comprende el interior de la bañera o ducha.

En un lugar que contenga una ducha sin plato, el volumen 0 está delimitado por el suelo y por un plano horizontal situado a 0,05 m por encima del suelo. En este caso:

a) Si el difusor de la ducha puede desplazarse durante su uso, el volumen 0 está limitado por el plano generatriz vertical situado a un radio de 1,2 m alrededor de la toma de agua de la pared o el plano vertical que encierra el área prevista para ser ocupada por la persona que se ducha; o

b) Si el difusor de la ducha es fijo, el volumen 0 está limitado por el plano generatriz vertical situado a un radio de 0,6 m alrededor del difusor.

2.1.2 Volumen 1

Está limitado por:

a) El plano horizontal superior al volumen 0 y el plano horizontal situado a 2,25 m por encima del suelo, y

b) El plano vertical alrededor de la bañera o ducha y que incluye el espacio por debajo de los mismos, cuanto este espacio es accesible sin el uso de una herramienta; o

— Para una ducha sin plato con un difusor que puede desplazarse durante su uso, el volumen 1 está limitado por el plano generatriz vertical situado a un radio de 1,2 m desde la toma de agua de la pared o el plano vertical que encierra el área prevista para ser ocupada por la persona que se ducha; o

— Para una ducha sin plato y con un rociador fijo, el volumen 1 está delimitado por la superficie generatriz vertical situada a un radio de 0,6 m alrededor del rociador.

2.1.3. Volumen 2

Está limitado por:

a) El plano vertical exterior al volumen 1 y el plano vertical paralelo situado a una distancia de 0,6 m; y

b) El suelo y plano horizontal situado a 2,25 m por encima del suelo.

Además, cuando la altura del techo exceda los 2,25 m por encima del suelo, el espacio comprendido entre el volumen 1 y el techo o hasta una altura de 3 m por encima del suelo, cualquiera que sea el valor menor, se considera volumen 2.

2.1.4. Volumen 3

Está limitado por:

a) El plano vertical límite exterior del volumen 2 y el plano vertical paralelo situado a una distancia de éste de 2,4 m; y

b) El suelo y el plano horizontal situado a 2,25 m por encima del suelo.

Además, cuando la altura del techo exceda los 2,25 m por encima del suelo, el espacio comprendido entre el volumen 2 y el techo o hasta una altura de 3 m por encima del suelo, cualquiera que sea el valor menor, se considera volumen 3.

El volumen 3 comprende cualquier espacio por debajo de la bañera o ducha que sea accesible sólo mediante el uso de una herramienta, siempre que el cierre de dicho volumen garantice una protección como mínimo IP X4. Esta clasificación no es aplicable al espacio situado por debajo de las bañeras de hidromasaje y cabinas.

2.2. Protección para garantizar la seguridad

Cuando se utiliza MBTS, cualquiera que sea su tensión asignada, la protección contra contactos directos debe estar proporcionada por:

ITC 27

— barreras o envolventes con un grado de protección mínimo IP2X o IPXXB, según **UNE 20.324** o

— aislamiento capaz de soportar una tensión de ensayo de 500 V en valor eficaz en alterna durante 1 minuto.

Una conexión equipotencial local suplementaria debe unir el conductor de protección asociado con las partes conductoras accesibles de los equipos de clase I en los volúmenes 1, 2 y 3, incluidas las tomas de corriente y las siguientes partes conductoras externas de los volúmenes 0, 1, 2 y 3:

— Canalizaciones metálicas de los servicios de suministro y desagües (por ejemplo agua, gas).

— Canalizaciones metálicas de calefacciones centralizadas y sistemas de aire acondicionado.

— Partes metálicas accesibles de la estructura del edificio. Los marcos metálicos de puertas, ventanas y similares no se consideran partes externas accesibles, a no ser que estén conectadas a la estructura metálica del edificio.

— Otras partes conductoras externas, por ejemplo partes que son susceptibles de transferir tensiones.

Estos requisitos no se aplican al volumen 3 en recintos en los que haya una cabina de ducha prefabricada con sus propios sistemas de drenaje, distintos de un cuarto de baño, por ejemplo un dormitorio.

Las bañeras y duchas metálicas deben considerarse partes conductoras externas susceptibles de transferir tensiones, a menos que se instalen de forma que queden aisladas de la estructura y de otras partes metálicas del edificio. Las bañeras y duchas metálicas pueden considerarse aisladas del edificio si la resistencia de aislamiento entre el área de los baños y duchas y la estructura del edificio, medido de acuerdo con la norma **UNE 20.460** -6-61, anexo A, es de como mínimo 100 kΩ.

2.3. Elección e instalación de los materiales eléctricos

Tabla 1

	Grado de Protección	Cableado	Mecanismos[2]	Otros aparatos fijos[3]
Volumen 0	IPX7	Limitado al necesario para alimentar los aparatos eléctricos fijos situados en este volumen.	No permitida	Aparatos que únicamente pueden ser instalados en el volumen 0 y deben ser adecuados a las condiciones de este volumen.
Volumen 1	IPX4 IPX2, por encima del nivel más alto de un difusor fijo. IPX5, en equipo eléctrico de bañeras de hidromasaje y en los baños comunes en los que se puedan producir chorros de agua durante la limpieza de los mismos[1].	Limitado al necesario para alimentar los aparatos eléctricos fijos situados en los volúmenes 0 y 1.	No permitida, con la excepción de interruptores de circuitos MBTS alimentados a una tensión nominal de 12 V de valor eficaz en alterna o de 30 V en continua, estando la fuente de alimentación instalada fuera de los volúmenes 0, 1 y 2.	Aparatos alimentados a MBTS no superior a 12 V ca o 30 V cc. Calentadores de agua, bombas de ducha y equipo eléctrico para bañeras de hidromasaje si su norma aplicable, si su alimentación está protegida adicionalmente con un dispositivo de protección de corriente diferencial de valor no superior a los 30 mA, según la norma **UNE 20.460** -4-41.
Volumen 2	IPX4 IPX2, por encima del nivel más alto de un difusor fijo. IPX5, en los baños comunes en los que se puedan producir chorros de agua durante la limpieza de los mismos[1].	Limitado al necesario para alimentar los aparatos eléctricos fijos situados en los volúmenes 0, 1 y 2, y la parte del volumen 3 situado por debajo de la bañera o ducha.	No permitida, con la excepción de interruptores o bases de circuitos MBTS cuya fuente de alimentación esté instalada fuera de los volúmenes 0, 1 y 2. Se permite también la instalación de bloques de alimentación de afeitadoras que cumplan con la **UNE-EN 60.742** o **UNE-EN 61.558**-2-5.	Todos los permitidos para el volumen 1. Luminarias, ventiladores, calefactores y unidades móviles para bañeras de hidromasaje que cumplan con su norma aplicable, si su alimentación está protegida adicionalmente con un dispositivo de protección de corriente diferencial de valor no superior a los 30 mA, según la norma **UNE 20.460** -4-41.
Volumen 3	IPX5, en los baños comunes, cuando se puedan producir chorros de agua durante la limpieza de los mismos.	Limitado al necesario para alimentar los aparatos eléctricos fijos situados en los volúmenes 0, 1, 2 y 3.	Se permiten las bases sólo si están protegidas, bien por un transformador de aislamiento, o por MBTS; o por un interruptor automático de la alimentación con un dispositivo de protección por corriente diferencial de valor no superior a los 30 mA, todos ellos según los requisitos de la norma **UNE 20.460** -4-41.	Se permiten los aparatos sólo si están protegidos, bien por un transformador de aislamiento o por MBTS; o por un dispositivo de protección de corriente diferencial de valor no superior a los 30 mA, todos ellos según los requisitos de la norma **UNE 20.460** -4-41.

(1): Los baños comunes comprenden los baños que se encuentran en escuelas, fábricas, centros deportivos, etc. e incluyen todos los utilizados por el público en general.

(2): Los cordones aislantes de interruptores de tirador están permitidos en los volúmenes 1 y 2, siempre que cumplan con los requisitos de la norma **UNE-EN 60.669** -1.

(3): Los calefactores bajo suelo pueden instalarse bajo cualquier volumen, siempre y cuando debajo de estos volúmenes estén cubiertos por una malla metálica puesta a tierra o por una cubierta metálica conectada a una conexión equipotencial local suplementaria, según el apartado 2.2.

ITC 27

3. REQUISITOS PARTICULARES PARA LA INSTALACIÓN DE BAÑERAS DE HIDROMASAJE, CABINAS DE DUCHA CON CIRCUITOS ELÉCTRICOS Y APARATOS ANÁLOGOS

El hecho de que en estos aparatos, en los espacios comprendidos entre la bañera y el suelo y las paredes y el techo de las cabinas y las paredes y techos del local donde se instalan, coexista equipo eléctrico tanto de baja tensión como de Muy Baja Tensión de Seguridad (MBTS) con tuberías o depósitos de agua u otros líquidos, hace necesario que se requieran condiciones especiales de instalación.

En general, todo equipo eléctrico, electrónico, telefónico o de telecomunicación incorporado en la cabina o bañera, incluyendo los alimentados a MBTS, deberán cumplir los requisitos de la norma **UNE-EN 60.335** -2-60.

La conexión de las bañeras y cabinas se efectuará con cable con cubierta de características no menores que el de designación H05VV-F o mediante cable bajo tubo aislante con conductores aislados de tensión asignada 450/750 V. Debe garantizarse que, una vez instalado el cable o tubo en la caja de conexiones de la bañera o cabina, el grado de protección mínimo que se obtiene sea IPX5.

Todas las cajas de conexión localizadas en paredes y suelo del local bajo la bañera o plato de ducha, o en las paredes o techos del local, situadas detrás de paredes o techos de una cabina por donde discurran tubos o depósitos de agua, vapor u otros líquidos, deben garantizar, junto con su unión a los cables o tubos de la instalación eléctrica, un grado de protección mínimo IPX5. Para su apertura será necesario el uso de una herramienta.

No se admiten empalmes en los cables y canalizaciones que discurran por los volúmenes determinados por dichas superficies, salvo si éstos se realizan con cajas que cumplan el requisito anterior.

4. FIGURAS DE LA CLASIFICACIÓN DE LOS VOLÚMENES

Figura 1. *Bañera.*

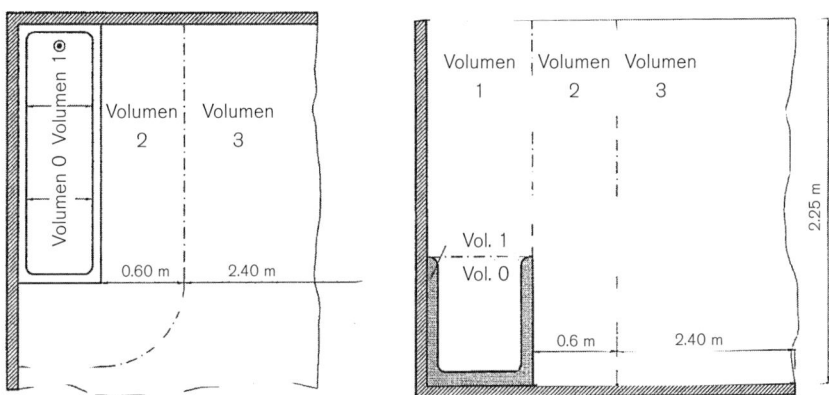

Figura 2. *Bañera con pared fija.*

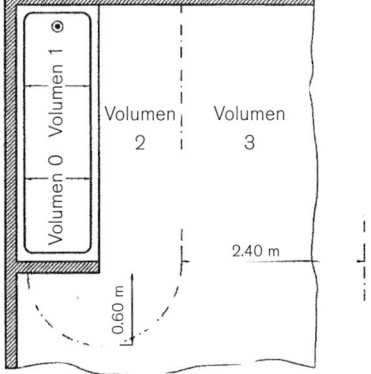

Figura 3. *Ducha.*

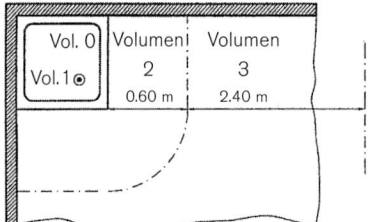 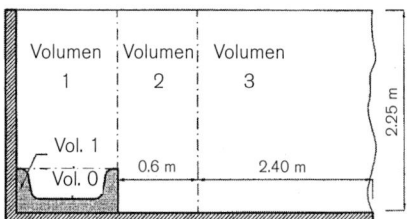

Figura 4. *Ducha con pared fija.*

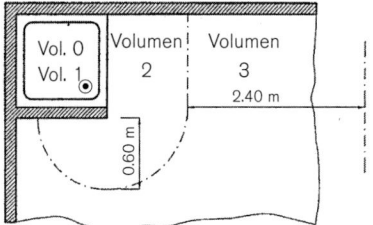

Figura 5. *Ducha sin plato.*

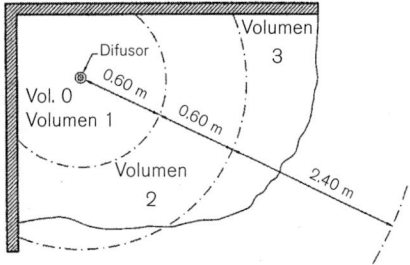

Figura 6. *Ducha sin plato pero con pared fija. Difusor fijo.*

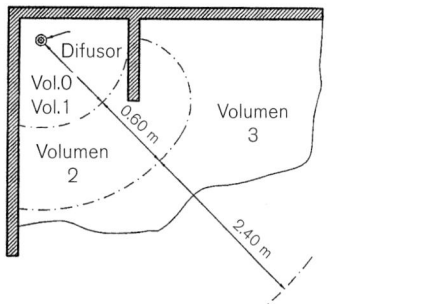

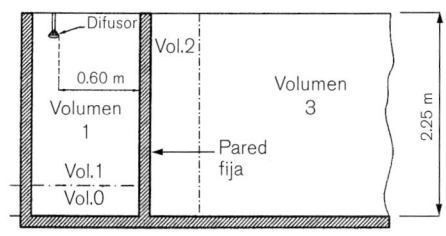

Figura 7. *Cabina de ducha prefabricada.*

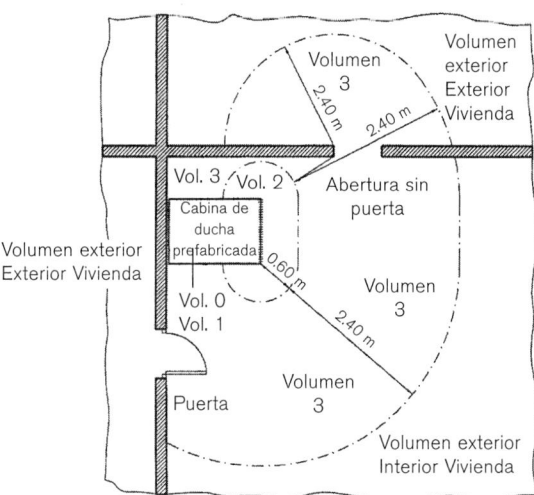

Instrucción ITC-BT 28

INSTALACIONES EN LOCALES DE PÚBLICA CONCURRENCIA

Índice

Normas UNE citadas en la ITC-BT 28:

UNE 20.460-3, UNE-EN 60.598-2-22, UNE 20.392, UNE 20.062, UNE 21.123-4, UNE 21.123-5, UNE 211.002, UNE-EN 50.085-1, UNE-EN 50.086-1

1. CAMPO DE APLICACIÓN

La presente Instrucción se aplica a locales de pública concurrencia como:

Locales de espectáculos y actividades recreativas:

Cualquiera que sea su capacidad de ocupación, como por ejemplo, cines, teatros, auditorios, estadios, pabellones deportivos, plazas de toros, hipódromos, parques de atracciones y ferias fijas, salas de fiesta, discotecas, salas de juegos de azar.

Locales de reunión, trabajo y usos sanitarios:

— Cualquiera que sea su ocupación, los siguientes: templos, museos, salas de conferencias y congresos, casinos, hoteles, hostales, bares, cafeterías, restaurantes o similares, zonas comunes en agrupaciones de establecimientos comerciales, aeropuertos, estaciones de viajeros, estacionamientos cerrados y cubiertos para más de 5 vehículos, hospitales, ambulatorios y sanatorios, asilos y guarderías.

— Si la ocupación prevista es de más de 50 personas: bibliotecas, centros de enseñanza, consultorios médicos, establecimientos comerciales, oficinas con presencia de público, residencias de estudiantes, gimnasios, salas de exposiciones, centros culturales, clubes sociales y deportivos.

La ocupación prevista de los locales se calculará como 1 persona por cada 0,8 m^2 de superficie útil, a excepción de pasillos, repartidores, vestíbulos y servicios.

Para las instalaciones en quirófanos y salas de intervención se establecen requisitos particulares en la **ITC-BT-38.**

Igualmente se aplican a aquellos locales clasificados en condiciones BD2, BD3 y BD4, según la norma **UNE 20.460 -3** y a todos aquellos locales no contemplados en los apartados anteriores, cuando tengan una capacidad de ocupación de más de 100 personas.

Esta Instrucción tiene por objeto garantizar la correcta instalación y funcionamiento de los servicios de seguridad, en especial aquellas dedicadas a alumbrado que faciliten la evacuación segura de las personas o la iluminación de puntos vitales de los edificios.

2. ALIMENTACIÓN DE LOS SERVICIOS DE SEGURIDAD

En el presente apartado se definen las características de la alimentación de los servicios de seguridad, tales como alumbrados de emergencia, sistemas contra incendios, ascensores u otros servicios urgentes indispensables que están fijados por las reglamentaciones específicas de las diferentes autoridades competentes en materia de seguridad.

La alimentación para los servicios de seguridad, en función de lo que establezcan las reglamentaciones específicas, puede ser automática o no automática.

En una alimentación automática la puesta en servicio de la alimentación no depende de la intervención de un operador.

Una alimentación automática se clasifica, según la duración de conmutación, en las siguientes categorías:

— Sin corte: alimentación automática que puede estar asegurada de forma continua en las condiciones especificadas durante el periodo de transición, por ejemplo en lo que se refiere a las variaciones de tensión y frecuencia.

— Con corte muy breve: alimentación automática disponible en 0,15 segundos como máximo.

— Con corte breve: alimentación automática disponible en 0,5 segundos como máximo.

— Con corte mediano: alimentación automática disponible en 15 segundos como máximo.

— Con corte largo: alimentación automática disponible en más de 15 segundos.

2.1. Generalidades y fuentes de alimentación

Para los servicios de seguridad, la fuente de energía debe ser elegida de forma que la alimentación esté asegurada durante un tiempo apropiado.

Para que los servicios de seguridad funcionen en caso de incendio, los equipos y materiales utilizados deben presentar, por construcción o por instalación, una resistencia al fuego de duración apropiada.

Se elegirán preferentemente medidas de protección contra los contactos indirectos sin corte automático al primer defecto. En el esquema IT debe preverse un controlador permanente de aislamiento que al primer defecto emita una señal acústica o visual.

Los equipos y materiales deberán disponerse de forma que se facilite su verificación periódica, ensayos y mantenimiento.

Se pueden utilizar las siguientes fuentes de alimentación:

— Baterías de acumuladores. Generalmente las baterías de arranque de los vehículos no satisfacen las prescripciones de alimentación para los servicios de seguridad.

— Generadores independientes.

— Derivaciones separadas de la red de distribución, efectivamente independientes de la alimentación normal.

Las fuentes para servicios complementarios o de seguridad deben estar instaladas en lugar fijo y de forma que no puedan ser afectadas por el fallo de la fuente normal. Además, con excepción de los equipos autónomos, deberán cumplir las siguientes condiciones:

— Se instalarán en emplazamiento apropiado, accesible solamente a las personas cualificadas o expertas.

— El emplazamiento estará convenientemente ventilado, de forma que los gases y los humos que se produzcan no puedan propagarse por los locales accesibles a las personas.

— No se admiten derivaciones separadas, independientes y alimentadas por una red de distribución pública, salvo si se asegura que las dos derivaciones no puedan fallar simultáneamente.

— Cuando exista una sola fuente para los servicios de seguridad, ésta no debe ser utilizada para otros usos. Sin embargo, cuando se dispone de varias fuentes, pueden utilizarse igualmente como fuentes de reemplazamiento, con la condición de que, en caso de fallo de una de ellas, la potencia todavía disponible sea suficiente para garantizar la puesta en funcionamiento de todos los servicios de seguridad, siendo necesario generalmente el corte automático de los equipos no concernientes a la seguridad.

2.2. Fuentes propias de energía

Fuente propia de energía es la que está constituida por baterías de acumuladores, aparatos autónomos o grupos electrógenos.

La puesta en funcionamiento se realizará al producirse la falta de tensión en los circuitos alimentados por los diferentes suministros procedentes de la Empresa o Empresas distribuidoras de energía eléctrica, o cuando aquella tensión descienda por debajo del 70% de su valor nominal.

La capacidad mínima de una fuente propia de energía será, como norma general, la precisa para proveer al alumbrado de seguridad en las condiciones señaladas en el apartado 3.1 de esta Instrucción.

2.3. Suministros complementarios o de seguridad

Todos los locales de pública concurrencia deberán disponer de alumbrado de emergencia.

Deberán disponer de suministro de socorro los locales de espectáculos y actividades recreativas cualquiera que sea su ocupación y los locales de reunión, trabajo y usos sanitarios con una ocupación prevista de más de 300 personas.

Deberán disponer de suministro de reserva:

— Hospitales, clínicas, sanatorios, ambulatorios y centros de salud.

— Estaciones de viajeros y aeropuertos.

— Estacionamientos subterráneos para más de 100 vehículos.

— Establecimientos comerciales o agrupaciones de éstos en centros comerciales de más de 2.000 m^2 de superficie.

— Estadios y pabellones deportivos.

Cuando un local se pueda considerar tanto en el grupo de locales que requieren suministro de socorro como en el grupo que requieren suministro de reserva, se instalará suministro de reserva.

En aquellos locales singulares, tales como los establecimientos sanitarios, grandes hoteles de más de 300 habitaciones, locales de espectáculos con capacidad para más de 1.000 espectadores, estaciones de viajeros, estacionamientos subterráneos con más de 100 plazas, aeropuertos y establecimientos comerciales o agrupaciones de éstos en centros comerciales de más de 2.000 m^2 de superficie, las fuentes propias de energía deberán poder suministrar, con independencia de los alumbrados especiales, la potencia necesaria para atender servicios urgentes indispensables, cuando sean requeridos por la autoridad competente.

3. ALUMBRADO DE EMERGENCIA

Las instalaciones destinadas a alumbrado de emergencia tienen por objeto asegurar, en caso de fallo de la alimentación al alumbrado normal, la iluminación en los locales y accesos hasta las salidas, para una eventual evacuación del público o iluminar otros puntos que se señalen.

La alimentación del alumbrado de emergencia será automática con corte breve.

Se incluyen dentro de este alumbrado el alumbrado de seguridad y el alumbrado de reemplazamiento.

3.1. Alumbrado de seguridad

Es el alumbrado de emergencia previsto para garantizar la seguridad de las personas que evacúen una zona o que tienen que terminar un trabajo potencial-mente peligroso antes de abandonar la zona.

El alumbrado de seguridad estará previsto para entrar en funcionamiento automáticamente cuando se produce el fallo del alumbrado general o cuando la tensión de éste baje a menos del 70% de su valor nominal.

La instalación de este alumbrado será fija y estará provista de fuentes propias de energía. Sólo se podrá utilizar el suministro exterior para proceder a su carga, cuando la fuente propia de energía esté constituida por baterías de acumuladores o aparatos autónomos automáticos.

3.1.1. Alumbrado de evacuación

Es la parte del alumbrado de seguridad previsto para garantizar el reconocimiento y la utilización de los medios o rutas de evacuación cuando los locales estén o puedan estar ocupados.

En rutas de evacuación, el alumbrado de evacuación debe proporcionar, a nivel del suelo y en el eje de los pasos principales, una iluminancia mínima de 1 lux.

En los puntos en los que estén situados los equipos de las instalaciones de protección contra incendios que exijan utilización manual y en los cuadros de distribución del alumbrado, la iluminancia mínima será de 5 lux.

La relación entre la iluminancia máxima y la mínima en el eje de los pasos principales será menor de 40.

El alumbrado de evacuación deberá poder funcionar, cuando se produzca el fallo de la alimentación normal, como mínimo durante una hora, proporcionando la iluminancia prevista.

3.1.2. Alumbrado ambiente o antipánico

Es la parte del alumbrado de seguridad previsto para evitar todo riesgo de pánico y proporcionar una iluminación ambiente adecuada que permita a los ocupantes identificar y acceder a las rutas de evacuación e identificar obstáculos.

El alumbrado ambiente o anti-pánico debe proporcionar una iluminancia horizontal mínima de 0,5 lux en todo el espacio considerado, desde el suelo hasta una altura de 1 m.

La relación entre la iluminancia máxima y la mínima en todo el espacio considerado será menor de 40.

El alumbrado ambiente o anti-pánico deberá poder funcionar, cuando se produzca el fallo de la alimentación normal, como mínimo durante una hora, proporcionando la iluminancia prevista.

3.1.3. Alumbrado de zonas de alto riesgo

Es la parte del alumbrado de seguridad previsto para garantizar la seguridad de las personas ocupadas en actividades potencialmente peligrosas o que trabajan en un entorno peligroso. Permite la interrupción de los trabajos con seguridad para el operador y para los otros ocupantes del local.

El alumbrado de las zonas de alto riesgo debe proporcionar una iluminancia mínima de 15 lux o el 10% de la iluminancia normal, tomando siempre el mayor de los valores.

La relación entre la iluminancia máxima y la mínima en todo el espacio considerado será menor de 10.

El alumbrado de las zonas de alto riesgo deberá poder funcionar, cuando se produzca el fallo de la alimentación normal, como mínimo el tiempo necesario para abandonar la actividad o zona de alto riesgo.

3.2. Alumbrado de reemplazamiento

Parte del alumbrado de emergencia que permite la continuidad de las actividades normales.

Cuando el alumbrado de reemplazamiento proporcione una iluminancia inferior al alumbrado normal, se usará únicamente para terminar el trabajo con seguridad.

3.3. Lugares en que deberán instalarse alumbrado de emergencia

3.3.1. Con alumbrado de seguridad

Es obligatorio situar el alumbrado de seguridad en las siguientes zonas de los locales de pública concurrencia:

a) En todos los recintos cuya ocupación sea mayor de 100 personas.

b) Los recorridos generales de evacuación de zonas destinadas a usos residencial u hospitalario y los de zonas destinadas a cualquier otro uso que estén previstos para la evacuación de más de 100 personas.

c) En los aseos generales de planta en edificios de acceso público.

d) En los estacionamientos cerrados y cubiertos para más de 5 vehículos, incluidos los pasillos y las escaleras que conduzcan desde aquéllos hasta el exterior o hasta las zonas generales del edificio.

e) En los locales que alberguen equipos generales de las instalaciones de protección.

f) En las salidas de emergencia y en las señales de seguridad reglamentarias.

g) En todo cambio de dirección de la ruta de evacuación.

h) En toda intersección de pasillos con las rutas de evacuación.

i) En el exterior del edificio, en la vecindad inmediata a la salida.

j) Cerca[1] de las escaleras, de manera que cada tramo de escaleras reciba una iluminación directa.

k) Cerca[1] de cada cambio de nivel.

l) Cerca[1] de cada puesto de primeros auxilios.

m) Cerca[1] de cada equipo manual destinado a la prevención y extinción de incendios.

n) En los cuadros de distribución de la instalación de alumbrado de las zonas indicadas anteriormente

En las zonas incluidas en los apartados m) y n), el alumbrado de seguridad proporcionará una iluminancia mínima de 5 lux al nivel de operación.

Sólo se instalará alumbrado de seguridad para zonas de alto riesgo en las zonas que así lo requieran, según lo establecido en 3.1.3.

También será necesario instalar alumbrado de evacuación, aunque no sea un local de pública concurrencia, en todas las escaleras de incendios, en particular toda escalera de evacuación de edificios para uso de viviendas, excepto las unifamiliares; así como toda zona clasificada como de riesgo especial en el Artículo 19 de la Norma Básica de Edificación **NBE-CPI-96.**

3.3.2. Con alumbrado de reemplazamiento

En las zonas de hospitalización, la instalación de alumbrado de emergencia proporcionará una iluminancia no inferior de 5 lux y durante 2 horas como mínimo. Las salas de intervención, las destinadas a tratamiento intensivo, las salas de curas, paritorios, urgencias dispondrán de un alumbrado de reemplazamiento que proporcionará un nivel de iluminancia igual al del alumbrado normal durante 2 horas como mínimo.

3.4. Prescripciones de los aparatos para alumbrado de emergencia

3.4.1. Aparatos autónomos para alumbrado de emergencia

Luminaria que proporciona alumbrado de emergencia de tipo permanente o no permanente en la que todos los elementos, tales como la batería, la lámpara,

---

[1] Cerca significa a una distancia inferior a 2 metros, medida horizontalmente.

el conjunto de mando y los dispositivos de verificación y control, si existen, están contenidos dentro de la luminaria o a una distancia inferior a 1 m de ella.

Los aparatos autónomos destinados a alumbrado de emergencia deberán cumplir las normas **UNE-EN 60.598 -2-22** y la norma **UNE 20.392** o **UNE 20.062**, según sea la luminaria para lámparas fluorescentes o incandescentes, respectivamente.

3.4.2. Luminaria alimentada por fuente central

Luminaria que proporciona alumbrado de emergencia de tipo permanente o no permanente y que está alimentada a partir de un sistema de alimentación de emergencia central, es decir, no incorporado en la luminaria.

Las luminarias que actúan como aparatos de emergencia alimentados por fuente central deberán cumplir lo expuesto en la norma **UNE-EN 60.598-2-22**.

Los distintos aparatos de control, mando y protección generales para las instalaciones del alumbrado de emergencia por fuente central, entre los que figurará un voltímetro de clase 2,5 por lo menos, se dispondrán en un cuadro único, situado fuera de la posible intervención del público.

Las líneas que alimentan directamente los circuitos individuales de los alumbrados de emergencia alimentados por fuente central, estarán protegidas por interruptores automáticos con una intensidad nominal de 10 A como máximo. Una misma línea no podrá alimentar más de 12 puntos de luz o, si en la dependencia o local considerado existiesen varios puntos de luz para alumbrado de emergencia, éstos deberán ser repartidos, al menos, entre dos líneas diferentes, aunque su número sea inferior a doce.

Las canalizaciones que alimenten los alumbrados de emergencia alimentados por fuente central se dispondrán, cuando se instalen sobre paredes o empotradas en ellas, a 5 cm como mínimo, de otras canalizaciones eléctricas y, cuando se instalen en huecos de la construcción estarán separadas de éstas por tabiques incombustibles no metálicos.

4. PRESCRIPCIONES DE CARÁCTER GENERAL

Las instalaciones en los locales de pública concurrencia cumplirán las condiciones de carácter general que a continuación se señalan.

a) El cuadro general de distribución deberá colocarse en el punto más próximo posible a la entrada de la acometida o derivación individual y se colocará, junto o sobre él, los dispositivos de mando y protección establecidos en la instrucción ITC-BT-17. Cuando no sea posible la instalación del cuadro general en este punto, se instalará en dicho punto un dispositivo de mando y protección.

Del citado cuadro general saldrán las líneas que alimentan directamente los aparatos receptores o bien las líneas generales de distribución a las que se conectará mediante cajas o a través de cuadros secundarios de distribución, los distintos circuitos alimentadores. Los aparatos receptores que consuman más de 16 amperios se alimentarán directamente desde el cuadro general o desde los secundarios.

b) El cuadro general de distribución e, igualmente, los cuadros secundarios, se instalarán en lugares a los que no tenga acceso el público y que estarán separados de los locales donde exista un peligro acusado de incendio o de pánico (cabinas de proyección, escenarios, salas de público, escaparates, etc.), por medio de elementos a prueba de incendios y puertas no propagadoras del fuego. Los contadores podrán instalarse en otro lugar, de acuerdo con la empresa distribuidora de energía eléctrica y siempre antes del cuadro general.

c) En el cuadro general de distribución o en los secundarios se dispondrán dispositivos de mando y protección para cada una de las líneas generales de distribución y las de alimentación directa a receptores. Cerca de cada uno de los interruptores del cuadro se colocará una placa indicadora del circuito al que pertenecen.

d) En las instalaciones para alumbrado de locales o dependencias donde se reúna público, el número de líneas secundarias y su disposición en relación con el total de lámparas a alimentar deberá ser tal que el corte de corriente en una cualquiera de ellas no afecte a más de la tercera parte del total de lámparas instaladas en los locales o dependencias que se iluminan alimentadas por dichas líneas. Cada una de estas líneas estarán protegidas en su origen contra sobrecargas, cortocircuitos y, si procede, contra contactos indirectos.

e) Las canalizaciones deben realizarse según lo dispuesto en las **ITC-BT-19** e **ITC-BT-20** y estarán constituidas por:

— Conductores aislados, de tensión asignada no inferior a 450/750 V, colocados bajo tubos o canales protectores, preferentemente empotrados en especial en las zonas accesibles al público.

— Conductores aislados, de tensión asignada no inferior a 450/750 V, con cubierta de protección, colocados en huecos de la construcción totalmente construidos en materiales incombustibles de resistencia al fuego RF-120, como mínimo.

— Conductores rígidos aislados, de tensión asignada no inferior a 0,6/1 kV, armados, colocados directamente sobre las paredes.

f) Los cables y sistemas de conducción de cables deben instalarse de manera que no se reduzcan las características de la estructura del edificio en la seguridad contra incendios.

Los cables eléctricos a utilizar en las instalaciones de tipo general y en el conexionado interior de cuadros eléctricos en este tipo de locales, serán de la clase de reacción al fuego mínima C_{ca}-s1b,d1,a1. Los cables con características equivalentes a las de la norma **UNE 21123**, partes 4 o 5, o a la norma UNE 211002 (según la tensión asignada del cable) cumplen con esta prescripción.[2]

Los elementos de conducción de cables con características equivalentes a los clasificados como "no propagadores de la llama" de acuerdo con las normas **UNE-EN 50.085-1** y **UNE-EN 50.086-1,** cumplen con esta prescripción.

Los cables eléctricos destinados a circuitos de servicios de seguridad no autónomos o a circuitos de servicios con fuentes autónomas centralizadas, deben mantener el servicio durante y después del incendio, siendo conformes a las especificaciones de la norma **UNE-EN 50200** y tendrán emisión de humos y opacidad reducida. Los cables con características equivalentes a la norma **UNE 21.123,** partes 4 o 5, apartado 3.4.6, cumplen con la prescripción de emisión de humos y opacidad reducida.

g) Las fuentes propias de energía de corriente alterna a 50 Hz no podrán dar tensión de retorno a la acometida o acometidas de la red de Baja Tensión pública que alimenten al local de pública concurrencia.

5. PRESCRIPCIONES COMPLEMENTARIAS PARA LOCALES DE ESPECTÁCULOS Y ACTIVIDADES RECREATIVAS

Además de las prescripciones generales señaladas en el capítulo anterior, se cumplirán en los locales de espectáculos las siguientes prescripciones complementarias:

a) A partir del cuadro general de distribución se instalarán líneas distribuidoras generales, accionadas por medio de interruptores omnipolares con la debida protección, al menos para cada uno de los siguientes grupos de dependencias o locales:

— Sala de público.

— Vestíbulo, escaleras y pasillos de acceso a la sala desde la calle, y dependencias anexas a ellos.

— Escenario y dependencias anexas a él, tales como camerinos, pasillos de acceso a estos, almacenes, etc.

---

[2] Este párrafo sustituye al original de la ITC-BT 28 para adaptar el REBT al CPR (Reglamento de los Productos de la Construcción) con la denominación actual de las Euroclases de los cables eléctricos.

— Cabinas cinematográficas o de proyectores para alumbrado.

Cada uno de los grupos señalados dispondrá de su correspondiente cuadro secundario de distribución, que deberá contener todos los dispositivos de protección. En otros cuadros se ubicarán los interruptores, conmutadores, combinadores, etc., que sean precisos para las distintas líneas, baterías, combinaciones de luz y demás efectos obtenidos en escena.

b) En las cabinas cinematográficas y en los escenarios, así como en los almacenes y talleres anexos a éstos, se utilizarán únicamente canalizaciones constituidas por conductores aislados, de tensión asignada no inferior a 450/750 V, colocados bajo tubos o canales protectores, preferentemente empotrados. Los dispositivos de protección contra sobreintensidades estarán constituidos siempre por interruptores automáticos magnetotérmicos; las canalizaciones móviles estarán constituidas por conductores con aislamiento del tipo doble o reforzado y los receptores portátiles tendrán un aislamiento de la clase II.

c) Los cuadros secundarios de distribución deberán estar colocados en locales independientes o en el interior de un recinto construido con material no combustible.

d) Será posible cortar, mediante interruptores omnipolares, cada una de las instalaciones eléctricas correspondientes a:

— Camerinos.

— Almacenes.

— Talleres.

— Otros locales con peligro de incendio.

— Los reóstatos, resistencias y receptores móviles del equipo escénico.

e) Las resistencias empleadas para efectos o juegos de luz o para otros usos estarán montadas a suficiente distancia de los telones, bambalinas y demás material del decorado y protegidas suficientemente para que una anomalía en su funcionamiento no pueda producir daños. Estas precauciones se hacen extensivas a cuantos dispositivos eléctricos se utilicen y especialmente a las linternas de proyección y a las lámparas de arco de las mismas.

f) El alumbrado general deberá ser completado por un alumbrado de evacuación, conforme a las disposiciones del apartado 3.1.1, el cual funcionará permanentemente durante el espectáculo y hasta que el local sea evacuado por el público.

g) Se instalará iluminación de balizamiento en cada uno de los peldaños o rampas con una inclinación superior al 8% del local con la suficiente intensidad para que puedan iluminar la huella. En el caso de pilotos de balizado, se instalará a razón de 1 por cada metro lineal de la anchura o fracción.

La instalación de balizamiento debe estar construida de forma que el paso de alerta al de funcionamiento de emergencia se produzca cuando el valor de la tensión de alimentación descienda por debajo del 70% de su valor nominal.

6. PRESCRIPCIONES COMPLEMENTARIAS PARA LOCALES DE REUNIÓN Y TRABAJO

Además de las prescripciones generales señaladas en el capítulo 4, se cumplirán en los locales de reunión las siguientes prescripciones complementarias:

A partir del cuadro general de distribución se instalarán líneas distribuidoras generales, accionadas por medio de interruptores omnipolares, al menos para cada uno de los siguientes grupos de dependencias o locales:

— Salas de venta o reunión, por planta del edificio.
— Escaparates.
— Almacenes.
— Talleres.
— Pasillos, escaleras y vestíbulos.

Instrucción ITC-BT 29

PRESCRIPCIONES PARTICULARES PARA LAS INSTALACIONES ELÉCTRICAS DE LOS LOCALES CON RIESGO DE INCENDIO O EXPLOSIÓN

Índice

Normas UNE citadas en la ITC-BT 29:

UNE-EN 50.018, UNE-EN 50.015, UNE-EN 50.020, UNE-EN 50.039, UNE-EN 60.079-10, CEI 61.241-3, UNE-EN 60.079-17, CEI 60.079-19, UNE-EN 60.079-14, UNE-EN 50.281-1-2, UNE-EN 50.086-1, UNE 21.157-1, UNE 21.123, UNE 21.027-4, UNE 21.150, UNE-EN 50.086, UNE 36.582

1. CAMPO DE APLICACIÓN[1]

La presente Instrucción tiene por objeto especificar las reglas esenciales para el diseño, ejecución, explotación, mantenimiento y reparación de las instalaciones eléctricas en emplazamientos en los que existe riesgo de explosión o de incendio debido a la presencia de sustancias inflamables, para que dichas instalaciones y sus equipos no puedan ser, dentro de límites razonables, la causa de inflamación de dichas sustancias.

Dentro del concepto de atmósferas potencialmente explosivas se consideran aquellos emplazamientos en los que se fabriquen, procesen, manipulen, traten, utilicen o almacenen sustancias sólidas, líquidas o gaseosas, susceptibles de inflamarse, deflagrar, o explosionar, siendo sostenida la reacción por el aporte de oxígeno procedente del aire ambiente en que se encuentren.

Debido a que son objeto de normativas específicas no se consideran incluidos en esta Instrucción las instalaciones eléctricas siguientes:

— Las instalaciones correspondientes a los equipos excluidos del campo de aplicación del R.D. 400/1996, de 1 de marzo, por el que se dictan las disposiciones de aplicación de la Directiva del Parlamento Europeo y del Consejo 94/9/CE, relativa a los aparatos y sistemas de protección para uso en atmósferas potencialmente explosivas.

— Cualquier otro entorno que disponga de una reglamentación particular.

En esta Instrucción sólo se consideran los riesgos asociados a la coexistencia en el espacio y tiempo de equipos e instalaciones eléctricas con atmósferas explosivas; para otras eventuales fuentes de ignición se aplicará lo dispuesto en las reglamentaciones pertinentes.

Las instalaciones y equipos eléctricos en emplazamientos en los que hay riesgo simultáneo por sustancias inflamables de tipo gaseoso y pulverulento cumplirán los requisitos particulares de cada caso.

Además de la situación anterior, así como en atmósferas enriquecidas en oxígeno, se pueden requerir medidas especiales en relación con lo aquí prescrito; estas medidas se justificarán en el Proyecto de la instalación.

---

[1] El alcance de esta Instrucción, en el marco del Reglamento Electrotécnico para Baja Tensión, se limita a los equipos e instalaciones eléctricas de baja tensión, en atmósferas potencialmente explosivas. Se llama la atención sobre el hecho de que el R.D. 400/1996, por el que se dictan las disposiciones de aplicación de la Directiva 94/9/CE, sobre aparatos y sistemas de protección para uso en atmósferas potencialmente explosivas, afecta a todo tipo de instalaciones en atmósferas potencialmente explosivas, incluyendo aquellas manifestaciones energéticas de origen no eléctrico.

2. TERMINOLOGÍA

A los efectos de la presente Instrucción se entenderá:

Modo de protección: Conjunto de medidas específicas aplicadas a un equipo eléctrico para impedir la inflamación de una atmósfera explosiva que lo circunde.

Envolvente antideflagrante "d": Modo de protección en el que las partes que pueden inflamar una atmósfera explosiva están situadas dentro de una envolvente que puede soportar los efectos de la presión derivada de una explosión interna de la mezcla y que impide la transmisión de la explosión a la atmósfera explosiva circundante. Las reglas de este modo de protección se definen en la norma **UNE-EN 50.018.**

Inmersión en aceite "o": Modo de protección en el que el equipo eléctrico o partes de éste se sumergen en un líquido de protección de modo que la atmósfera explosiva que pueda encontrarse sobre la superficie del líquido o en el entorno de la envolvente no resulta inflamado. Las reglas de este modo de protección se definen en la norma **UNE-EN 50.015.**

Seguridad intrínseca "i": Modo de protección que aplicado a un circuito o a los circuitos de un equipo hace que cualquier chispa o cualquier efecto térmico producido en condiciones normalizadas, lo que incluye funcionamiento normal y funcionamiento en condiciones de fallo especificadas, no sea capaz de provocar la inflamación de una determinada atmósfera explosiva. Las reglas de este modo de protección se definen en la norma **UNE-EN 50.020.**

Sistema de seguridad intrínseca: Conjunto de materiales y equipos eléctricos interconectados entre sí, descritos en un documento, en el que los circuitos o partes de circuitos destinados a ser empleados en atmósferas con riesgo de explosión son de seguridad intrínseca. Las reglas a que deben someterse estos sistemas se encuentran en la norma **UNE-EN 50.039.**

Categoría de aparatos: Clasificación de los equipos eléctricos o no eléctricos establecida por la Directiva 94/9/CE en función de la peligrosidad del emplazamiento en que se van a utilizar. Dentro del Grupo II[2] de aparatos se distinguen:

Categoría 1: Aparatos diseñados para que puedan funcionar dentro de los parámetros operativos determinados por el fabricante y asegurar un nivel de protección muy alto.

Categoría 2: Aparatos diseñados para poder funcionar en las condiciones prácticas fijadas por el fabricante y asegurar un alto nivel de protección.

---

[2] No se consideran las categorías del Grupo I por pertenecer a un entorno reglamentario-minas- distinto a éste.

Categoría 3: Aparatos diseñados para poder funcionar en las condiciones prácticas fijadas por el fabricante y asegurar un nivel normal de protección.

Declaración CE de conformidad: Documento emitido por el fabricante, o por su representante legal, por el que se afirma que un determinado aparato, sistema o componente cumple todas las prescripciones de la directiva o directivas aplicables.

3. FUNDAMENTOS PARA ALCANZAR LA SEGURIDAD

El procedimiento para alcanzar un nivel de seguridad aceptable se fundamenta en el empleo de equipamiento construido y seleccionado de acuerdo a ciertas reglas, así como en la adopción de medidas de seguridad especiales de instalación, inspección, mantenimiento y reparación, en relación con la acotación del riesgo de presencia de atmósfera explosiva mediante una clasificación de los emplazamientos en los que se pueden producir atmósferas explosivas.

Según la clasificación en que se incluye el emplazamiento, es necesario recurrir a un tipo determinado de medidas constructivas de los equipos, de instalación, supervisión o intervención, como se detalla en la presente Instrucción y normas que en ella se citan.

Adicionalmente, es preciso llevar a cabo la explotación, conservación y mantenimiento de la instalación y sus componentes dentro de unos límites estrictos, para que las condiciones de seguridad no se vean comprometidas durante su vida útil.

4. CLASIFICACIÓN DE EMPLAZAMIENTOS

Para establecer los requisitos que han de satisfacer los distintos elementos constitutivos de la instalación eléctrica en emplazamientos con atmósferas potencialmente explosivas, estos emplazamientos se agrupan en dos clases según la naturaleza de la sustancia inflamable, denominadas como Clase I si el riesgo es debido a gases, vapores o nieblas y como Clase II si el riesgo es debido a polvo.

En las anteriores clases se establece una subdivisión en zonas, según la probabilidad de presencia de la atmósfera potencialmente explosiva.

La clasificación de emplazamientos se llevará a cabo por un técnico competente que justificará los criterios y procedimientos aplicados. Esta decisión tendrá preferencia sobre las interpretaciones literales o ejemplos que figuran en los textos y figuras de los documentos de referencia que se citen para establecer esta clasificación.

4.1. Clases de emplazamientos

Los emplazamientos se agrupan como sigue:

Clase I: Comprende los emplazamientos en los que hay o puede haber gases, vapores o nieblas en cantidad suficiente para producir atmósferas explosivas o inflamables; se incluyen en esta clase los lugares en los que hay o puede haber líquidos inflamables.

Clase II: Comprende los emplazamientos en los que hay o puede haber polvo inflamable.

4.1.1. Zonas de emplazamientos Clase I

Se distinguen:

Zona 0: Emplazamiento en el que la atmósfera explosiva constituida por una mezcla de aire de sustancias inflamables en forma de gas, vapor o niebla, está presente de modo permanente, o por un espacio de tiempo prolongado, o frecuentemente.

Zona 1: Emplazamiento en el que cabe contar, en condiciones normales de funcionamiento, con la formación ocasional de atmósfera explosiva constituida por una mezcla con aire de sustancias inflamables en forma de gas, vapor o niebla.

Zona 2: Emplazamiento en el que no cabe contar, en condiciones normales de funcionamiento, con la formación de atmósfera explosiva constituida por una mezcla con aire de sustancias inflamables en forma de gas, vapor o niebla o, en la que, en caso de formarse, dicha atmósfera explosiva sólo subsiste por espacios de tiempo muy breves.

En la norma **UNE-EN 60.079-10** se recogen reglas precisas para establecer zonas en emplazamientos de Clase I.

4.1.2. Zonas de emplazamiento Clase II

Se distinguen:

Zona 20: Emplazamiento en el que la atmósfera explosiva en forma de nube de polvo inflamable en el aire está presente de forma permanente, o por un espacio de tiempo prolongado o frecuentemente.

Las capas en sí mismas no constituyen una zona 20. En general estas condiciones se dan en el interior de conducciones, recipientes, etc. Los emplazamientos en los que hay capas de polvo pero no hay nubes de forma continua o durante largos períodos de tiempo no entran en este concepto.

Zona 21: Emplazamientos en los que cabe contar con la formación ocasional, en condiciones normales de funcionamiento, de una atmósfera explosiva, en forma de nube de polvo inflamable en el aire.

Esta zona puede incluir, entre otros, los emplazamientos en la inmediata vecindad de, por ejemplo, lugares de vaciado o llenado de polvo.

Zona 22: Emplazamientos en el que no cabe contar, en condiciones normales de funcionamiento, con la formación de una atmósfera explosiva peligrosa en forma de nube de polvo inflamable en el aire o en la que, en caso de formarse dicha atmósfera explosiva, sólo subsiste por breve espacio de tiempo.

Esta zona puede incluir, entre otros, entornos próximos de sistemas conteniendo polvo de los que puede haber fugas y formar depósitos de polvo.

En la norma **CEI 61.241-3** se recogen reglas para establecer zonas en emplazamientos de Clase II.

4.2. Ejemplos de emplazamientos peligrosos

A título orientativo, sin que esta lista sea exhaustiva, y salvo que el proyectista pueda justificar que no existe el correspondiente riesgo, son ejemplos de emplazamientos peligrosos:

De Clase I:

— Lugares donde se trasvasen líquidos volátiles inflamables de un recipiente a otro.

— Garajes y talleres de reparación de vehículos. Se excluyen los garajes de uso privado para estacionamiento de 5 vehículos o menos.

— Interior de cabinas de pintura donde se usen sistemas de pulverización y su entorno cercano cuando se utilicen disolventes.

— Secaderos de material con disolventes inflamables.

— Locales de extracción de grasas y aceites que utilicen disolventes inflamables.

— Locales con depósitos de líquidos inflamables abiertos o que se puedan abrir.

— Zonas de lavanderías y tintorerías en las que se empleen líquidos inflamables.

— Salas de gasógenos.

— Instalaciones donde se produzcan, manipulen, almacenen o consuman gases inflamables.

— Salas de bombas y/o de compresores de líquidos y gases inflamables.

— Interiores de refrigeradores y congeladores en los que se almacenen materias inflamables en recipientes abiertos, fácilmente perforables o con cierres poco consistentes.

De Clase II:

— Zonas de trabajo, manipulación y almacenamiento de la industria alimentaria que maneja granos y derivados.

— Zonas de trabajo y manipulación de industrias químicas y farmacéuticas en las que se produce polvo.

— Emplazamientos de pulverización de carbón y de su utilización subsiguiente.

— Plantas de coquización.

— Plantas de producción y manipulación de azufre.

— Zonas en las que se producen, procesan, manipulan o empaquetan polvos metálicos de materiales ligeros (Al, Mg, etc.).

— Almacenes y muelles de expedición donde los materiales pulverulentos se almacenan o manipulan en sacos y contenedores.

— Zonas de tratamiento de textiles como algodón, etc.

— Plantas de fabricación y procesado de fibras.

— Plantas desmotadoras de algodón.

— Plantas de procesado de lino.

— Talleres de confección.

— Industria de procesado de madera, tales como carpinterías, etc.

5. REQUISITOS DE LOS EQUIPOS

Los equipos eléctricos y los sistemas de protección y sus componentes destinados a su empleo en emplazamientos comprendidos en el ámbito de esta Instrucción, deberán cumplir las condiciones que se establecen en el R.D. 400/1996 de 1 de marzo.

Para aquellos elementos que no entren en el ámbito del mencionado R.D. 400/1996 y para los que se estipule el cumplimiento de una norma, se considerarán conformes con las prescripciones de la presente Instrucción aquellos que estén amparados por las correspondientes certificaciones de conformidad otorgadas por Organismos de control autorizados, según lo dispuesto en el R.D. 2200/1995, de 28 de diciembre.

6. PRESCRIPCIONES GENERALES

En todo lo que aquí no se indique explícitamente son de aplicación, en lo que corresponda, las demás Instrucciones de este Reglamento; caso de conflicto predominará la interpretación correspondiente a esta Instrucción.

6.1. Condiciones generales

En la medida de lo posible, los equipos eléctricos se ubicarán en áreas no peligrosas. Si esto no es posible, la instalación se llevará a cabo donde exista menor riesgo.

Los equipos eléctricos se instalarán de acuerdo con las condiciones de su documentación particular. Se pondrá especial cuidado en asegurar que las partes recambiables, tales como lámparas, sean del tipo y características asignadas correctas. Las inspecciones de las instalaciones objeto de esta Instrucción se realizarán según lo establecido en la norma **UNE-EN 60.079-17.**

En el caso de circunstancias excepcionales, como por ejemplo ciertas tareas de reparación que precisan soldadura, trabajos de investigación y desarrollo (operación en plantas piloto, realización de trabajos experimentales etc.), no será necesario que se reúnan todos los requisitos de los capítulos 6, 7 y 8 siguientes, supuesto, que la instalación va a estar en operación sólo durante un periodo limitado, está bajo la supervisión de personal especialmente formado y se reúnen las siguientes condiciones:

— Se han tomado medidas para prevenir la aparición de atmósferas explosivas peligrosas.

— Se han tomado medidas para asegurar que el equipo eléctrico se desconecta en caso de formación de una atmósfera peligrosa.

— Se han tomado medidas para asegurar que las personas no van a resultar dañadas por incendios o explosiones.

y adicionalmente, estas medidas se han comunicado por escrito a personal que está familiarizado con los requisitos de esta Instrucción y con las normas que tratan de equipos e instalaciones en lugares con riesgo de explosión y tienen acceso a toda la información necesaria para llevar a cabo la actuación.

Para llevar a cabo estas operaciones será necesaria la previa elaboración de un permiso especial de trabajo, autorizado por el responsable de la planta o instalación.

6.2. Documentación

Para instalaciones nuevas o ampliaciones de las existentes, en el ámbito de aplicación de la presente ITC, se incluirá la siguiente información (según corresponda) en el proyecto de la instalación:

— Clasificación de emplazamientos y plano representativo.

— Adecuación de la categoría de los equipos a los diferentes emplazamientos y zonas.

— Instrucciones de implantación, instalación y conexión de los aparatos y equipos.

— Condiciones especiales de instalación y utilización.

El propietario deberá conservar:

— Copia del proyecto en su forma definitiva.

— Manual de instrucciones de los equipos.

— Declaraciones de Conformidad de los equipos.

— Documentos descriptivos del sistema para los de seguridad intrínseca.

— Todo documento que pueda ser relevante para las condiciones de seguridad

6.3. Mantenimiento y reparación

Las instalaciones objeto de esta Instrucción se someterán a un mantenimiento que garantice la conservación de las condiciones de seguridad. Como criterio al respecto, se seguirá lo establecido en la norma **UNE-EN 60.079-17.**

La reparación de equipos y sistemas de protección deberá ser llevada a cabo de forma que no comprometa la seguridad. Como criterio técnico se seguirá lo establecido en la norma **CEI 60.079-19.**

7. EMPLAZAMIENTOS DE CLASE I

7.1. Generalidades

Estas instalaciones eléctricas se ejecutarán de acuerdo a lo especificado en la norma **UNE-EN 60.079-14,** salvo que se contradiga con lo indicado en la presente Instrucción, la cual prevalecerá sobre la norma.

7.2. Selección de equipos eléctricos (excluidos cables y conductos)

Para seleccionar un equipo eléctrico el procedimiento a seguir comprende las siguientes fases:

1) Caracterizar la sustancia o sustancias implicadas en el proceso.

2) Clasificar el emplazamiento en el que se va a instalar el equipo.

3) Seleccionar los equipos eléctricos de tal manera que la categoría esté de acuerdo a las limitaciones de la tabla 1 y que éstos cumplan con los requisitos que les sean de aplicación, establecidos en la norma **UNE EN 60.079 - 14**. Si la temperatura ambiente prevista no está en el rango comprendido entre -20 °C y +40 °C, el equipo deberá estar marcado para trabajar en el rango de temperatura correspondiente.

4) Instalar el equipo de acuerdo con las instrucciones del fabricante.

Tabla 1: *Categorías de equipos admisibles para atmósfera de gases y vapores.*

Categoría del equipo	Zonas en que se admiten
Categoría 1	0, 1 y 2
Categoría 2	1 y 2
Categoría 3	2

7.3. Reglas de instalación de equipos eléctricos

La instalación de los equipos eléctricos se realizará de acuerdo a lo especificado en la norma **UNE-EN 60.079-14**.

Adicionalmente, se tendrá en cuenta que la utilización de equipos con modo de protección por inmersión en aceite "o" queda restringida a equipos de instalación fija y que no tengan elementos generadores de arco en el seno del líquido de protección. Para la instalación de sistemas de seguridad intrínseca, se tendrá en cuenta también, lo indicado en la Norma **UNE-EN 50.039**.

8. EMPLAZAMIENTOS DE CLASE II

8.1. Generalidades

Estas instalaciones se ejecutarán de acuerdo a lo especificado en la norma EN 50.281-1-2, salvo que contradiga con lo indicado en la presente Instrucción, la cual prevalecerá sobre la norma.

8.2. Selección de equipos eléctricos (excluidos cables y conductos)

Para seleccionar un equipo eléctrico el procedimiento a seguir comprende las siguientes fases:

1) Caracterizar la sustancia o sustancias implicadas en el proceso.

2) Clasificar el emplazamiento en el que se va a instalar el equipo.

3) Seleccionar los equipos eléctricos de tal manera que la categoría esté de acuerdo a las limitaciones de la tabla 2 y que éstos cumplan con los requisitos que les sea de aplicación, establecidos en la norma **EN 50.281-1-2**.

4) Instalar el equipo de acuerdo con las instrucciones del fabricante.

Tabla 2: *Categorías de equipos admisibles para atmósferas con polvo explosivo.*

Categoría del equipo	Zonas en que se admiten
Categoría 1	20,21 y 22
Categoría 2	21 y 22
Categoría 3	22

8.3. Reglas de instalación de equipos eléctricos

La instalación de los equipos eléctricos destinados a emplazamientos de clase II se hará de acuerdo con lo especificado en la norma **EN 50.281-1-2**.

Es necesario tener presente que si un equipo eléctrico dispone de un modo de protección para gases no garantiza que su protección sea adecuada contra el riesgo de inflamación de polvo.

9. SISTEMAS DE CABLEADO

9.1. Generalidades

Para instalaciones de seguridad intrínseca, los sistemas de cableado cumplirán los requisitos de la norma **UNE-EN 60.079-14** y de la norma **UNE-EN 50.039**.

Los cables para el resto de las instalaciones tendrán una tensión mínima asignada de 450/750 V.

Las entradas de los cables y de los tubos a los aparatos eléctricos se realizarán de acuerdo con el modo de protección previsto. Los orificios de los equipos eléctricos para entradas de cables o tubos que no se utilicen deberán cerrarse mediante piezas acordes con el modo de protección de que vayan dotados dichos equipos.

Para las canalizaciones para equipos móviles se tendrá en cuenta lo establecido en la Instrucción **ITC MIE-BT 21.**

La intensidad admisible en los conductores deberá disminuirse en un 15% respecto al valor correspondiente a una instalación convencional. Además, todos los cables de longitud igual o superior a 5 m estarán protegidos contra sobrecargas y cortocircuitos; para la protección de sobrecargas se tendrá en cuenta la intensidad de carga resultante fijada en el párrafo anterior y para la protección de cortocircuitos se tendrá en cuenta el valor máximo para un defecto en el comienzo del cable y el valor mínimo correspondiente a un defecto bifásico y franco al final del cable.

En el punto de transición de una canalización eléctrica de una zona a otra, o de un emplazamiento peligroso a otro no peligroso, se deberá impedir el paso de gases, vapores o líquidos inflamables. Eso puede precisar del sellado de zanjas, tubos, bandejas, etc., una ventilación adecuada o el relleno de zanjas con arena.

9.2. Requisitos de los cables

Los cables a emplear en los sistemas de cableado en los emplazamientos de clase I y clase II serán:

a) En instalaciones fijas:

- Cables de tensión asignada mínima 450/750 V, aislados con mezclas ter-moplásticas o termoestables; instalados bajo tubo (según 9.3) metálico rígido o flexible conforme a norma **UNE-EN 50.086-1.**

- Cables construidos de modo que dispongan de una protección mecánica; se consideran como tales:

— Los cables con aislamiento mineral y cubierta metálica, según **UNE 21.157** parte 1.

— Los cables armados con alambre de acero galvanizado y con cubierta externa no metálica, según la serie **UNE 21.123.**

Los cables a utilizar en las instalaciones fijas, deben cumplir, respecto a la reacción al fuego, como mínimo la clase C_{ca}-s1b,d1,a1.[3]

b) En alimentación de equipos portátiles o móviles. Se utilizarán cables con cubierta de policloropreno según **UNE 21.027** parte 4 o **UNE 21.150,** que sean aptos para servicios móviles, de tensión asignada mínima 450/750 V, flexibles y de sección mínima 1,5 mm^2. La utilización de estos cables flexibles se restringirá a lo estrictamente necesario y como máximo a una longitud de 30 m.

---

[3] Este párrafo sustituye al original de la ITC-BT 29 para adaptar el REBT al CPR (Reglamento de los Productos de la Construcción) con la denominación actual de las Euroclases de los cables eléctricos.

9.3. Requisitos de los conductos

Cuando el cableado de las instalaciones fijas se realice mediante tubo o canal protector, éstos serán conformes a las especificaciones dadas en las tablas siguientes:

Tabla 3. *Características mínimas para tubos.*

Característica	Código	Grado
Resistencia a la compresión	4	Fuerte
Resistencia al impacto	4	Fuerte
Temperatura mínima de instalación y servicio	2	-5°C
Temperatura máxima de instalación y servicio	1	+60 °C
Resistencia al curvado	1-2	Rígido/curvable
Propiedades eléctricas	1	Continuidad eléctrica
Resistencia a la penetración de objetos sólidos	4	Contra objetos D . 1 mm
Resistencia a la penetración del agua	2	Contra gotas de agua cayendo verticalmente cuando el verticalmente cuando el sistema de tubos está inclinado 15°
Resistencia a la corrosión de tubos metálicos	2	Protección interior y exterior y compuestos media
Resistencia a la tracción	0	No declarada
Resistencia a la propagación de la llama	1	No propagador
Resistencia a las cargas suspendidas	0	No declarada

Tabla 4. *Características mínimas para canales protectoras.*

Característica	Grado	
Dimensión del lado mayorde la sección transversal	< 16 mm	> 16 mm
Resistencia al impacto	Fuerte	Fuerte
Temperatura mínima de instalación y servicio	+ 15 °C	-5°C
Temperatura máxima de instalación y servicio	+60 °C	+60 °C
Propiedades eléctricas	Aislante	Continuidad eléctrica/aislante
Resistencia a la penetración de objetos sólidos	4	no inferior a 2
Resistencia a la penetración de agua	No declarada	
Resistencia a la propagación de la llama	No propagador	

Esto no es aplicable en el caso de canalizaciones bajo tubo que se conecten a aparatos eléctricos con modo de protección antideflagrante provistos de cortafuegos, en donde el tubo resistirá una presión interna mínima de 3 MPa durante 1 minuto y será, o bien de acero sin soldadura, galvanizado interior y exteriormente, conforme a la norma **UNE 36.582**, o bien conforme a la norma **UNE EN 50.086**, con el grado de resistencia de la tabla siguiente:

Tabla 5. *Características mínimas para tubos que se conectan a aparatos eléctricos con modo de protección antideflagrante provistos de cortafuegos.*

Característica	Código	Grado
Resistencia a la compresión	5	Muy Fuerte
Resistencia al impacto	5	Muy Fuerte
Temperatura mínima de instalación y servicio	3	–15°C
Temperatura máxima de instalación y servicio	2	+90 °C
Resistencia al curvado	1	Rígido
Propiedades eléctricas	1	Continuidad eléctrica
Resistencia a la penetración de objetos sólidos	5	Contra el polvo
Resistencia a la penetración del agua	2	Contra gotas de agua cayendo verticalmente cuando el verticalmente cuando el sistema de tubos está inclinado 15°
Resistencia a la corrosión de tubos metálicos	4	Protección interior y exterior elevada
Resistencia a la tracción	2	Ligera
Resistencia a la propagación de la llama	1	No propagador
Resistencia a las cargas suspendidas	0	No declarada

Cuando por exigencias de la instalación se precisen tubos flexibles (p.ej.: por existir vibraciones en la conexión del cableado bajo tubo), éstos serán metálicos corrugados de material resistente a la oxidación y características semejantes a los rígidos.

Los tubos con conductividad eléctrica deben conectarse a la red de tierra, su continuidad eléctrica quedará convenientemente asegurada. En el caso de utilizar tubos metálicos flexibles, es necesario que la distancia entre dos puesta a tierra consecutivas de los tubos no exceda de 10 metros.

Instrucción ITC-BT 30

INSTALACIONES EN LOCALES DE CARACTERÍSTICAS ESPECIALES

Índice

Normas UNE citadas en la ITC-BT-06
UNE 20.324, UNE 20.460-5-523, UNE 20.460-3

1. INSTALACIONES EN LOCALES HÚMEDOS

Locales o emplazamientos húmedos son aquellos cuyas condiciones ambientales se manifiestan momentánea o permanentemente bajo la forma de condensación en el techo y paredes, manchas salinas o moho aun cuando no aparezcan gotas ni el techo o paredes estén impregnados de agua.

En estos locales o emplazamientos el material eléctrico, cuando no se utilice muy bajas tensiones de seguridad, cumplirá con las siguientes condiciones:

1.1. Canalizaciones eléctricas

Las canalizaciones serán estancas, utilizándose, para terminales, empalmes y conexiones de las mismas, sistemas o dispositivos que presenten el grado de protección correspondiente a la caída vertical de gotas de agua (IPX1). Este requisito lo deberán cumplir las canalizaciones prefabricadas.

1.1.1. Instalación de conductores y cables aislados en el interior de tubos

Los conductores tendrán una tensión asignada de 450/750 V y discurrirán por el interior de tubos:

— Empotrados: según lo especificado en la Instrucción **ITC-BT-21**.

— En superficie: según lo especificado en la **ITC-BT-21**, pero que dispondrán de un grado de resistencia a la corrosión 3.

1.1.2. Instalación de cables aislados con cubierta en el interior de canales aislantes

Se instalarán en superficie y las conexiones, empalmes y derivaciones se realizarán en el interior de cajas.

1.1.3. Instalación de cables aislados y armados con alambres galvanizados sin tubo protector

Los conductores tendrán una tensión asignada de 0,6/1 kV y discurrirán por:

— En el interior de huecos de la construcción.

— Fijados en superficie mediante dispositivos hidrófugos y aislantes.

1.2. Aparamenta

Las cajas de conexión, interruptores, tomas de corriente y, en general, toda la aparamenta utilizada, deberán presentar el grado de protección correspondiente a la caída vertical de gotas de agua, IPX1. Sus cubiertas y las partes accesibles de los órganos de accionamiento no serán metálicos.

1.3. Receptores de alumbrado y aparatos portátiles de alumbrado

Los receptores de alumbrado estarán protegidos contra la caída vertical de agua, IPX1 y no serán de clase 0.

Los aparatos de alumbrado portátiles serán de la Clase II, según la Instrucción **ITC-BT-43**.

2. INSTALACIONES EN LOCALES MOJADOS

Locales o emplazamientos mojados son aquellos en que los suelos, techos y paredes estén o puedan estar impregnados de humedad y donde se vean aparecer, aunque sólo sea temporalmente, lodo o gotas gruesas de agua debido a la condensación o bien están cubiertos con vaho durante largos períodos.

Se considerarán como locales o emplazamientos mojados los lavaderos públicos, las fábricas de apresto, tintorerías, etc., así como las instalaciones a la intemperie.

En estos locales o emplazamientos se cumplirán, además de las condiciones para locales húmedos del apartado 1, las siguientes:

2.1. Canalizaciones

Las canalizaciones serán estancas, utilizándose para terminales, empalmes y conexiones de las mismas, sistemas y dispositivos que presenten el grado de protección correspondiente a las proyecciones de agua, IPX4. Las canalizaciones prefabricadas tendrán el mismo grado de protección IPX4.

2.1.1. Instalación de conductores y cables aislados en el interior de tubos

Los conductores tendrán una tensión asignada de 450/750 V y discurrirán por el interior de tubos:

— Empotrados: según lo especificado en la **ITC-BT-21**.

— En superficie: según lo especificado en la **ITC-BT-21**, pero que dispondrán de un grado de resistencia a la corrosión 4.

ITC 30

2.1.2. Instalación de cables aislados con cubierta en el interior de canales aislantes

Los conductores tendrán una tensión asignada de 450/750 V y discurrirán por el interior de canales que se instalarán en superficie; las conexiones, empalmes y derivaciones se realizarán en el interior de cajas.

2.2. Aparamenta

Se instalarán los aparatos de mando y protección y tomas de corriente fuera de estos locales. Cuando esto no se pueda cumplir, los citados aparatos serán del tipo protegido contra las proyecciones de agua, IPX4, o bien se instalarán en el interior de cajas que les proporcionen un grado de protección equivalente.

2.3. Dispositivos de protección

De acuerdo con lo establecido en la **ITC-BT-22**, se instalará, en cualquier caso, un dispositivo de protección en el origen de cada circuito derivado de otro que penetre en el local mojado.

2.4. Aparatos móviles o portátiles

Queda prohibido en estos locales la utilización de aparatos móviles o portátiles, excepto cuando se utilice como sistema de protección la separación de circuitos o el empleo de muy bajas tensiones de seguridad, MBTS según la Instrucción **ITC-BT-36**.

2.5. Receptores de alumbrado

Los receptores de alumbrado estarán protegidos contra las proyecciones de agua, IPX4. No serán de clase 0.

3. INSTALACIONES EN LOCALES CON RIESGO DE CORROSIÓN

Locales o emplazamientos con riesgo de corrosión son aquellos en los que existan gases o vapores que puedan atacar a los materiales eléctricos utilizados en la instalación.

Se considerarán como locales con riesgo de corrosión: las fábricas de productos químicos, depósitos de éstos, etc.

En estos locales o emplazamientos se cumplirán las prescripciones señaladas para las instalaciones en locales mojados, debiendo protegerse además la parte exterior de los aparatos y canalizaciones con un revestimiento inalterable a la acción de dichos gases o vapores.

4. INSTALACIONES EN LOCALES POLVORIENTOS SIN RIESGO DE INCENDIO O EXPLOSIÓN

Los locales o emplazamientos polvorientos son aquellos en que los equipos eléctricos están expuestos al contacto con el polvo en cantidad suficiente como para producir su deterioro o un defecto de aislamiento.

En estos locales o emplazamientos se cumplirán las siguientes condiciones:

— Las canalizaciones eléctricas, prefabricadas o no, tendrán un grado de protección mínimo IP5X (considerando la envolvente como categoría 1 según la norma **UNE 20.324**), salvo que las características del local exijan uno más elevado.

— Los equipos o aparamenta utilizados tendrán un grado de protección mínimo IP5X (considerando la envolvente como categoría 1 según la norma UNE 20.324) o estarán en el interior de una envolvente que proporcione el mismo grado de protección IP 5X, salvo que las características del local exijan uno más elevado.

5. INSTALACIONES EN LOCALES A TEMPERATURA ELEVADA

Locales o emplazamientos a temperatura elevada son aquellos donde la temperatura del aire ambiente es susceptible de sobrepasar frecuentemente los 40 ºC, o bien se mantiene permanentemente por encima de los 35 ºC.

En estos locales o emplazamientos se cumplirán las siguientes condiciones:

— Los cables aislados con materias plásticas o elastómeras podrán utilizarse para una temperatura ambiente de hasta 50 ºC aplicando el factor de reducción, para los valores de la intensidad máxima admisible, señalados en la norma **UNE 20.460** -5-523.

Para temperaturas ambientes superiores a 50 ºC se utilizarán cables especiales con un aislamiento que presente una mayor estabilidad térmica.

— En estos locales son admisibles las canalizaciones con conductores desnudos sobre soportes aislantes. Los soportes estarán construidos con un material cuyas propiedades y estabilidad queden garantizadas a la temperatura de utilización.

— Los aparatos utilizados deberán poder soportar los esfuerzos resultantes a que se verán sometidos debido a las condiciones ambientales. Su tempe-

ITC 30

ratura de funcionamiento a plena carga no deberá sobrepasar el valor máximo fijado en la especificación del material.

6. INSTALACIONES EN LOCALES A MUY BAJA TEMPERATURA

Locales o emplazamientos a muy baja temperatura son aquellos donde pueden presentarse y mantenerse temperaturas ambientales inferiores a -20 ºC.

Se considerarán como locales a temperatura muy baja las cámaras de congelación de las plantas frigoríficas.

En estos locales o emplazamientos se cumplirán las siguientes condiciones:

— El aislamiento y demás elementos de protección del material eléctrico utilizado deberá ser tal que no sufra deterioro alguno a la temperatura de utilización.

— Los aparatos eléctricos deberán poder soportar los esfuerzos a que se verán sometidos debido a las condiciones ambientales.

7. INSTALACIONES EN LOCALES EN QUE EXISTAN BATERÍAS DE ACUMULADORES

Los locales en que deban disponerse baterías de acumuladores con posibilidad de desprendimiento de gases, se considerarán como locales o emplazamientos con riesgo de corrosión, debiendo cumplir, además de las prescripciones señaladas para estos locales, las siguientes:

— El equipo eléctrico utilizado estará protegido contra los efectos de vapores y gases desprendidos por el electrolito.

— Los locales deberán estar provistos de una ventilación natural o forzada que garantice una renovación perfecta y rápida del aire. Los vapores evacuados no deben penetrar en locales contiguos.

— La iluminación artificial se realizará únicamente mediante lámparas eléctricas de incandescencia o de descarga.

— Las luminarias serán de material apropiado para soportar el ambiente corrosivo y evitar la penetración de gases en su interior.

— Los acumuladores que no aseguren por sí mismos y permanentemente un aislamiento suficiente entre partes en tensión y tierra, deberán ser instalados con un aislamiento suplementario. Este aislamiento no podrá ser afectado por la humedad.

— Los acumuladores estarán dispuestos de manera que pueda realizarse fácilmente la sustitución y el mantenimiento de cada elemento. Los pasillos de servicio tendrán una anchura mínima de 0,75 metros.

— Si la tensión de servicio en corriente continua es superior a 75 voltios con relación a tierra y existen partes desnudas bajo tensión que puedan tocarse inadvertidamente, el suelo de los pasillos de servicio será eléctricamente aislante.

— Las piezas desnudas bajo tensión, cuando entre éstas existan tensiones superiores a 75 voltios en corriente continua, deberán instalarse de manera que sea imposible tocarlas simultánea e inadvertidamente.

8. INSTALACIONES EN LOCALES AFECTOS A UN SERVICIO ELÉCTRICO

Locales o emplazamientos afectos a un servicio eléctrico son aquellos que se destinan a la explotación de instalaciones eléctricas y, en general, sólo tienen acceso a los mismos personas cualificadas para ello. Se considerarán como locales o emplazamientos afectos a un servicio eléctrico: los laboratorios de ensayos, las salas de mando y distribución instaladas en locales independientes de las salas de máquinas de centrales, centros de transformación, etc.

En estos locales se cumplirán las siguientes condiciones:

— Estarán obligatoriamente cerrados con llave cuando no haya en ellos personal de servicio.

— El acceso a estos locales deberá tener al menos una altura libre de 2 metros y una anchura mínima de 0,7 metros. Las puertas se abrirán hacia el exterior.

— Si la instalación contiene instrumentos de medida que deban ser observados o aparatos que haya que manipular constante o habitualmente, tendrá un pasillo de servicio de una anchura mínima de 1,10 metros. No obstante, ciertas partes del local o de la instalación que no estén bajo tensión podrán sobresalir en el pasillo de servicio, siempre que su anchura no quede reducida en esos lugares a menos de 0,80 metros. Cuando existan a los lados del pasillo de servicio piezas desnudas bajo tensión, no protegidas, aparatos a manipular o instrumentos a observar, la distancia entre equipos eléctricos instalados enfrente unos de otros, será como mínimo de 1,30 metros.

— El pasillo de servicio tendrá una altura de 1,90 metros, como mínimo. Si existen en su parte superior piezas no protegidas bajo tensión, la altura libre hasta esas piezas no será inferior a 2,30 metros.

ITC 30

— Sólo se permitirá colocar en el pasillo de servicio los objetos necesarios para el empleo de aparatos instalados.

— Los locales que tengan personal de servicio permanente estarán dotados de un alumbrado de seguridad.

— Los locales que estén bajo rasante deberán disponer de un sumidero.

9. INSTALACIONES EN OTROS LOCALES DE CARACTERÍSTICAS ESPECIALES

Cuando en los locales o emplazamientos donde se tengan que establecer instalaciones eléctricas concurran circunstancias especiales no especificadas en estas Instrucciones y que puedan originar peligro para las personas o cosas, se tendrá en cuenta lo siguiente:

— Los equipos eléctricos deberán seleccionarse e instalarse en función de las influencias externas definidas en la norma **UNE 20.460** -3, a las que dichos materiales pueden estar sometidos, de forma que garanticen su funcionamiento y la fiabilidad de las medidas de protección.

— Cuando un equipo no posea, por su construcción, las características correspondientes a las influencias externas del local (o las derivadas de su ubicación), podrá utilizarse a condición de que se le proporcione, durante la realización de la instalación, una protección complementaria adecuada. Esta protección no deberá perjudicar las condiciones de funcionamiento del material así protegido.

— Cuando se produzcan simultáneamente diferentes influencias externas, sus efectos podrán ser independientes o influirse mutuamente, y los grados de protección deberán seleccionarse en consecuencia.

9.1. Clasificación de las influencias externas

La norma **UNE 20.460** -3 establece una clasificación y una codificación de las influencias que deben ser tenidas en cuenta para el proyecto y la ejecución de las instalaciones eléctricas.

Esta codificación no está prevista para su utilización en el marcado de los equipos.

Instrucción ITC-BT 31

INSTALACIONES CON FINES ESPECIALES. PISCINAS Y FUENTES

Índice

Normas UNE citadas en la ITC-BT 31:

UNE 20.324, UNE-EN 60.598-2-18, UNE-EN 60.598, UNE-EN 60.335-2-41, UNE-EN 50.086-1, UNE 20.460-3

1. CAMPO DE APLICACIÓN

Esta ITC trata de las prescripciones de las instalaciones eléctricas de las piscinas, pediluvios y fuentes ornamentales.

2. PISCINAS Y PEDILUVIOS

2.1. Clasificación de los volúmenes

Se definen los volúmenes sobre los cuales se indican las medidas de protección que se enumeran en los apartados siguientes, como:

a) VOLUMEN 0: Este volumen comprende el interior de los recipientes, incluyendo cualquier canal en las paredes o suelos y los pediluvios o el interior de los inyectores de agua o cascadas.

b) VOLUMEN 1: Este volumen está limitada por:

— Volumen 0;

— un plano vertical a 2 m del borde del recipiente;

— el suelo o la superficie susceptible de ser ocupada por personas;

— el plano horizontal a 2,5 m por encima del suelo o la superficie;

Cuando la piscina contiene trampolines, bloques de salida de competición, toboganes u otros componentes susceptibles de ser ocupados por personas, el volumen 1 comprende el volumen limitado por:

— un plano vertical situado a 1,5 m alrededor de los trampolines, bloques de salida de competición, toboganes y otros componentes tales como esculturas o recipientes decorativos;

— el plano horizontal situado 2,5 m por encima de la superficie más alta destinada a ser ocupada por personas.

c) VOLUMEN 2: Este volumen está limitado por:

— el plano vertical externo al Volumen 1 y el plano paralelo a 1,5 m del anterior;

— el suelo o superficie destinada a ser ocupada por personas y el plano horizontal situado a 2,5 m por encima del suelo o superficie.

No existe Volumen 2 para fuentes. Ejemplos de estos volúmenes se indican en las figuras 1, 2, 3, 4 y 5.

En las figuras 3 y 4 se presentan dos ejemplos de cómo los paramentos o muros aislantes modifican los volúmenes definidos en las figuras 1 y 2.

Los cuartos de máquinas, definidos como aquellos locales que tengan como mínimo un equipo eléctrico para el uso de la piscina, podrán estar ubicados en cualquier lugar, siempre y cuando sean inaccesibles para todas las personas no autorizadas.

Dichos locales cumplirán lo indicado en la **ITC-BT-30** para locales húmedos o mojados, según corresponda.

2.2. Prescripciones generales

Los equipos eléctricos (incluyendo canalizaciones, empalmes, conexiones, etc.) presentarán el grado de protección siguiente, de acuerdo con la **UNE 20.324**:

— Volumen 0:

IP X8

— Volumen 1:

IP X5

IP X4, para piscinas en el interior de edificios que normalmente no se limpian con chorros de agua

— Volumen 2:

IP X2, para ubicaciones interiores

IP X4, para ubicaciones en el exterior

IP X5, en aquellas localizaciones que puedan ser alcanzadas por los chorros de agua durante las operaciones de limpieza

Cuando se usa MBTS, cualquiera que sea su tensión asignada, la protección contra los contactos directos debe proporcionarse mediante:

— barreras o cubiertas que proporcionen un grado de protección mínimo IP 2X ó IP XXB, según **UNE 20.324**, o

— un aislamiento capaz de soportar una tensión de ensayo de 500 V en corriente alterna, durante 1 minuto

Las medidas de protección contra los contactos directos por medio de obstáculos o por puesta fuera de alcance por alejamiento, no son admisibles

No se admitirán las medidas de protección contra contactos indirectos mediante locales no conductores ni por conexiones equipotenciales no conectadas a tierra.

ITC 31

Todos los elementos conductores de los volúmenes 0, 1 y 2 y los conductores de protección de todos los equipos con partes conductoras accesibles situados en estos volúmenes, deben conectarse a una conexión equipotencial suplementaria local. Las partes conductoras incluyen los suelos no aislados.

Con la excepción de las fuentes mencionadas en el capítulo siguiente, en los Volúmenes 0 y 1, solo se admite protección mediante MBTS a tensiones asignadas no superiores a 12 V en corriente alterna o 30 V en corriente continua. La fuente de alimentación de seguridad se instalará fuera de los volúmenes 0, 1 y 2.

En el Volumen 2 y los equipos para uso en el interior de recipientes que solo estén destinados a funcionar cuando las personas están fuera del Volumen 0, deben alimentarse por circuitos protegidos:

— bien por MBTS, con la fuente de alimentación de seguridad instalada fuera de los Volúmenes 0,1 y 2, o

— bien por desconexión automática de la alimentación, mediante un interruptor diferencial de corriente máxima 30 mA, o

— por separación eléctrica cuya fuente de separación alimente un único elemento del equipo y que esté instalada fuera de los Volúmenes 0, 1 y 2.

Las tomas de corriente de los circuitos que alimentan los equipos para uso en el interior de recipientes que solo estén destinados a funcionar cuando las personas estén fuera del Volumen 0, así como el dispositivo de control de dichos equipos, deben incorporar una señal de advertencia al usuario de que dicho equipo solo debe usarse cuando la piscina no esté ocupada por personas.

2.2.1. Canalizaciones

En el volumen 0 ninguna canalización se encontrará en el interior de la piscina al alcance de los bañistas. No se instalarán líneas aéreas por encima de los volúmenes 0, 1 y 2 ó de cualquier estructura comprendida dentro de dichos volúmenes.

En los volúmenes 0, 1 y 2, las canalizaciones no tendrán cubiertas metálicas accesibles. Las cubiertas metálicas no accesibles estarán unidas a una línea equipotencial suplementaria.

Los cables y su instalación en los volúmenes 0, 1, y 2 serán de las características indicadas en la **ITC-BT-30**, para los locales mojados.

2.2.2. Cajas de conexión

En los volúmenes 0 y 1 no se admitirán cajas de conexión, salvo en el volumen 1 que se admitirán cajas para muy baja tensión de seguridad (MBTS), que deberán poseer un grado de protección IP X5 y ser de material aislante. Para su apertura será necesario el empleo de un útil o herramienta; su unión con los tubos de las canalizaciones debe conservar el grado de protección IP X5.

2.2.3. Luminarias

Las luminarias para uso en el agua o en contacto con el agua deben cumplir con la norma **UNE-EN 60.598** -2-18.

Las luminarias colocadas bajo el agua en hornacinas o huecos detrás de una mirilla estanca y cuyo acceso solo sea posible por detrás deberán cumplir con la parte correspondiente de norma **UNE-EN 60.598** y se instalarán de manera que no pueda haber ningún contacto intencionado o no entre partes conductoras accesibles de la mirilla y partes metálicas de la luminaria, incluyendo su fijación.

2.2.4. Aparamenta y otros equipos

Elementos tales como interruptores, programadores, y bases de toma de corriente no deben instalarse en los volúmenes 0 y 1.

No obstante, para las piscinas pequeñas, en las que la instalación de bases de toma de corriente fuera del volumen 1 no sea posible, se admitirán bases de toma de corriente, preferentemente no metálicas, si se instalan fuera del alcance de la mano (al menos 1,25 m) a partir del límite del volumen 0 y al menos 0,3 metros por encima del suelo, estando protegidas, además por una de las medidas siguientes:

— protegidas por MBTS, de tensión nominal no superior a 25 V en corriente alterna o 60 V en corriente continua, estando instalada la fuente de seguridad fuera de los volúmenes 0 y 1

— protegidas por corte automático de la alimentación mediante un dispositivo de protección por corte diferencial-residual de corriente nominal como máximo igual a 30 mA

— alimentación individual por separación eléctrica, estando la fuente de separación fuera de los volúmenes 0 y 1

En el volumen 2 se podrán instalar bases de toma de corriente e interruptores siempre que estén protegidos por una de las siguientes medidas:

— MBTS, con la fuente de seguridad instalada fuera de los volúmenes 0, 1 y 2 protegidas por corte automático de la alimentación mediante un dispositivo de protección por corte diferencial-residual de corriente nominal como máximo igual a 30 mA

ITC 31

— Alimentación individual por separación eléctrica, estando la fuente de separación fuera de los volúmenes 0, 1 y 2

En los volúmenes 0 y 1 solo se podrán instalar equipos de uso específico en piscinas si cumplen las prescripciones del **capítulo 3** siguiente.

Los equipos destinados a utilizarse únicamente cuando las personas están fuera del volumen 0 se podrán colocar en cualquier volumen si se alimentan por circuitos protegidos por una de las siguientes formas:

— bien por MBTS, con la fuente de alimentación de seguridad instalada fuera de los Volúmenes 0, 1 y 2, o

— bien por desconexión automática de la alimentación, mediante un interruptor diferencial de corriente máxima 30 mA, o

— por separación eléctrica cuya fuente de separación alimente un único elemento del equipo y que esté instalada fuera de los Volúmenes 0, 1 y 2.

Las bombas eléctricas deberán cumplir lo indicado en **UNE-EN 60.335** -2-41.

Los eventuales elementos calefactores eléctricos instalados debajo del suelo de la piscina se admiten si cumplen una de las siguientes condiciones:

— estén protegidos por MBTS, estando la fuente de seguridad instalada fuera de los volúmenes 0, 1 y 2, o

— están blindados por una malla o cubierta metálica puesta a tierra o unida a la línea equipotencial suplementaria mencionada en el apartado 2.2.1 y que sus circuitos de alimentación estén protegidos por un dispositivo de corriente diferencial-residual de corriente nominal como máximo de 30 mA.

3. FUENTES

En las fuentes se diferencian sólo dos volúmenes 0 y 1 tal como se describe en la figura 5.

3.1. Requisitos del volumen 0 y 1 de las fuentes

Se deberán emplear una de las siguientes medidas de protección:

— Protección mediante (MBTS) muy baja tensión de seguridad hasta un valor de 12V en corriente alterna ó 30V en corriente continua. La protección contra el contacto directo debe estar asegurada.

— Corte automático mediante dispositivo de protección por corriente diferencial-residual asignada no superior a 30 mA.

— Separación eléctrica mediante fuente situada fuera del volumen 0.

Para poder cumplir las medidas de protección anteriores, se requiere además que:

— El equipo eléctrico sea inaccesible, por ejemplo, por rejillas que solo puedan retirarse mediante herramientas apropiadas.

— Se utilicen sólo equipos de clase I ó II o especialmente diseñados para fuentes.

— Las luminarias cumplan lo indicado en la norma **UNE-EN 60.598** -2-18.

— Las bases de enchufe no están permitidas en estos volúmenes.

— Las bombas eléctricas cumplan lo indicado en la norma **UNE-EN 60.335** -2-41.

3.2. Conexión equipotencial suplementaria

En los volúmenes 0 y 1 debe instalarse una conexión equipotencial suplementaria local. Todas las partes conductoras accesibles de tamaño apreciable, por ejemplo, surtidores, elementos metálicos y sistemas de tuberías metálicas deberán estar interconectadas conductivamente por un conductor de conexión equipotencial.

3.3. Protección contra la penetración del agua en los equipos eléctricos

Los equipos eléctricos deberán tener un grado de protección mínimo contra la penetración del agua, según:

— Volumen 0 IPX8

— Volumen 1 IPX5

3.4. Canalizaciones

Los cables resistirán permanentemente los efectos ambientales en el lugar de la instalación

En los volúmenes 0 y 1 solo se permiten aquellos cables necesarios para alimentar al equipo receptor permanentemente instalado en estas zonas.

Los cables para el equipo eléctrico en el volumen 0 deben instalarse lo más lejos posible del borde de la pileta.

En los volúmenes 0 y 1 los cables y su instalación serán de las características indicadas en la **ITC-BT-30**, para locales mojados y los cables deberán colocar-

ITC 31

se mecánicamente protegidos en el interior de canalizaciones que cumplan la resistencia al impacto, código 5, según **UNE-EN 50.086** -1.

4. PRESCRIPCIONES PARTICULARES DE EQUIPOS ELÉCTRICOS DE BAJA TENSIÓN INSTALADOS EN EL VOLUMEN 1 DE LAS PISCINAS Y OTROS BAÑOS

Los equipos eléctricos fijos especialmente destinados a ser utilizados en las piscinas y otros baños (por ejemplo equipo de filtrado, contracorrientes, etc.) alimentados en baja tensión, que no sea MBTS, limitada a 12 V en corriente alterna ó 30 V en corriente continua, se admiten en el volumen 1, siempre que cumplan los siguientes requisitos:

a) Los equipos eléctricos deberán estar situados en un recinto cuyo aislamiento sea equivalente a un aislamiento suplementario y con una protección mecánica AG2 (choques medios), según **UNE 20.460** -3.

b) Los equipos eléctricos no deben ser accesibles más que por un registro (o puerta), por medio de una llave o un útil. La apertura del registro (o de la puerta) debe cortar todos los conductores activos de los equipos. La instalación del dispositivo de seccionamiento y la entrada del cable debe ser de clase II o tener una protección equivalente.

c) Cuando el registro (o puerta) esté abierta, el grado de protección para los equipos eléctricos debe ser al menos IPXXB según **UNE 20.324**.

d) La alimentación de estos equipos estará protegida:

— bien por MBTS con una tensión asignada no superior a 25 V en corriente alterna ó 60 V en corriente continua, siempre que la fuente de alimentación de seguridad esté situada fuera de los volúmenes 0, 1 y 2, o

— bien por un dispositivo de corte diferencial como máximo de 30 mA, o

— por separación eléctrica, cuya fuente de separación esté instalada fuera de los volúmenes 0, 1 y 2.

Para las piscinas pequeñas donde no es posible instalar luminarias fuera del volumen 1, su instalación se admite a 1,25 m a partir del borde del volumen 0 y estarán protegidas:

— bien por MBTS, o

— bien por un dispositivo de corte diferencial como máximo de 30 mA, o

— bien por separación eléctrica, cuya fuente de separación esté instalada fuera de los volúmenes 0 y 1.

Además, las luminarias deben poseer una envolvente con un aislamiento de clase II o similar y protección a los choques AG2 (choques medios) según **UNE 20.460** -3.

Figura 1. *Dimensiones de los vólumenes para depósitos de piscinas y pediluvios.*

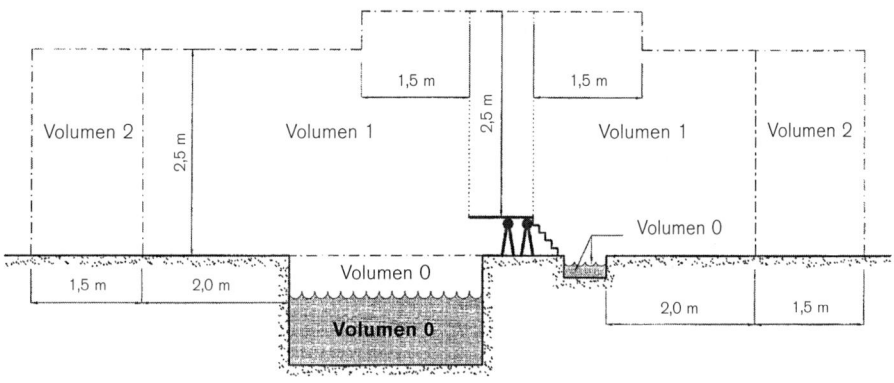

Figura 2. *Dimensiones de los vólumenes para depósitos por encima del suelo.*

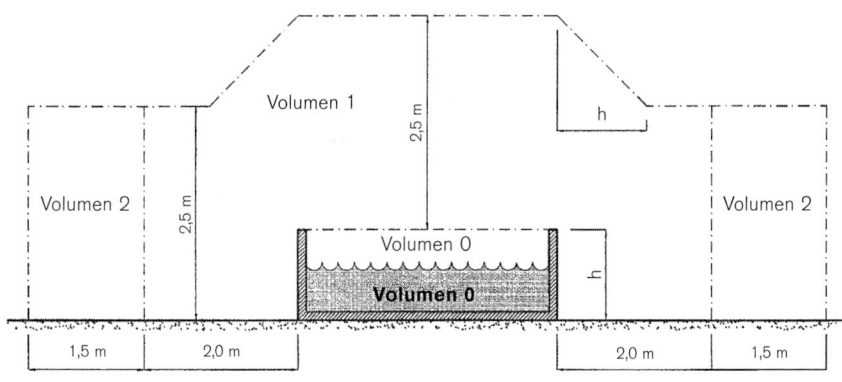

ITC 31

Figura 3. *Dimensiones de protección en piscinas con paredes de altura mínima 2,5 m.*

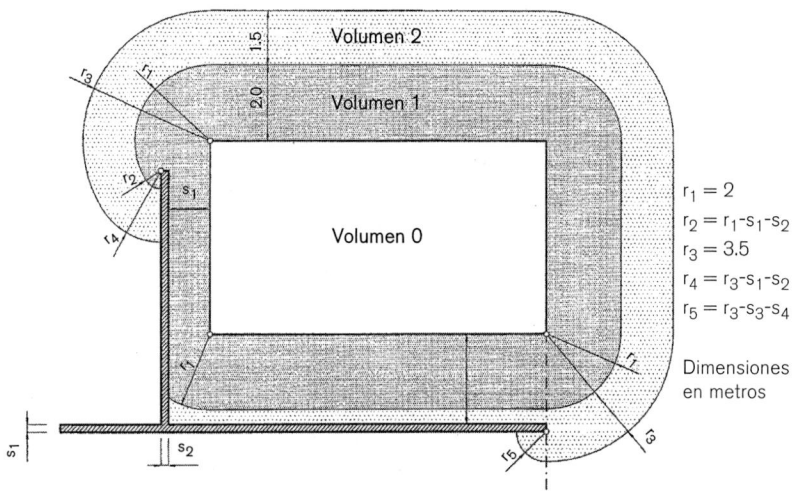

$r_1 = 2$
$r_2 = r_1\text{-}s_1\text{-}s_2$
$r_3 = 3.5$
$r_4 = r_3\text{-}s_1\text{-}s_2$
$r_5 = r_3\text{-}s_3\text{-}s_4$

Dimensiones
en metros

Figura 4. *Volúmenes de protección en piscinas con paredes.*

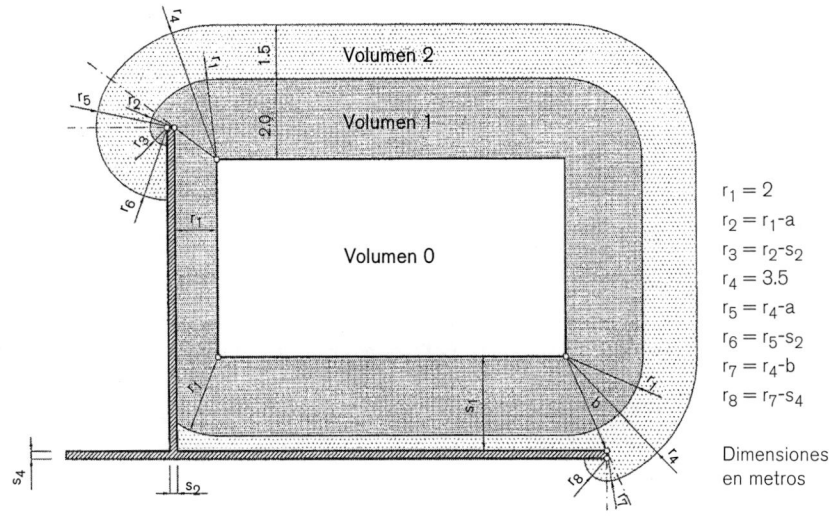

$r_1 = 2$
$r_2 = r_1\text{-}a$
$r_3 = r_2\text{-}s_2$
$r_4 = 3.5$
$r_5 = r_4\text{-}a$
$r_6 = r_5\text{-}s_2$
$r_7 = r_4\text{-}b$
$r_8 = r_7\text{-}s_4$

Dimensiones
en metros

Figura 5. *Volúmenes de protección en fuentes.*

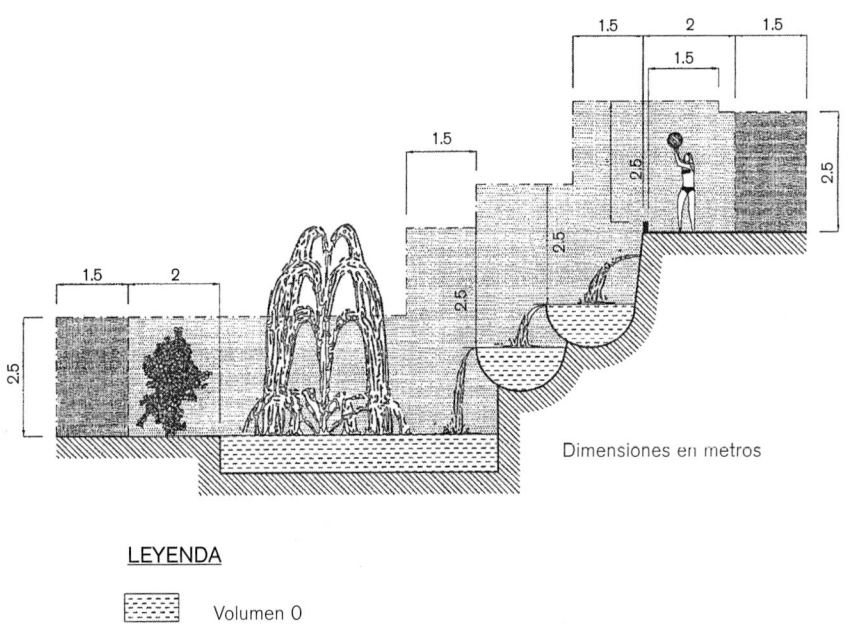

Dimensiones en metros

LEYENDA

Volumen 0

Volumen 1

Volumen 2

ITC 31

Instalaciones con fines especiales. Piscinas y fuentes / **369**

Instrucción ITC-BT 32

INSTALACIONES CON FINES ESPECIALES. MÁQUINAS DE ELEVACIÓN Y TRANSPORTE

Índice

Normas UNE citadas en la ITC-BT 32:

UNE 21.027, UNE 21.150, UNE-EN 60.947-2, UNE-EN 60.309-1

1. ÁMBITO DE APLICACIÓN

Esta instrucción trata de los requisitos particulares de los sistemas de instalación del equipo eléctrico de grúas, aparatos de elevación y transporte y otros equipos similares tales como escaleras mecánicas, cintas transportadoras, puentes rodantes, cabrestantes, andamios eléctricos, etc.

2. REQUISITOS GENERALES

La instalación en su conjunto se podrá poner fuera de servicio mediante un interruptor omnipolar general de accionamiento manual, colocado en el circuito principal. Este interruptor deberá estar situado en lugares fácilmente accesibles desde el suelo, en el mismo local o recinto en el que esté situado el equipo eléctrico de accionamiento y será fácilmente identificable mediante un rótulo indeleble.

Las canalizaciones que vayan desde el dispositivo general de protección al equipo eléctrico de elevación o de accionamiento deberán estar dimensionadas de manera que el arranque del motor no provoque una caída de tensión superior al 5%.

Únicamente en el caso de que las máquinas destinadas exclusivamente al transporte de mercancías no dispongan de jaulas para el transporte, se permitirá la instalación de interruptores suspendidos de la extremidad de la canalización móvil.

Las canalizaciones móviles de mando y señalización se podrán colocar bajo la misma envolvente protectora de las demás líneas móviles, incluso si pertenecen a circuitos diferentes, siempre que cumplan las condiciones establecidas en la Instrucción **ITC-BT-20**.

En las instalaciones en el exterior para servicios móviles se utilizarán cables flexibles con cubierta de policloropeno o similar según **UNE 21.027** ó **UNE 21.150**.

Los ascensores, las estructuras de todos los motores, máquinas elevadoras, combinadores y cubiertas metálicas de todos los dispositivos eléctricos en el interior de las cajas o sobre ellas y en el hueco, se conectarán a tierra.

Se considerarán conectados a tierra los equipos montados sobre elementos de estructura metálica del edificio si dicha estructura ha sido conectada previamente a tierra y satisface las siguientes prescripciones:

— Su continuidad eléctrica está asegurada, ya sea por construcción, ya sea por medio de conexiones apropiadas, de manera que estén protegidas contra deterioros mecánicos, químicos o electroquímicos.

— Su conductividad debe ser adecuada a este uso

— Sólo podrá ser desmontada si se han previsto medidas compensatorias

— Ha sido estudiada y adaptada para este uso

La estructura metálica de la caja soportada por los cables elevadores metálicos que pasen por poleas o tambores de la máquina elevadora se considerarán conectados a tierra con la condición de ofrecer toda garantía en las conexiones eléctricas entre ellos y tierra. Si esto no se cumpliera se instalará un conductor especial de protección.

Las vías de rodadura de toda grúa de taller estarán unidas a un conductor de protección.

Los locales, recintos, etc. en los que esté instalado el equipo eléctrico de accionamiento, sólo deberán ser accesibles a personas cualificadas. Cuando sus dimensiones permitan penetrar en él, deberán adoptarse las disposiciones relativas a las instalaciones en locales afectos a un servicio eléctrico, según lo establecido en la **ITC-BT-30**. En estos lugares se colocará un esquema eléctrico de la instalación.

3. PROTECCIÓN PARA GARANTIZAR LA SEGURIDAD

3.1. Protección contra los contactos directos

En los sistemas colectores y conjunto de anillos colectores, los cables y barras colectoras, así como los montajes de las vías de rodadura deben estar encerrados o alejados, de forma que cualquiera que tenga acceso a las zonas correspondientes de la instalación, por ejemplo, los pasillos de las guías de deslizamiento o los pasillos de la viga portagrúa, incluyendo los puntos de acceso, tenga protección frente al contacto directo con las partes en tensión, de acuerdo con el apartado 2 de la **ITC-BT-24**.

En las áreas donde sólo se admite el acceso de personas con formación específica, debe existir una protección por puesta fuera de alcance por alejamiento, para el caso de los cables o barras colectoras, de acuerdo con el apartado 2.4 de la **ITC-BT-24**. En este caso, el límite del volumen de accesibilidad inferior a la superficie susceptible de ocupación por personas, finaliza en los límites de dicha superficie.

La protección mediante la colocación fuera del alcance está pensada únicamente para evitar el contacto accidental con las partes en tensión.

Los cables y barras colectoras deben estar dispuestos o protegidos de forma que incluso con una carga oscilante no puedan entrar en contacto con el aparejo de izar ni con ningún cable de control, cadenas de accionamiento, elementos similares que sean conductores eléctricos.

Instalaciones con fines especiales. Máquinas de elevación y transporte / **373**

ITC 32

3.2. Protección contra sobreintensidades

El equipo eléctrico se protegerá mediante uno o más dispositivos automáticos de protección que actúen en caso de una sobreintensidad provocada por sobrecarga o cortocircuito. Este requisito no es aplicable a equipos diseñados para resistir sobreintensidades por si mismos.

El funcionamiento de los dispositivos de protección contra sobreintensidades para los accionadores de los frenos mecánicos producirá la desconexión simultánea de los accionadores del movimiento correspondiente.

Los dispositivos protectores contra temperatura excesiva que incluyen elementos sensibles a la temperatura (por ejemplo, resistencias dependientes de la temperatura o contactos bimetálicos) y que están montados en o sobre los devanados del motor en combinación con un contactor, no pueden considerarse como una protección suficiente contra una corriente de cortocircuito.

4. SECCIONAMIENTO Y CORTE

4.1. Corte por mantenimiento mecánico

Los interruptores deben ser de corte omnipolar y deberán tener los medios necesarios para impedir toda puesta en tensión de las instalaciones de forma imprevista.

En el lado de la alimentación de los anillos colectores o barras, debe instalarse un interruptor que permita el aislamiento y desconexión de todos los conductores de línea de la instalación y el conductor neutro.

Las instalaciones eléctricas de grúas y aparatos de elevación y transporte, deben estar equipadas con un interruptor de desconexión que permita que la instalación eléctrica quede desconectada durante el mantenimiento y reparación.

Los conjuntos de aparamenta deben ser capaces de quedar desconectados. Esta desconexión debe incluir circuitos de potencia y control.

Los medios de corte deben estar situados en las proximidades de los conjuntos de aparamenta.

Las partes activas de los conjuntos de aparamenta que por motivos de seguridad o mantenimiento deben permanecer en servicio después de la apertura, deben estar marcadas con una etiqueta que indique que están con tensión y protegidas contra un contacto directo no intencionado.

Si los circuitos después de los interruptores de desconexión pasan a través de los anillos o barras colectoras, éstos deben estar protegidos contra el contacto directo con un grado de protección de al menos IP2X.

Puede prescindirse de los interruptores de desconexión de mantenimiento si los interruptores de emergencia especificados en el apartado 4.2 están conectados a la entrada de la alimentación de la instalación.

En el caso de una única grúa puede prescindirse del interruptor de desconexión al cumplir esta función el interruptor situado en la alimentación de la instalación de la grúa.

4.2. Corte y parada de emergencia

Cada grúa, aparato de elevación o transporte debe tener uno o más mecanismos de parada de emergencia, en todos los puestos de mando de movimiento. Cuando existen varios circuitos, los mecanismos de parada de emergencia deben ser tales que, con una sola acción, provoquen el corte de toda alimentación apropiada.

Los medios de corte de emergencia deben actuar lo más directamente posible sobre los conductores de alimentación apropiados.

Debe evitarse la reconexión del suministro después del corte de emergencia mediante enclavamientos mecánicos o eléctricos. La reconexión solamente puede ser posible desde el dispositivo de control desde el cual se realizó el corte de emergencia.

Cada grúa debe tener un dispositivo para la parada de emergencia accionado desde el suelo.

Cuando la parada de emergencia así lo permita, el corte de emergencia puede realizarse mediante el accionamiento de un interruptor situado en el punto de alimentación de la instalación, si es de corte en carga y está situado en una posición donde quede fácilmente accesible.

Las grúas controladas desde el suelo y los aparatos de elevación deben pararse automáticamente cuando esté desconectado el mecanismo de control de funcionamiento.

5. APARAMENTA

5.1. Interruptores

Los interruptores deberán cumplir la **UNE-EN 60.947** -2 e instalarse en posiciones que permitan que los ensayos funcionales, se realicen sin peligro.

Están también permitidos los contactores como interruptores. Los contactores no deben utilizarse para seccionamiento.

ITC 32

5.2. Interruptores en el lado de la alimentación de la instalación

Debe ser posible aislar los anillos del colector y las barras o cables del suministro principal antes del punto de conexión de la grúa, mediante interruptores en el lado del suministro de la instalación para reparaciones y mantenimientos.

Los conectores y tomas de corriente conformes a **UNE-EN 60.309** -1 pueden usarse para este fin.

Cuando un anillo colector o barra está alimentado a través de varios interruptores en paralelo por el lado de la alimentación de la instalación, éstos deben estar enclavados de manera que se desconecten todos simultáneamente aún cuando solamente uno de ellos esté funcionando.

Solamente debe ser posible poner en servicio un anillo colector accesible o barra desde un lugar tal que el anillo colector o barra quede a la vista.

Los interruptores en el lado de la alimentación de la instalación o sus mecanismos de control deben tener un dispositivo de protección contra el cierre intempestivo o no autorizado.

En el caso de grúas y aparatos de elevación en lugares de edificación, el interruptor principal de la máquina puede ser utilizado como interruptor del lado de la alimentación de la instalación. El requisito de que este interruptor pueda tener protección contra el cierre intempestivo o no autorizado se considera como satisfecho si hay otras medidas que prevengan la puesta en servicio del aparato de elevación, p.ej. bloqueo por llave o candado.

6. DISPOSICIÓN DE LA TOMA DE TIERRA Y CONDUCTORES DE PROTECCIÓN

Cuando la alimentación se suministra a través de cables colectores, barras colectoras o conjuntos de anillos colectores, el conductor de protección debe tener un anillo colector individual o una barra colectora, cuyos soportes sean claramente visibles y distinguibles de aquellos de los anillos o barras colectoras activos.

En lugares donde haya gases corrosivos, humedad o polvo, deben tomarse medidas especiales en los anillos, barras o carriles colectores utilizados como conductores de protección.

Los conductores de protección no deben transportar ninguna corriente cuando funcionen normalmente. No tienen que instalarse mediante soportes deslizantes sobre aislantes. Los aparatos de elevación deben conectarse a los conductores de protección no admitiéndose ruedas o rodillos para su conexión. Los colectores para conductores de protección no serán intercambiables con los demás colectores.

Instrucción ITC-BT 33

INSTALACIONES CON FINES ESPECIALES. INSTALACIONES PROVISIONALES Y TEMPORALES DE OBRAS

Índice

Normas UNE citadas en la ITC-BT 33:
UNE-EN 60.439-4, UNE 20.324, UNE-EN 50.086-1, UNE 21.027, UNE 21.150, UNE 21.031

1. CAMPO DE APLICACIÓN

Las prescripciones particulares de esta instrucción se aplican a las instalaciones temporales destinadas:

— a la construcción de nuevos edificios

— a trabajos de reparación, modificación, extensión o demolición de edificios existentes

— a trabajos públicos

— a trabajos de excavación, y

— a trabajos similares.

Las partes de edificios que sufran transformaciones tales como ampliaciones, reparaciones importantes o demoliciones serán consideradas como obras durante el tiempo que duren los trabajos correspondientes, en la medida que esos trabajos necesitan la realización de una instalación eléctrica temporal.

En los locales de servicios de las obras (oficinas, vestuarios, salas de reunión, restaurantes, dormitorios, locales sanitarios, etc.) serán aplicables las prescripciones técnicas recogidas en la **ITC-BT-24**.

En las instalaciones de obras, las instalaciones fijas están limitadas al conjunto que comprende el cuadro general de mando y los dispositivos de protección principales.

2. CARACTERÍSTICAS GENERALES

2.1. Alimentación

Toda instalación deberá estar identificada según la fuente que la alimente y sólo debe incluir elementos alimentados por ella, excepto circuitos de alimentación complementaria de señalización o control.

Una misma obra puede ser alimentada a partir de varias fuentes de alimentación, incluidos los generadores fijos o móviles.

Las distintas alimentaciones deben ser conectadas mediante dispositivos diseñados de modo que impidan la interconexión entre ellas.

3. INSTALACIONES DE SEGURIDAD

Cuando debido al posible fallo de la alimentación normal de un circuito o aparato existan riesgos para la seguridad de las personas, deberán preverse instalaciones de seguridad.

3.1. Alumbrado de seguridad

Según el tipo de obra o la reglamentación existente, el alumbrado de seguridad permitirá, en caso de fallo del alumbrado normal, la evacuación del personal y la puesta en marcha de las medidas de seguridad previstas.

3.2. Otros circuitos de seguridad

Otros circuitos como los que alimentan bombas de elevación, ventiladores y elevadores o montacargas para personas, cuya continuidad de servicio sea esencial, deberán preverse de tal forma que la protección contra los contactos indirectos quede asegurada sin corte automático de la alimentación. Dichos circuitos estarán alimentados por un sistema automático con corte breve que podrá ser de uno de los tipos siguientes:

— Grupos generadores con motores térmicos, o

— Baterías de acumuladores asociadas a un rectificador o un ondulador.

4. PROTECCIÓN CONTRA LOS CHOQUES ELÉCTRICOS

Las medidas generales para la protección contra los choques eléctricos serán las indicadas en la **ITC-BT-24**, teniendo en cuenta lo indicado a continuación:

4.1. Medidas de protección contra contactos directos

Las medidas de protección contra los contactos directos serán preferentemente:

— Protección por aislamiento de partes activas o

— Protección por medio de barreras o envolventes.

4.2. Medidas de protección contra contactos indirectos

Además de las medidas generales señaladas en la **ITC-BT-24**, serán aplicables las siguientes:

Cuando la protección de las personas contra los contactos indirectos está asegurada por corte automático de la alimentación, según esquema de alimentación TT, la tensión límite convencional no debe ser superior a 24 V de valor eficaz en corriente alterna, ó 60 V en corriente continua.

Cada base o grupo de bases de toma de corriente deben estar protegida por dispositivos diferenciales de corriente diferencial residual asignada igual como máximo a 30 mA; o bien alimentadas a muy baja tensión de seguridad MBTS;

o bien protegidas por separación eléctrica de los circuitos mediante un transformador individual.

5. ELECCIÓN E INSTALACIÓN DE LOS EQUIPOS

5.1. Reglas comunes

Todos los conjuntos de aparamenta empleados en las instalaciones de obras deben cumplir las prescripciones de la norma **UNE-EN 60.439** -4.

Las envolventes, aparamenta, las tomas de corriente y los elementos de la instalación que estén a la intemperie, deberán tener como mínimo un grado de protección IP45, según **UNE 20.324**.

El resto de los equipos tendrán los grados de protección adecuados, según las influencias externas determinadas por las condiciones de instalación.

5.2. Canalizaciones

Las canalizaciones deben estar dispuestas de manera que no se ejerza ningún esfuerzo sobre las conexiones de los cables, a menos que estén previstas especialmente a este efecto.

Con el fin de evitar el deterioro de los cables, éstos no deben estar tendidos en pasos para peatones o vehículos. Si tal tendido es necesario, debe disponerse protección especial contra los daños mecánicos y contra contactos con elementos de la construcción.

En caso de cables enterrados, su instalación será conforme a lo indicado en **ITC-BT-20** e **ITC-BT-21**.

El grado de protección mínimo suministrado por las canalizaciones será el siguiente:

Para tubos, según **UNE-EN 50.086** -1:

— Resistencia a la compresión "Muy Fuerte".

— Resistencia al impacto "Muy Fuerte".

Para otros tipos de canalización:

— Resistencia a la compresión y Resistencia al Impacto, equivalentes a las definidas para tubos.

5.3. Cables eléctricos

Los cables a emplear en acometidas e instalaciones exteriores serán de tensión asignada mínima 450/750 V, con cubierta de policloropreno o similar, según **UNE 21.027** ó **UNE 21.150** y aptos para servicios móviles.

Para instalaciones interiores, los cables serán de tensión asignada mínima 300/500 V, según **UNE 21.027** ó **UNE 21.031**, y aptos para servicios móviles.

6. APARAMENTA

6.1. Aparamenta de mando y seccionamiento

En el origen de cada instalación debe existir un conjunto que incluya el cuadro general de mando y los dispositivos de protección principales.

En la alimentación de cada sector de distribución debe existir uno o varios dispositivos que aseguren las funciones de seccionamiento y de corte omnipolar en carga.

En la alimentación de todos los aparatos de utilización debe existir medios de seccionamiento y corte omnipolar en carga.

Los dispositivos de seccionamiento y de protección de los circuitos de distribución pueden estar incluidos en el cuadro principal o en cuadros distintos del principal.

Los dispositivos de seccionamiento de las alimentaciones de cada sector deben poder ser bloqueados en posición abierta (por ejemplo, por enclavamiento o ubicación en el interior de una envolvente cerrada con llave).

La alimentación de los aparatos de utilización debe realizarse a partir de cuadros de distribución, en los que se integren:

— Dispositivos de protección contra las sobreintensidades.

— Dispositivos de protección contra los contactos indirectos.

— Bases de toma de corriente.

Instrucción ITC-BT 34

INSTALACIONES CON FINES ESPECIALES. FERIAS Y STANDS

Índice

Normas UNE citadas en la ITC-BT 34:
UNE 20.324, UNE 21.027, UNE 21.031, UNE 21.150, UNE-EN 50.102

1. CAMPO DE APLICACIÓN

Las prescripciones de la presente instrucción se aplican a las instalaciones eléctricas temporales de ferias, exposiciones, muestras, stands, alumbrados festivos de calles, verbenas y manifestaciones análogas.

Para los efectos de esta instrucción se aplican las siguientes definiciones:

Exposición: Es un acontecimiento destinado a la exposición o venta de productos que puede tener lugar en un emplazamiento adecuado, ya sea edificio, estructura temporal o bien al aire libre.

Muestra: Es una presentación o espectáculo realizado en cualquier emplazamiento apropiado, ya sea una estancia, edificio, estructura temporal o al aire libre.

Stand: Es un área o estructura temporal utilizada para presentación, marketing, ventas, ocio, etc.

Parque de atracciones: Es un lugar o área en el que se incluyen tiovivos, barracas de feria, casetas, atracciones, etc., que tienen la finalidad específica de la diversión del público.

Estructura temporal: Es una unidad o parte de ella situada en interior o exterior diseñada o concebida para su fácil instalación, retiro y transporte. Se incluyen las unidades móviles y portátiles.

Instalación eléctrica temporal: Es una instalación eléctrica destinada a ser montada y desmontada al mismo tiempo que la exposición, muestra, stand, etc., con la que está asociada.

Origen de una instalación eléctrica temporal: Es el punto de la instalación permanente o de otra fuente de suministro desde la que se alimenta a las instalaciones eléctricas temporales.

2. CARACTERÍSTICAS GENERALES

2.1. Alimentación

La tensión nominal de las instalaciones eléctricas temporales en exposiciones, muestras, stands y parques de atracciones no será superior a 230/400 V en corriente alterna.

2.2. Influencias externas

Las condiciones de influencias externas son las de los emplazamientos particulares, donde se realizan estas instalaciones, por ejemplo choques mecánicos, agua, temperaturas extremas, etc.

3. PROTECCIÓN PARA GARANTIZAR LA SEGURIDAD

3.1. Protección contra contactos directos e indirectos

No se aceptan las medidas protectoras contra el contacto directo por medio de obstáculos ni por su colocación fuera del alcance.

No se aceptan medidas protectoras contra el contacto indirecto mediante un emplazamiento no conductivo ni mediante uniones equipotenciales sin conexión a tierra. Cualquiera que sea el esquema de distribución utilizado, la protección de las instalaciones de los equipos eléctricos accesibles al público debe asegurarse mediante dispositivos diferenciales de corriente diferencial-residual asignada máxima de 30 mA.

Cuando se utilice una MBTS, la protección contra contactos directos debe ser asegurada, cualquiera que sea la tensión nominal asignada, mediante un aislamiento capaz de resistir un ensayo dieléctrico de 500 V durante un minuto.

3.2. Medidas de protección en función de las influencias externas

Es recomendable que el corte automático de cables destinados a alimentar instalaciones temporales se realice mediante dispositivo diferencial, cuya corriente diferencial residual asignada no supere 500 mA.

Estos dispositivos serán selectivos con los dispositivos diferenciales de los circuitos terminales.

Todos los circuitos de alumbrado además de las luminarias de emergencia y las tomas de corriente de valor asignado inferior a 32 A, deberán ser protegidos por un dispositivo diferencial cuya corriente asignada no supere los 30 mA.

3.3. Medidas de protección contra sobreintensidades

Todos los circuitos deben estar protegidos contra sobreintensidades mediante un dispositivo de protección apropiado, situado en el origen del circuito.

4. PROTECCIÓN CONTRA EL FUEGO

El riesgo de incendio es superior debido a la naturaleza temporal de las instalaciones y a la presencia de público. Esto debe tenerse en cuenta cuando se valoren las influencias externas, de acuerdo con la "naturaleza del material procesado o almacenado".

ITC 34

El equipo eléctrico debe seleccionarse y construirse de forma que el aumento de su temperatura normal y el aumento de temperatura previsible, en el caso de que se produzca un posible fallo, no dé lugar a una situación peligrosa.

5. PROTECCIÓN CONTRA ALTAS TEMPERATURAS

El equipo de iluminación, como por ejemplo, las lámparas incandescentes, focos, pequeños proyectores y otros aparatos o dispositivos con superficies que alcanzan altas temperaturas, además de protegerse adecuadamente, deben disponerse suficientemente apartados de los materiales combustibles.

Los escaparates y los rótulos con iluminación interna se construirán con materiales que tengan una resistencia al calor apropiada, sean mecánicamente resistentes y tengan aislamiento eléctrico, al tiempo que contarán con una ventilación adecuada.

A menos que los artículos expuestos sean de naturaleza incombustible, los escaparates se iluminarán solamente desde el exterior, o con lámparas de poca emisión de calor, en su funcionamiento.

Los stands que contengan una concentración de aparatos eléctricos, accesorios de iluminación o lámparas, propensos a generar un calor superior al normal, tendrán una cubierta bien ventilada, construida con materiales incombustibles.

6. APARAMENTA Y MONTAJE DE EQUIPOS

6.1. Reglas comunes

La aparamenta de mando y protección deberá estar situada en envolventes cerradas que no puedan abrirse o desmontarse más que con la ayuda de un útil o una llave, a excepción de sus accionamientos manuales. Los grados de protección para las canalizaciones y envolventes será IP 4X para instalaciones de interior e IP 45 para instalaciones de exterior, según **UNE 20.324**.

6.2. Cables eléctricos

Para instalaciones interiores los cables serán de tensión asignada mínima 300/500V según **UNE 21.027** ó **UNE 21.031** y aptos para servicios móviles.

En instalaciones exteriores los cables serán de tensión asignada mínima 450/750V con cubierta de policloropeno o similar, según **UNE 21.027** ó **UNE 21.150** y aptos para servicios móviles.

Para alumbrados festivos se utilizan cables flexibles de características constructivas según **UNE 21.027** ó **UNE 21.031**.

ITC 34

La longitud de los cables de conexión flexibles o cordones no sobrepasará los 2 m.

6.3. Canalizaciones

Las canalizaciones se realizarán mediante tubos o canales según lo dispuesto en la **ITC-BT 20 y 21**.

Las canalizaciones metálicas o no metálicas deberán tener un grado de protección IP4X según **UNE 20.324**.

6.4. Otros equipos

6.4.1. Luminarias

Las luminarias fijas situadas a menos de 2,5 m del suelo o en lugares accesibles a las personas, deberán estar firmemente fijadas y situadas de forma que se impida todo riesgo de peligro para las personas o inflamación de materiales. El acceso al interior de las luminarias solo podrá realizarse mediante el empleo de una herramienta.

6.4.2. Alumbrado de emergencia

Se instalará alumbrado de seguridad siguiendo lo estipulado en la ITC-BT 28 en aquellas instalaciones temporales interiores que puedan albergar mas de 100 personas.

6.4.3. Interruptores de emergencia

Un circuito independiente alimentará a las luminarias, alumbrado de vitrinas, etc., los cuales deberán ser controlados por un interruptor de emergencia.

6.4.4. Bases y tomas de corriente

Un número apropiado de tomas de corriente deberán ser instaladas a fin de permitir a los usuarios cumplir las reglas de seguridad.

Las tomas de corriente instaladas en el suelo irán dentro de envolventes protegidas contra la penetración del agua. Adicionalmente a los grados de protección indicados en 6.1, deberán tener un grado de protección contra el impacto IK 10, según **UNE EN 50.102**.

Un sólo cable o cordón debe ser unido a una toma. No se deben utilizar adaptadores multivía. No se deben utilizar las bases múltiples, excepto las bases múltiples móviles, que se alimentaran desde una base fija con un cable de longitud máxima 2 m.

6.5. Conexiones a tierra

Cuando se instale un generador para suministrar alimentación a una instalación temporal, utilizando un sistema TN, TT o IT, debe tenerse cuidado para garantizar que la instalación está correctamente conectada a tierra.

El conductor neutro o punto neutro del generador debe conectarse a las partes conductoras accesibles del generador.

6.6. Conductores de protección

Los conductores de protección tendrán una sección de acuerdo con el apartado 2.3 de la **ITC-BT-19**.

6.7. Cajas, cuadros y armarios de control

Las cajas destinadas a las conexiones eléctricas, cuadros y armarios deberán tener un grado de protección mínimo igual al indicado en 6.1.

Instrucción ITC-BT 35

INSTALACIONES CON FINES ESPECIALES. ESTABLECIMIENTOS AGRÍCOLAS Y HORTÍCOLAS

Índice

Normas UNE citadas en la ITC-BT 35:

UNE 20.460-7-705

1. CAMPO DE APLICACIÓN

La presente instrucción se aplica a las instalaciones fijas de los establecimientos agrícolas y hortícolas en los cuales se hallan los animales (tales como cuadras, establos, gallineros, porquerizas, locales para la preparación de piensos de animales, graneros, granjas para el heno, la paja y los fertilizantes) o que estén situados al exterior, estando excluidos los locales habitables.

2. REQUISITOS GENERALES

Las prescripciones particulares para este tipo de establecimientos quedan recogidas en la norma **UNE 20.460** -7-705.

Para aquellos apartados que en esta citada norma se encuentran en estudio, se aplicará lo dispuesto para estos apartados en la instrucción **ITC-BT-33**.

Instrucción ITC-BT 36

INSTALACIONES
A MUY BAJA TENSIÓN

Índice

Normas UNE citadas en la ITC-BT 36:
UNE-EN 20.460-7-705, UNE-EN 61.558-2-4, UNE 20.324

1. GENERALIDADES

A los efectos de la presente instrucción se consideran tres tipos de instalaciones a muy baja tensión: Muy Baja Tensión de Seguridad (MBTS); Muy Baja Tensión de Protección (MBTP) y Muy Baja Tensión Funcional (MBTF).

Las instalaciones a Muy Baja Tensión de Seguridad comprenden aquellas cuya tensión nominal no excede de 50 V en c.a. ó 75 V en c.c, alimentadas mediante una fuente con aislamiento de protección, tales como un transformador de seguridad conforme a la norma **UNE-EN 60.742** o **UNE-EN 61.558**-2-4 o fuentes equivalentes, cuyos circuitos disponen de aislamiento de protección y no están conectados a tierra. Las masas no deben estar conectadas intencionadamente a tierra o a un conductor de protección.

Las instalaciones a Muy Baja Tensión de Protección comprenden aquellas cuya tensión nominal no excede de 50 V en c.a. ó 75 V en c.c, alimentadas mediante una fuente con aislamiento de protección, tales como un transformador de seguridad conforme a la norma **UNE-EN 60.742** o **UNE-EN 61.558**-2-4 o fuentes equivalentes, cuyos circuitos disponen de aislamiento de protección y por razones funcionales los circuitos y/o las masas están conectados a tierra o a un conductor de protección. La puesta a tierra de los circuitos puede ser realizada por una conexión adecuada al conductor de protección del circuito primario de la instalación.

Las instalaciones a Muy Baja Tensión Funcional comprenden aquellas cuya tensión nominal no excede de 50 V en c.a. ó 75 V en c.c, y que no cumplen los requisitos de MBTS ni de MBTP. Este tipo de instalaciones bien, están alimentadas por una fuente sin aislamiento de protección, tal como fuentes con aislamiento principal, o bien sus circuitos no tienen aislamiento de protección frente a otros circuitos. La protección contra los choques eléctricos de este tipo de instalaciones deberá realizarse conforme a lo establecido en la **ITC-BT-24**, para circuitos distintos de MBTS o MBTP.

2. REQUISITOS GENERALES PARA LAS INSTALACIONES A MUY BAJA TENSIÓN DE SEGURIDAD (MBTS) Y MUY BAJA TENSIÓN DE PROTECCIÓN (MBTP)

2.1. Fuentes de alimentación

Estas instalaciones deben estar alimentadas mediante una fuente que incorpore:

— un transformador de aislamiento de seguridad conforme a la **UNE-EN 60.742**. Para el caso de la MBTP, el transformador puede ser con aislamiento principal con pantalla de separación entre primario y secundario puesta a tierra, siempre que exista un sistema de protección en el circuito primario por corte automático de la alimentación o

— una fuente corriente que asegure un grado de protección equivalente al del transformador de seguridad anterior (por ejemplo, un motor-generador con devanados con separación equivalente) o

— una fuente electroquímica (pilas o acumuladores), que no dependa o que esté separada con aislamiento de protección de circuitos a MBTF o de circuitos de tensión más elevada, u

— otras fuentes que no dependan de la MBTF o circuitos de tensión más elevada, por ejemplo grupo electrógeno

— determinados dispositivos electrónicos en los cuales se han adoptado medidas para que, en caso de primer defecto, la tensión de salida no supere los valores correspondientes a Muy Baja Tensión.

Cuando la intensidad de cortocircuito en los bornes del circuito de utilización de la fuente de energía sea inferior a la intensidad admisible en los conductores que forman este circuito, no será necesario instalar en su origen dispositivos de protección contra sobreintensidades.

2.2. Condiciones de instalación de los circuitos

La separación de protección entre los conductores de cada circuito MBTS o MBTP y los de cualquier otro circuito, incluidos los de MBTF, debe ser realizada por una de las disposiciones siguientes:

— La separación física de los conductores.

— Los conductores de los circuitos de muy baja tensión MBTS o MBTP deben estar provistos, además de su aislamiento principal, de una cubierta no metálica.

— Los conductores de los circuitos a tensiones diferentes deben estar separados entre sí por una pantalla metálica conectada a tierra o por una vaina metálica conectada a tierra.

— Un cable multiconductor o un agrupamiento de conductores pueden contener circuitos a tensiones diferentes, siempre que los conductores de los circuitos MBTS o MBTP estén aislados, individual o colectivamente, para la tensión más alta que tienen que soportar.

Las tomas de corriente de los circuitos de MBTS y MBTP deben satisfacer las prescripciones siguientes:

— Los conectores no deben poder entrar en las bases de toma de corriente alimentadas por otras tensiones.

— Las bases deben impedir la introducción de conectores concebidos para otras tensiones; y

— Las bases de enchufe de los circuitos MBTS no deben llevar contacto de protección, las de los circuitos MBTP sí pueden llevarlo.

— Los conectores de los circuitos MBTS no deben poder entrar en las bases de enchufe MBTP.

— Los conectores de los circuitos MBTP no deben poder entrar en las bases de enchufe MBTS.

A todos los efectos, un circuito MBTF se considera siempre como circuito de tensión diferente.

No es necesario en este tipo de instalaciones seguir las prescripciones fijadas en la instrucción **ITC-BT-19** para identificación de los conductores ni seguir las prescripciones de la instrucción **ITC-BT-06** para los requisitos de distancia de conductores al suelo y la separación mínima entre ellos.

Los cables enterrados se situarán entre dos capas de arena o de tierra fina cribada, de 10 a 15 centímetros de espesor.

Cuando los cables no presenten una resistencia mecánica suficiente, se colocarán en el interior de conductos que los protejan convenientemente.

Para las instalaciones de alumbrado, la caída de tensión entre la fuente de energía y los puntos de utilización no será superior al 5%.

3. REQUISITOS PARTICULARES PARA LAS INSTALACIONES A MUY BAJA TENSIÓN DE SEGURIDAD (MBTS)

Las partes activas de los circuitos de MBTS no deben ser conectadas eléctricamente a tierra ni a partes activas, ni a conductores de protección que pertenezcan a circuitos diferentes.

Las masas no deben conectarse intencionadamente ni a tierra ni a conductores de protección o masas de circuitos diferentes, ni a elementos conductores. No obstante, para los equipos que, por su disposición, tengan conexiones francas a elementos conductores, la presente medida sigue siendo válida si puede asegurarse que estas partes no pueden conectarse a un potencial superior a 50V en corriente alterna o 75V en corriente continua.

Por otro lado, si hay masas de circuitos MBTS que son susceptibles de ponerse en contacto con masas de otros circuitos, la protección contra los choques eléctricos ya no se basa en la medida exclusiva de protección para MBTS, sino en las medidas de protección correspondientes a estas últimas masas.

Cuando la tensión nominal del circuito es superior a 25V en corriente alterna o 60 V en corriente continua sin ondulación, debe asegurarse la protección contra los contactos directos mediante uno de los métodos siguientes:

— Por barreras o envolventes que presenten como mínimo un grado de protección IP2X; o IP XXB según **UNE 20.324**.

— Por un aislamiento que pueda soportar una tensión de 500 voltios durante un minuto.

Para tensiones inferiores a las anteriores no se requiere protección alguna contra contactos directos, salvo para determinadas condiciones de influencias externas.

La corriente continua sin ondulación es aquella en la que el porcentaje de ondulación no supera el 10% del valor eficaz.

4. REQUISITOS PARTICULARES PARA LAS INSTALACIONES A MUY BAJA TENSIÓN DE PROTECCIÓN (MBTP)

La protección contra los contactos directos debe quedar garantizada:

— Por barreras o envolventes que presenten como mínimo un grado de protección IP2X; o IP XXB según **UNE 20.324**.

— Por un aislamiento que pueda soportar una tensión de 500 voltios durante un minuto.

No obstante, no se requiere protección contra los contactos directos para equipos situados en el interior de un edificio en el cual las masas y los elementos conductores, simultáneamente accesibles, estén conectados a la misma toma de tierra y si la tensión nominal no es superior a:

— 25V eficaces en corriente alterna ó 60V en corriente continua sin ondulación, siempre y cuando el equipo se utilice únicamente en emplazamientos secos, y no se prevean contactos francos entre partes activas y el cuerpo humano o de un animal.

— 6V eficaces en corriente alterna ó 15V en corriente continua sin ondulación, en los demás casos.

ITC 36

Instrucción ITC-BT 37

INSTALACIONES
A TENSIONES ESPECIALES

Índice

1. PRESCRIPCIONES PARTICULARES

Las instalaciones a tensiones especiales son aquellas en las que la tensión nominal es superior a 500V de valor eficaz en corriente alterna o 750V de valor medio aritmético en corriente continua, dentro del campo de aplicación del presente reglamento.

Estas instalaciones, además de cumplir con las prescripciones establecidas para las instalaciones a tensiones usuales y las prescripciones complementarias según su emplazamiento, cumplirán las siguientes:

— Se aplicará obligatoriamente uno de los sistemas de protección para contactos indirectos indicada en la **ITC-BT-24**, tanto a las envolventes conductoras de las canalizaciones como a las masas de los aparatos que no posean aislamiento reforzado o doble aislamiento.

— Los cables empleados serán siempre de tensión nominal no inferior a 1.000 V. Cuando estos cables se instalen sobre soportes aislantes, deberán poseer una envolvente que los proteja contra el deterioro mecánico.

— La presencia de piezas desnudas bajo tensión que no estén completamente protegidas contra los contactos directos, de acuerdo a lo establecido en la instrucción **ITC-BT-24**, se permitirá únicamente en locales afectos a un servicio eléctrico, siempre que sólo personal cualificado tenga acceso al mismo.

— Las canalizaciones deberán ser fácilmente identificables, sobre todo cuando existan en sus proximidades otras canalizaciones a tensiones usuales o pequeñas tensiones.

— La instalación a tensión usual, a partir de sus aparatos de protección, estará aislada igual que la instalación a tensión especial en el caso excepcional de empleo de un autotransformador para la elevación de la tensión usual a la tensión especial.

Instrucción ITC-BT 38

INSTALACIONES CON FINES ESPECIALES. REQUISITOS PARTICULARES PARA LA INSTALACIÓN ELÉCTRICA EN QUIRÓFANOS Y SALAS DE INTERVENCIÓN

Índice

Normas UNE citadas en la ITC-BT 38:
UNE 20.615

1. OBJETO Y CAMPO DE APLICACIÓN

El objeto de la presente instrucción es determinar los requisitos particulares para las instalaciones eléctricas en quirófanos y salas de intervención, así como las condiciones de instalación de los receptores utilizados en ellas.

Los receptores objeto de esta instrucción cumplirán los requisitos de las directivas europeas aplicables conforme a lo establecido en el artículo 6 del **Reglamento Electrotécnico para Baja Tensión**.

Además de las prescripciones generales para locales de usos sanitarios señaladas en la **ITC-BT-28**, se cumplirán las prescripciones particulares incluidas en la presente instrucción.

2. CONDICIONES GENERALES DE SEGURIDAD E INSTALACIÓN

Las salas de anestesia y demás dependencias donde puedan utilizarse anestésicos u otros productos inflamables serán considerados como locales con riesgo de incendio o explosión Clase I, Zona 1, salvo indicación en contra, y como tales las instalaciones deberán satisfacer las indicaciones para ellas establecidas en la **ITC-BT-29**.

Las bases de toma de corriente para diferentes tensiones tendrán separaciones o formas distintas para las espigas de las clavijas correspondientes.

Cuando la instalación de alumbrado general se sitúe a una altura del suelo inferior a 2,5 metros, o cuando sus interruptores presenten partes metálicas accesibles, deberá ser protegida contra los contactos indirectos mediante un dispositivo diferencial, conforme a lo establecido en la **ITC-BT-24**.

Las características de aislamiento de los conductores responderán a lo dispuesto en la **ITC-BT 19** y, en su caso, la **ITC-BT-29**.

2.1. Medidas de protección

2.1.1. Puesta a tierra de protección

La instalación eléctrica de los edificios con locales para la práctica médica y en concreto para quirófanos o salas de intervención deberán disponer de un suministro trifásico con neutro y conductor de protección. Tanto el neutro como el conductor de protección serán conductores de cobre, tipo aislado, a lo largo de toda la instalación.

La impedancia entre el embarrado común de puesta a tierra de cada quirófano o sala de intervención y las conexiones a masa, o los contactos de tierra de las bases de toma de corriente, no deberá exceder de 0,2 ohmios.

2.1.2. Conexión de equipotencialidad

Todas las partes metálicas accesibles han de estar unidas al embarrado de equipotencialidad (EE en la figura 1), mediante conductores de cobre aislados e independientes. La impedancia entre estas partes y el embarrado (EE) no deberá exceder de 0,1 ohmios.

Se deberá emplear la identificación verde-amarillo para los conductores de equipotencialidad y para los de protección.

El embarrado de equipotencialidad (EE) estará unido al de puesta a tierra de protección (PT en la figura 1) por un conductor aislado con la identificación verde-amarillo, y de sección no inferior a 16 mm^2 de cobre.

La diferencia de potencial entre las partes metálicas accesibles y el embarrado de equipotencialidad (EE) no deberá exceder de 10 mV eficaces en condiciones normales.

2.1.3. Suministro a través de un transformador de aislamiento

Es obligatorio el empleo de transformadores de aislamiento o de separación de circuitos, como mínimo uno por cada quirófano o sala de intervención, para aumentar la fiabilidad de la alimentación eléctrica a aquellos equipos en los que una interrupción del suministro puede poner en peligro, directa o indirectamente, al paciente o al personal implicado y para limitar las corrientes de fuga que pudieran producirse (ver figura 1).

Se realizará una adecuada protección contra sobreintensidades del propio transformador y de los circuitos por él alimentados. Se concede importancia muy especial a la coordinación de las protecciones contra sobreintensidades de todos los circuitos y equipos alimentados a través de un transformador de aislamiento, con objeto de evitar que una falta en uno de los circuitos pueda dejar fuera de servicio la totalidad de los sistemas alimentados a través del citado transformador.

El transformador de aislamiento y el dispositivo de vigilancia del nivel de aislamiento cumplirán la norma **UNE 20.615**.

Se dispondrá de un cuadro de mando y protección por quirófano o sala de intervención, situado fuera del mismo, fácilmente accesible y en sus inmediaciones. Éste deberá incluir la protección contra sobreintensidades, el transformador de aislamiento y el dispositivo de vigilancia del nivel de aislamiento. Es muy importante que en el cuadro de mando y panel indicador del estado del aislamiento, todos los mandos queden perfectamente identificados y sean de fácil acceso. El cuadro de alarma del dispositivo de vigilancia del nivel de aisla-

ITC 38

miento deberá estar en el interior del quirófano o sala de intervención y ser fácilmente visible y accesible, con posibilidad de sustitución fácil de sus elementos.

2.1.4. Protección diferencial y contra sobreintensidades

Se emplearán dispositivos de protección diferencial de alta sensibilidad (≤ 30 mA) y de clase A, para la protección individual de aquellos equipos que no estén alimentados a través de un transformador de aislamiento, aunque el empleo de los mismos no exime de la necesidad de puesta a tierra y equipotencialidad.

Se dispondrán las correspondientes protecciones contra sobreintensidades.

Los dispositivos alimentados a través de un transformador de aislamiento no deben protegerse con diferenciales en el primario ni en el secundario del transformador.

2.1.5. Empleo de muy baja tensión de seguridad

Las instalaciones con Muy Baja Tensión de Seguridad (MBTS) tendrán una tensión asignada no superior a 24 V en corriente alterna y 50 V en corriente continua y cumplirán lo establecido en la **ITC-BT-36**.

2.2. Suministros complementarios

Además del suministro complementario de reserva requerido en la **ITC-BT 28**, será obligatorio disponer de un suministro especial complementario, por ejemplo con baterías, para hacer frente a las necesidades de la lámpara de quirófano o sala de intervención y equipos de asistencia vital, debiendo entrar en servicio automáticamente en menos de 0,5 segundos (corte breve) y con una autonomía no inferior a 2 horas. La lámpara de quirófano o sala de intervención siempre estará alimentada a través de un transformador de aislamiento (ver figura 1).

Todo el sistema de protección deberá funcionar con idéntica fiabilidad, tanto si la alimentación es realizada por el suministro normal como por el complementario.

Figura 1. *Ejemplo de un esquema general de la instalación eléctrica de un quirófano.*

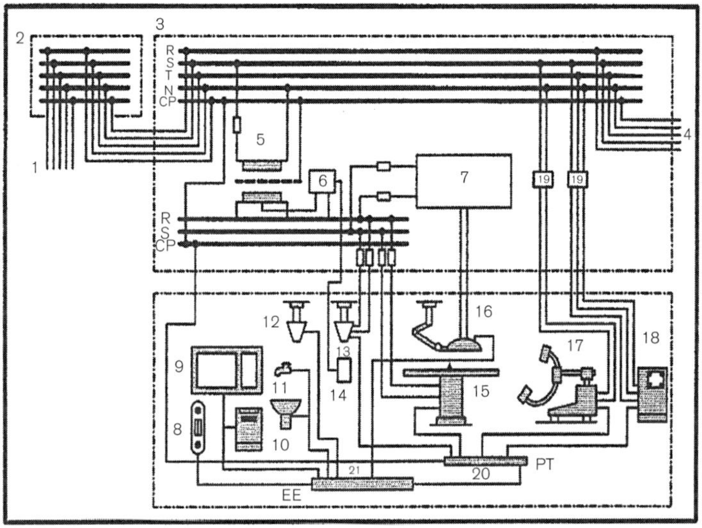

Leyenda:

1. Alimentación general o línea general de alimentación
2. Distribución en la planta o derivación individual
3. Cuadro de distribución en la sala de operaciones
4. Suministro complementario
5. Transformador de aislamiento tipo médico
6. Dispositivo de vigilancia de aislamento o monitor de detección de fugas
7. Suministro normal y especial complementario para alumbrado de lámpara de quirófano
8. Radiadores de calefacción central
9. Marco metálico de ventanas.
10. Armario metálico para instrumentos
11. Partes metálicas de lavabos y suministro de agua
12. Torreta aérea de tomas de suministro de gas
13. Torreta aérea de tomas de corriente (Con terminales para conexión equipotencial envolvente conectada al embarrado conductor de protección)
14. Cuadro de alarmas del dispositivo de vigilancia de aislamiento
15. Mesa de operaciones (De mando eléctrico)
16. Lámpara de quirófano
17. Equipos de rayos X
18. Esterilizador
19. Interruptor de protección diferencial
20. Embarrado de puesta a tierra
21. Embarrado de equipotencialidad

2.3. Medidas contra el riesgo de incendio o explosión

Para los quirófanos o salas de intervención en los que se empleen mezclas anestésicas gaseosas o agentes desinfectantes inflamables, la figura 2 muestra las zonas G y M, que deberán ser consideradas como zonas de la Clase I; Zona 1 y Clase I; Zona 2, respectivamente, conforme a lo establecido en la **ITC-BT-29**. La zona M, situada debajo de la mesa de operaciones (ver figura 2), podrá considerarse como zona sin riesgo de incendio o explosión cuando se asegure una ventilación de 15 renovaciones de aire /hora.

Los suelos de los quirófanos o salas de intervención serán del tipo antielectrostático y su resistencia de aislamiento no deberá exceder de 1 MΩ, salvo que se asegure que un valor superior, pero siempre inferior a 100 MΩ, no favorezca la acumulación de cargas electrostáticas peligrosas.

En general, se prescribe un sistema de ventilación adecuado que evite las concentraciones de los gases empleados para la anestesia y desinfección.

Figura 2. *Zonas con riesgo de incendio y explosión en el quirófano, cuando se empleen mezclas anestésicas gaseosas o agentes desinfectantes inflamables.*

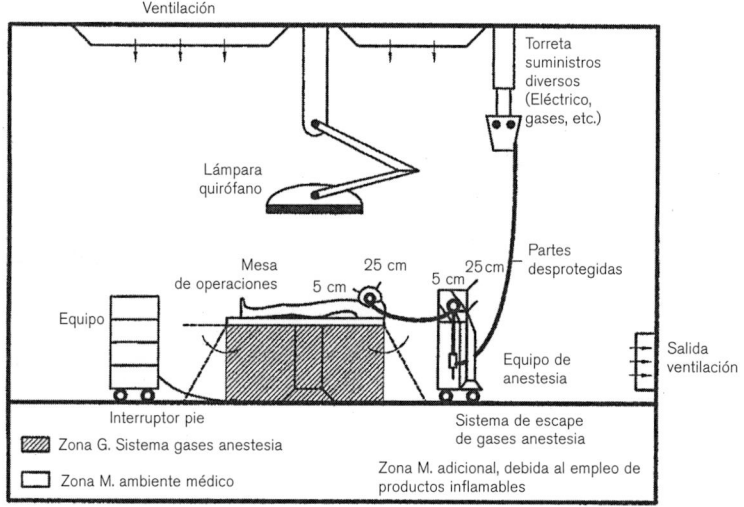

2.4. Control y mantenimiento

2.4.1. Antes de la puesta en servicio de la instalación

La empresa instaladora autorizada deberá proporcionar un informe escrito sobre los resultados de los controles realizados al término de la ejecución de la instalación, que comprenderá, al menos:

— El funcionamiento de las medidas de protección

— La continuidad de los conductores activos y de los conductores de protección y puesta a tierra

— La resistencia de las conexiones de los conductores de protección y de las conexiones de equipotencialidad

— La resistencia de aislamiento entre conductores activos y tierra en cada circuito

— La resistencia de puesta a tierra

— La resistencia de aislamiento de suelos antielectrostáticos, y

— El funcionamiento de todos los suministros complementarios.

2.4.2. Después de su puesta en servicio

Se realizará un control, al menos semanal, del correcto funcionamiento del dispositivo de vigilancia de aislamiento y de los dispositivos de protección.

Así mismo, se realizarán medidas de continuidad y de resistencia de aislamiento de los diversos circuitos en el interior de los quirófanos o salas de intervención, como mínimo mensualmente.

El mantenimiento de los diversos equipos deberá efectuarse de acuerdo con las instrucciones de sus fabricantes. La revisión periódica de las instalaciones, en general, deberá realizarse conforme a lo establecido en la **ITC-BT-05**, incluyendo en cualquier caso las verificaciones indicadas en 2.4.1.

Además de las inspecciones periódicas establecidas en la ITC-BT 05, se realizará una revisión anual de la instalación por una empresa instaladora autorizada, incluyendo, en ambos casos, las verificaciones indicadas en 2.4.1 anterior.

2.4.3. Libro de Mantenimiento

Todos los controles realizados serán recogidos en un "Libro de Mantenimiento" de cada quirófano o sala de intervención, en el que se expresen los resultados obtenidos y las fechas en que se efectuaron, con firma del técnico que los realizó. En el mismo deberán reflejarse con detalle las anomalías observadas, para disponer de antecedentes que puedan servir de base a la corrección de deficiencias.

3. CONDICIONES ESPECIALES DE INSTALACIÓN DE RECEPTORES EN QUIRÓFANOS Y SALAS DE INTERVENCIÓN

Todas las masas metálicas de los receptores invasivos eléctricamente deben conectarse a través de un conductor de protección a un embarrado común de puesta a tierra de protección (PT en figura 1) y éste, a su vez, a la puesta a tierra general del edificio.

ITC 38

Se entiende por receptor invasivo eléctricamente aquel que desde el punto de vista eléctrico penetra parcial o completamente en el interior del cuerpo, bien por un orificio corporal o bien a través de la superficie corporal. Esto es, aquellos productos que por su utilización endocavitaria pudieran presentar riesgo de microchoque sobre el paciente. A título de ejemplo pueden citarse electrobisturíes, equipos radiológicos de aplicación cardiovascular de intervención, ciertos equipos de monitorización, etc. Los receptores invasivos deberán conectarse a la red de alimentación a través de un transformador de aislamiento.

La instalación de receptores no invasivos eléctricamente, tales como, resonancia magnética, ultrasonidos, equipos analíticos, equipos radiológicos no de intervención, se atendrán a las reglas generales de instalación de receptores indicadas en la **ITC-BT-43**.

Instrucción ITC-BT 39

INSTALACIONES CON FINES ESPECIALES. CERCAS ELÉCTRICAS PARA GANADO

Índice

Normas UNE citadas en la ITC-BT 39:
UNE-EN 60.335-2-76

1. OBJETO Y CAMPO DE APLICACIÓN

El objeto de la presente instrucción es determinar los requisitos particulares de las cercas eléctricas para ganado, su alimentador y su instalación.

Se entiende por cerca eléctrica para ganado, una barrera para animales que comprende uno o varios conductores formados por hilos metálicos, barrotes o alambradas.

Se entiende por alimentador de cerca eléctrica, al aparato destinado a suministrar regularmente impulsos de tensión a la cerca a la que está conectado.

2. ALIMENTACIÓN

El alimentador de cerca eléctrica puede estar alimentado a su vez mediante una de las siguientes formas:

— Conectado a una red de distribución de energía eléctrica.

— Conectado a baterías o acumuladores cuya carga se realiza mediante una red de distribución de energía eléctrica.

— Conectados a baterías o acumuladores autónomos, es decir, que no están destinados a ser conectados a una red de distribución de energía eléctrica.

3. PRESCRIPCIONES PARTICULARES

Los alimentadores de cercas eléctricas conectados a una red de distribución de energía eléctrica deberán cumplir la norma **UNE-EN 60.335**-2-76 y su circuito de alimentación las prescripciones de las **ITC-BT-22, ITC-BT-23** e **ITC-BT-24.**

Los alimentadores se colocarán en lugares donde no puedan quedar cubiertos por paja, heno, etc., y estarán próximos a la cerca que alimentan.

Los conductores de la cerca estarán separados de cualquier objeto metálico no perteneciente a la misma, de manera que no haya riesgo de contacto entre ellos.

Los conductores de la cerca y los de conexión de ésta a su alimentador no se sujetarán en apoyos correspondientes a otra canalización, sea de alta o baja tensión, de telecomunicación, etc.

Los elementos de maniobra de las puertas de la cerca estarán aislados convenientemente de los conductores de la misma y su maniobra tendrá por efecto la puesta fuera de tensión de los conductores comprendidos entre los soportes laterales de la puerta.

Entre cercas que no estén alimentadas por un mismo alimentador, se tomarán medidas convenientes para evitar que una persona o animal pueda tocarlas simultáneamente. Normalmente, se considera suficiente una separación de 2 m, entre los conductores de unas y otras cercas.

Se colocarán carteles de aviso cuando las cercas puedan estar al alcance de personas no prevenidas de su presencia y, en todo caso, cuando estén junto a una vía pública.

El mínimo de carteles será de uno por cada alineación recta de la cerca y, en todo caso, a distancias máximas de 50 metros.

Los carteles se colocarán en lugares bien visibles y preferentemente sujetos al conductor superior de la cerca si la altura de éste sobre el suelo asegura esa visibilidad; en caso contrario, se colocarán sobre los apoyos de los conductores, de manera que sean visibles tanto desde el exterior como desde el interior del cercado.

Los carteles llevarán la indicación "CERCA ELÉCTRICA" escrita sobre un triángulo equilátero de base horizontal con letras negras sobre fondo amarillo. El cartel tendrá unas dimensiones mínimas de 105 × 210 milímetros y las letras 25 milímetros de altura.

La toma de tierra del alimentador de la cerca tendrá las características de "tierra separada" de cualquier otra, incluso de la tierra de masa del mismo aparato.

Cuando una cerca eléctrica esté situada en una zona particularmente expuesta a los efectos de descargas atmosféricas, el alimentador estará situado en el exterior de los edificios o en un local destinado expresamente a él y se tomarán las medidas de protección apropiadas.

ITC 39

Instrucción ITC-BT 40

INSTALACIONES GENERADORAS DE BAJA TENSIÓN

Modificado por el Real Decreto 244/2019.

Índice

Normas UNE citadas en la ITC-BT 40:

UNE-EN ISO/IEC 17025

1. OBJETO Y CAMPO DE APLICACIÓN

La presente instrucción se aplica a las instalaciones generadoras, entendiendo como tales, las destinadas a transformar cualquier tipo de energía no eléctrica en energía eléctrica.

A los efectos de esta Instrucción se entiende por "Redes de Distribución Pública" a las redes eléctricas que pertenecen o son explotadas por empresas cuyo f in principal es la distribución de energía eléctrica para su venta a terceros. Asimismo, se entiende por "Autogenerador" a la empresa que, subsidiaria- mente a sus actividades principales, produce, individualmente o en común, la energía eléctrica destina-da en su totalidad o en parte a sus necesidades propias.

2. CLASIFICACIÓN

Las Instalaciones Generadoras se clasifican, atendiendo a su funcionamiento respecto a la Red de Distribución Pública, en:

a) Instalaciones generadoras aisladas: aquellas en las que no puede existir conexión eléctrica alguna con la Red de Distribución Pública.

b) Instalaciones generadoras asistidas: Aquellas en las que existe una conexión con la Red de Distribución Pública, pero sin que los generadores pue- dan estar trabajando en paralelo con ella. La fuente preferente de suministro podrá ser tanto los grupos generadores como la Red de Distribución Pública, quedando la otra fuente como socorro o apoyo. Para impedir la conexión simultánea de ambas, se deben instalar los correspondientes sistemas de conmutación. Será posible, no obstante, la realización de maniobras de transferencia de carga sin corte, siempre que se cumplan los requisitos técnicos descritos en el apartado 4.2.

c) Instalaciones generadoras interconectadas: las que están trabajando normalmente en paralelo con la Red de Distribución Pública.

Las instalaciones generadoras interconectadas para autoconsumo, podrán pertenecer a las modalidades de suministro con autoconsumo sin excedentes o modalidades de suministro con autoconsumo con excedentes definidas en el artículo 9 de la Ley 24/2013, de 26 de diciembre, y en el artículo 4 del Real Decreto 244/2019, de 5 de abril, por el que se regulan las condiciones administrativas, técnicas y económicas del autoconsumo de energía eléctrica.

3. CONDICIONES GENERALES

Los generadores y las instalaciones complementarias de las instalaciones generadoras, como los depósitos de combustibles, canalizaciones de líquidos o gases, etc., deberán cumplir, además, las disposiciones que establecen los Reglamentos y Directivas específicos que les sean aplicables.

Cuando las instalaciones generadoras estén alojadas en edificios o establecimientos industriales, sus locales, que serán de usos exclusivo, cumplirán con las disposiciones reguladoras de protección contra incendios correspondientes.

Los locales donde estén instalados los motores térmicos, cualquiera que sea su potencia, deberán estar suficientemente ventilados.

Los conductos de salida de los gases de combustión serán de material incombustible y evacuarán directamente al exterior o a través de un sistema de aprovechamiento energético.

4. CONDICIONES PARA LA CONEXIÓN

4.1. Instalaciones generadoras aisladas

La conexión a los receptores, en las instalaciones donde no pueda darse la posibilidad del acoplamiento con la Red de Distribución Pública o con otro generador, precisará la instalación de un dispositivo que permita conectar y des- conectar la carga en los circuitos de salida del generador.

Cuando existan más de un generador y su conexión exija la sincronización, se deberá disponer de un equipo manual o automático para realizar dicha operación.

Los generadores portátiles deberán incorporar las protecciones generales contra sobreintensidades y contactos directos e indirectos necesarios para la instalación que alimenten.

4.2. Instalaciones generadoras asistidas

En la instalación interior la alimentación alternativa (red o generador) podrá hacerse en varios puntos, que irán provistos de un sistema de conmutación para todos los conductores activos y el neutro que impida el acoplamiento simultáneo a ambas fuentes de alimentación.

En el caso en el que esté previsto realizar maniobras de transferencia de carga sin corte, la conexión de la instalación generadora asistida con la Red de Distribución Pública se hará en un punto único y deberán cumplirse los siguientes requisitos:

— Sólo podrán realizar maniobras de transferencia de carga sin corte los generadores de potencia superior a 100 kVA.

— En el momento de interconexión entre el generador y la red de distribución pública, se desconectará el neutro del generador de tierra.

— El sistema de conmutación deberá instalarse junto a los aparatos de medida de la Red de Distribución pública, con accesibilidad para la empresa distribuidora.

— Deberá incluirse un sistema de protección que imposibilite el envío de potencia del generador a la red.

— Deberán incluirse sistemas de protección por tensión del generador fuera de límites, frecuencia fuera de límites, sobrecarga y cortocircuito, enclavamiento para no poder energizar la línea sin tensión y protección por fuera de sincronismo.

— Dispondrá de un equipo de sincronización y no se podrá mantener la interconexión más de 5 segundos.

El conmutador llevará un contacto auxiliar que permita conectar a una tierra propia el neutro de la generación, en los casos que se prevea la transferencia de carga sin corte.

Los elementos de protección y sus conexiones al conmutador serán precintables o se garantizará mediante método alternativo que no se pueden modificar los parámetros de conmutación iniciales y la empresa distribuidora de energía eléctrica deberá poder acceder de forma permanente a dicho elemento, en los casos en que se prevea la transferencia de carga sin corte. El dispositivo de maniobra del conmutador será accesible al Autogenerador.

4.3. Instalaciones generadoras interconectadas

La potencia máxima de las centrales interconectadas a una Red de Distribución Pública estará condicionada por las características de ésta: tensión de servicio, potencia de cortocircuito, capacidad de transporte de línea, potencia consumida en la red de baja tensión, etc.

Las prescripciones de la ITC-BT-40 son aplicables a todas instalaciones de autoconsumo interconectadas, sea cual sea su potencia. Todas las instalaciones de generación interconectadas a la red de distribución en baja tensión deben disponer de dispositivos que limiten la inyección de corriente continua y la generación de sobretensiones, así como impedir el funcionamiento en isla de dicha red de distribución, de forma que la conexión de la instalación de generación no afecte al funcionamiento normal de la red ni a la calidad del suministro de los clientes conectados a ella.

Las instalaciones de autoconsumo sin excedentes, independientemente de que se conecten a la red de baja tensión o a la de alta tensión, con generación y regulación en baja tensión, deberán disponer de un sistema que evite el vertido de energía a la red de distribución que cumpla los requisitos y ensayos del nuevo anexo I de la ITC-BT-40. A las instalaciones de autoconsumo sin excedentes no les son de aplicación los apartados 4.3.1, 4.3.4 y ninguno de los requisitos relacionados con la empresa distribuidora del apartado 9.

No obstante, estas instalaciones, se ajustarán a lo establecido en la ITC-BT-04 en cuanto a su documentación y puesta en servicio, e independientemente de su potencia y modo de conexión, dispondrán de la documentación requerida para la evaluación de la conformidad según anexo I, apartado I.4 de la ITC-BT-40. Esta documentación será entregada por el instalador junto con el certificado de la instalación. Cuando la conexión a la instalación eléctrica de un generador para autoconsumo sin excedentes, no se realice a través de un circuito independiente y, por tanto, no se requiera modificar la instalación interior existente, la obligación de entregar dicha documentación recaerá en el fabricante, el importador, o en el responsable de la comercialización del kit generador, quien entregará la documentación directamente al usuario.

En todas las instalaciones de producción próximas a las de consumo, definidas en el Real Decreto 244/2019, de 5 de abril, por el que se regulan las condiciones administrativas, técnicas y económicas del autoconsumo de energía eléctrica, la conexión se realizará a través de un cuadro de mando y protección que incluya las protecciones diferenciales tipo A necesarias para garantizar que la tensión de contacto no resulte peligrosa para las personas. Cuando dichas instalaciones generadoras sean accesibles al público general o estén ubicadas en zonas residenciales, o análogas, la protección diferencial de los circuitos de generación será de 30 mA. La conexión de la instalación de producción podrá realizarse en el embarrado general de la centralización de contadores de los consumos, en la caja general de protección de la que parten los consumos o mediante una caja general de protección independiente que se conecte a la red de distribución. En los casos de autoconsumo colectivo en edificios en régimen de propiedad horizontal, la instalación de producción no podrá conectarse directamente a la instalación interior de ninguno de los consumidores asociados a la instalación de autoconsumo colectivo.

Todos los generadores para suministro con autoconsumo con excedentes independientemente de su potencia y los generadores para suministro con autoconsumo sin excedentes de potencia instalada superior a 800 VA, que se conecten a instalaciones interiores o receptoras de usuario, lo harán a través de un circuito independiente y dedicado desde un cuadro de mando y protección que incluya protección diferencial tipo A, que será de 30 mA en instalaciones de viviendas, o instalaciones accesibles al público general en zonas residenciales, o análogas.

Los generadores destinados a su instalación en viviendas, que no se conecten a la instalación a través de circuito dedicado, o a través de un transformador de aislamiento, tendrán una corriente de fuga a tierra igual o inferior a 10 mA.

4.3.1. Potencias máximas de las centrales interconectadas en baja tensión

Con carácter general, la interconexión de centrales generadoras a las redes de baja tensión de 3×400/230 V será admisible cuando la suma de las potencias nominales de los generadores no exceda de 100 kVA, ni de la mitad de la capacidad de la salida del centro de transformación correspondiente a la línea de la Red de Distribución Pública a la que se conecte la central.

En redes trifásicas a 3x220/127 V, se podrán conectar centrales de potencia total no superior a 60 kVA ni de la mitad de la capacidad de la salida del centro de transformación correspondiente a la línea de la Red de Distribución Pública a la que se conecte la central. En estos casos toda la instalación deberá estar preparada para un funcionamiento futuro a 3×400/230 V.

En los generadores eólicos, para evitar fluctuaciones en la red, la potencia de los generadores no será superior al 5% de la potencia de cortocircuito en el punto de conexión a la Red de Distribución Pública.

4.3.2. Condiciones específicas para el arranque y acoplamiento de la instalación generadora a la Red de Distribución Pública

4.3.2.1. Generadores asíncronos

La caída de tensión que puede producirse en la conexión de los generadores no será superior al 3% de la tensión asignada de la red.

En el caso de generadores eólicos la frecuencia de las conexiones será como máximo de 3 por minuto, siendo el límite de la caída de tensión del 2% de la tensión asignada durante 1 segundo.

Para limitar la intensidad en el momento de la conexión y las caídas de tensión, a los valores anteriormente indicados, se emplearán dispositivos adecuados.

La conexión de un generador asíncrono a la red no se realizará hasta que, accionado por la turbina o el motor, éste haya adquirido una velocidad entre el 90 y el 100% de la velocidad de sincronismo.

4.3.2.2. Generadores síncronos

La utilización de generadores síncronos en instalaciones que deben interconectarse a Redes de Distribución Pública, deberá ser acordada con la empresa distribuidora de energía eléctrica, atendiendo a la necesidad de funcionamiento independiente de la red y a las condiciones de explotación de ésta.

La central deberá poseer un equipo de sincronización, automático o manual. Podrá prescindirse de este equipo si la conexión pudiera efectuarse como

generador asíncrono. En este caso las características del arranque deberán cumplir lo indicado para este tipo de generadores.

La conexión de la central a la red de distribución pública deberá efectuarse cuando en la operación de sincronización las diferencias entre las magnitudes eléctricas del generador y la red no sean superiores a las siguientes:

- — Diferencia de tensiones   ± 8%
- — Diferencia de frecuencia   ± 0,1Hz
- — Diferencia de fase   ± 10°

Los puntos donde no exista equipo de sincronismo y sea posible la puesta en paralelo entre la generación y la Red de Distribución Pública, dispondrán de un enclavamiento que impida la puesta en paralelo.

4.3.3. Equipos de maniobra y medida a disponer en el punto de interconexión

En el origen de la instalación interior y en un punto único y accesible de forma permanente a la empresa distribuidora de energía eléctrica, se instalará un interruptor automático sobre el que actuarán un conjunto de protecciones. Éstas deben garantizar que las faltas internas de la instalación no perturben el correcto funcionamiento de las redes a las que estén conectadas y en caso de defecto de éstas, debe desconectar el interruptor de la interconexión, que no podrá reponerse hasta que exista tensión estable en la Red de Distribución Pública.

Las protecciones y el conexionado del interruptor serán precintables y el dispositivo de maniobra será accesible al Autogenerador.

El interruptor de acoplamiento llevará un contacto auxiliar que permita des- conectar el neutro de la red de distribución pública y conectar a tierra el neutro de la generación cuando ésta deba trabajar independiente de aquella.

Cuando se prevea la entrega de energía de la instalación generadora a la Red de Distribución Pública, se dispondrá, al final de la instalación de enlace, un equipo de medida que registre la energía suministrada por el Autogenerador. Este equipo de medida podrá tener elementos comunes con el equipo que registre la energía aportada por la Red de Distribución Pública, siempre que los registros de la energía en ambos sentidos se contabilicen de forma independiente.

Los elementos a disponer en el equipo de medida serán los que correspondan al tipo de discriminación horaria que se establezca.

En las instalaciones generadoras con generadores asíncronos se dispondrá siempre un contador que registre la energía reactiva absorbida por éste.

Cuando deba verificarse el cumplimiento de programas de entrega de energía, tendrán que disponerse los elementos de medida o registro necesarios.

4.3.4. Control de la energía reactiva

En las instalaciones con generadores asíncronos, el factor de potencia de la instalación no será inferior a 0,86 a la potencia nominal y para ello, cuando sea necesario, se instalarán las baterías de condensadores precisas.

Las instalaciones anteriores dispondrán de dispositivos de protección adecuados que aseguren la desconexión en un tiempo inferior a 1 segundo cuando La empresa distribuidora de energía eléctrica podrá eximir de la compensación del factor de potencia en el caso de que pueda suministrar la energía reactiva.

Los generadores síncronos deberán tener una capacidad de generación de energía reactiva suficiente para mantener el factor de potencia entre 0,8 y 1 en adelanto o retraso. Con objeto de mantener estable la energía reactiva suministrada se instalará un control de la excitación que permita regular la misma.

5. CABLES DE CONEXIÓN

Los cables de conexión deberán estar dimensionados para una intensidad no inferior al 125% de la máxima intensidad del generador y la caída de tensión entre el generador y el punto de interconexión a la Red de Distribución Pública o a la instalación interior, no será superior al 1,5%, para la intensidad nominal.

6. FORMA DE LA ONDA

La tensión generada será prácticamente senoidal, con una tasa máxima de armónicos, en cualquier condición de funcionamiento de:

Armónicos de orden par:	4/n
Armónicos de orden 3:	5
Armónicos de orden impar (≥5)	25/n

La tasa de armónicos es la relación, en %, entre el valor eficaz del armónico de orden n y el valor eficaz del fundamental.

7. PROTECCIONES

La máquina motriz y los generadores dispondrán de las protecciones específicas que el fabricante aconseje para reducir los daños como consecuencia de defectos internos o externos a ellos.

Los circuitos de salida de los generadores se dotarán de las protecciones establecidas en las correspondientes ITC que les sean aplicables.

En las instalaciones de generación que puedan estar interconectadas con la Red de Distribución Pública, se dispondrá un conjunto de protecciones que actúen sobre el interruptor de interconexión, situadas en el origen de la instalación interior. Éstas corresponderán a un modelo homologado y deberán estar debidamente verificadas y precintadas por un Laboratorio reconocido.

Las protecciones mínimas a disponer serán las siguientes, con independencia de que estos ajustes podrían verse modificados por la normativa del sector eléctrico en función del generador al que aplique:

— De sobreintensidad, mediante relés directos magnetotérmicos o solución equivalente.

— De mínima tensión instantáneos, conectados entre las tres fases y neutro y que actuarán, en un tiempo inferior a 0,5 segundos, a partir de que la tensión llegue al 85% de su valor asignado.

— De sobretensión, conectado entre una fase y neutro, y cuya actuación debe producirse en un tiempo inferior a 0,5 segundos, a partir de que la tensión llegue al 110% de su valor asignado.

— De máxima y mínima frecuencia, conectado entre fases, y cuya actuación debe producirse cuando la frecuencia sea inferior a 49 Hz o superior a 51 Hz durante más de 5 períodos.

8. INSTALACIONES DE PUESTA A TIERRA

8.1. Generalidades

Las centrales de instalaciones generadoras deberán estar provistas de sistemas de puesta a tierra que, en todo momento, aseguren que las tensiones que se puedan presentar en las masas metálicas de la instalación no superen los valores establecidos en la MIE-RAT 13 del **Reglamento sobre Condiciones Técnicas y Garantías de Seguridad en Centrales Eléctricas, Subestaciones y Centros de Transformación.**

Los sistemas de puesta a tierra de las centrales de instalaciones generadoras deberán tener las condiciones técnicas adecuadas para que no se produzcan transferencias de defectos a la Red de Distribución Pública ni a las instalaciones privadas, cualquiera que sea su funcionamiento respecto a ésta: aisladas, asistidas o interconectadas.

8.2. Características de la puesta a tierra según el funcionamiento de la instalación generadora respecto a la Red de Distribución Pública

8.2.1. Instalaciones generadoras aisladas conectadas a instalaciones receptoras que son alimentadas de forma exclusiva por dichos grupos

La red de tierras de la instalación conectada a la generación será independiente de cualquier otra red de tierras. Se considerará que las redes de tierra son independientes cuando el paso de la corriente máxima de defecto por una de ellas no provoca en la otra diferencias de tensión, respecto a la tierra de referencia, superiores a 50 V.

En las instalaciones de este tipo se realizará la puesta a tierra del neutro del generador y de las masas de la instalación conforme a uno de los sistemas recogidos en la ITC-BT 08.

Cuando el generador no tenga el neutro accesible, se podrá poner a tierra el sistema mediante un transformador trifásico en estrella, utilizable para otras funciones auxiliares.

En el caso de que trabajen varios generadores en paralelo, se deberá conectar a tierra, en un solo punto, la unión de los neutros de los generadores.

8.2.2. Instalaciones generadoras asistidas, conectadas a instalaciones receptoras que pueden ser alimentadas, de forma independiente, por dichos grupos o por la red de distribución pública

Cuando la Red de Distribución Pública tenga el neutro puesto a tierra, el esquema de puesta a tierra será el TT y se conectarán las masas de la instalación y receptores a una tierra independiente de la del neutro de la Red de Distribución Pública.

En caso de imposibilidad técnica de realizar una tierra independiente para el neutro del generador, y previa autorización específica del Órgano Competente de la Comunidad Autónoma, se podrá utilizar la misma tierra para el neutro y las masas.

Para alimentar la instalación desde la generación propia en los casos en que se prevea transferencia de carga sin corte, se dispondrá, en el conmutador de interconexión, un polo auxiliar que cuando pase a alimentar la instalación desde la generación propia conecte a tierra el neutro de la generación.

8.2.3. Instalaciones generadoras interconectadas, conectadas a instalaciones receptoras que pueden ser alimentadas, de forma simultánea o independiente, por dichos grupos o por la Red de Distribución Pública

Cuando la instalación receptora esté acoplada a una Red de Distribución Pública que tenga el neutro puesto a tierra, el esquema de puesta a tierra será el TT y se conectarán las masas de la instalación y receptores a una tierra independiente de la del neutro de la Red de Distribución pública.

Cuando la instalación receptora no esté acoplada a la Red de Distribución Pública y se alimente de forma exclusiva desde la instalación generadora, existirá en el interruptor automático de interconexión un polo auxiliar que desconectará el neutro de la Red de Distribución Pública y conectará a tierra el neutro de la generación.

Para la protección de las instalaciones generadoras se establecerá un dispositivo de detección de la corriente que circula por la conexión de los neutros de los generadores al neutro de la Red de Distribución Pública, que desconectará la instalación si se sobrepasa el 50% de la intensidad nominal.

8.3. Generadores eólicos

La puesta a tierra de protección de la torre y del equipo en ella montado contra descargas atmosféricas será independiente del resto de las tierras de la instalación.

9. PUESTA EN MARCHA

Para la puesta en marcha de las instalaciones generadoras asistidas o interconectadas, además de los trámites y gestiones que corresponda realizar, de acuerdo con la legislación vigente ante los Organismos Competentes, se deberá presentar el oportuno proyecto a la empresa distribuidora de energía eléctrica de aquellas partes que afecten a las condiciones de acoplamiento y seguridad del suministro eléctrico. Ésta podrá verificar, antes de realizar la puesta en servicio, que las instalaciones de interconexión y demás elementos que afecten a la regularidad del suministro están realizadas de acuerdo con los reglamentos en vigor.

En caso de desacuerdo se comunicará a los órganos competentes de la Administración, para su resolución. Este trámite ante la empresa distribuidora de energía eléctrica no será preciso en las instalaciones generadoras aisladas.

10. OTRAS DISPOSICIONES

Todas las actuaciones relacionadas con la fijación del punto de conexión, el proyecto, la puesta en marcha y explotación de las instalaciones generadoras seguirán los criterios que establece la legislación en vigor.

La empresa distribuidora de energía eléctrica podrá, cuando detecte riesgo inmediato para las personas, animales y bienes, desconectar las instalaciones generadoras interconectadas, comunicándolo posteriormente al Órgano competente de la Administración.

ANEXO I

Sistemas para evitar el vertido de energía a la red

Los sistemas para evitar el vertido de energía a la red pueden basarse en dos principios de funcionamiento distintos:

1. Evitar el vertido a la red mediante un elemento de corte o de limitación de corriente. La opción de corte permite utilizar sistemas de generación sin capacidad de regulación de la energía generada solo en el caso de instalaciones generadoras que no sean fotovoltaicas.

Para evitar el vertido de energía a la red, deben disponer de sistemas de medida de la potencia intercambiada con esta, situados aguas arriba de la instalación generadora y de las cargas, que habiliten la desconexión de la generación de la red o la regulación de los sistemas de generación.

2. Regulación del intercambio de potencia actuando sobre el sistema generación-consumo.

Este tipo de sistemas se basa en un elemento de control que ajuste el balance generación-consumo, evitando el vertido de energía en la red. Esto puede realizarse mediante control de las cargas, de la generación, o por almacenamiento de energía, u otros medios.

A efectos de fijar los requisitos de los sistemas para evitar el vertido debe tenerse en cuenta dos tipos de sistemas de generación:

- Instalaciones de producción basadas en generadores síncronos conectados directamente a la red.

- Instalaciones eólicas, fotovoltaicas y en general, todas aquellas instalaciones de producción cuya tecnología no emplee un generador síncrono conectado directamente a red.

I.1 Definiciones:

«Punto de conexión a red»: punto de la red de distribución pública al que se conecta la instalación.

«Punto de interconexión entre generación y consumo»: punto de la red interior del consumidor en el que se conecta la generación con las cargas.

I.2 Requisitos:

Se plantean dos tipos de instalaciones. Uno en el que se mide el intercambio de energía con la red (figuras 1 y 2) y otro en el que se mide el consumo de la totalidad de las cargas o parte de ellas (figuras 3 y 4). Para cada uno de ellos se definen los parámetros máximos aceptables.

I.2.1 Instalaciones con equipo de medida de intercambio de energía con la red: En las Figuras 1 y 2 se muestran los esquemas de este tipo de instalaciones según estén conectadas a las redes de baja o alta tensión, respectivamente.

La potencia en el punto de conexión a red debe mantenerse con saldo consumidor, siempre que exista un consumo interno superior al valor de tolerancia del sistema de medida, calculada como la suma de la clase de exactitud del equipo de medida de potencia y la clase de los transformadores o sondas de medida de corriente. Cualquier valor que incumpla el requisito anterior deberá de ser corregido en un tiempo inferior a 2 segundos, mediante la limitación de la generación, o su disparo. Adicionalmente, puede existir un equipo o conjunto de equipos que realizan las funciones de regulación, aunque no está representado en las figuras. El elemento de regulación puede ser independiente o integrado en otros dispositivos de la instalación, como el equipo de medida de potencia o el generador.

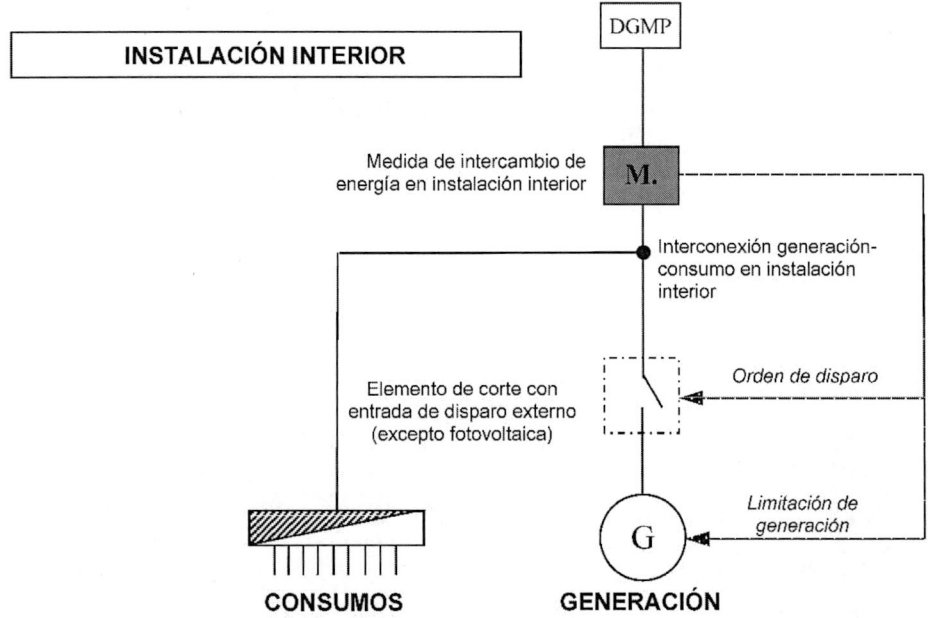

Figura 1: *Esquema con equipo de medida de intercambio de energía con la red en instalaciones conectadas a redes de baja tensión*

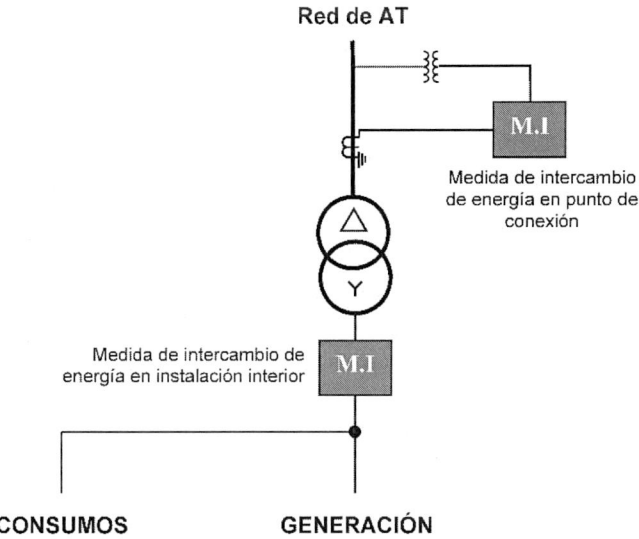

Figura 2: *Esquema con equipo de medida de intercambio de energía con la red en instalaciones conectadas a redes de alta tensión. Ubicaciones posibles del punto de medida de energía*

I.2.2 Instalaciones con equipo de medida de consumo:

En las Figuras 3 y 4 se muestran los esquemas de este tipo de instalaciones según estén conectadas a las redes de baja o alta tensión, respectivamente. La medida de consumos puede corresponder al consumo total de la instalación o a parte del consumo de la misma. El elemento de control puede ser independiente o estar incluido en otros dispositivos de la instalación, tales como el equipo de medida de potencia, el generador, o las cargas.

En todo momento, la potencia medida en el punto de consumo debe ser superior a la potencia generada. El margen de diferencia entre consumo y generación debe superar el valor de tolerancia del sistema de medida, calculado como la suma de las clases de exactitud de los equipos de medida de potencia y de las clases de los transformadores o sondas de medida de corriente, tanto en la carga como en la generación. Cualquier valor que incumpla el requisito anterior deberá de ser corregido en un tiempo inferior a 2 segundos mediante el control de las cargas, de la generación, por almacenamiento de energía, o por otros medios.

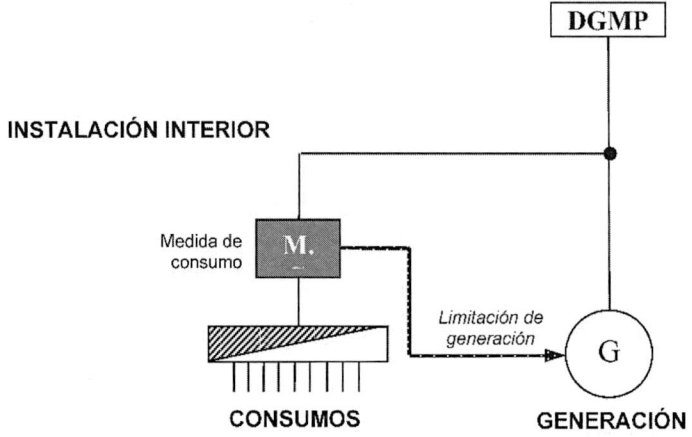

Figura 3: *Esquema de medida del consumo de energía en instalaciones conectadas a redes de baja tensión*

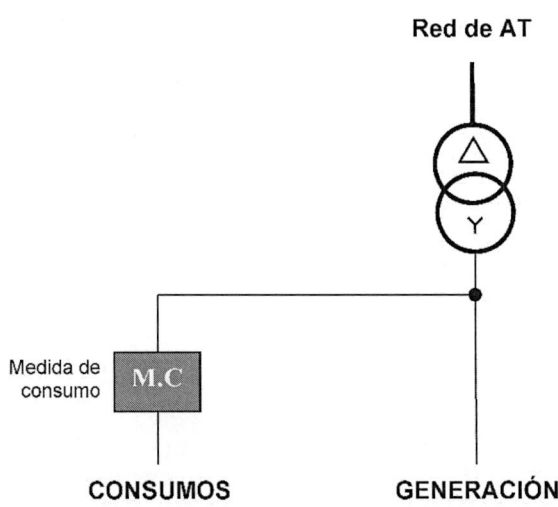

Figura 4: *Esquema de medida del consumo de energía en instalaciones conectadas a redes de alta tensión*

I.3 Ensayos:

Los ensayos a realizar para evaluar la conformidad del sistema que evita el vertido de energía a la red son los siguientes:

I.3.1 Tolerancia en régimen permanente:

El sistema de limitación de potencia deberá garantizar que en régimen permanente la producción de energía cumple con los requisitos del apartado I.2 en función del tipo de instalación ensayada.

La prueba se debe repetir con los diferentes generadores tipo que vayan a evaluarse para el sistema, pudiéndose probar cada uno de ellos por separado.

Para verificar esta condición se realiza el ensayo con la secuencia de operaciones siguiente:

1. Conectar el generador a ensayar a una fuente de energía que alimente el generador y que sea capaz de suministrar una potencia igual o superior a la potencia del generador a ensayar.

2. Conectar el generador a la red a ensayar.

3. Establecer el valor de carga de acuerdo a los valores indicados en la tabla 1.

4. Esperar un tiempo de al menos dos segundos antes de comenzar la medida.

5. Medir la potencia intercambiada en el punto de ensayo, con una incertidumbre mejor o igual al 0,5 %, realizando medidas cada 50 ms.

Tabla 1._Definición de cargas. Valores en % sobre la potencia nominal del generador a ensayar_

Régimen de conexión	Fase R	Fase S	Fase T
Monofásico	90÷100%		
	10÷20%		
	0		
Trifásico	90÷100%	90÷100%	90÷100%
	10÷20%	10÷20%	10÷20%
	0	0	0
	90÷100%	60÷70%	60÷70%
	60÷70%	60÷70%	60÷70%
	30÷40%	60÷70%	60÷70%
	0	60÷70%	60÷70%

La prueba se da por válida si en un ensayo de 2 minutos, los valores de la potencia inyectada medida cada 50 ms aguas arriba del punto de interconexión entre generación y consumo, en cada una de las fases, cumplen con los requisitos indicados en los puntos I.2.1 o I.2.2, según corresponda.

I.3.2 Respuesta ante desconexiones de carga:

El sistema de limitación de potencia deberá garantizar que, ante una desconexión de carga, el generador reajusta su producción llegando de nuevo al régimen permanente en menos de 2 segundos.

La prueba se debe repetir con los diferentes generadores tipo que vayan a evaluarse para el sistema, pudiéndose probar cada uno de ellos por separado.

Para verificar esta condición se realiza el ensayo con la secuencia de operaciones siguiente:

1. Conectar el generador a ensayar a una fuente de energía que alimente el generador y que sea capaz de suministrar una potencia igual o superior a la potencia del generador a ensayar.

2. Conectar el generador a la red a ensayar.

3. Realizar las desconexiones de carga propuestas en la tabla 2.

4. Medir la potencia intercambiada con la red, con una precisión de al menos el 0,5 %, realizando medidas cada 50 ms en una ventana de tiempo de 2 minutos que comprenda al menos un minuto antes y después de la desconexión de carga

Prueba	Carga inicial	Carga final
1	90÷100%	60÷70%
2	90÷100%	30÷40%
3	90÷100%	0%
4	60÷70%	30÷40%
5	60÷70%	0%
6	30÷40%	0%

Repetir cada una de las pruebas tres veces.

La prueba se da por válida si para cada uno de los escalones de carga el generador reajusta la potencia producida, llegando al régimen permanente, de modo que la energía inyectada aguas arriba del punto de interconexión entre generación y consumo cumpla los requisitos indicados en los puntos I.2.1 o I.2.2, según corresponda. Esta condición deberá ser verificada para los valores de potencia intercambiada con la red medidos cada 50 ms durante los 2 minutos de la prueba.

I.3.3 Respuesta ante incrementos de potencia de generación:

El sistema de limitación de potencia deberá garantizar que, ante un incremento de potencia en la fuente de energía primaria, por ejemplo, una subida de irradiancia en una instalación fotovoltaica, que lleve a una situación en la que haya más energía disponible que consumo, el generador reajusta su producción llegando de nuevo al régimen permanente en menos de 2 segundos.

La prueba se debe repetir con los diferentes generadores tipo que vayan a homologarse para el sistema, pudiéndose probar cada uno de ellos por separado.

Para verificar esta condición se realiza el ensayo con la secuencia de operaciones siguiente:

1. Conectar el generador a ensayar a una fuente de energía que alimente el generador y que sea capaz de suministrar entre un 40 % y un 50 % de la potencia del generador a ensayar.

2. Conectar el generador a la red a ensayar.

3. Conectar una carga que consuma entre el 60 % y el 70 % de la potencia del generador a ensayar.

4. Aumentar mediante un escalón la potencia disponible en la fuente de energía por encima del 90 % de la potencia nominal del generador a ensayar.

5. Medir la potencia intercambiada con la red, con una precisión de al menos el 0,5%, realizando medidas cada 50 ms en una ventana de tiempo de 2 minutos que comprenda al menos un minuto antes y después del incremento de la potencia del generador.

Repetir cada una de las pruebas tres veces.

La prueba se da por válida si para cada uno de los escalones el generador reajusta la potencia producida llegando al régimen permanente, de modo que la energía inyectada aguas arriba del punto de interconexión entre generación y consumo cumpla los requisitos indicados en los puntos I.2.1 o I.2.2, según corresponda. Esta condición deberá ser verificada para los valores de potencia intercambiada con la red medidos cada 50 ms durante los 2 minutos de la prueba.

I.3.4 Actuación en caso de pérdida de comunicaciones:

El generador debe dejar de generar en caso de pérdida de la comunicación entre los diferentes elementos del sistema en un tiempo inferior a 2 segundos. En caso de que el elemento de control esté integrado en uno de los dispositivos requeridos (equipo de medida de potencia o generador) no será preciso comprobar la comunicación entre los elementos integrados en un mismo dispositivo.

Para verificar esta condición se realiza el ensayo con la secuencia de operaciones siguiente:

1. Conectar el generador a ensayar a una fuente de energía que alimente el generador y que sea capaz de suministrar una potencia igual o superior a la potencia del generador a ensayar.

2. Conectar el generador a la red interior a ensayar.

3. Establecer una carga del 60 % y el 70 % de la potencia nominal del generador.

4. Cortar la comunicación entre el elemento de control y el equipo de medida de potencia.

5. Medir el tiempo transcurrido entre el corte de la comunicación y la desconexión del generador o limitación total de potencia del generador (0 %).

6. Medir la potencia generada por el generador, con una precisión de al menos el 0,5 %, realizando medidas cada 50 ms.

La prueba se repetirá 3 veces.

La prueba se da por válida si el generador se desconecta o reduce hasta cero la potencia generada en menos de 2 segundos.

Repetir la prueba cortando la comunicación entre el elemento de control y el generador.

I.3.5 Determinación del número máximo de generadores:

En caso de que el sistema de reducción de potencia pueda utilizarse con más de un generador, se repetirán los siguientes ensayos con dos generadores trabajando en paralelo, aportando cada uno de ellos entre el 40 % y el 60 % de la potencia total de las cargas, de manera que entre ambos cubran el 100 % del consumo.

1. Tolerancia en régimen permanente.

2. Respuesta ante desconexiones de carga.

En este caso se medirán los tiempos de respuesta del sistema y se compararán con los tiempos obtenidos en caso de un único generador. La diferencia de tiempos resultante permitirá determinar el número máximo de generadores que se podrán conectar en la instalación de acuerdo a:

$$t_1 + t_r \cdot (N-1) \leq 2 \text{ segundos}$$

$$N \leq \frac{2 - t_1}{t_r} + 1$$

Siendo:

N: Número máximo de generadores que es posible incluir en el sistema

t: Tiempo de respuesta con un único generador. Se tomará el tiempo de respuesta máximo obtenido.

t: Diferencia entre el tiempo de respuesta máximo con uno y dos generadores.

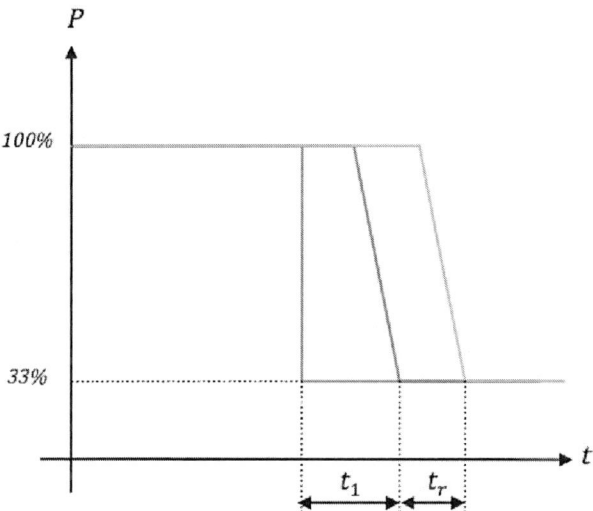

Figura 5: *Ejemplo de tiempos de respuesta del sistema ante una desconexión de carga del 100 % al 33 % con uno o dos generadores (Azul-Potencia consumida por la carga, Rojo-Potencia producida en instalación con un generador, Verde-Potencia producida en instalaciones con dos generadores)*

I.4 Evaluación de la conformidad:

La evaluación de la conformidad con los requisitos del presente anexo de los sistemas para evitar el vertido de energía a la red, tanto si están integrados en el generador, como si son externos, se realizará mediante la documentación siguiente:

1. Esquema básico del sistema, incluyendo la forma de conexión del generador, las protecciones que deben existir o colocar en la instalación y las precauciones aplicables sobre la potencia de las cargas y tipos de receptores que puedan conectarse en los circuitos alimentados simultáneamente por la red y el generador, dependiendo de su conexión a la instalación de autoconsumo.

2. Equipo de medida de potencia y clase de los transformadores de medida para medida de potencia.

3. Elemento de control. En caso de que vaya incluido en alguno de los dispositivos del sistema, por ejemplo, en el equipo de medida de potencia o en el generador, deberá quedar reflejado.

4. Tipo de comunicaciones empleado entre los diferentes elementos.

5. Generadores tipo para los que el sistema es válido.

6. Potencia del generador tipo ensayado y generadores / equipos de medida asimilables.

7. Algoritmo de control.

8. Características eléctricas del generador.

9. Número máximo de generadores a conectar.

10. Informe de ensayos de las pruebas especificadas en el apartado I.3 realizado por un laboratorio de ensayos acreditado según UNE-EN ISO/IEC 17025.

Instrucción ITC-BT 41

INSTALACIONES ELÉCTRICAS EN CARAVANAS Y PARQUES DE CARAVANAS

Índice

Normas UNE citadas en la ITC-BT 41:
UNE 20.460-7-708

1. OBJETO Y CAMPO DE APLICACIÓN

El objeto de la presente instrucción es determinar los requisitos de instalación de las caravanas y los parques de caravanas.

Los receptores que se utilicen en dichas instalaciones cumplirán los requisitos de las directivas europeas aplicables, conforme a lo establecido en el artículo 6 del **Reglamento Electrotécnico para Baja Tensión**.

2. CONDICIONES GENERALES DE INSTALACIÓN

Las prescripciones particulares para este tipo de establecimientos o instalaciones son las establecidas en la norma **UNE 20.460** -7-708.

Instrucción ITC-BT 42

INSTALACIONES ELÉCTRICAS EN PUERTOS Y MARINAS PARA BARCOS DE RECREO

Índice

Normas UNE citadas en la ITC-BT 42:
UNE 20.324, UNE 20.166, UNE 21.027-16, UNE-EN 60.309

1. OBJETO Y CAMPO DE APLICACIÓN

Las prescripciones de la presente instrucción se aplicarán a las instalaciones eléctricas de puertos y marinas, para la alimentación de los barcos de recreo.

Los receptores que se utilicen en dichas instalaciones cumplirán los requisitos de las directivas europeas aplicables, conforme a lo establecido en el artículo 6 del **Reglamento Electrotécnico para Baja Tensión**.

Se excluyen de este campo de aplicación aquellas embarcaciones afectadas por la **Directiva 94/25/CEE**.

A los efectos de la presente instrucción se entiende como barco de recreo toda unidad flotante utilizada exclusivamente para los deportes y el ocio, tales como barcos, yates, casas flotantes, etc. Así mismo, se entiende como puerto marino todo aquel malecón, escollera o pontón flotante apropiado para el fondeo o amarre de barcos de recreo.

2. CARACTERÍSTICAS GENERALES

Las instalaciones eléctricas de puertos y barcos de recreo deben estar dispuestas y los materiales seleccionados de manera que ninguna persona pueda estar expuesta a peligros y que no exista riesgo de incendio ni explosión.

Con carácter general, la tensión asignada de las instalaciones que alimentan a los barcos de recreo no debe ser superior a 230 V en corriente alterna monofásica. Excepcionalmente se podrán alimentar con corriente alterna trifásica a 400 V aquellos barcos o yates de gran consumo eléctrico.

3. PROTECCIONES DE SEGURIDAD

Las protecciones contra contactos directos e indirectos serán conformes a lo establecido en la **ITC-BT-24**, con las siguientes consideraciones:

3.1. Protección por Muy Baja Tensión de Seguridad (MBTS)

Cuando se utilice Muy Baja Tensión de Seguridad (MBTS), la protección contra los contactos directos debe estar asegurada, cualquiera que sea la tensión asignada, por un aislamiento que pueda soportar un ensayo dieléctrico de 500 V durante un minuto.

3.2. Protección por corte automático de la alimentación

Cualquiera que sea el esquema utilizado, la protección debe estar asegurada por un dispositivo de corte diferencial-residual. En el caso de un esquema TN, se utilizará sólo la variante TN-S.

3.3. Aplicación de las medidas de protección contra los choques eléctricos

3.3.1. Protección por obstáculos

No se admiten las medidas de protección por obstáculos ni por puesta fuera del alcance.

3.3.2. Protección contra contactos indirectos

Contra los contactos indirectos en locales no conductores no son admitidas las conexiones equipotenciales no unidas a tierra.

4. SELECCIÓN E INSTALACIÓN DE EQUIPOS ELÉCTRICOS

4.1. Generalidades

Los equipos eléctricos deberán poseer al menos el grado de protección IPX6, según **UNE 20.324**, salvo si están encerrados en un armario que tenga este grado de protección y no pueda abrirse sin el empleo de herramientas o útiles específicos.

4.2. Canalizaciones

En los puertos y marinas deben utilizarse alguna de las canalizaciones siguientes:

a) Cables con conductores de cobre con aislamiento y cubierta dentro de:

— Conductos flexibles no metálicos

— Conductos no metálicos rígidos de resistencia elevada

— Conductos galvanizados de resistencia media o elevada

b) Cables con aislamiento mineral y cubierta de protección en PVC.

c) Cables con armadura y cubierta de material termoplástico o elastómero.

d) Otros cables y materiales, con protecciones mecánicas superiores a los citados.

No se utilizará ningún tipo de línea aérea para la alimentación de las instalaciones flotantes o escolleras.

En canalizaciones que se prevea que puedan estar en contacto con el agua, los cables a utilizar serán conformes a la norma **UNE 21.166** o **UNE 21.027**-16, según la tensión asignada del cable.

4.3. Aparamenta

4.3.1. Cuadros de distribución

Los cuadros de distribución de los puertos y marinas estarán situados lo más cerca posible de los amarres a alimentar.

Los cuadros de distribución y las bases de toma de corriente asociadas colocados sobre las instalaciones flotantes o escolleras (pantalanes) estarán fijados a 1 metro por encima de las aceras o pasarelas. Esta distancia puede ser reducida a 0,3 m si se toman medidas complementarias de protección.

Los cuadros de distribución deberán incorporar, para cada punto de amarre, una base de toma de corriente.

4.3.2. Bases de toma de corriente

Salvo para los casos excepcionales referidos en el apartado 2, las bases de toma de corriente deberán ser de uno de los tipos establecidos en la norma **UNE-EN 60.309**, con las características siguientes:

— Tensión asignada: 230 V

— Intensidad asignada: 16 A

— Número de polos: 2 y toma tierra

— Grado de protección: IP X6

Cada base de toma de corriente debe estar protegida con un dispositivo individual contra sobreintensidades mayores, según BOE, o igual a 16 A.

Las bases de toma de corriente deberán estar protegidas por un dispositivo de corriente diferencial-residual no mayor a 30 mA. Un mismo dispositivo no debe proteger más de una base de toma de corriente.

Las tomas de corriente dispuestas sobre la misma escollera o pantalán deberán estar realizadas sobre la misma fase, a menos que estén alimentadas por medio de transformadores de separación.

4.3.3. Conexión a los barcos de recreo

El dispositivo de conexión a los barcos de recreo estará compuesto por:

— Una clavija con contacto unido al conductor de protección y de acuerdo con las características indicadas en el apartado 4.3.2.

—Un cable flexible tipo H07RN-F, unido de manera estable al barco de recreo mediante un conector, de acuerdo con las características indicadas en el apartado 4.3.2.

La longitud de los cables no debe ser superior a 25 m. El cable no debe tener ninguna conexión intermedia o empalme en toda su longitud.

ITC 42

Instrucción ITC-BT 43

INSTALACIONES DE RECEPTORES. PRESCRIPCIONES GENERALES

Índice

Normas UNE citadas en la ITC-BT 43:

UNE-EN 60.742, UNE-EN 61.558-2-4, UNE 20.315, UNE-EN 50.075,
UNE-EN 60.309, UNE-EN 60.831-1, UNE-EN 60.831-2

1. INTRODUCCIÓN

La presente instrucción establece los requisitos generales de instalación de receptores, dependiendo de su clasificación y utilización que estén destinados a ser alimentados por una red de suministro exterior con tensiones que no excedan de 440 V en valor eficaz entre fases (254 V en valor eficaz entre fase y tierra).

De acuerdo al Artículo 6 del **Reglamento Electrotécnico para Baja Tensión**, los requisitos de todas las instrucciones relativas a receptores no sustituyen ni eximen del cumplimiento de lo establecido en la **Directiva de Baja Tensión (73/23/CEE)** y en la **Directiva de Compatibilidad Electromagnética (89/336/CEE)** para dichos receptores y sus elementos constitutivos, aun cuando los receptores no se suministren totalmente montados y el montaje final se realice durante la instalación, como por ejemplo algunos tipos de luminarias o equipos eléctricos de maquinas industriales, etc.

2. GENERALIDADES

2.1. Condiciones generales de instalación

Los receptores se instalarán de acuerdo con su destino (clase de local, emplazamiento, utilización, etc.), teniendo en cuenta los esfuerzos mecánicos previsibles y las condiciones de ventilación, necesarias para que en funcionamiento no pueda producirse ninguna temperatura peligrosa, tanto para la propia instalación como para objetos próximos. Soportarán la influencia de los agentes exteriores a que estén sometidos en servicio, por ejemplo, polvo, humedad, gases y vapores.

Los circuitos que formen parte de los receptores, salvo las excepciones que para cada caso puedan señalar las prescripciones de carácter particular, deberán estar protegidos contra sobreintensidades, siendo de aplicación, para ello, lo dispuesto en la Instrucción **ITC-BT-22**. Se adoptarán las características intensidad-tiempo de los dispositivos, de acuerdo con las características y condiciones de utilización de los receptores a proteger.

2.2. Clasificación de los receptores

La clasificación de los receptores en lo relativo a la protección contra los choques eléctricos es la siguiente:

Tabla 1. *Clasificación de los receptores.*

	Clase 0	Clase I	Clase II	Clase III
Características principales de los aparatos	Sin medios de protección por puesta a tierra	Previstos medios de conexión a tierra	Aislamiento suplementario pero sin medios de protección por puesta a tierra	Previstos para ser alimentados con muy baja tensión de seguridad (MBTS)
Precauciones de seguridad	Entorno aislado de tierra	Conexión a la toma de tierra de protección	No es necesaria ninguna protección	Conexión a muy baja tensión de seguridad

Esta clasificación no implica que los receptores puedan ser de cualquiera de los tipos descritos anteriormente. Las condiciones de seguridad del receptor tanto en su uso como en su instalación, de conformidad a lo requerido en la Directiva de Baja Tensión, pueden imponer restricciones al uso de receptores de alguno de los tipos anteriores.

El empleo de aparatos previstos para ser alimentados a muy baja tensión de seguridad (según **ITC-BT-36**), pero que incorporan circuitos que funcionan a una tensión superior a esta, no se considerarán de clase III a menos que las disposiciones constructivas aseguren, entre los circuitos a distintas tensiones, un aislamiento equivalente al correspondiente a un transformador de seguridad según **UNE-EN 60.742** o **UNE-EN 61.558**-2-4.

2.3. Condiciones de utilización

Las condiciones de utilización de los receptores dependerán de su clase y de las características de los locales donde sean instalados. A este respecto se tendrá en cuenta lo dispuesto en la **ITC-BT-24**. Los receptores de la Clase II y los de la Clase III se podrán utilizar sin tomar medida de protección adicional contra los contactos indirectos.

2.4. Tensiones de alimentación

Los receptores no deberán, en general, conectarse a instalaciones cuya tensión asignada sea diferente a la indicada en el mismo. Sobre éstos podrá señalarse una única tensión asignada o una gama de tensiones que señale con sus límites inferior o superior las tensiones para su funcionamiento asignadas por el fabricante del aparato.

ITC 43

Los receptores de tensión asignada única podrán funcionar, en relación con ésta, dentro de los límites de variación de tensión admitidos por el **Reglamento por el que se regulan las actividades de transporte, distribución, comercialización, suministro y procedimientos de autorización de instalaciones de energía eléctrica**.

Los receptores podrán estar previstos para el cambio de su tensión asignada de alimentación, y cuando este cambio se realice por medio de dispositivos conmutadores, estarán dispuestos de manera que no pueda producirse una modificación accidental de los mismos.

2.5. Conexión de receptores

Todo receptor será accionado por un dispositivo que puede ir incorporado al mismo o a la instalación alimentadora. Para este accionamiento se utilizará alguno de los dispositivos indicados en la **ITC-BT-19**.

Se admitirá, cuando las prescripciones particulares no señalen lo contrario, que el accionamiento afecte a un conjunto de receptores.

Los receptores podrán conectarse a las canalizaciones directamente o por intermedio de un cable apto para usos móviles, que podrá incorporar una clavija de toma de corriente. Cuando esta conexión se efectúe directamente a una canalización fija, los receptores se situarán de manera que se pueda verificar su funcionamiento, proceder a su mantenimiento y controlar esta conexión. Si la conexión se efectúa por intermedio de un cable movible, éste incluirá el número de conductores necesarios y, si procede, el conductor de protección.

En cualquier caso, los cables en la entrada al aparato estarán protegidos contra los riesgos de tracción, torsión, cizallamiento, abrasión, plegados excesivos, etc., por medio de dispositivos apropiados constituidos por materiales aislantes. No se permitirá anudar los cables o atarlos al receptor. Los conductores de protección tendrán una longitud tal que, en caso de fallar el dispositivo impeditivo de tracción, queden únicamente sometidos a ésta después de que la hayan soportado los conductores de alimentación.

En los receptores que produzcan calor, si las partes del mismo que puedan tocar a su cable de alimentación alcanzan más de 85°C de temperatura, los aislamientos y cubierta del cable no serán de material termoplástico.

La conexión de los cables aptos para usos móviles a la instalación alimentadora se realizará utilizando:

— Clavija y Toma de corriente.

— Cajas de conexión.

— Trole para el caso de vehículos a tracción eléctrica o aparatos movibles.

La conexión de cables aptos para usos móviles a los aparatos destinados a usos domésticos o análogos se realizará utilizando:

— Cable flexible, con cubierta de protección, fijado permanentemente al aparato.

— Cable flexible, con cubierta de protección, fijado al aparato por medio de un conector, de manera que las partes activas del mismo no sean accesibles cuando estén bajo tensión.

La tensión asignada de los cables utilizados será como mínimo la tensión de alimentación y nunca inferior a 300/300 V. Sus secciones no serán inferiores a 0,5 mm^2. Las características del cable a emplear serán coherentes con su utilización prevista.

Las clavijas utilizadas para la conexión de los receptores a las bases de toma de corriente de la instalación de alimentación serán de los tipos indicados en las figuras ESC 10-1b, C2b, C4, C6 o ESB 25-5b, de la norma **UNE 20.315** o clavija conforme a la norma **UNE EN 50.075**. Adicionalmente, los receptores no destinados a uso en viviendas podrán incorporar clavijas conforme a la serie de normas **UNE EN 60.309**.

2.6. Utilización de receptores que desequilibren las fases o produzcan fuertes oscilaciones de la potencia absorbida

No se podrán instalar sin consentimiento expreso de la Empresa que suministra la energía, aparatos receptores que produzcan desequilibrios importantes en las distribuciones polifásicas.

En los motores que accionen máquinas de par resistente muy variable y en otros receptores como hornos, aparatos de soldadura y similares, que puedan producir fuertes oscilaciones por la potencia por ellos absorbida, se tomarán medidas oportunas para que la misma no pueda ser mayor del 200% de la potencia asignada del receptor.

Cuando se compruebe que tales receptores no cumplen la condición indicada, o que producen perturbaciones en la red de distribución de energía de la Empresa distribuidora, ésta podrá, previa autorización del Organismo competente, negar el suministro a tales receptores y solicitar que se instalen los sistemas de corrección apropiados.

ITC 43

2.7. Compensación del factor de potencia

Las instalaciones que suministren energía a receptores de los que resulte un factor de potencia inferior a 1, podrán ser compensadas, pero sin que en ningún momento la energía absorbida por la red pueda ser capacitiva.

La compensación del factor de potencia podrá hacerse de una de las dos formas siguientes:

— Por cada receptor o grupo de receptores que funcionen simultáneamente y se conecten por medio de un sólo interruptor. En este caso el interruptor debe cortar la alimentación simultáneamente al receptor o grupo de receptores y al condensador.

— Para la totalidad de la instalación. En este caso, la instalación de compensación ha de estar dispuesta para que, de forma automática, asegure que la variación del factor de potencia no sea mayor de un ± 10% del valor medio obtenido durante un prolongado período de funcionamiento.

Cuando se instalen condensadores y la conexión de éstos con los receptores pueda ser cortada por medio de interruptores, los condensadores irán provistos de resistencias o reactancias de descarga a tierra.

Los condensadores utilizados para la mejora del factor de potencia en los motores asíncronos se instalarán de forma que, al cortar la alimentación de energía eléctrica al motor, queden simultáneamente desconectados los indicados condensadores.

Las características de los condensadores y su instalación deberán ser conformes a lo establecido en las normas **UNE-EN 60.831**-1 y **UNE-EN 60.831**-2.

Instrucción ITC-BT 44

INSTALACIONES DE RECEPTORES. RECEPTORES PARA ALUMBRADO

Índice

Normas UNE citadas en la ITC-BT 44:
UNE 60.598, UNE 60.061-2, UNE 50.107

1. OBJETO Y CAMPO DE APLICACIÓN

La presente instrucción se aplica a las instalaciones de receptores para alumbrado (luminarias). Se entiende como receptor para alumbrado el equipo o dispositivo que utiliza la energía eléctrica para la iluminación de espacios interiores o exteriores.

En esta instrucción no se incluyen prescripciones relativas al alumbrado exterior recogido en la **ITC-BT-09** ni al alumbrado de emergencia en locales de pública concurrencia recogido en la **ITC-BT-28**.

2. CONDICIONES PARTICULARES PARA LOS RECEPTORES PARA ALUMBRADO Y SUS COMPONENTES

2.1. Luminarias

Las luminarias serán conformes a los requisitos establecidos en las normas de la serie **UNE-EN 60.598**.

2.1.1. Suspensiones y dispositivos de regulación

La masa de las luminarias suspendidas excepcionalmente de cables flexibles no deben exceder de 5 kg. Los conductores, que deben ser capaces de soportar este peso, no deben presentar empalmes intermedios y el esfuerzo deberá realizarse sobre un elemento distinto del borne de conexión. La sección nominal total de los conductores de los que la luminaria esta suspendida será tal que la tracción máxima a la que estén sometidos los conductores sea inferior a 15 N/mm^2.

2.1.2. Cableado interno

La tensión asignada de los cables utilizados será como mínimo la tensión de alimentación y nunca inferior a 300/300 V.

Además, los cables serán de características adecuadas a la utilización prevista, siendo capaces de soportar la temperatura a la que puedan estar sometidas.

2.1.3. Cableado externo

Cuando la luminaria tiene la conexión a la red en su interior, es necesario que el cableado externo que penetra en ella tenga el adecuado aislamiento eléctrico y térmico.

2.1.4. Puesta a tierra

Las partes metálicas accesibles de las luminarias que no sean de Clase II o Clase III, deberán tener un elemento de conexión para su puesta a tierra.

Se entiende como accesibles aquellas partes incluidas dentro del volumen de accesibilidad definido en la **ITC-BT-24**.

2.2. Lámparas

Queda prohibido el uso de lámparas de gases con descargas a alta tensión (como por ejemplo neón) en el interior de las viviendas.

En el interior de locales comerciales y en el interior de edificios, se permitirá su instalación cuando su ubicación esté fuera del volumen de accesibilidad o cuando se instalen barreras o envolventes separadoras, tal como se define en la **ITC-BT-24**.

2.3. Portalámparas

Deberán ser de alguno de los tipos, formas y dimensiones especificados en la norma **UNE-EN 60.061** -2.

Cuando en la misma instalación existan lámparas que han de ser alimentadas a distintas tensiones, se recomienda que los portalámparas respectivos sean diferentes entre sí, según el circuito al que deban ser conectados.

Cuando se empleen portalámparas con contacto central, debe conectarse a éste el conductor de fase o polar, y el neutro al contacto correspondiente a la parte exterior.

ITC 44

3. CONDICIONES DE INSTALACIÓN DE LOS RECEPTORES PARA ALUMBRADO

3.1. Condiciones generales

En instalaciones de iluminación con lámparas de descarga realizadas en locales en los que funcionen máquinas con movimiento alternativo o rotatorio rápido, se deberán tomar las medidas necesarias para evitar la posibilidad de accidentes causados por ilusión óptica originada por el efecto estroboscópico.

Las partes metálicas accesibles de los receptores de alumbrado que no sean de Clase II o Clase III, deberán conectarse de manera fiable y permanente al conductor de protección del circuito. Se entiende como accesibles aquellas partes incluidas dentro del volumen de accesibilidad definido en la **ITC-BT-24**.

Los circuitos de alimentación estarán previstos para transportar la carga debida a los propios receptores, a sus elementos asociados y a sus corrientes armónicas y de arranque.

Para receptores con lámparas de descarga, la carga mínima prevista en voltiamperios será de 1,8 veces la potencia en vatios de las lámparas. En el caso de distribuciones monofásicas, el conductor neutro tendrá la misma sección que los de fase. Será aceptable un coeficiente diferente para el cálculo de la sección de los conductores, siempre y cuando el factor de potencia de cada receptor sea mayor o igual a 0,9 y, si se conoce la carga que supone cada uno de los elementos asociados a las lámparas y las corrientes de arranque, que tanto éstas como aquéllos puedan producir. En este caso, el coeficiente será el que resulte.

En el caso de receptores con lámparas de descarga será obligatoria la compensación del factor de potencia hasta un valor mínimo de 0,9, y no se admitirá compensación en conjunto de un grupo de receptores en una instalación de régimen de carga variable, salvo que dispongan de un sistema de compensación automático con variación de su capacidad siguiendo el régimen de carga.

3.2. Condiciones específicas

Para instalaciones que alimenten tubos luminosos de descarga con tensiones asignadas de salida en vacío comprendidas entre 1 kV y 10 kV, se aplicará lo dispuesto en la **UNE-EN 50.107**. No obstante, se considerarán como instalaciones de baja tensión las destinadas a lámparas o tubos de descarga, cualquiera que sean las tensiones de funcionamiento de éstas, siempre que constituyan un conjunto o unidad con los transformadores de alimentación y demás elementos, no presenten al exterior más que conductores de conexión en baja tensión y dispongan de barreras o envolventes con sistemas de enclavamiento adecuados, que impidan alcanzar partes interiores del conjunto sin que sea cortada automáticamente la tensión de alimentación al mismo.

La protección contra contactos directos e indirectos se realizará, en su caso, según los requisitos indicados en la instrucción **ITC-BT-24**.

La instalación irá provista de un interruptor de corte omnipolar, situado en la parte de baja tensión. Queda prohibido colocar interruptor, conmutador, seccionador o cortacircuito en la parte de instalación comprendida entre las lámparas y su dispositivo de alimentación.

Todos los condensadores que formen parte del equipo auxiliar eléctrico de las lámparas de descarga para corregir el factor de potencia de los balastos, deberán llevar conectada una resistencia que asegure que la tensión en bornes del condensador no sea mayor de 50 V transcurridos 60 s desde la desconexión del receptor.

4. UTILIZACIÓN DE MUY BAJAS TENSIONES PARA ALUMBRADO

En las caldererías, grandes depósitos metálicos, cascos navales, etc. y, en general, en lugares análogos, los aparatos de iluminación portátiles serán alimentados con una tensión de seguridad no superior a 24 V, excepto si son alimentados por medio de transformadores de separación.

En instalaciones con lámparas de muy baja tensión (p.e. 12 V) debe preverse la utilización de transformadores adecuados, para asegurar una adecuada protección térmica contra cortocircuitos y sobrecargas y contra los choques eléctricos.

5. RÓTULOS LUMINOSOS

Para los rótulos luminosos y para instalaciones que los alimentan con tensiones asignadas de salida en vacío comprendidas entre 1 y 10 kV se aplicará lo dispuesto en la norma **UNE-EN 50.107**.

ITC 44

Instrucción ITC-BT 45

INSTALACIONES DE RECEPTORES. APARATOS DE CALDEO

Índice

1. OBJETO Y CAMPO DE APLICACIÓN

El objeto de la presente instrucción es determinar los requisitos de instalación de los aparatos eléctricos de caldeo, entendiendo como tales aquéllos que transforman la energía eléctrica en calor.

Los aparatos de caldeo objeto de esta instrucción cumplirán los requisitos de las directivas europeas aplicables conforme a lo establecido en el artículo 6 del **Reglamento Electrotécnico para Baja Tensión**.

2. APARATOS PARA USOS DOMÉSTICO Y COMERCIAL

2.1. Aparatos para el calentamiento de líquidos

Queda prohibido el empleo para usos domésticos de aparatos provistos de elementos de caldeo desnudos sumergidos en agua, así como aquellos en los que ésta forme parte del circuito eléctrico.

2.2. Aparatos para el calentamiento de locales

No deberán instalarse en nichos o cajas construidas o revestidas de materiales combustibles.

Deberán instalarse de acuerdo a las instrucciones del fabricante en lo relativo a la distancia mínima a las paredes, suelos u otras superficies u objetos combustibles. En ausencia de tales instrucciones deberán instalarse manteniendo una distancia mínima de 8 cm a las partes anteriores, salvo en el caso de aparatos de calefacción con elementos calefactores luminosos colocados detrás de aberturas o rejillas, en los cuales la distancia entre dichas aberturas y elementos combustibles será como mínimo de 50 cm.

2.3. Cocinas, hornos, hornillos y encimeras

Estos aparatos estarán conectados a su fuente de alimentación por medio de interruptores de corte omnipolar, tomas de corriente u otro dispositivo de igual característica destinados únicamente a los mismos.

Los aparatos de cocción y hornos que incorporen elementos incandescentes no cerrados no se instalarán en locales que presenten riesgo de explosión.

3. APARATOS PARA USOS INDUSTRIALES

Los aparatos de caldeo industrial destinados a estar en contacto con materias combustibles o inflamables estarán provistos de un limitador de temperatura que interrumpa o reduzca el caldeo antes de que se alcance una temperatura peligrosa, incluso en condiciones de avería o mal uso.

3.1. Aparatos de calentamiento de líquidos

Los aparatos de calentamiento o recalentamiento de líquidos combustibles o inflamables, deberán estar dotados de un limitador de temperaturas que interrumpa o reduzca el calentamiento antes de que se pueda alcanzar una temperatura peligrosa, incluso en condiciones de avería o mal uso.

3.1.1. Calentadores de agua en los que ésta forma parte del circuito eléctrico

Los calentadores de agua, en los que ésta forma parte del circuito eléctrico, no serán utilizados en instalaciones para uso doméstico ni cuando hayan de ser utilizados por personal no especializado.

Para la instalación de estos aparatos, se tendrán en cuenta las siguientes prescripciones:

a) Estos aparatos se alimentarán solamente con corriente alterna a frecuencia igual o superior a 50 hertzios.

b) La alimentación estará controlada por medio de un interruptor automático construido e instalado de acuerdo con las siguientes condiciones:

— Será de corte omnipolar simultáneo.

— Estará provisto de dispositivos de protección contra sobrecargas en cada conductor que conecte con un electrodo.

— Estará colocado de manera que pueda ser accionado fácilmente desde el mismo emplazamiento donde se instale, bien directamente o bien por medio de un dispositivo de mando a distancia. En este caso se instalarán lámparas de señalización que indiquen la posición de abierto o cerrado del interruptor.

c) La cuba o caldera metálica se pondrá a tierra y, a la vez, se conectará a la cubierta y armadura metálica, si existen, del cable de alimentación. La sección del conductor de puesta a tierra de la cuba no será inferior a la del conductor de mayor sección de la alimentación, con un mínimo de 4 milímetros cuadrados.

d) Según el tipo de aparato se satisfarán, además, los requisitos siguientes:

— Si los electrodos están conectados directamente a una instalación trifásica a más de 440 voltios, debe instalarse un interruptor diferencial que desconecte la alimentación a los electrodos cuando se produzca una

ITC 45

corriente de fuga a tierra superior al 10 por 100 de la intensidad nominal de la caldera en condiciones normales de funcionamiento. Podrá admitirse hasta un 15 por 100 en dicho valor si en algún caso fuera necesario para asegurar la estabilidad del funcionamiento de la misma. El dispositivo mencionado debe actuar con retardo, para evitar su funcionamiento innecesario en el caso de un desequilibrio de corta duración.

— Si los electrodos están conectados a una alimentación con tensiones de 50 a 440 voltios, la cuba de la caldera estará conectada al neutro de la alimentación y a tierra. La capacidad nominal del conductor neutro no debe ser inferior a la del mayor conductor de alimentación.

3.1.2. Calentadores provistos de elementos de caldeo desnudos sumergidos en el agua

Se admiten en instalaciones industriales siempre que no pueda existir una diferencia de potencial superior a 24 voltios entre el agua accesible o partes metálicas accesibles en contacto con ella y los elementos conductores situados en su proximidad, que no conste que estén aislados de tierra.

3.2. Aparatos de cocción y hornos industriales

Las partes accesibles de los hornos que pueden alcanzar una temperatura peligrosa deben estar dotadas de un dispositivo de protección o de visibles señales de atención con una inscripción.

Cuando los hornos presenten corrientes de fuga importantes, como en los hornos de resistencias, deberán ser alimentados según esquema TN-C.

Los aparatos de cocción y los hornos que incorporen elementos incandescentes no cerrados no se instalarán en locales que presenten riesgos de explosión.

3.3. Aparatos para soldadura eléctrica por arco

Los aparatos destinados a la soldadura eléctrica cumplirán en su instalación y utilización las siguientes prescripciones:

a) Las masas de estos aparatos estarán puestas a tierra. Será admisible la conexión de uno de los polos del circuito de soldadura a estas masas, cuando, por su puesta a tierra, no se provoquen corrientes vagabundas de intensidad peligrosa. En caso contrario, el circuito de soldadura estará puesto a tierra únicamente en el lugar de trabajo.

b) Los bornes de conexión para los circuitos de alimentación de los aparatos manuales de soldar estarán cuidadosamente aislados.

c) Cuando existan en los aparatos ranuras de ventilación estarán dispuestas de forma que no se pueda alcanzar partes bajo tensión en su interior.

d) Cada aparato llevará incorporado un interruptor de corte omnipolar que interrumpa el circuito de alimentación, así como un dispositivo de protección contra sobrecargas, regulado, como máximo, al 200% de la intensidad nominal de su alimentación, excepto en aquellos casos en que los conductores de este circuito estén protegidos en la instalación por un dispositivo igualmente contra sobrecargas, regulado a la misma intensidad.

e) Las superficies exteriores de los porta-electrodos a mano, y en todo lo posible sus mandíbulas, estarán completamente aisladas. Estos porta-electrodos estarán provistos de discos o pantallas que protejan la mano de los operarios contra el calor proporcionado por los arcos.

f) Las personas que utilicen estos aparatos recibirán las consignas apropiadas para:

— Hacer inaccesibles las partes bajo tensión de los porta-electrodos cuando no sean utilizados.

— Evitar que los porta-electrodos entren en contacto con objetos metálicos.

— Unir al conductor de retorno del circuito de soldadura las piezas metálicas que se encuentren en su proximidad inmediata.

Cuando los trabajos de soldadura se efectúen en locales muy conductores, se recomienda la utilización de pequeñas tensiones. En otro caso, la tensión en vacío entre el electrodo y la pieza a soldar no será superior a 90 voltios, valor eficaz para corriente alterna, y 150 voltios en corriente continua.

ITC 45

Instrucción ITC-BT 46

INSTALACIONES DE RECEPTORES. CABLES Y FOLIOS RADIANTES EN VIVIENDAS

Índice

Normas UNE citadas en la ITC-BT 46:
UNE 21.155-1, UNE 20.460-5-523

1. OBJETO Y CAMPO DE APLICACIÓN

La presente instrucción se aplica a las instalaciones de cables eléctricos y folios radiantes calefactores a tensiones nominales de 300/500 V, empotrados en los suelos forjados y techos.

La norma **UNE 21.155**-1, indica las clases de cables calefactores que se pueden utilizar. En cualquier caso tanto estos como los folios radiantes deberán ser conformes a los requisitos de las Directivas aplicables conforme a lo establecido en el artículo 6 del **Reglamento Electrotécnico para Baja Tensión**.

2. LIMITACIONES DE EMPLEO

Estas instalaciones no deben realizarse dentro de los volúmenes de prohibición de los cuartos de baño y las uniones frías no deberán encontrarse en el volumen de prohibición ni en el de protección.

El elemento calefactor no podrá instalarse por debajo de ninguna unión de las tuberías de distribución de agua o desagües.

3. INSTALACIÓN

3.1. Circuito de alimentación

El circuito de alimentación debe responder a las prescripciones que se establecen en el presente Reglamento, especialmente las concernientes a:

— canalizaciones y secciones mínimas de conductores

— protección contra sobreintensidades, contactos indirectos y sobretensiones.

Además, los dispositivos de mando y maniobra deben ser de corte omnipolar aunque se permite que los dispositivos de control, como termostatos, no lo sean.

3.2. Instalación eléctrica

El circuito de calefación se subdividirá en circuitos según los criterios de **ITC-BT-25**, en función de la simultaneidad de uso, distancia y otros criterios de seguridad etc., con un máximo de 25 A por fase y circuito. Cada circuito estará protegido por un interruptor automático de corte omnipolar.

Es obligatoria una protección diferencial de alta sensibilidad (30 mA) para cada circuito de calefacción por cables calefactores o folio radiante.

Cuando el cable calefactor tenga una armadura o cuando el termostato tenga una envoltura metálica, ambas deberán conectarse a tierra mediante un conductor de protección de sección igual al conductor de fase.

El cable de alimentación al termostato (la fase) tendrá la misma sección que el de la unión fría y se alojará en un tubo de diámetro adecuado.

Antes de cubrir el elemento calefactor, se comprobará la continuidad del circuito. Una vez cubierto el cable, y con anterioridad a la colocación del pavimento se comprobará el aislamiento eléctrico respecto a tierra que deberá ser igual o superior a 250.000 ohmios.

3.2.1. Uniones frías

Las conexiones de los cables calefactores o de los paneles de folio radiante con las uniones frías se deberán realizar y disponer de manera que la transmisión del calor producido por aquellos a las citadas uniones, y al cable de alimentación, permanezca dentro de límites compatibles con las temperaturas máximas admisibles en servicio continuo, fijadas en la norma **UNE 20.460** -5-523; para ello, y salvo en caso de avería, las uniones frías deberán venir realizadas de fábrica, no autorizándose su ejecución en obra.

Las secciones de las uniones frías estarán determinadas por las intensidades de corriente máximas admisibles fijadas para servicio permanente en la **ITC-19**.

La canalización o tubo deberá terminar a 0,20 m como mínimo de la conexión con el cable calefactor, debiendo estar esta unión completamente embebida dentro de la masa de hormigón.

3.3. Colocación de los cables calefactores

En la colocación de un elemento o unidad de cable calefactor en el techo o en el suelo, se recomienda que las espiras estén dispuestas paralelamente a la pared que tenga mayores pérdidas.

De esta manera, podrá reforzarse la franja de 0,5 m a 0,6 m de panel más cercano al cerramiento exterior disminuyendo el paso entre espiras cuidando que no se supere la temperatura máxima admisible por cable.

Se recomienda, cuando sea posible, alejar el cable calefactor particularmente los del suelo, 0,6 m de las paredes interiores donde pueda preverse la instalación de muebles.

El cable calefactor deberá estar recubierto en toda su extensión por un material que sea un conductor térmico relativamente bueno como yeso, hormigón, cal, etc., para favorecer la transmisión del calor.

3.4. Fijación de los cables calefactores

El cable calefactor se fijará por medio de distanciadores no metálicos, colocados en las extremidades donde el cable cambia de dirección.

ITC 46

El distanciador será de material resistente a la corrosión y que no pueda producir daños al aislamiento del cable.

El radio de curvatura de los cables no deberá ser inferior a 6 veces el diámetro exterior de los mismos, cuando estos no tengan armadura, y a 10 veces cuando tengan armadura.

3.5. Relación con otras instalaciones

El elemento calefactor deberá instalarse lo más lejos posible de los cables eléctricos de distribución para fuerza y alumbrado para que estos no reciban calor. En otro caso debe calcularse la temperatura de servicio de los circuitos de fuerza y alumbrado teniendo en cuenta el calor emitido por los elementos calefactores, y adoptar la sección adecuada en función del tipo de cable y de lo indicado en la **UNE 20.460** -5-523.

4. PARTICULARIDADES PARA INSTALACIONES EN EL SUELO DE LOS CABLES CALEFACTORES

La temperatura de los cables calefactores no deberá ser superior, en las condiciones de utilización previstas, a los límites fijados en las normas del cable aislado de que se trate **UNE 21.155** -1.

La capacidad térmica de los materiales situados en la superficie del aislamiento térmico y la superficie emisora será inferior a 120 kJ/m^2 K (29 kcal/m^2 °C).

4.1. Colocación

Los cables colocados en el suelo, estarán embebidos en el mortero u hormigón. De existir una primera capa de hormigón esta podrá ser del tipo aislante. La segunda capa de hormigón, de tipo no aislante, deberá tener un espesor mínimo de 30 mm y será en la que se empotrarán los cables calefactores.

El fraguado del hormigón no podrá acelerarse con el elemento calefactor, aunque sí su secado.

Además del material aislante que se instale sobre el forjado, deberá colocarse, en todo el perímetro del local, un zócalo aislante de espesor igual o superior a 1 cm, con una altura igual a la capa de mortero u hormigón en la que esté embebido el elemento calefactor.

En caso de posible humedad, el material aislante deberá ir provisto de una barrera contra la humedad en su parte inferior; si existiese peligro de condensaciones también de una barrera anti-vapor.

El contorno de los cables estará situado a una distancia mínima de 0,2 m de todas las paredes exteriores del local.

5. PARTICULARIDADES PARA INSTALACIONES DE CABLES CALEFACTORES EN EL TECHO

Tratándose de sistemas de calefacción directa, es necesario reducir la masa de materiales de construcción calentada por el cable.

La capacidad térmica de los materiales situados entre la superficie del aislamiento térmico y la superficie emisora será inferior a 180 kJ/m^2 K (43 kcal/m^2 °C).

5.1. Colocación

La altura mínima de los locales acondicionados por este sistema será de 3,5 m.

El contorno de los cables calefactores instalados en el techo tendrá una distancia mínima de 0,4 m respecto a las paredes exteriores y de 0,2 m respecto a las paredes interiores.

Los eventuales puntos de luz en el techo incluida la luminaria si es encastrable, deberá tener a su alrededor un espacio libre de 0,1 m por lo menos.

Los elementos colocados en el techo estarán embebidos en la capa de recubrimiento que será como mínimo de 15 a 20 mm de espesor, y se aplicará en sentido paralelo a los cables. Se cuidará mucho que no se formen bolsas de aire en el recubrimiento en contacto con el cable.

6. CONTROL

El termostato de control de las condiciones ambientales se situará preferentemente sobre una pared interior, a 1,5 m del suelo y no deberá estar expuesto a la radiación bien sea solar, de lámparas, de electrodomésticos, etc., ni a corriente de aire procedentes de puertas, ventanas o ventiladores. El diferencial de temperatura del termostato no deberá ser superior a 1,5 K.

Si la intensidad de corriente del elemento calefactor fuera superior al poder de corte del termostato o si el circuito fuera trifásico, el termostato actuará sobre la bobina de un contactor de poder de corte suficiente situado en el cuadro de distribución aguas abajo del interruptor automático.

En locales de grandes dimensiones el proyectista justificará la colocación de más de un termostato tratando, en cualquier caso de optimizar el consumo energético.

ITC 46

Instrucción ITC-BT 47

INSTALACIONES DE RECEPTORES.
MOTORES

Índice

Normas UNE citadas en la ITC-BT 47:
UNE 20.460, UNE 20.460-4-45

1. OBJETO Y CAMPO DE APLICACIÓN

El objeto de la presente Instrucción es determinar los requisitos de instalación de los motores y herramientas portátiles de uso exclusivamente profesionales.

Los receptores objeto de esta Instrucción cumplirán los requisitos de las Directivas europeas aplicables conforme a lo establecido en el artículo 6 del **Reglamento Electrotécnico para Baja Tensión**.

2. CONDICIONES GENERALES DE INSTALACIÓN

La instalación de los motores debe ser conforme a las prescripciones de la norma **UNE 20.460** y las especificaciones aplicables a los locales (o emplazamientos) donde hayan de ser instalados.

Los motores deben instalarse de manera que la aproximación a sus partes en movimiento no pueda ser causa de accidente.

Los motores no deben estar en contacto con materias fácilmente combustibles y se situarán de manera que no puedan provocar la ignición de estas.

3. CONDUCTORES DE CONEXIÓN

Las secciones mínimas que deben tener los conductores de conexión con objeto de que no se produzca en ellos un calentamiento excesivo, deben ser las siguientes:

3.1. Un solo motor

Los conductores de conexión que alimentan a un solo motor deben estar dimensionados para una intensidad del 125% de la intensidad a plena carga del motor. En los motores de rotor devanado, los conductores que conectan el rotor con el dispositivo de arranque —conductores secundarios— deben estar dimensionados, asimismo, para el 125% de la intensidad a plena carga del rotor. Si el motor es para servicio intermitente, los conductores secundarios pueden ser de menor sección según el tiempo de funcionamiento continuado, pero en ningún caso tendrán una sección inferior a la que corresponde al 85% de la intensidad a plena carga en el rotor.

3.2. Varios motores

Los conductores de conexión que alimentan a varios motores deben estar dimensionados para una intensidad no inferior a la suma del 125% de la intensidad a plena carga del motor de mayor potencia, más la intensidad a plena carga de todos los demás.

3.3. Carga combinada

Los conductores de conexión que alimentan a motores y otros receptores deben estar previstos para la intensidad total requerida por los receptores, más la requerida por los motores, calculada como antes se ha indicado.

4. PROTECCIÓN CONTRA SOBREINTENSIDADES

Los motores deben estar protegidos contra cortocircuitos y contra sobrecargas en todas sus fases, debiendo esta última protección ser de tal naturaleza que cubra, en los motores trifásicos, el riesgo de la falta de tensión en una de sus fases.

En el caso de motores con arrancador estrella-triángulo, se asegurará la protección, tanto para la conexión en estrella como en triángulo. Las características de los dispositivos de protección deben estar de acuerdo con las de los motores a proteger y con las condiciones de servicio previstas para estos, debiendo seguirse las indicaciones dadas por el fabricante de los mismos.

5. PROTECCIÓN CONTRA LA FALTA DE TENSIÓN

Los motores deben estar protegidos contra la falta de tensión por un dispositivo de corte automático de la alimentación, cuando el arranque espontáneo del motor, como consecuencia del restablecimiento de la tensión, pueda provocar accidentes, o perjudicar el motor, de acuerdo con la norma **UNE 20.460** -4-45.

Dicho dispositivo puede formar parte del de protección contra las sobrecargas o del de arranque, y puede proteger a más de un motor si se da una de las circunstancias siguientes:

— los motores a proteger estén instalados en un mismo local y la suma de potencias absorbidas no es superior a 10 kilovatios.

— los motores a proteger estén instalados en un mismo local y cada uno de ellos queda automáticamente en el estado inicial de arranque después de una falta de tensión.

Cuando el motor arranque automáticamente en condiciones preestablecidas, no se exigirá el dispositivo de protección contra la falta de tensión, pero debe quedar excluida la posibilidad de un accidente en caso de arranque espontáneo. Si el motor tuviera que llevar dispositivos limitadores de la potencia absorbida en el arranque, es obligatorio, para quedar incluidos en la anterior excepción, que los dispositivos de arranque vuelvan automáticamente a la posición inicial al originarse una falta de tensión y parada del motor.

ITC 47

6. SOBREINTENSIDAD DE ARRANQUE

Los motores deben tener limitada la intensidad absorbida en el arranque, cuando se puedieran producir efectos que perjudicasen a la instalación u ocasionasen perturbaciones inaceptables al funcionamiento de otros receptores o instalaciones.

Cuando los motores vayan a ser alimentados por una red de distribución pública, se necesitará la conformidad de la Empresa distribuidora respecto a la utilización de los mismos, cuando se trate de:

— Motores de gran inercia.

— Motores de arranque lento en carga.

— Motores de arranque o aumentos de carga repetida o frecuente.

— Motores para frenado.

— Motores con inversión de marcha.

En general, los motores de potencia superior a 0,75 kilovatios deben estar provistos de reóstatos de arranque o dispositivos equivalentes que no permitan que la relación de corriente entre el período de arranque y el de marcha normal que corresponda a su plena carga, según las características del motor que debe indicar su placa, sea superior a la señalada en el cuadro siguiente:

Tabla 1.

MOTORES DE CORRIENTE CONTINUA		MOTORES DE CORRIENTE ALTERNA	
Potencia nominal del motor	Constante máxima de proporcionalidad entre la intensidad de la corriente de arranque y la de plena carga	Potencia nominal del motor	Constante máxima de proporcionalidad entre la intensidad de la corriente de arranque y la de plena carga
De 0,75 kW a 1,5 kW	2,5	De 0,75 kW a 1,5 kW	4,5
De 1,5 kW a 5,0 kW	2,0	De 1,5 kW a 5,0 kW	3,0
De más de 5,0 kW	1,5	De 5,0 kW a 15,0 kW	2,0
		De más de 15,0 kW	1,5

En los motores de ascensores, grúas y aparatos de elevación en general, tanto de corriente continua como de alterna, se computará como intensidad normal a plena carga, a los efectos de las constantes señaladas en los cuadros anteriores, la necesaria para elevar las cargas fijadas como normales a la velocidad de régimen una vez pasado el período de arranque, multiplicada por el coeficiente 1,3.

No obstante lo expuesto, y en casos particulares, podrán las empresas prescindir de las limitaciones impuestas, cuando las corrientes de arranque no perturben el funcionamiento de sus redes de distribución.

7. INSTALACIÓN DE REÓSTATOS Y RESISTENCIAS

Los reóstatos de arranque y regulación de velocidad y las resistencias adicionales de los motores se colocarán de modo que estén separados de los muros cinco centímetros como mínimo.

Deben estar dispuestos de manera que no puedan causar deterioros como consecuencia de la radiación térmica o por acumulación de polvo, tanto en servicio normal como en caso de avería. Se montarán de manera que no puedan quemar las partes combustibles del edificio ni otros objetos combustibles; si esto no fuera posible, los elementos combustibles llevarán un revestimiento ignífugo.

Los reóstatos y las resistencias deberán poder ser separadas de la instalación por dispositivos de corte omnipolar, que podrán ser los interruptores generales del receptor correspondiente.

8. HERRAMIENTAS PORTÁTILES

Las herramientas portátiles utilizadas en obras de construcción de edificios, canteras y, en general, en el exterior, deberán ser de Clase II o de Clase III. Las herramientas de Clase I pueden ser utilizadas en los emplazamientos citados, debiendo, en este caso, ser alimentadas por intermedio de un transformador de separación de circuitos.

Cuando estas herramientas se utilicen en obras o emplazamientos muy conductores, tales como en trabajos de hormigonado, en el interior de calderas o de tuberías metálicas u otros análogos, las herramientas portátiles a mano deben ser de Clase III.

ITC 47

Instrucción ITC-BT 48

INSTALACIONES DE RECEPTORES. TRANSFORMADORES Y AUTOTRANSFORMADORES. REACTANCIAS Y RECTIFICADORES. CONDENSADORES

Índice

Normas UNE citadas en la ITC-BT 48:

UNE-EN 60.831-1

1. OBJETO Y CAMPO DE APLICACIÓN

El objeto de la presente Instrucción es determinar los requisitos de instalación de los transformadores, autotransformadores, reactancias, rectificadores y condensadores.

Los receptores objeto de esta Instrucción cumplirán los requisitos de las Directivas europeas aplicables conforme a lo establecido en el artículo 6 del **Reglamento Electrotécnico para Baja Tensión**.

2. CONDICIONES GENERALES DE INSTALACIÓN

La instalación de los receptores incluidos en la presente Instrucción satisfarán, según los casos, las especificaciones aplicables a los locales (o emplazamientos) donde hayan de ser instalados.

Las conexiones de estos receptores se realizarán con los elementos de conexión adecuados a los materiales a unir, es decir, en el caso de bobinados de aluminio, con piezas de conexión bimetálicas.

Estos receptores serán instalados de forma que dispongan de ventilación suficiente para su refrigeración correcta.

2.1. Transformadores y autotransformadores

Los transformadores que puedan estar al alcance de personas no especializadas, estarán construidos o situados de manera que sus arrollamientos y elementos bajo tensión, si ésta es superior a 50 V, sean inaccesibles.

Los transformadores en instalación fija no se montarán directamente sobre partes combustibles de un edificio, y cuando sea necesario instalarlos próximos a los mismos, se emplearán pantallas incombustibles como elemento de separación.

La separación entre los transformadores y estas pantallas será de 1 cm cuando la potencia del transformador sea inferior o igual a 3.000 VA. Esta distancia se aumentará proporcionalmente a la potencia cuando ésta sea mayor. Los transformadores en instalación fija, cuando su potencia no exceda de 3.000 VA, provistos de un limitador de temperatura apropiado, podrán montarse directamente sobre partes combustibles.

El empleo de autotransformadores no será admitido si los dos circuitos conectados a ellos no tienen un aislamiento previsto para la tensión mayor.

En la conexión de un autotransformador a una fuente de alimentación con conductor neutro, el borne del extremo del arrollamiento común al primario y al secundario se unirá al conductor neutro.

2.2. Reactancias y rectificadores

La instalación de reactancias y rectificadores responderán a los mismos requisitos generales que los señalados para los transformadores.

En relación con los rectificadores, se tendrá en cuenta, además:

— Cuando los rectificadores no se opongan, de por sí, al paso accidental de la corriente alterna al circuito que alimentan en corriente continua o al retorno de ésta al circuito de corriente alterna, se instalarán asociados a un dispositivo adecuado que impida esta eventualidad.

— Las canalizaciones correspondientes a las corrientes de diferente naturaleza serán distintas y estarán convenientemente señalizadas o separadas entre sí.

— Los circuitos correspondientes a la corriente continua se instalarán siguiendo las prescripciones que correspondan a su tensión asignada.

2.3. Condensadores

Los condensadores que no lleven alguna indicación de temperatura máxima admisible no se podrán utilizar en lugares donde la temperatura ambiente sea 50 °C o mayor.

Si la carga residual de los condensadores pudiera poner en peligro a las personas, llevarán un dispositivo automático de descarga o se colocará una inscripción que advierta este peligro. Los condensadores con dieléctrico líquido combustible cumplirán los mismos requisitos que los reóstatos y reactancias.

Para la utilización de condensadores por encima de los 2.000 m de altitud sobre el nivel del mar, deberán tomarse precauciones de acuerdo con el fabricante, según especifica la Norma **UNE-EN 60.831 -1**.

Los condensadores deberán estar adecuadamente protegidos cuando se vayan a utilizar con sobreintensidades superiores a 1,3 veces la intensidad correspondiente a la tensión asignada a frecuencia de red, excluidos los transitorios.

Los aparatos de mando y protección de los condensadores deberán soportar en régimen permanente de 1,5 a 1,8 veces la intensidad nominal asignada del condensador, a fin de tener en cuenta los armónicos y las tolerancias sobre las capacidades.

ITC 48

3. PROTECCIÓN DE LOS TRANSFORMADORES CONTRA SOBREINTENSIDAD

Todo transformador estará protegido por un dispositivo de corte por sobreintensidad u otro sistema equivalente. Este dispositivo estará de acuerdo con las características que figuran en la placa del transformador, y con la utilización de dicho transformador.

Instrucción ITC-BT 49

INSTALACIONES ELÉCTRICAS EN MUEBLES

Índice

Normas UNE citadas en la ITC-BT 49:
UNE-EN 60.598-1

1. OBJETO Y CAMPO DE APLICACIÓN

El objeto de la presente Instrucción es determinar los requisitos de las instalaciones eléctricas en los muebles y elementos de mobiliario.

Las prescripciones de esta Instrucción son aplicables a:

— Muebles de toda clase, incluidos los muebles de despacho, mostradores, expositores, paneles fijos o móviles y análogos.

— Muebles, espejos y elementos de cuarto de baño en locales que contengan una bañera o ducha.

Los receptores que se utilicen en dichas instalaciones cumplirán los requisitos de las Directivas europeas aplicables conforme a lo establecido en el artículo 6 del **Reglamento Electrotécnico para Baja Tensión**. A estos efectos cualquier mueble comercializado con un equipo eléctrico montado en él (por ejemplo, luminaria, interruptor, base de toma de corriente, etc.) se considerará como un receptor.

2. MUEBLES NO DESTINADOS A INSTALARSE EN CUARTOS DE BAÑO

Se incluyen en este apartado las mesas, camas, armarios, aparadores, muebles de televisión, muebles de cocina, paneles de despacho (incluidos los tabiques movibles y amovibles), y en general muebles no situados en cuartos de baño o locales que contengan una bañera o ducha en los cuales se colocan equipos eléctricos, tales como luminarias, bases de toma de corriente, dispositivos de mando, interruptores, etc.

2.1. Aspectos generales

Los equipos y accesorios eléctricos que se coloquen en los elementos de mobiliario estarán situados teniendo en cuenta las solicitaciones mecánicas y térmicas a las que puedan estar sometidos, así como a los riesgos de incendio que puedan provocar. En particular, las luminarias para instalaciones en superficies inflamables (madera, tela, etc.) deben estar marcadas con el símbolo F, según la norma **UNE EN 60.598**-1.

Cuando la potencia disipada por los equipos eléctricos pueda producir temperaturas excesivas en un espacio cerrado, deberá instalarse un interruptor accionado por el cierre de la puerta de tal manera que los equipos queden fuera de servicio cuando la puerta esté cerrada (por ejemplo, las luminarias instaladas en las camas plegables).

2.2. Canalizaciones

Los cables se podrán colocar en tubos, canales protectoras o bien conducidos dentro de un canal realizado durante la construcción del elemento de mobiliario. La instalación de tubos y canales tiene que ser conforme a lo indicado en la **ITC-BT 21**.

Los cables a instalar dentro de un mueble y hasta su conexión con la instalación interior del local o vivienda serán:

— cables flexibles aislados con goma (equivalente, como mínimo, al tipo H05RR-F)

— cables flexibles aislados con policloruro de vinilo (PVC) (equivalentes, como mínimo, al tipo H05VV-F).

2.3. Sección de los conductores

La mínima sección de los conductores será de:

— 0,75 mm^2 de cobre para instalación de alumbrado exclusivamente y con conductores flexibles si la longitud entre la conexión en la instalación fija del local o vivienda y el aparato más alejado contenido en el mueble no es superior a 10 m y si éste no lleva ninguna base de toma de corriente.

— 1,5 mm^2 de cobre, flexible o rígido, en los demás casos si no hay bases de toma de corriente.

— 2,5 mm^2 de cobre, flexible o rígido, en cualquier caso, si hay bases de toma de corriente.

2.4. Protección mecánica de los cables

Los cables deben estar convenientemente protegidos contra todo daño y en especial contra la tracción y torsión, para lo cual se colocarán dispositivos antitracción en los puntos de penetración de los aparatos y próximos a las conexiones.

Los cables estarán fijados a las paredes de los muebles y en los extremos de los vanos existentes.

2.5. Conexiones

Las conexiones deben efectuarse mediante tomas de corriente o bornes situados en cajas con grado de protección mínimo IP 3X y cuya tapa sólo pueda ser abierta con la ayuda de una llave o de un útil.

Las cajas deben estar colocadas de tal manera que estén protegidas contra todo daño mecánico.

3. MUEBLES EN CUARTO DE BAÑO

Para las instalaciones de muebles con equipo eléctrico en cuartos de baño o aseo o locales que contengan una bañera o ducha, se tendrán en cuenta los volúmenes y prescripciones definidas en la **ITC-BT-27**.

Para la conexión a la instalación fija, los muebles deben llevar una caja de conexión con bornes fija, independientemente de cuál sea su equipo eléctrico. Los dispositivos de conexión de los conductores exteriores de la instalación de la edificación no deberán usarse para la conexión de conductores internos. Dicha caja de conexión con bornes debe ser accesible únicamente después de retirar una tapa o cubierta con la ayuda de una herramienta. El borne de tierra, si existe, estará identificado con su símbolo normalizado correspondiente y se conectará a la instalación de tierra del edificio.

Los muebles con equipo eléctrico para instalarse en cuartos de baño o aseo deberán ser fijos.

Instrucción ITC-BT 50

INSTALACIONES ELÉCTRICAS EN LOCALES QUE CONTIENEN RADIADORES PARA SAUNAS

Índice

Normas UNE citadas en la ITC-BT 50:
UNE 20.460-7-703

1. OBJETO Y CAMPO DE APLICACIÓN

El objeto de la presente Instrucción es determinar los requisitos de instalación de los equipos eléctricos en locales que contienen radiadores para saunas.

2. CONDICIONES GENERALES DE INSTALACIÓN

Las prescripciones particulares para la instalación de los equipos eléctricos en locales que contienen radiadores para saunas son las establecidas en la norma **UNE 20.460** -7-703.

Instrucción ITC-BT 51

INSTALACIONES DE SISTEMAS DE AUTOMATIZACIÓN, GESTIÓN TÉCNICA DE LA ENERGÍA Y SEGURIDAD PARA VIVIENDAS Y EDIFICIOS

Índice

Normas UNE citadas en la ITC-BT 51:
UNE-EN 50.065-1, UNE-EN 61.196, CEI 60.189-2

1. OBJETO Y CAMPO DE APLICACIÓN

Esta Instrucción establece los requisitos específicos de la instalación de los sistemas de automatización, gestión técnica de la energía y seguridad para viviendas y edificios, también conocidos como sistemas domóticos.

El campo de aplicación comprende las instalaciones de aquellos sistemas que realizan una función de automatización para diversos fines, como gestión de la energía, control y accionamiento de receptores de forma centralizada o remota, sistemas de emergencia y seguridad en edificios, entre otros, con excepción de aquellos sistemas independientes e instalados como tales, que puedan ser considerados en su conjunto como aparatos, por ejemplo, los sistemas automáticos de elevación de puertas, persianas, toldos, cierres comerciales, sistemas de regulación de climatización, redes privadas independientes para transmisión de datos exclusivamente y otros aparatos, que tienen requisitos específicos recogidos en las Directivas europeas aplicables conforme a lo establecido en el artículo 6 del **Reglamento Electrotécnico para Baja Tensión**.

Quedan excluidas también las instalaciones de redes comunes de telecomunicaciones en el interior de los edificios y la instalación de equipos y sistemas de telecomunicaciones a los que se refiere el **Reglamento de Infraestructura Común de Telecomunicaciones** (I.C.T.), aprobado por el R.D. 279/1999.

Igualmente están excluidos los sistemas de seguridad reglamentados por el Ministerio del Interior y Sistemas de Protección contra Incendios, reglamentados por el Ministerio de Fomento (NBE-CPI) y el Ministerio de Industria y Energía (RIPCI).

No obstante, a las instalaciones excluidas anteriormente, cuando formen parte de un sistema más complejo de automatización, gestión de la energía o seguridad de viviendas o edificios, se les aplicarán los requisitos de la presente Instrucción, además los requisitos específicos reglamentarios correspondientes.

2. TERMINOLOGÍA

Sistemas de Automatización, Gestión de la Energía y Seguridad para Viviendas y Edificios: Son aquellos sistemas centralizados o descentralizados, capaces de recoger información proveniente de unas entradas (sensores o mandos), procesarla y emitir órdenes a unos actuadores o salidas, con el objeto de conseguir confort, gestión de la energía o la protección de personas, animales y bienes.

Estos sistemas pueden tener la posibilidad de accesos a redes exteriores de comunicación, información o servicios, como por ejemplo, red telefónica conmutada, servicios INTERNET, etc.

Nodo: Cada una de las unidades del sistema capaces de recibir y procesar información, comunicando, cuando proceda con otras unidades o nodos, dentro del mismo sistema.

Actuador: Es el dispositivo encargado de realizar el control de algún elemento del Sistema, como por ejemplo, electroválvulas (suministro de agua, gas, etc.), motores (persianas, puertas, etc.), sirenas de alarma, reguladores de luz, etc.

Dispositivo de entrada: Sensor, mando a distancia, teclado u otro dispositivo que envía información al nodo.

Los elementos definidos anteriormente pueden ser independientes o estar combinados en una o varias unidades distribuidas.

Sistemas centralizados: Sistema en el cual todos los componentes se unen a un nodo central que dispone de funciones de control y mando.

Sistema descentralizado: Sistema en que todos sus componentes comparten la misma línea de comunicación, disponiendo cada uno de ellos de funciones de control y mando.

3. TIPOS DE SISTEMAS

Los sistemas de Automatización, Gestión de la energía y Seguridad considerados en la presente instrucción, se clasifican en los siguientes grupos:

— Sistemas que usan en todo o en parte señales que se acoplan y transmiten por la instalación eléctrica de Baja Tensión, tales como sistemas de corrientes portadoras.

— Sistemas que usan en todo o en parte señales transmitidas por cables específicos para dicha función, tales como cables de pares trenzados, paralelo, coaxial, fibra óptica.

— Sistemas que usan señales radiadas, tales como ondas de infrarrojo, radiofrecuencia, ultrasonidos o sistemas que se conectan a la red de telecomunicaciones.

Un sistema domótico puede combinar varios de los sistemas anteriores, debiendo cumplir los requisitos aplicables en cada parte del sistema. La topología de la instalación puede ser de distintos tipos, tales como anillo, árbol, bus o lineal, estrella o combinaciones de éstas.

4. REQUISITOS GENERALES DE LA INSTALACIÓN

Todos los nodos, actuadores y dispositivos de entrada deben cumplir, una vez instalados, los requisitos de Seguridad y Compatibilidad Electromagnética que les

ITC 51

sean de aplicación, conforme a lo establecido en la legislación nacional que desarrolla la **Directiva de Baja Tensión (73/23/CEE)** y la **Directiva de Compatibilidad Electromagnética (89/336/CEE).** En el caso de que estén incorporados en otros aparatos se atendrán, en lo que sea aplicable, a los requisitos establecidos para el producto o productos en los que vayan a ser integrados.

Todos los nodos, actuadores y dispositivos de entrada que se instalen en el sistema, deberán incorporar instrucciones o referencias a las condiciones de instalación y uso que deban cumplirse para garantizar la seguridad y compatibilidad electromagnética de la instalación, como por ejemplo, tipos de cable a utilizar, aislamiento mínimo, apantallamientos, filtros y otras informaciones relevantes para realizar la instalación. En el caso de que no se requieran condiciones especiales de instalación, esta circunstancia deberá indicarse expresamente en las instrucciones.

Dichas instrucciones se incorporarán en el proyecto o memoria técnica de diseño, según lo establecido en la **ITC-BT-04.**

Toda instalación nueva, modificada o ampliada de un sistema de automatización, gestión de la energía y seguridad deberá realizarse conforme a lo establecido en la presente Instrucción y lo especificado en las instrucciones del fabricante, anteriormente citadas.

En lo relativo a la Compatibilidad Electromagnética, las emisiones voluntarias de señal, conducidas o radiadas, producidas por las instalaciones domóticas para su funcionamiento, serán conformes a las normas armonizadas aplicables y, en ausencia de tales normas, las señales voluntarias emitidas en ningún caso superarán los niveles de inmunidad establecidos en las normas aplicables a los aparatos que se prevea puedan ser instalados en el entorno del sistema, según el ambiente electromagnético previsto.

Cuando el sistema domótico esté alimentado por muy baja tensión o la interconexión entre nodos y dispositivos de entrada este realizada en muy baja tensión, las instalaciones e interconexiones entre dichos elementos seguirán lo indicado en la **ITC-BT-36.**

Para el resto de los casos, se seguirán los requisitos de instalación aplicables a las tensiones ordinarias.

5. CONDICIONES PARTICULARES DE INSTALACIÓN

Además de las condiciones generales establecidas en el apartado anterior, se establecen los siguientes requisitos particulares.

5.1. Requisitos para sistemas que usan señales que se acoplan y transmiten por la instalación eléctrica de baja tensión

Los nodos que inyectan en la instalación de baja tensión señales de 3 kHz hasta 148,5 kHz cumplirán lo establecido en la norma **UNE-EN 50.065** -1 en lo relativo a compatibilidad electromagnética. Para el resto de frecuencias se aplicará la norma armonizada en vigor y en su defecto se aplicará lo establecido en el apartado 4.

5.2. Requisitos para sistemas que usan señales transmitidas por cables específicos para dicha función

Sin perjuicio de los requisitos que los fabricantes de nodos, actuadores o dispositivos de entrada establezcan para la instalación, cuando el circuito que transmite la señal transcurra por la misma canalización que otro de baja tensión, el nivel de aislamiento de los cables del circuito de señal será equivalente a la de los cables del circuito de baja tensión adyacente, bien en un único o en varios aislamientos.

Los cables coaxiales y los pares trenzados usados en la instalación serán de características equivalentes a los cables de las normas de la serie **EN 61.196** y **CEI 60.189** -2.

5.3. Requisitos para sistemas que usan señales radiadas

Adicionalmente, los emisores de los sistemas que usan señales de radiofrecuencia o señales de telecomunicación deberán cumplir la legislación nacional vigente del "Cuadro Nacional de Atribución de Frecuencias de Ordenación de las Telecomunicaciones".

ITC 51

Instrucción ITC-BT-52

INSTALACIONES CON FINES ESPECIALES. INFRAESTRUCTURA PARA LA RECARGA DE VEHÍCULOS ELÉCTRICOS

Modificado por el Real Decreto 542/2020, de 26 de mayo.

Índice

Normas UNE citadas en la ITC-BT 52:

UNE-EN 62196-2, tipo 2, UNE-EN 62196-2, tipo 2, UNE-EN 62196-2, tipo 2, UNE 20315

1. OBJETO Y ÁMBITO DE APLICACIÓN

1. Constituye el objeto de esta Instrucción el establecimiento de las prescripciones aplicables a las instalaciones para la recarga de vehículos eléctricos.

2. Las disposiciones de esta Instrucción se aplicarán a las instalaciones eléctricas incluidas en el ámbito del Reglamento electrotécnico para baja tensión con independencia de si su titularidad es individual, colectiva o corresponde a un gestor de cargas, necesarias para la recarga de los vehículos eléctricos en lugares públicos o privados, tales como:

   a) Aparcamientos de viviendas unifamiliares o de una sola propiedad.

   b) Aparcamientos o estacionamientos colectivos en edificios o conjuntos inmobiliarios de régimen de propiedad horizontal.

   c) Aparcamientos o estacionamientos de flotas privadas, cooperativas o de empresa, o los de oficinas, para su propio personal o asociados, los de talleres, de concesionarios de automóviles o depósitos municipales de vehículos eléctricos y similares.

   d) Aparcamientos o estacionamientos públicos, gratuitos o de pago, sean de titularidad pública o privada.

   e) Vías de dominio público destinadas a la circulación de vehículos eléctricos, situadas en zonas urbanas y en áreas de servicio de las carreteras de titularidad del Estado previstas en el artículo 28 de la Ley 25/1988, de 29 de julio, de Carreteras.

3. Esta instrucción no es aplicable a los sistemas de recarga por inducción, ni a las instalaciones para la recarga de baterías que produzcan desprendimiento de gases durante su recarga.

2. TÉRMINOS Y DEFINICIONES

A los efectos de esta instrucción se entenderá por:

«Circuito de recarga colectivo». Circuito interior de la instalación receptora que partiendo de una centralización de contadores o de un cuadro de mando y protección, está previsto para alimentar dos o más estaciones de recarga del vehículo eléctrico.

«Circuito de recarga individual». Circuito interior de la instalación receptora que partiendo de la centralización de contadores está previsto para alimentar una estación de recarga del vehículo eléctrico, o circuito de una vivienda que partiendo del cuadro general de mando y protección está destinado a alimentar una estación de recarga del vehículo eléctrico (circuito C13).

«Contador eléctrico principal». Contador de energía eléctrica destinado a la medida de energía consumida por una o varias estaciones de recarga. Estos contadores cumplirán con la reglamentación de metrología legal aplicable y con el reglamento unificado de puntos de medida.

«Contador secundario». Sistema de medida individual asociado a una estación de recarga, que permite la repercusión de los costes y la gestión de los consumos. Estos sistemas de medida individuales cumplirán la reglamentación de metrología legal aplicable, pero no están sujetos al reglamento unificado de puntos de medida al no tratarse de puntos frontera del sistema eléctrico.

«Estación de movilidad eléctrica». Infraestructura de recarga que cuenta con, al menos, dos estaciones de recarga, que permitan la recarga simultánea de vehículo eléctrico con categoría hasta M1 (Vehículo eléctrico de ocho plazas como máximo –excluida la del conductor– diseñados y fabricados para el transporte de pasajeros) y N1 (Vehículo eléctrico cuya masa máxima no supere las 3,5 toneladas diseñados y fabricados para el transporte de mercancías), según la Directiva 2007/46/CE. Ha de posibilitar la recarga en corriente alterna (monofásica o trifásica) o en corriente continua.

«Estación de recarga». Conjunto de elementos necesarios para efectuar la conexión del vehículo eléctrico a la instalación eléctrica fija necesaria para su recarga. Las estaciones de recarga se clasifican como:

1. Punto de recarga simple, compuesto por las protecciones necesarias, una o varias bases de toma de corriente no específicas para el vehículo eléctrico y, en su caso, la envolvente.

2. Punto de recarga tipo SAVE (Sistema de alimentación específico del vehículo eléctrico).

«Función de control piloto». Cualquier medio, ya sea electrónico o mecánico, que asegure que se satisfacen las condiciones relacionadas con la seguridad y con la transmisión de datos requeridas según el modo recarga utilizado.

«Infraestructura de recarga de vehículos eléctricos (IVEHÍCULO ELÉCTRICO)». Conjunto de dispositivos físicos y lógicos, destinados a la recarga de vehículos eléctricos que cumplan los requisitos de seguridad y disponibilidad previstos para cada caso, con capacidad para prestar servicio de recarga de forma completa e integral. Una IVEHÍCULO ELÉCTRICO incluye las estaciones de recarga, el sistema de control, canalizaciones eléctricas, los cuadros eléctricos de mando y protección y los equipos de medida, cuando éstos sean exclusivos para la recarga del vehículo eléctrico.

«Modo de carga 1». Conexión del vehículo eléctrico a la red de alimentación de corriente alterna mediante tomas de corriente normalizadas, con una intensidad no superior a los 16A y tensión asignada en el lado de la alimentación no superior a 250 V de corriente alterna en monofásico o 480 V de corriente alterna en trifásico y utilizando los conductores activos y de protección.

«Modo de carga 2». Conexión del vehículo eléctrico a la red de alimentación de corriente alterna no excediendo de 32A y 250 V en corriente alterna monofásica o 480 V en trifásico, utilizando tomas de corriente normalizadas monofásicas o trifásicas y usando los conductores activos y de protección junto con una función de control piloto y un sistema de protección para las personas, contra el choque eléctrico (dispositivo de corriente diferencial), entre el vehículo eléctrico y la clavija o como parte de la caja de control situada en el cable.

«Modo de carga 3». Conexión directa del vehículo eléctrico a la red de alimentación de corriente alterna usando un SAVE, dónde la función de control piloto se amplía al sistema de control del SAVE, estando éste conectado permanentemente a la instalación de alimentación fija.

«Modo de carga 4». Conexión indirecta del vehículo eléctrico a la red de alimentación de corriente alterna usando un SAVE que incorpora un cargador externo en que la función de control piloto se extiende al equipo conectado permanentemente a la instalación de alimentación fija.

«Punto de conexión». Punto en el que el vehículo eléctrico se conecta a la instalación eléctrica fija necesaria para su recarga, ya sea a una toma de corriente o a un conector.

«Sistema de alimentación específico de vehículo eléctrico (SAVE)». Conjunto de equipos montados con el fin de suministrar energía eléctrica para la recarga de un vehículo eléctrico, incluyendo protecciones de la estación de recarga, el cable de conexión, (con conductores de fase, neutro y protección) y la base de toma de corriente o el conector. Este sistema permitirá en su caso la comunicación entre el vehículo eléctrico y la instalación fija. En el modo de carga 4 el SAVE incluye también un convertidor alterna-continua.

Nota: Las definiciones de la función de control piloto, de los modos de carga y del sistema de alimentación específico del vehículo eléctrico (SAVE) están basadas en las normas internacionales aplicables.

«Sistema de protección de la línea general de alimentación (SPL)». Sistema de protección de la línea general de alimentación contra sobrecargas, que evita el fallo de suministro para el conjunto del edificio debido a la actuación de los fusibles de la caja general de protección, mediante la disminución momentánea de la potencia destinada a la recarga del vehículo eléctrico. Este sistema puede actuar desconectando cargas, o regulando la intensidad de recarga cuando se utilicen los modos 3 o 4. La orden de desconexión y reconexión podrá actuar sobre un contactor o sistema equivalente.

«Vehículo eléctrico (VEHÍCULO ELÉCTRICO)». Vehículo eléctrico cuya energía de propulsión procede, total o parcialmente, de la electricidad de sus baterías utilizando para su recarga la energía de una fuente exterior al vehículo eléctrico, por ejemplo, la red eléctrica.

«Tipos de conexión entre la estación de recarga y el vehículo eléctrico». La conexión entre la estación de recarga y el vehículo eléctrico se podrá realizar según los casos A, B y C descritos en las figuras 1, 2 y 3. Nótese que las figuras 1, 2 y 3 no presuponen ningún diseño específico.

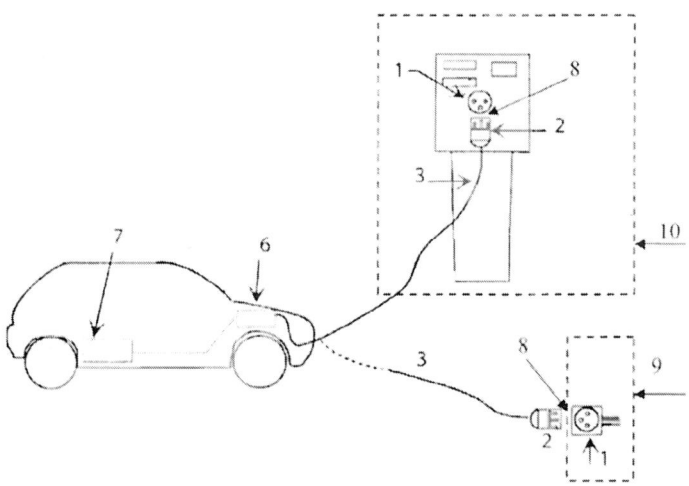

Leyenda	
1	Base de toma de corriente
2	Clavija
3	Cable de conexión
6	Cargador incorporado al VEHÍCULO ELÉCTRICO
7	Batería de tracción
8	Punto de conexión
9	Punto de recarga simple
10	SAVE

Figura 1. *Caso A. Conexión del vehículo eléctrico a la estación de recarga mediante un cable terminado en una clavija con el cable solidario al vehículo eléctrico.*

Caso A1: conexión a un punto de recarga simple mediante una toma de corriente para usos domésticos y análogos.

Caso A2: conexión a un punto de recarga tipo SAVE.

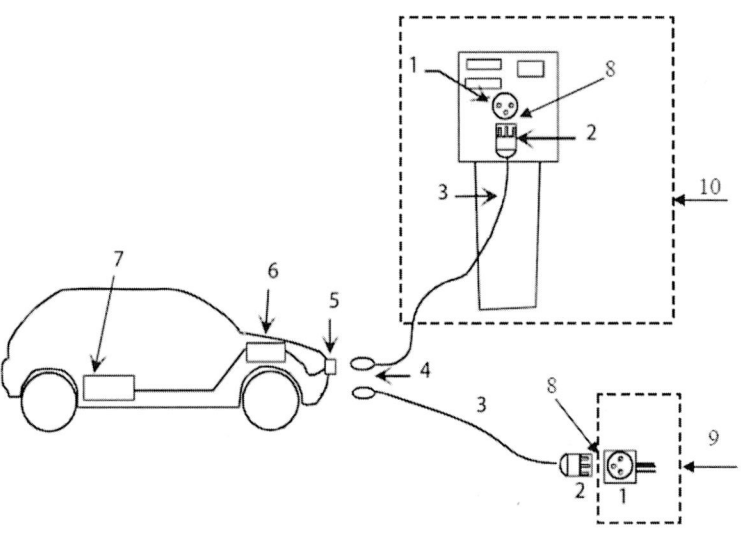

Leyenda	
1	Base de toma de corriente
2	Clavija
3	Cable de conexión
4	Conector
5	Entrada de alimentación al VEHÍCULO ELÉCTRICO
6	Cargador incorporado al VEHÍCULO ELÉCTRICO
7	Batería de tracción
8	Punto de conexión
9	Punto de recarga simple
10	SAVE

Figura 2. *Caso B. Conexión del vehículo eléctrico a la estación de recarga mediante un cable terminado por un extremo en una clavija y por el otro en un conector, donde el cable es un accesorio del vehículo eléctrico.*

Caso B1: conexión a un punto de recarga simple mediante una toma de corriente para usos domésticos y análogos.

Caso B2: conexión a un punto de recarga tipo SAVE.

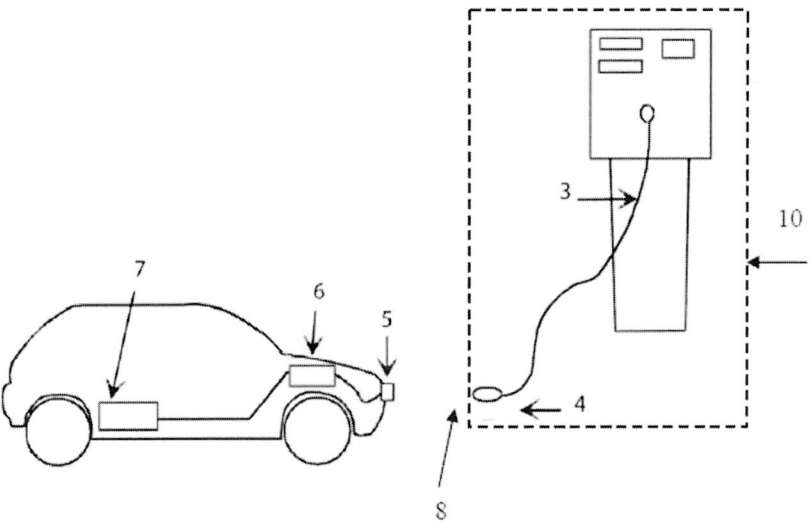

Leyenda	
3	Cable de conexión
4	Conector
5	Entrada de alimentación al VEHÍCULO ELÉCTRICO
6	Cargador incorporado al VEHÍCULO ELÉCTRICO
7	Batería de tracción
8	Punto de conexión
10	SAVE

Figura 3. *Caso C. Conexión del vehículo eléctrico a la estación de recarga mediante un cable terminado en un conector: el cable forma parte de la instalación fija.*

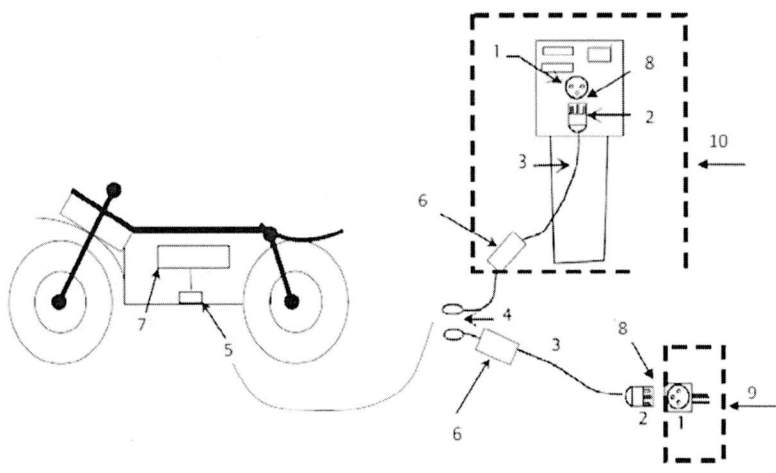

Leyenda	
1	Base de toma de corriente
2	Clavija
3	Cable de alimentación
4	Conector
5	Entrada de alimentación al VEHÍCULO ELÉCTRICO
6	Cargador en cable alimentación
7	Batería de tracción
8	Punto de conexión
9	Punto de recarga simple
10	SAVE

Figura 4. *Caso D. Conexión de un vehículo eléctrico ligero a la estación de recarga mediante un cable terminado en un conector: el cable incorpora el cargador.*

3. ESQUEMAS DE INSTALACIÓN PARA LA RECARGA DE VEHÍCULOS ELÉCTRICOS

Las instalaciones nuevas para la alimentación de las estaciones de recarga, así como la modificación de instalaciones ya existentes, que se alimenten de la red de distribución de energía eléctrica, se realizarán según los esquemas de conexión descritos en este apartado. En cualquier caso, antes de la ejecución de la instalación, el instalador o en su caso el proyectista, deben preparar una documentación técnica en la forma de memoria técnica de diseño o de proyecto, según proceda en aplicación de la (ITC) BT-04, en la que se indique el esquema de conexión a utilizar. Los posibles esquemas serán los siguientes:

1. Esquema colectivo o troncal con un contador principal en el origen de la instalación.

2. Esquema individual con un contador común para la vivienda y la estación de recarga.

3. Esquema individual con un contador para cada estación de recarga.

4. Esquema con circuito o circuitos adicionales para la recarga del vehículo eléctrico.

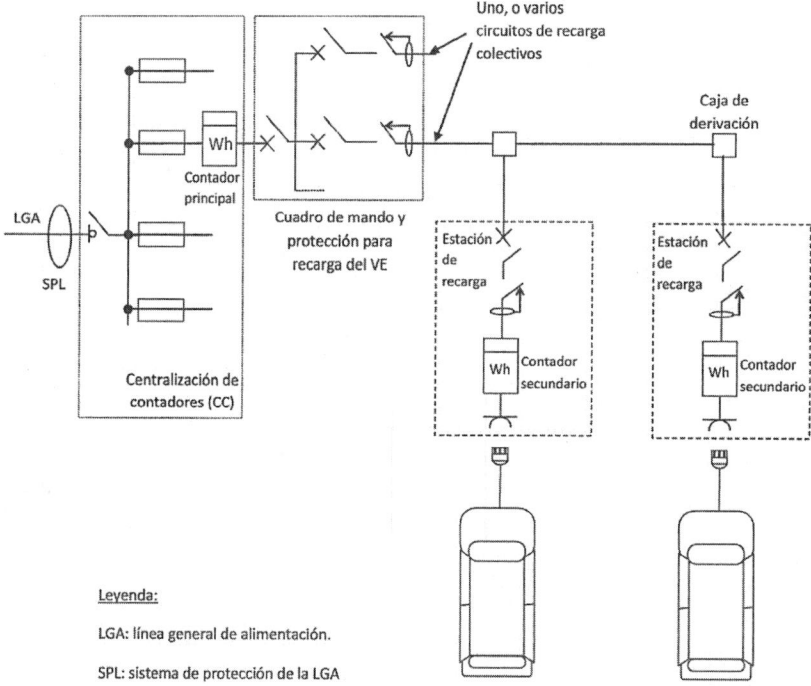

Figura 5. *Esquema 1a: instalación colectiva troncal con contador principal en el origen de la instalación y contadores secundarios en las estaciones de recarga*

Instalaciones con fines especiales. Infraestructura para la recarga de vehículos eléctricos / **493**

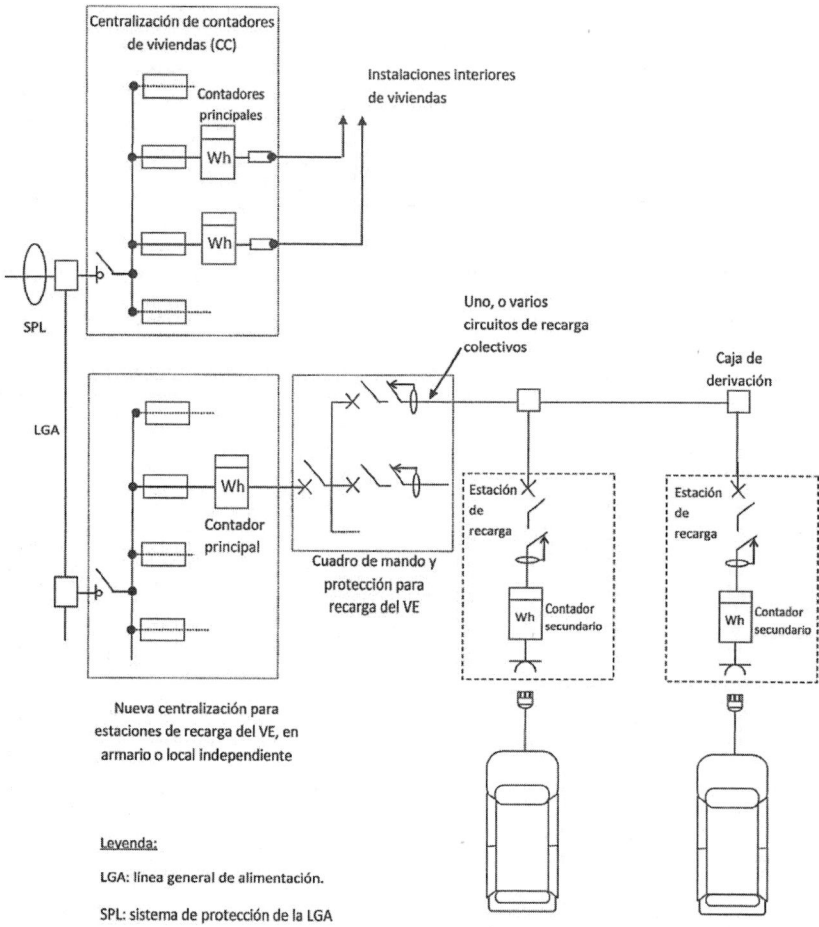

Figura 6. *Esquema 1b: instalación colectiva troncal con contador principal en origen de la instalación y contadores secundarios en las estaciones de recarga (con nueva centralización de contadores para recarga vehículo eléctrico)*

Para la selección entre los esquemas 1a y 1b, se aplicarán los siguientes criterios de prioridad, en primer lugar se utilizarán los módulos de reserva de la centralización existente (esquema 1a), si ello no fuera suficiente se ampliará la centralización existente utilizando también el esquema 1a, en último caso y por falta de espacio, se dispondrán una o varias centralizaciones nuevas en armarios o locales (esquema 1b).

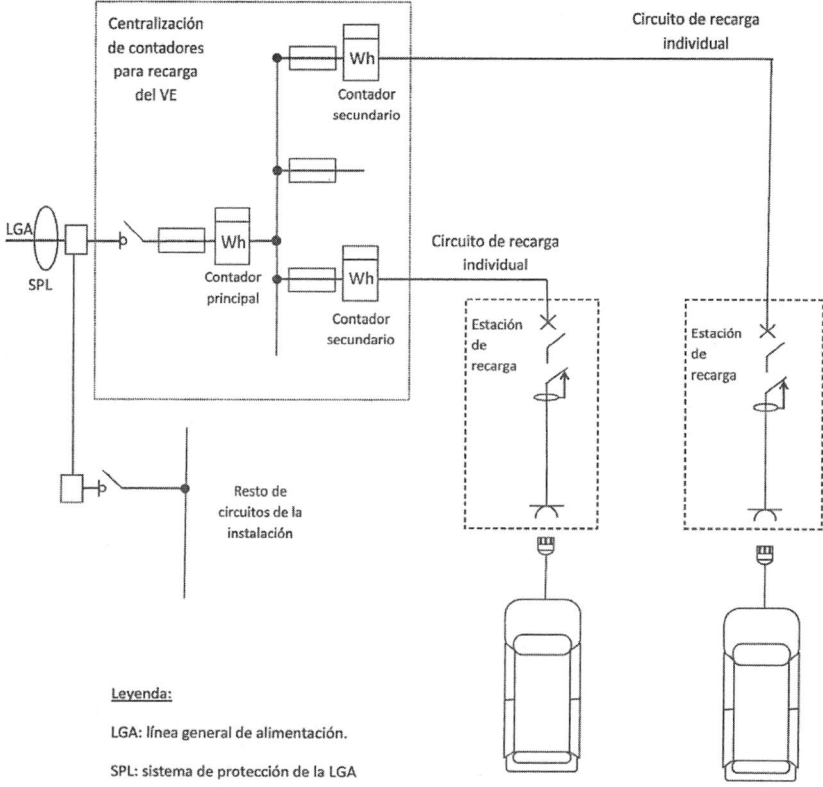

Figura 7. *Esquema 1c: instalación colectiva con un contador principal y contadores secundarios individuales para cada estación de recarga.*

La protección de los circuitos de recarga se puede realizar con fusibles o con interruptores automáticos. La centralización de contadores para recarga del vehículo eléctrico puede formar parte de la centralización existente o disponerse en una o varias centralizaciones nuevas en armarios o locales.

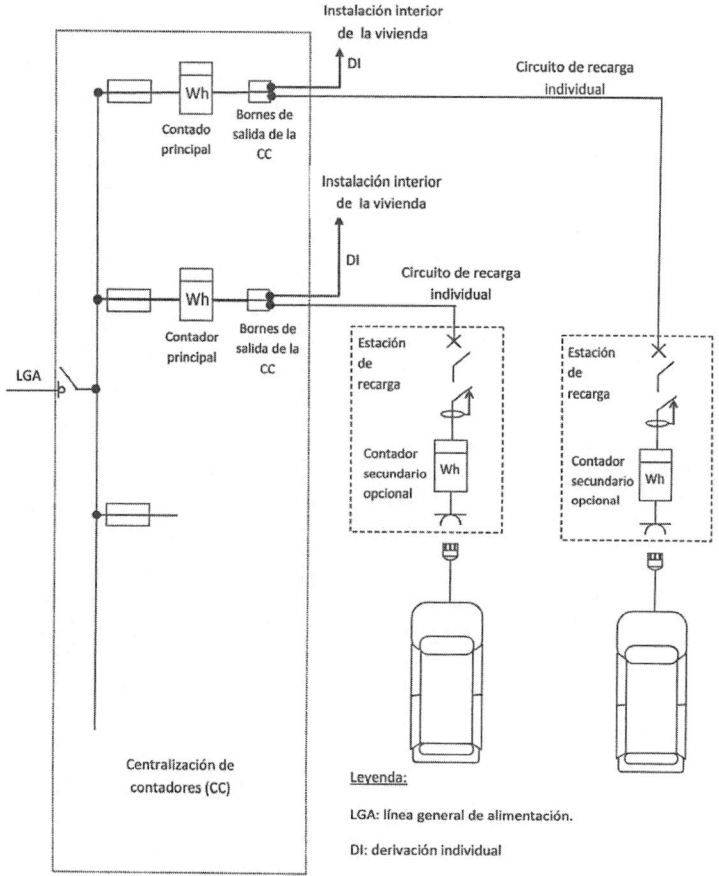

Figura 8. *Esquema 2: instalación individual con un contador principal común para la vivienda y para la estación de recarga.*

Para el esquema 2 en el proyecto o memoria técnica de diseño se justificará que el fusible de la centralización protege contra cortocircuitos tanto a la derivación individual, como al circuito de recarga individual, en especial para la intensidad mínima de cortocircuito, incrementando la sección obtenida por aplicación los criterios de caída de tensión y de protección contra sobrecargas para este circuito, si fuera necesario. La función de control de potencia contratada por el cliente será realizada por el contador principal, sin necesidad de instalar un ICP independiente. En caso de actuación de la función de control de potencia, su rearme se realizará directamente desde la vivienda.

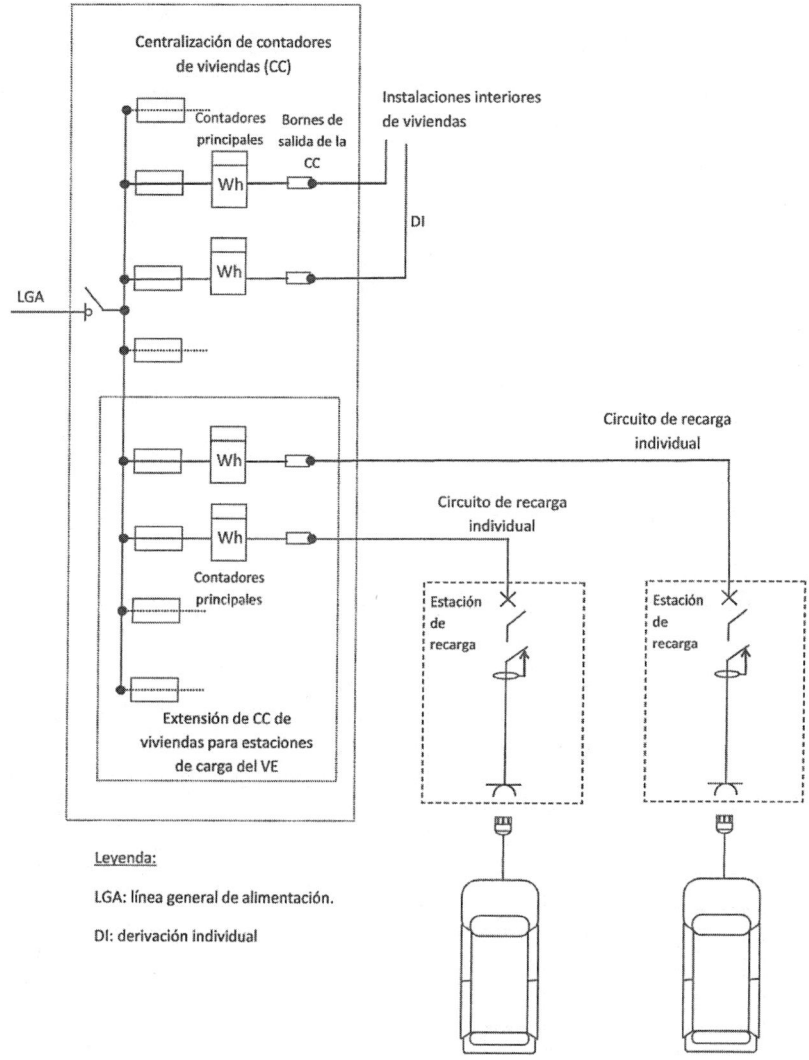

Figura 9. *Esquema 3a: instalación individual con un contador principal para cada estación de recarga (utilizando la centralización de contadores existente).*

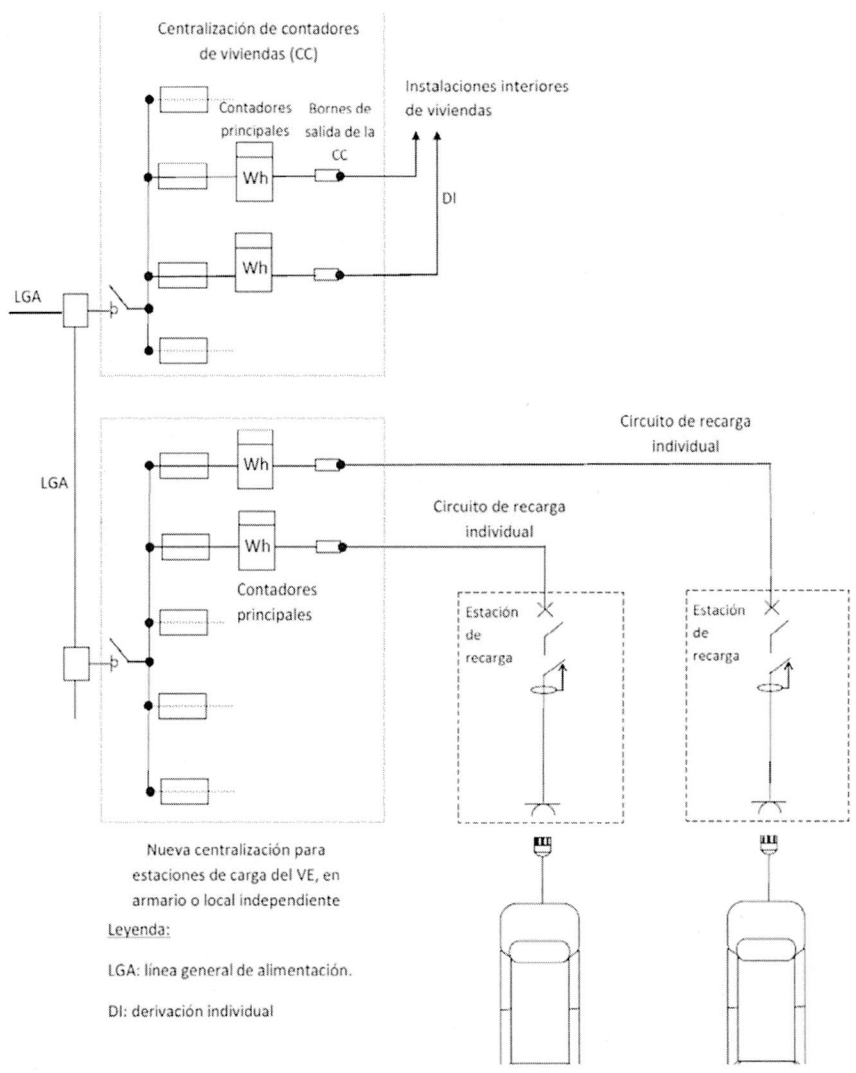

Figura 10. *Esquema 3b: instalación individual con un contador principal para cada estación de recarga (con una nueva centralización de contadores).*

Para la selección entre los esquemas 3a y 3b, se aplicarán los siguientes criterios de prioridad, en primer lugar se utilizarán los módulos de reserva de la centralización existente (esquema 3a), si ello no fuera suficiente se ampliará la centralización existente utilizando también el esquema 3a, en último caso y por falta de espacio, se dispondrán una o varias centralizaciones nuevas en armarios o locales (esquema 3b).

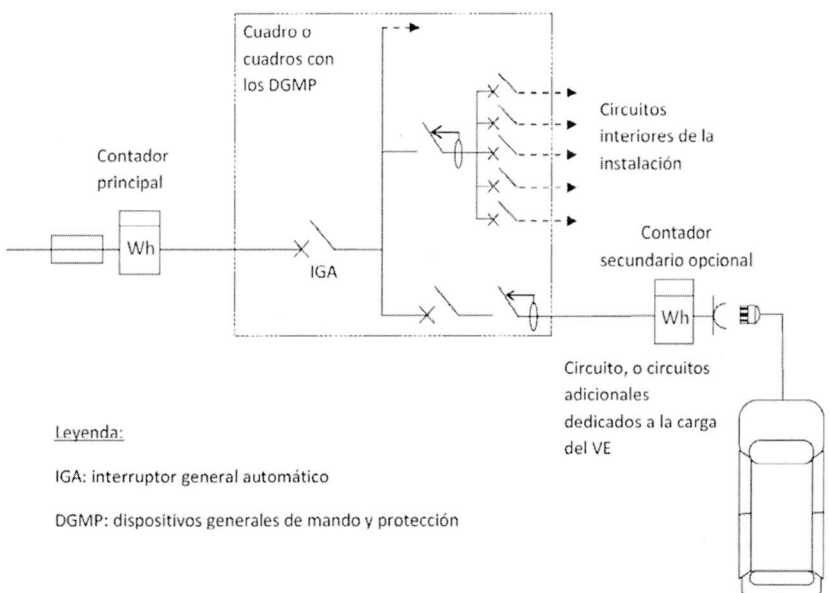

Figura 11. *Esquema 4a: instalación con circuito adicional individual para la recarga del vehículo eléctrico en viviendas unifamiliares.*

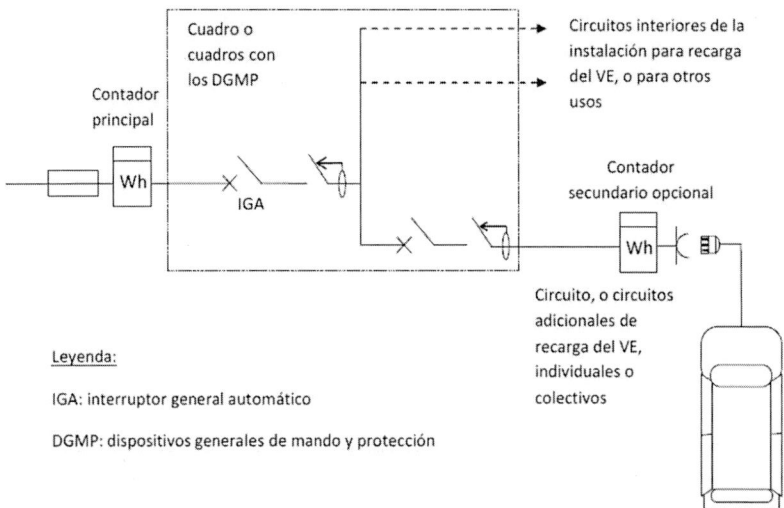

Figura 12. *Esquema 4b: instalación con circuito o circuitos adicionales para la recarga del vehículo eléctrico.*

Los esquemas de instalación descritos en este apartado no resultan aplicables para la conexión de las estaciones de recarga que se alimenten mediante una red independiente de la red de distribución de corriente alterna usualmente utilizada, por ejemplo, mediante una red de corriente continua o corriente alterna ferroviaria, o mediante un fuente de energía de origen renovable con posible almacenamiento de energía, en cuyo caso el diseñador de la instalación especificará el esquema eléctrico a utilizar.

Nótese que las figuras 5 a 12 son solamente ejemplos ilustrativos de los distintos esquemas de instalaciones de recarga de vehículos eléctricos y que no contienen todos los elementos de la instalación.

3.1. Instalación en aparcamientos de viviendas unifamiliares

En las viviendas unifamiliares nuevas que dispongan de aparcamiento o zona prevista para poder albergar un vehículo eléctrico se instalará un circuito exclusivo para la recarga de vehículo eléctrico. Este circuito se denominará circuito C13, según la nomenclatura de la (ITC) BT-25 y seguirá el esquema de instalación 4a.

Las instalaciones existentes en las que se desee instalar una estación de recarga se ajustarán también a lo establecido en este apartado.

La alimentación de este circuito podrá ser monofásica o trifásica y la potencia instalada responderá generalmente a uno de los escalones de la tabla 1, según prevea el proyectista de la instalación. No obstante, el proyectista podrá justificar una potencia mayor, en función de la previsión de potencia por estación de recarga o del número de plazas construidas para la vivienda unifamiliar, en cuyo caso el circuito y sus protecciones se dimensionarán acorde con la potencia prevista.

Tabla 1. *Potencias instaladas normalizadas en un circuito de recarga para una vivienda unifamiliar*

$U_{nominal}$	Interruptor automático de protección en el origen del circuito	Potencia instalada	Estaciones de recarga por circuito
230 V	10 A	2.300 W	1
	16 A	3.680 W	1
	20 A	4.600 W	1
	32 A	7.360 W	1
	40 A	9.200 W	1
230/400 V	16 A	11.085 W	de 1 a 3
	20 A	13.856 W	de 1 a 4
	32 A	22.170 W	de 1 a 6
	40 A	27.713 W	de 1 a 8

Para evitar desequilibrios en la red eléctrica los circuitos C13 monofásicos no dispondrán de una potencia instalada superior a los 9.200 W.

Cuando en un circuito trifásico se conecten estaciones monofásicas, éstas se repartirán de la forma más equilibrada posible entre las tres fases. El número máximo de estaciones de recarga de la tabla 1 por cada circuito de recarga trifásico se ha calculado suponiendo estaciones monofásicas de una potencia unitaria de 3.680 W. El proyectista podrá ampliar o reducir el número máximo si justifica una potencia instalada por estación de recarga inferior o superior respectivamente.

Las bases de toma de corriente o conectores instalados en la estación de recarga y sus interruptores automáticos de protección deberán ser conformes con alguna de las opciones indicadas en el apartado 5.4.

3.2. Instalación en aparcamientos o estacionamientos colectivos en edificios o conjuntos inmobiliarios en régimen de propiedad horizontal

Instalación en aparcamientos o estacionamientos colectivos en edificios o conjuntos inmobiliarios en régimen de propiedad horizontal.

Las instalaciones eléctricas para la recarga de vehículos eléctricos ubicadas en aparcamientos o estacionamientos colectivos en edificios o conjuntos inmobiliarios en régimen de propiedad horizontal seguirán cualquiera de los esquemas descritos anteriormente. En un mismo edificio se podrán utilizar esquemas distintos siempre que se cumplan todos los requisitos establecidos en esta (ITC) BT-52.

En el esquema 4a, el circuito de recarga seguirá las condiciones de instalación descritas en la (ITC) BT-15, utilizando cables y sistemas de conducción de los mismos tipos y características que para una derivación individual; la sección del cable se calculará conforme a los requisitos generales del apartado 5 de esta ITC, no siendo necesario prever una ampliación de la sección de los cables para determinar el diámetro o las dimensiones transversales del sistema de conducción a utilizar.

El esquema 4b se utilizará cuando la alimentación de las estaciones de recarga se proyecte como parte integrante o ampliación de la instalación eléctrica que atiende a los servicios generales de los garajes.

Tanto en instalaciones existentes como en instalaciones nuevas, y con objeto de facilitar la utilización del esquema eléctrico seleccionado, los cuadros con las protecciones generales se podrán ubicar en los cuartos habilitados para ello o en zonas comunes.

La preinstalación eléctrica para la recarga de vehículo eléctrico en edificios o conjuntos inmobiliarios facilitará la utilización posterior de cualquiera de los posibles esquemas de instalación. Para ello se preverán los siguientes elementos:

a) Instalación de sistemas de conducción de cables desde la centralización de contadores y por las vías principales del aparcamiento o estacionamiento con objeto de poder alimentar posteriormente las estaciones de recarga que se puedan ubicar en las plazas individuales del aparcamiento o estacionamiento. Cuando la preinstalación esté prevista para el 100% de las plazas los sistemas de conducción de cables llegarán hasta cada una de las plazas.

b) La centralización de contadores se dimensionará de acuerdo al esquema eléctrico escogido para la recarga del VEHÍCULO ELÉCTRICO y según lo establecido en la (ITC) BT-16. Se instalará como mínimo un módulo de reserva para ubicar un contador principal, y los dispositivos de protección contra sobreintensidades asociados al contador, bien sea con fusibles o con interruptor automático.

Cuando se realice la instalación para el primer punto de conexión en edificios existentes, se deberá prever, en su caso, la instalación de los elementos comunes de forma que se adecúe la infraestructura para albergar la instalación de futuros puntos de conexión.

Las bases de toma de corriente o conectores instalados en la estación de recarga y sus interruptores automáticos de protección deberán ser conformes con alguna de las opciones indicadas en el apartado 5.4.

3.3. Otras instalaciones de recarga

Las instalaciones eléctricas para la recarga de vehículos eléctricos alimentadas de la red de distribución de energía eléctrica, distintas de las descritas en 3.1 y 3.2 seguirán los esquemas 1a, 1b, 1c, 3 o 4b descritos anteriormente.

Las bases de toma de corriente o conectores instalados en la estación de recarga y sus interruptores automáticos de protección deberán ser conformes con alguna de las opciones indicadas en el apartado 5.4.

3.3.1 Estaciones de recarga para autoservicio (uso por personas no adiestradas). Estas estaciones de recarga, tales como las ubicadas en la vía pública, en aparcamientos o estacionamientos de flotas privadas, cooperativas o de empresa, para su propio personal o asociados y en aparcamientos o estacionamientos públicos, gratuitos o de pago, de titularidad pública o privada, están destinadas a ser utilizadas por usuarios no familiarizados con los riesgos de la energía eléctrica.

Este tipo de instalaciones podrán utilizar cualquier modo de carga.

3.3.2 Estaciones de recarga con asistencia para su utilización (uso por personas adiestradas o cualificadas). Estas estaciones de recarga, tales como las ubicadas en aparcamientos para recarga de flotas, talleres, concesionarios de automóviles, depósitos municipales de vehículo eléctrico, así como otras estaciones dedicadas específicamente a la recarga del vehículo eléctrico, están destinadas a ser utilizadas o supervisadas por usuarios familiarizados con los riesgos de la energía eléctrica.

Este tipo de instalaciones dispondrán preferentemente de los modos de carga 3 o 4, aunque también podrán equiparse con estaciones de recarga en modo 1 ó 2, cuando esté previsto recargar vehículos eléctricos de baja potencia tales como bicicletas, ciclomotores y cuadriciclos.

4. PREVISIÓN DE CARGAS SEGÚN EL ESQUEMA DE LA INSTALACIÓN

4.1. Esquema colectivo con un contador principal común (esquemas 1a, 1b y 1c)

La instalación del SPL será opcional, en edificios de nueva construcción a criterio del promotor y en instalaciones en edificios existentes a criterio del titular del suministro, o, en su caso, de la Junta de Propietarios. El dimensionamiento de las instalaciones de enlace y la previsión de cargas se realizará considerando un factor de simultaneidad de las cargas del vehículo eléctrico con el resto de la instalación igual a 0,3 cuando se instale el SPL y de 1,0 cuando no se instale. Como entrada de información el SPL recibirá la medida de intensidad que circula por la LGA.

$$P_{edificio} = (P_1 + P_2 + P_3 + P_4) + 0,3 \cdot P_5 \text{ (se instala el SPL)}$$

$$P_{edificio} = (P_1 + P_2 + P_3 + P_4) + P_5 \text{ (no se instala el SPL)}$$

donde:

P_1 Carga correspondiente al conjunto de viviendas obtenida como el número de viviendas por el coeficiente de simultaneidad de la tabla 1 de la (ITC) BT-10.

P_2 Carga correspondiente a los servicios generales.

P_3 Carga correspondiente a locales comerciales y oficinas.

P_4 Carga correspondiente a los garajes distintas de la recarga del vehículo eléctrico.

P_5 Carga prevista para la recarga del vehículo eléctrico.

En el proyecto o memoria técnica de diseño de instalaciones en edificios existentes se incluirá el cálculo del número máximo de estaciones de recarga que se pueden alimentar teniendo en cuenta la potencia disponible en la LGA y considerando la suma de la potencia instalada en todas las estaciones de recarga con el factor de simultaneidad que corresponda con el resto de la instalación, según se disponga o no del SPL.

El número de estaciones de recarga posibles para cada circuito de recarga colectivo y su previsión de carga se calcularán, teniendo en cuenta la potencia prevista de cada estación con un factor de simultaneidad entre las estaciones de recarga igual a la unidad. No obstante, el número de estaciones por circuito de recarga colectivo podrá aumentarse y el factor de simultaneidad entre ellas disminuirse si se dispone de un sistema de control que mida la intensidad que pasa por el circuito de recarga colectivo y reduzca la intensidad disponible en las estaciones, evitando las sobrecargas en el circuito de recarga colectivo.

4.2. Esquema individual (esquemas 2, 3a y 3b)

El dimensionamiento de las instalaciones de enlace y la previsión de cargas se realizará considerando un factor de simultaneidad de las cargas del vehículo eléctrico con el resto de cargas de la instalación igual a 1,0.

En los esquemas 3a y 3b, la función de control de potencia contratada para la estación de recarga se realizará con el contador principal, sin necesidad de instalar un ICP externo al contador.

4.3. Esquema 4 (esquemas 4a y 4b)

La previsión de cargas se realizará considerando un factor de simultaneidad de las cargas del vehículo eléctrico con el resto de circuitos de la instalación igual a 1,0. Para calcular el número de estaciones de recarga en un circuito de recarga colectivo y la simultaneidad entre ellas según el esquema 4b, se aplicará lo indicado en el apartado 4.1.

5. REQUISITOS GENERALES DE LA INSTALACIÓN

En los locales cerrados de edificios destinados a aparcamientos o estacionamientos colectivos de uso público o privado, se podrá realizar la operación de recarga de baterías siempre que dicha operación se realice sin desprendimiento de gases durante la recarga y que dichos locales no estén clasificados como locales con riesgo de incendio o explosión según la (ITC) BT-29. En el local donde se realice la recarga del vehículo eléctrico se colocará un cartel reflectante en el punto de recarga que identifique que no está permitida la recarga de baterías con desprendimiento de gases.

Los circuitos de recarga colectivos discurrirán preferentemente por zonas comunes.

Para los esquemas 1a, 1b, 1c, 2, 3a y 3b, los contadores principales se ubicarán en el propio local o armario destinado a albergar la concentración de contadores o, en caso que no se disponga de espacio suficiente, se habilitará un nuevo local o armario al efecto de acuerdo con los requisitos de la (ITC) BT-16. Cuando se instalen contadores secundarios, éstos se ubicarán en un armario, en una envolvente o dentro de un SAVE.

Se admitirá que la línea general de alimentación tenga derivaciones de menor sección si se garantiza la protección de dichas derivaciones contra sobreintensidades. Para tal fin, en los esquemas 1b, 1c y 3b, se podrán incluir en la caja de derivación las protecciones necesarias con fusibles o interruptor automático.

Cuando se instale un circuito de recarga colectivo que alimente a varias estaciones de recarga (según el esquema 1a, o 1b), cada circuito partirá de un interruptor automático para su protección contra sobrecargas y cortocircuitos. Aguas arriba de cada interruptor automático y en el mismo cuadro se instalará un IGA (interruptor general automático) para la protección general de todos los circuitos de recarga.

En aparcamientos y estacionamientos, el cuadro de mando y protección asociado a las estaciones de recarga estará identificado en relación a la plaza o plazas de aparcamiento asignadas. Los elementos a instalar en dicho cuadro se definen en el apartado 6.

Los cuadros de mando y protección, o en su caso los SAVE con protecciones integradas, deberán disponer de sistemas de cierre a fin de evitar manipulaciones indebidas de los dispositivos de mando y protección.

La potencia instalada en los circuitos de recarga colectivos trifásicos según el esquema 1a, 1b o 4b se ajustará generalmente a uno de los escalones de la tabla siguiente, aunque el proyectista podrá justificar una potencia distinta, en cuyo caso el circuito y sus protecciones se dimensionarán acorde con la potencia prevista.

Tabla 2. *Potencias instaladas normalizadas de los circuitos de recarga colectivos destinados a alimentar estaciones de recarga*

U$_{nominal}$	Interruptor automático de protección en origen circuito recarga	Potencia instalada	N.º máximo de estaciones de recarga por circuito
230/400 V	16 A	11.085 W	3
230/400 V	32 A	22.170 W	6
230/400 V	50 A	34.641 W	9
230/400 V	63 A	43.647 W	12

Las estaciones de recarga monofásicas se repartirán de forma equilibrada entre las tres fases del circuito de recarga colectivo. El número máximo de estaciones de recarga por cada circuito de recarga colectivo indicado en la tabla 2, se ha calculado suponiendo que las estaciones son monofásicas y de una potencia unitaria de 3.680 W. El proyectista podrá ampliar o reducir el número de estaciones de recarga si justifica una potencia instalada por estación inferior o superior respectivamente.

La previsión de potencia y las características del circuito de recarga colectivo o individual previsto para el modo de carga 4 se determinarán para cada proyecto en particular.

El sistema de iluminación en la zona donde esté prevista la realización de la recarga garantizará que durante las operaciones y maniobras necesarias para el inicio y terminación de la recarga exista un nivel de iluminancia horizontal mínima a nivel de suelo de 20 lux para estaciones de recarga de exterior y de 50 lux para estaciones de recarga de interior.

La caída de tensión máxima admisible en cualquier circuito desde su origen hasta el punto de recarga no será superior al 5 %. Los conductores utilizados serán generalmente de cobre y su sección no será inferior a 2,5 mm², aunque podrán ser de aluminio en instalaciones distintas de las viviendas o aparcamientos colectivos en edificios de viviendas, en cuyo caso la sección mínima será de 4 mm². Siempre que se utilicen conductores de aluminio, sus conexiones deberán realizarse utilizando las técnicas apropiadas que eviten el deterioro del conductor debido a la aparición de potenciales peligrosos, originados por pares galvánicos entre metales distintos.

En instalaciones para la recarga de vehículo eléctrico, que reúnan más de 5 estaciones de recarga, por ejemplo en estaciones dedicadas específicamente a la recarga del vehículo eléctrico, el proyectista estudiará la necesidad de instalar filtros de corrección de armónicos, con el objeto de garantizar que se mantiene la distorsión armónica de la tensión según los límites característicos de la tensión suministrada por las redes generales de distribución, para que otros usuarios que estén conectados en el mismo punto de la red no se vean perjudicados.

El circuito que alimenta el punto de recarga debe ser un circuito dedicado y no debe usarse para alimentar ningún otro equipo eléctrico salvo los consumos auxiliares relacionados con el propio sistema de recarga, entre los que se puede incluir la iluminación de la estación de recarga.

La instalación fija para la recarga del vehículo eléctrico deberá contar con las bases de toma de corriente que corresponda según el modo de carga y ubicación de la estación de recarga conforme al apartado 5.4, de forma que se evite la utilización de prolongadores o adaptadores por parte de los usuarios de los servicios de recarga.

En todos los casos, pero de forma especial en los edificios existentes, el diseñador de la instalación comprobará que no se sobrepasa la intensidad admisible de la línea general de alimentación (o de la derivación individual en caso de viviendas unifamiliares), teniendo en cuenta la potencia prevista de cada estación de recarga y el factor de simultaneidad que proceda según se indica en el apartado 4.

La instalación para la recarga del vehículo eléctrico se podrá proyectar como una ampliación de la instalación de baja tensión ya existente o con una alimentación directa de la red de distribución mediante una instalación de enlace propia independiente de la ya existente.

Para toda instalación dedicada a la recarga de vehículos eléctricos, se aplicarán las prescripciones generales siguientes:

5.1. Alimentación

La tensión nominal de las instalaciones eléctricas para la recarga de vehículos eléctricos alimentadas desde la red de distribución será de 230/400 V en corriente alterna para los modos de carga 1, 2 y 3. Cuando se requiera instalar una estación de recarga con alimentación trifásica, y la tensión de alimentación existente sea de 127/220 V, se procederá a su conversión a trifásica 230/400 V.

En el modo de carga 4, la tensión de alimentación se refiere a la tensión de entrada del convertidor alterna-continua, y podrá llegar hasta 1000 V en trifásico corriente alterna y 1500 V en corriente continua.

5.2. Sistemas de conexión del neutro

Con objeto de permitir la protección contra contactos indirectos mediante el uso de dispositivos de protección diferencial en los casos especiales en los que la instalación esté alimentada por un esquema TN, solamente se utilizará en la forma TN-S.

5.3. Canalizaciones

Las canalizaciones necesarias para la instalación de puntos de recarga deberán cumplir con los requerimientos que se establecen en las diferentes ITC del REBT en función del tipo de local donde se vaya a hacer la instalación (local de pública concurrencia, local de características especiales, etc.).

Los cables desde el SAVE hasta el punto de conexión que formen parte de la instalación fija (ver figura 3, caso C de forma de conexión), deben ser de tensión asignada mínima 450/750 V, con conductor de cobre clase 5 o 6 (aptos para usos móviles) y resistentes a todas las condiciones previstas en el lugar de la instalación: mecánicas (por ejemplo abrasión e impacto, sacudidas o aplastamiento), ambientales (por ejemplo presencia de aceites, radiación ultravioleta o temperaturas extremas) y de seguridad (por ejemplo deflagración o vandalismo).

Cuando los cables de alimentación de las estaciones de recarga discurran por el exterior, estos serán de tensión asignada 0,6/1 kV.

5.4. Punto de conexión

El punto de conexión deberá situarse junto a la plaza a alimentar, e instalarse de forma fija en una envolvente. La altura mínima de instalación de las tomas de corriente y conectores será de 0,6 m sobre el nivel del suelo. Si la estación de recarga está prevista para uso público la altura máxima será de 1,2 m y en las plazas destinadas a personas con movilidad reducida, entre los 0,7 y 1,2 m.

Para garantizar la interconectividad del vehículo eléctrico a los puntos de recarga, para potencias mayores de 3,7 kW y menores o iguales de 22 kW los puntos de recarga de corriente alterna estarán equipados al menos con bases o conectores del tipo 2. Para potencias mayores de 22 kW los puntos de recarga de corriente alterna estarán equipados al menos con conectores del tipo 2. En modo de carga 4 los puntos de recarga de corriente continua estarán equipados al menos con conectores del tipo combo 2, de conformidad con la norma EN 62196-3.

En el caso de estaciones de recarga monofásicas de corriente alterna potencia menor o igual de 3,7 kW instaladas en viviendas unifamiliares o en aparcamientos para edificios de viviendas en régimen de propiedad horizontal el punto de recarga de corriente alterna podrá estar equipado con cualquiera de las bases de toma de corriente o conectores indicados en la tabla 3.

En modos de carga 3 y 4 las bases y conectores siempre deben estar incorporadas en un SAVE o en un sistema equivalente que haga las funciones del SAVE.

Según el modo de carga (1, 2 o 3) las bases de toma de corriente o conectores instalados en cada estación de recarga y sus protecciones deberán ser conformes a alguna de las opciones de la tabla 3, en función de la ubicación de la estación de recarga, y de que la alimentación sea monofásica o trifásica.

Tabla 3. *Puntos de conexión posibles a instalar en función de su ubicación*

Alimentación de la estación de recarga	Base de toma de corriente o conector del tipo descrito en: (1)	Intensidad asignada del punto de conexión	Interruptor automático de protección del punto de conexión	Modo de carga previsto	Ubicación posible del punto de conexión		
					Viviendas unifamiliares	Aparcamientos en edificios de viviendas	Otras instalaciones
Trifásica	UNE-EN 62196-2, tipo 2(3)	16 A	(4)	3	Sí	Sí	Sí
	UNE-EN 62196-2, tipo 2(3)	32 A	(4)	3	Sí	Sí	Sí
	UNE-EN 62196-2, tipo 2(3)	63 A	(4)	3	No	No	Sí

(1) La recarga de autobuses eléctricos puede requerir de estaciones de recarga de muy alta potencia, por lo que en estos casos se podrán utilizar otras bases de toma de corriente y conectores normalizados distintos de los indicados en la tabla.

(2) Se podrá utilizar también un automático de 16 A, siempre que el fabricante de la base garantice que queda protegida por este automático en las condiciones de funcionamiento previstas para la recarga lenta del vehículo eléctrico con recargas diarias de 8 horas, a la intensidad de 16 A.

(3) Las estaciones de recarga distintas de las previstas para el modo de recarga 4 que estén ubicadas en lugares públicos, tales como centros comerciales, garajes de uso público o vía pública, estarán preparadas para el modo de recarga 3 con bases de toma de corriente tipo 2, salvo en aquellas plazas destinadas a recargar vehículos eléctricos de baja potencia, tales como bicicletas, ciclomotores y cuadriciclos que podrán utilizar otros modos de recarga y bases de toma de corriente normalizadas.

(4) La protección contra sobreintensidades de cada toma de corriente o conector puede estar en el interior de la estación de recarga (SAVE) por lo que, en tal caso, la elección de sus características es responsabilidad del fabricante. Para la protección del circuito de alimentación a la estación de recarga véase el apartado 6.3.

El contenido de este apartado se adaptará a las prescripciones que de carácter obligatorio dicten las futuras directivas o reglamentos europeos en este campo.

5.5. Contador secundario de medida de energía

Los contadores secundarios de medida de energía eléctrica tendrán al menos la capacidad de medir energía activa y serán de clase A o superior.

Cuando en los esquemas 1a, 1b, 1c, y 4b, exista una transacción comercial que dependa de la medida de la energía consumida será obligatoria la instalación de contadores secundarios para cada una de las estaciones de recarga ubicadas en:

a) Plazas de aparcamiento de aparcamientos o estacionamientos colectivos en edificios o conjuntos inmobiliarios en régimen de propiedad horizontal.

b) En estaciones de movilidad eléctrica para la recarga del vehículo eléctrico.

c) En las estaciones de recarga ubicadas en la vía pública.

Para los esquemas 1a, 1b, 1c, y 4b, en edificios comerciales, de oficinas o de industrias, también se instalarán contadores secundarios cuando sea necesario identificar consumos individuales. Su instalación será opcional a elección del titular para los esquemas 2 y 4a.

6. PROTECCIÓN PARA GARANTIZAR LA SEGURIDAD

6.1. Medidas de protección contra contactos directos e indirectos

Las medidas generales para la protección contra los contactos directos e indirectos serán las indicadas en la (ITC) BT-24 teniendo en cuenta lo indicado a continuación.

El circuito para la alimentación de las estaciones de recarga de vehículos eléctricos deberá disponer siempre de conductor de protección, y la instalación general deberá disponer de toma de tierra.

En este tipo de instalaciones se admitirán exclusivamente las medidas establecidas en la (ITC) BT-24 contra contactos directos según los apartados 3.1, protección por aislamiento de las partes activas, o 3.2, protección por medio de barreras o envolventes, así como las medidas protectoras contra contactos indirectos según los apartados 4.1, protección por corte automático de la alimentación, 4.2, protección por empleo de equipos de la clase II o por aislamiento equivalente, o 4.5, protección por separación eléctrica.

Cualquiera que sea el esquema utilizado, la protección de las instalaciones de los equipos eléctricos debe asegurarse mediante dispositivos de protección diferencial. Cada punto de conexión deberá protegerse individualmente mediante un dispositivo de protección diferencial de corriente diferencial-residual asignada máxima de 30 mA, que podrá formar parte de la instalación fija o estar dentro del SAVE. Con objeto de garantizar la selectividad la protección diferencial instalada en el origen del circuito de recarga colectivo será selectiva o retardada con la instalada aguas abajo.

Los dispositivos de protección diferencial serán de clase A. Los dispositivos de protección diferencial instalados en la vía pública estarán preparados para que se pueda instalar un dispositivo de rearme automático y los instalados en aparcamientos públicos o en estaciones de movilidad eléctrica dispondrán de un sistema de aviso de desconexión o estarán equipados con un dispositivo de rearme automático.

6.2. Medidas de protección en función de las influencias externas

Las principales influencias externas a considerar en este tipo de instalaciones son:

Para las instalaciones en el exterior: Penetración de cuerpos sólidos extraños, penetración de agua, corrosión y resistencia a los rayos ultravioletas.

Para instalaciones en aparcamientos o estacionamientos públicos, privados o en vía pública: competencia de las personas que utilicen el equipo.

En todos los casos, el daño mecánico.

El proyectista deberá prestar especial atención a las influencias externas existentes en el emplazamiento en el que se ubique la instalación a fin de analizar la necesidad de elegir características superiores o adicionales a las que se prescriben en este apartado.

Cuando la estación de recarga esté instalada en el exterior, los equipos deben garantizar una adecuada protección contra la corrosión. Para ello se tendrán en cuenta las prescripciones que se incluyen en la (ITC) BT-30.

Los grados de protección contra la penetración de cuerpos sólidos y acceso a partes peligrosas, contra la penetración dcl agua y contra impactos mecánicos de las estaciones de recarga podrán obtenerse mediante la utilización de envolventes múltiples proporcionando el grado de protección requerido el conjunto de las envolvente completamente montadas. En este caso, en la documentación del fabricante de la estación de recarga deberá estar perfectamente definido el método para la obtención de los diferentes grados de protección IP e IK.

6.2.1. Grado de protección contra penetración de cuerpos sólidos y acceso a partes peligrosas

Cuando la estación de recarga esté instalada en el exterior las canalizaciones deben garantizar una protección mínima IP4X o IPXXD.

Las estaciones de recarga y otros cuadros eléctricos tendrán un grado de protección mínimo IP4X o IPXXD para aquellas instaladas en el interior e IP5X para aquellas instaladas en exterior. El grado de protección especificado para la estación de recarga no aplica durante el proceso de recarga.

6.2.2. Grado de protección contra la penetración del agua

Cuando la estación de recarga esté instalada en el exterior, la instalación debe realizarse de acuerdo a lo indicado en el capítulo 2 de la (ITC) BT-30, garantizando, por tanto para las canalizaciones un IPX4.

Las estaciones de recarga y otros cuadros eléctricos asociados tendrán un grado de protección mínimo IPX4. Cuando la base de toma de corriente o el conector no cumpla con el grado IP anterior, éste deberá proporcionarlo la propia estación de recarga mediante su diseño. El grado de protección especificado para la estación de recarga no aplica durante el proceso de recarga.

6.2.3. Grado de protección contra impactos mecánicos

Los equipos instalados en emplazamientos en los que circulen vehículos eléctricos deberán protegerse frente a daños mecánicos externos del tipo impacto de severidad elevada (AG3). La protección del equipo se garantizará a través de alguno de los medios siguientes:

a) Emplazando el material eléctrico en una ubicación en la que éste no se encuentre sujeto a un riesgo de impacto previsible.

b) Disponiendo algún tipo de protección mecánica adicional en aquellas zonas en las que el equipo se encuentre sujeto al riesgo de impacto.

c) Seleccionando el material eléctrico con un grado de protección contra daños mecánicos de acuerdo con lo especificado en los apartados 6.2.3.1 y 6.2.3.2.

d) Usando la combinación de alguna o todas las medidas anteriores.

6.2.3.1. Grado de protección de las envolventes.

Cuando la protección del equipo eléctrico frente a daños mecánicos se garantice mediante envolventes, una vez instaladas deberán proporcionar un grado de protección mínimo IK08 contra impactos mecánicos externos.

El cuerpo de las estaciones de recarga y otros cuadros eléctricos ubicados en el exterior tendrán un grado de protección mínimo contra impactos mecánicos externos de IK10. El cuerpo de las estaciones de recarga excluye partes tales como teclado, leds, pantallas o rejillas de ventilación. El grado de protección especificado para la estación de recarga no aplica durante el proceso de recarga.

6.2.3.2. Grado de protección de las canalizaciones.

Cuando las canalizaciones se instalen en una ubicación sujeta a riesgo de daños mecánicos, tales como áreas de circulación de vehículos eléctricos, éstas presentarán una resistencia adecuada a los daños mecánicos. En estos casos, los tubos presentarán una resistencia mínima al impacto grado 4 y una resistencia mínima a la compresión grado 5. Si se utilizan canales protectoras, éstas presentarán una resistencia mínima IK08 a impactos mecánicos.

En otros sistemas de conducción que no aporten protección mecánica a los cables, la protección se garantizará mediante el uso de medios mecánicos adicionales, por ejemplo, mediante la utilización de cables armados.

6.3. Medidas de protección contra sobreintensidades

Los circuitos de recarga, hasta el punto de conexión, deberán protegerse contra sobrecargas y cortocircuitos con dispositivos de corte omnipolar, curva C, dimensionados de acuerdo con los requisitos de la (ITC) BT-22.

Cada punto de conexión deberá protegerse individualmente. Esta protección podrá formar parte de la instalación fija o estar dentro del SAVE.

En instalaciones previstas para modo de carga 1 o 2 en las que el punto de recarga esté constituido por tomas de corriente conformes con la norma UNE 20315, el interruptor automático que protege cada toma deberá tener una intensidad asignada máxima de 10 A, aunque se podrá utilizar una intensidad asignada de 16 A, siempre que el fabricante de la base garantice que queda protegida por este interruptor automático en las condiciones de funcionamiento previstas para la recarga lenta del vehículo eléctrico con recargas diarias de ocho horas, a la intensidad de 16 A.

En las instalaciones previstas para modo de carga 3 la selección del interruptor automático que protege el circuito que alimenta la estación de recarga garantizará la correcta protección del circuito, evitando al mismo tiempo el disparo intempestivo de la protección durante el proceso de recarga. Para su selección se puede utilizar como referencia la documentación del fabricante de la estación. La tolerancia de la señal correspondiente a la intensidad de carga, el consumo interno de la propia estación de recarga y las condiciones ambientales de instalación, justifican que la intensidad asignada del interruptor automático sea en algunos casos superior a la suma de intensidades asignadas que pueden suministrar los puntos de conexión de la estación de recarga.

6.4. Medidas de protección contra sobretensiones

Todos los circuitos deben estar protegidos contra sobretensiones temporales y transitorias. Los dispositivos de protección contra sobretensiones temporales estarán previstos para una máxima sobretensión entre fase y neutro hasta 440 V. Los dispositivos de protección contra sobretensiones temporales deben ser adecuados a la máxima sobretensión entre fase y neutro prevista.

Los dispositivos de protección contra sobretensiones transitorias deben ser instalados en la proximidad del origen de la instalación o en el cuadro principal de mando y protección, lo más cerca posible del origen de la instalación eléctrica en el edificio. Según cuál sea la distancia entre la estación de recarga y el dispositivo de protección contra sobretensiones transitorias situado aguas arriba, puede ser necesario proyectar la instalación con un dispositivo de protección contra sobretensiones transitorias adicional junto a la estación de recarga. En este caso, los dos dispositivos de protección contra sobretensiones transitorias deberán estar coordinados entre sí.

Con el fin de optimizar la continuidad de servicio en caso de destrucción del dispositivo de protección contra sobretensiones transitorias a causa de una descarga de rayo de intensidad superior a la máxima prevista, cuando el dispositivo de protección contra sobretensiones no lleve incorporada su propia protección, se debe instalar el dispositivo de protección recomendado por el fabricante, aguas arriba del dispositivo de protección contra sobretensiones, con objeto de mantener la continuidad de todo el sistema, evitando así el disparo del interruptor general.

7. CONDICIONES PARTICULARES DE INSTALACIÓN

7.1. Red de tierra para plazas de aparcamiento en el exterior

El presente apartado aplica tanto a la instalación de puntos de recarga en vía pública como a la instalación en aparcamientos o estacionamientos públicos a la intemperie.

La instalación de puesta a tierra se realizará de forma tal que la máxima resistencia de puesta a tierra a lo largo de la vida de la instalación y en cualquier época del año, no se puedan producir tensiones de contacto mayores de 24 V, en las partes metálicas accesibles de la instalación (estaciones de recarga, cuadros metálicos, etc.). Cada poste de recarga dispondrá de un borne de puesta a tierra, conectado al circuito general de puesta a tierra de la instalación.

Los conductores de la red de tierra que unen los electrodos podrán ser:

Desnudos, de cobre, de 35 mm^2 de sección mínima, si forman parte de la propia red de tierra, en cuyo caso irán por fuera de las canalizaciones de los cables de alimentación.

Aislados, mediante cables de tensión asignada 450/750 V, con recubrimiento de color verde-amarillo, con conductores de cobre, de sección mínima 16 mm^2. El conductor de protección que une de cada punto de recarga con el electrodo o con la red de tierra, será de cable unipolar aislado, de tensión asignada 450/750 V, con recubrimiento de color verde-amarillo, y sección mínima de 16 mm^2 de cobre.

Todas las conexiones de los circuitos de tierra, se realizarán mediante terminales, grapas, soldadura o elementos apropiados que garanticen un buen contacto permanente y protegido contra la corrosión.

4. MATERIALES COMPLEMENTARIOS

Resumen del contenido

Tablas para la adaptación del REBT a la

Norma UNE HD 60364-5-52: 2014

Instalaciones eléctricas de baja tensión.
Parte 5: Selección e instalación de equipos eléctricos.
Canalizaciones.

Tabla C.52.1 bis. (UNE-HD 60.364.5.52: 2014). *Corrientes admisibles en amperios. Temperatura ambiente 40 °C en el aire*

Método de referencia de la tabla B 52.1 — Número de conductores cargados y tipo de aislamiento

Método	2	3	4	5a	5b	6a	6b	7a	7b	8a	8b	9a	9b	10a	10b	11	12	13
A1		PVC3	PVC2			XLPE 3			XLPE 2									
A2	PVC3	PVC2		XLPE 3		XLPE 2												
B1			PVC3			PVC2				XLPE 3				XLPE 2				
B2		PVC3	PVC2					XLPE 3		XLPE 2								
C						PVC3				PVC2		XLPE 3		XLPE 2				
E								PVC3				PVC2		XLPE 3		XLPE 2		
F										PVC3				PVC2		XLPE 3		XLPE 2

1	2	3	4	5a	5b	6a	6b	7a	7b	8a	8b	9a	9b	10a	10b	11	12	13
Sección mm² Cobre 1,5	11	11,5	12,5	13,5	14	14,5	15,5	16	16,5	17	17,5	19	20	20	20	21	23	—
2,5	15	15,5	17	18	19	20	20	21	22	23	24	26	27	26	28	30	32	—
4	20	20	22	24	25	26	28	29	30	31	32	34	36	36	38	40	44	—
6	25	26	29	31	32	34	36	37	39	40	41	44	46	46	49	52	57	—
10	33	36	40	43	45	46	49	52	54	54	57	60	63	65	68	72	78	—
16	45	48	53	59	61	63	66	69	72	73	77	81	85	87	91	97	104	—
25	59	63	69	77	80	82	86	87	91	95	100	103	108	110	115	122	135	146
35	—	—	—	95	100	101	106	109	114	119	124	127	133	137	143	153	168	182
50	—	—	—	116	121	122	128	133	139	145	151	155	162	167	174	188	204	220
70	—	—	—	148	155	155	162	170	178	185	193	199	208	214	223	243	262	282
95	—	—	—	180	188	187	196	207	216	224	234	241	252	259	271	298	320	343
120	—	—	—	207	217	216	226	240	251	260	272	280	293	301	314	350	373	397
150	—	—	—	—	—	247	259	276	289	299	313	322	337	343	359	401	430	458
185	—	—	—	—	—	281	294	314	329	341	356	368	385	391	409	460	493	523
240	—	—	—	—	—	330	345	368	385	401	419	435	455	468	489	545	583	617
Aluminio 2,5	11,5	12	13	14	15	16	16,5	17	17,5	18	19	20	20	20	21	23	25	—
4	15	16	17	19	20	21	22	22	23	24	25	26	28	27	29	31	34	—
6	20	20	22	24	25	27	29	28	30	31	32	33	35	36	38	40	44	—
10	26	27	31	33	35	38	40	40	41	42	44	46	49	50	52	56	60	—
16	35	37	41	46	48	50	52	53	55	57	60	63	66	66	70	76	82	—
25	46	49	54	60	63	63	66	67	70	72	75	78	81	84	88	91	98	110
35	—	—	—	74	78	78	81	83	87	89	93	97	101	104	109	114	122	136
50	—	—	—	90	94	95	100	101	106	108	113	118	123	127	132	140	149	167
70	—	—	—	115	121	121	127	130	136	139	145	151	158	162	170	180	192	215
95	—	—	—	140	146	147	154	159	166	169	177	183	192	197	206	219	233	262
120	—	—	—	161	169	171	179	184	192	196	205	213	222	228	239	254	273	306
150	—	—	—	—	—	196	205	213	222	227	237	246	257	264	276	294	314	353
185	—	—	—	—	—	222	232	243	254	259	271	281	293	301	315	337	361	406
240	—	—	—	—	—	261	273	287	300	306	320	332	347	355	372	399	427	482

Aislamientos termoestables (90°)		Aislamientos termoplásticos (70°C)
XLPE: Polietileno reticulado	EPR: Etileno-propileno	PVC: Policloruro de vinilo

Tabla C.52.2 bis. (UNE-HD 60.364.5.52: 2014). *Corrientes admisibles en amperios. Temperatura ambiente 25 ºC en el terreno*

Método de instalación	Sección mm²	Número de conductores cargados y tipo de aislamiento			
		PVC2	PVC3	XLPE2	XLPE3
D1/D2	Cobre				
	1,5	20	17	24	21
	2,5	27	22	32	27
	4	36	29	42	35
	6	44	37	53	44
	10	59	49	70	58
	16	76	63	91	75
	25	98	81	116	96
	35	118	97	140	117
	50	140	115	166	138
	70	173	143	204	170
	95	205	170	241	202
	120	233	192	275	230
	150	264	218	311	260
	185	296	245	348	291
	240	342	282	402	336
	300	387	319	455	380
D1/D2	Aluminio				
	2,5	20	17,5	24	21
	4	27	22	32	27
	6	34	28	40	34
	10	45	38	53	45
	16	58	49	70	58
	25	76	62	89	74
	35	91	76	107	90
	50	107	89	126	107
	70	133	111	156	132
	95	157	131	185	157
	120	179	149	211	178
	150	202	169	239	201
	185	228	190	267	226
	240	263	218	309	261
	300	297	247	349	295

Tabla C.52.3. (UNE-HD 60.364.5.52: 2014). *Factores de reducción para grupos de varios circuitos o de varios cables multipolares (a utilizar con los valores de corrientes admisibles de la Tabla C.52.1).*

Punto	Disposición	Número de circuitos o cables multipolares								
		1	2	3	4	6	9	12	16	20
1	Agrupados en el aire, en una superficie, empotrados o en el interior de una envolvente	1,00	0,80	0,70	0,65	0,55	0,50	0,45	0,40	0,40
2	Capa única sobre muros, suelos o bandejas no perforadas	1,00	0,85	0,80	0,75	0,70	0,70	—	—	—
3	Capa única fijada directamente al techo	0,95	0,80	0,70	0,70	0,65	0,60	—	—	—
4	Capa única sobre bandejas perforadas horizontales o verticales	1,00	0,90	0,80	0,75	0,75	0,70	—	—	—
5	Capa única sobre bandeja d escalera, soportes o bridas de amarre, etc.	1,00	0,85	0,80	0,80	0,80	0.80	—	—	—

Adaptación del REBT al CPR

Reglamento de los Productos de Construcción

(*Construction Products Regulation*)

Adaptación del Reglamento Electrotécnico de Baja Tensión (Real Decreto 842/2002) tras la publicación del Reglamento Delegado 2016/364, que establece las clases posibles de reacción al fuego de los cables eléctricos (Julio 2016)

Las características esenciales reguladas por el CPR son:

- La reacción al fuego: contribución del cable a la propagación del mismo.

- Las emisiones de sustancias peligrosas.

- La resistencia al fuego: capacidad de un cable en mantener la continuidad del circuito eléctrico durante un fuego.

Se establecen unas "Euroclases" iguales en toda la unión europea: A1, A2, B, C, D, E, F (de mayor a menor resistencia al fuego).

Euroclases de los cables

Tabla 1. *Euroclasificación de cables*

Euoclases (ca)		Criterios adicionales		
Contribución al desarrollo del fuego		Producción de humo	Acidez	Goteo o desprendimiento de partículas inflamables
—	A_{ca}			
	$B1_{ca}$	s1a	a1	d0
	$B2_{ca}$	s1b		
	C_{ca}	s2	a2	d1
	D_{ca}	s3	a3	d2
	E_{ca}			
+	F_{ca}			

A_{ca}: incombustible (vidrio, sílice…).

$B1_{ca}$: combustible no inflamable. Con muy baja o nula propagación del fuego.

$B2_{ca}$: combustible difícilmente inflamable. No propagan el fuego de forma continua y emiten muy poco calor. Propagación del fuego muy limitada.

C_{ca}: combustible difícilmente inflamable. No propagan el fuego de forma continua y emiten muy poco calor. Propagación del fuego limitada (los denominados coloquialmente *cables libres de halógenos*.

D_{ca}: moderadamente combustible. Mejor comportamiento frente a la llama que los cables sin retardante de la misma.

E_{ca}: combustible fácilmente inflamable. Cables que tienen fácil propagación del fuego con la exposición a las llamas. Cables no libres de halógenos, los convencionales.

F_{ca}: sin comportamiento declarado.

Cada Euroclase está sujeta a 3 criterios adicionales que dan lugar a 3 grupos de dígitos adicionales:

- Producción de humo: 4 niveles de "s1 " hasta "s3".
- Acidez de humos: 3 niveles desde "a1" hasta "a3".
- Goteo o desprendimiento de partículas inflamables: 3 niveles, desde "d0" hasta "d2".

Los valores permitidos para estas Euroclases son los siguientes:

C_{ca}: UNE-EN 50399:2012

Propagación de la llama, un solo cable EN 60332-1-2: $H \leq 425$ mm.
Propagación vertical de la llama, un solo cable $FS \leq 2,00$ m.
Emisión de calor total: $THR \leq 30$ MJ.
Valor máximo de emisión de calor (HRR) ≤ 60 kW.
Índice de crecimiento del fuego (FIGRA) ≤ 300 Ws^{-1}.

S1b:

Producción total de humos: $(TSP) \leq 50$ m^2
Valor máximo de emisión de humos (SPR) $\leq 0,25$ m^2/s.
Trasmitancia: $\geq 60\%$ y $< 80\%$.

d1:

Durante 1.200 s sin caída de gotas/partículas inflamadas que persistan más de 10 s.

a1:

Acidez y corrosividad en los gases emitidos, conductividad $< 2,5$ µS/mm y pH $> 4,3$.

E_{ca}:

EN 60332-1-2: $H \leq 425$ mm.

Tanto la legislación española como las normas UNE relacionadas han sido adaptadas al nuevo reglamento, quedando su relación con el REBT resumida de la siguiente manera:

Tabla 2. *Adaptación del REBT al CPR*

REBT	Instalación	Cable actual	Clase CPR mínima
ICT-BT 14	Línea general de alimentación	(AS)	C_{ca} - s1b, d1, a1
ICT-BT 15	Derivación individual	(AS)	C_{ca} - s1b, d1, a1
ICT-BT 16	Centralización contadores	(AS)	C_{ca} - s1b, d1, a1
ICT-BT 20	Sistemas de instalación	No propagador de la llama	E_{ca}
ICT-BT 28	Locales de pública concurrencia	(AS)	C_{ca} - s1b, d1, a1
ICT-BT 29	Locales con riesgo de incendio o explosión	No propagador del incendio	C_{ca} - s1b, d1, a1

Marcado CE

En el Anexo ZZ de la norma **EN 50575:20**14 se indican los aspectos relativos al marcado CE de los cables eléctricos, y en la Tabla ZZ.2 de la norma **EN 50575:2014/A1:2016** aparecen los sistemas de evaluación y verificación de la constancia de las prestaciones (EVPC), en función de los diferentes niveles o clases de prestaciones obtenidos en la EVCP.

En cuanto a la documentación acreditativa del marcado CE que deben entregar los fabricantes, los cables están afectados por la Directiva de Baja Tensión **2014/35/UE**, que sólo obliga a colocar el logotipo CE, y el Reglamento (**UE) n° 305/2001** de productos de construcción, que obliga a presentar la Declaración de Prestaciones (DdP) y el marcado CE completo.

Tabla ZZ.2. *Sistemas de evaluación y verificación de la constancia de la prestación (EVPC)*

Productos	Usos previstos	Niveles o clases de prestaciones	Sistema(s) de EVCP
Cables de energía, control y comunicación	Para usos sujetos a reglamentaciones sobre reacción al fuego	A_{ca}, $B1_{ca}$, $B2_{ca}$, C_{ca}	1+
		D_{ca}, E_{ca}	3
		F_{ca}	4
	Para usos sujetos a reglamentos sobre sustancias peligrosas		3
Sistema 1+: Véase el artículo 1.1 del Anexo V del Reglamento (UE) N° 305/2011 (RPC).			
Sistema 3: Véase el artículo 1.4 del Anexo V del Reglamento (UE) n° 305/2011 (RPC).			
Sistema 4: Véase el artículo 1.5 del Anexo V del Reglamento (UE) n° 305/2011 (RPC).